看图学技术

土建工程

乔魁元　主编

中国铁道出版社

2013年·北京

内 容 提 要

本书共分七章,主要内容包括:土方工程、地基与基础工程、砌体结构工程、模板工程、钢筋工程、混凝土工程、防水工程等。

本书内容翔实,重点突出,图文并茂,具有较强的指导性和可读性。既能供建筑工程项目各级工程技术人员学习参考,也可作为大专院校相关专业的参考用书。

图书在版编目(CIP)数据

土建工程/乔魁元主编 . —北京:中国铁道出版社,2013.6
(看图学技术)
ISBN 978-7-113-15944-3

Ⅰ.①土…　Ⅱ.①乔…　Ⅲ.①土木工程—工程施工—图解
Ⅳ.①TU7-64

中国版本图书馆 CIP 数据核字(2013)第 005592 号

书　　名:	看图学技术 **土建工程**
作　　者:	乔魁元
策划编辑:	江新锡　陈小刚
责任编辑:	陈小刚　张荣君　**电话:**010-51873193
封面设计:	郑春鹏
责任校对:	胡明锋
责任印制:	郭向伟

出版发行:	中国铁道出版社(100054,北京市西城区右安门西街 8 号)
网　　址:	http://www.tdpress.com
印　　刷:	北京市燕鑫印刷有限公司
版　　次:	2013 年 6 月第 1 版　2013 年 6 月第 1 次印刷
开　　本:	787 mm×1 092 mm　1/16　印张:19.5　字数:489 千
书　　号:	ISBN 978-7-113-15944-3
定　　价:	47.00 元

前　言

　　随着我国经济的快速发展,建设已成为当今最具有活力的一个行业。纵观全国,数以万计的高楼拔地而起;公路、铁路建设发展迅猛,成就斐然,纵横交错的公路网和铁路网不断延伸、完善,有力地推动着国民经济持续快速健康增长。

　　当前,建设工程的规模日益扩大,种类日益繁多,呈现出蓬勃发展的势头。对于整个建设行业来说,提高施工人员的技术水平和专业技能,可以有效地提高产品质量和社会效益。对于施工人员来说,提高自身的专业素质,特别是一些高技术含量的操作水平,可以大大提升劳动生产效率、降低劳动强度、加快工程进度、减少安全事故。因此,提高广大施工人员的专业技术水平,已成为当今建设行业的重中之重。

　　为了帮助工程技术人员,尤其是刚刚参加工作的施工人员系统地、快速地学习和掌握施工技术,我们组织编写了《看图学技术》丛书。本丛书共分为五分册,即《公路工程》、《铁路工程》、《土建工程》、《机电安装工程》、《装饰装修工程》。本丛书的最大特点是图文并茂、言简意赅。对于一些重难点,我们避免用繁琐的文字叙述,而是采用了直观、形象的图例进行讲解。

　　参与本丛书的编写人员主要有乔魁元、张海鹰、孙昕、尚晓峰、汪硕、张婧芳、栾海明、王林海、孙占红、宋迎迎、武旭日、张正南、李芳芳、孙培祥、张学宏、王双敏、王文慧、彭美丽、李仲杰、乔芳芳、张凌、魏文彪、白二堂、贾玉梅、王凤宝、曹永刚、张蒙、侯光等,在此深表感谢。

　　由于我们水平有限,加之编写时间仓促,书中的错误和疏漏在所难免,敬请广大读者不吝赐教和指正。

编　者

2013 年 3 月

目 录

第一章　土方工程

第一节　土的基本性质及分类

土的种类繁多,分类方法也各不相同,土方工程按土开挖难易程度分类见表 1-1。

表 1-1　土的工程分类与开挖方法

土的分类	土的级别	土的名称	坚实系数 f	密度（t/m³）	开挖方法及工具
一类土（松软土）	I	砂土、粉土、冲积砂土层、疏松的种植土、淤泥（泥炭）	0.5~0.6	0.6~1.5	用锹、锄头挖掘,少许用脚蹬
二类土（普通土）	II	粉质黏土;潮湿的黄土;夹有碎石、卵石的砂;粉土混卵（碎）石;种植土、填土	0.6~0.8	1.1~1.6	用锹、锄头挖掘,少许用镐翻松
三类土（坚土）	III	软及中等密实黏土;重粉质黏土、砾石土;干黄土、含有碎石卵石的黄土、粉质黏土,压实的填土	0.8~1.0	1.75~1.9	主要用镐,少许用锹、锄头挖掘,部分用撬棍
四类土（砂砾坚土）	IV	坚硬密实的黏性土或黄土;含碎石卵石的中等密实的黏性土或黄土;粗卵石;天然级配砂石;软泥灰岩	1.0~1.5	1.9	整个先用镐、撬棍,后用锹挖掘,部分用楔子及大锤
五类土（软石）	V~VI	硬质黏土;中密的页岩、泥灰岩、白垩土;胶结不紧的砾岩;软石灰及贝壳石灰石	1.5~4.0	1.1~2.7	用镐或撬棍、大锤挖掘,部分使用爆破方法
六类土（次坚石）	VII~IX	泥岩、砂岩、砾岩;坚实的页岩、泥灰岩,密实的石灰岩;风化花岗岩、片麻岩及正长岩	4.0~10.0	2.2~2.9	用爆破方法开挖、部分用风镐
七类土（坚石）	X~XIII	大理石;辉绿岩;玢岩;粗、中粒花岗岩;坚实的白云岩、砂岩、砾岩、片麻岩、石灰岩;微风化安岩;玄武岩	10.0~18.0	2.5~3.1	用爆破方法开挖
八类土（特坚石）	XIV~XVI	安山岩;玄武岩;花岗片麻岩;坚实的细粒花岗岩、闪长岩、石英岩、辉长岩、辉绿岩、玢岩、角闪岩	18.0~25.0以上	2.7~3.3	用爆破方法开挖

注:1. 土的级别为相当于一般 16 级土石分类级别。
　　2. 坚实系数 f 为相当于普氏岩石强度系数。

<h1>第二节 土方开挖及支撑</h1>

<h2>一、人工挖土</h2>

(一)施工机具(机动翻斗车)

1.机动翻车的特点、用途

机动翻斗车具有结构简单、外形小巧、机动灵活、装卸方便等特点,非常适于狭窄场地作业,是实现建筑施工水平运输机械化的高效运输机械。

2.机动翻斗车的构造组成

机动翻斗车的构造组成与汽车类似,由柴油机、胶带张紧装置、离合器、变速器、传动轴、驱动桥、转向桥、转向器、翻斗锁紧和回斗控制机构等组成。一般机动翻斗车的底盘构造如图1-1所示。

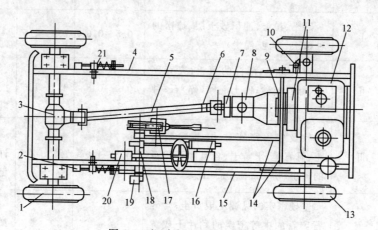

图 1-1 机动翻斗车的底盘构造

1—驱动轮;2—翻斗拉杆箱;3—驱动桥;4—车架;5—传动轴;

6—十字轴万向节;7—手制动器;8—变速器;9—带轮;10—转向梯形结构;

11—飞轮;12—发动机;13—转向轮;14—离合器分离拉杆;15—转向拉杆;16—制动总泵;

17—锁定机构;18—制动踏板;19—离合器踏板;20—转向器;21—翻斗拉杆

3.机动翻斗车的使用要点

(1)启动后应低速运转,检查发动机运转情况及机油压力是否正常。待水温上升后再开始工作,正常工作水温应保持在75℃～90℃之间。必须以一挡起步,顺序换挡。离合器要分离彻底,结合平稳,禁止用离合器处于半结合状态来控制车速。

(2)行驶前,检查锁紧装置。必须将料斗锁牢,以防行驶时掉斗,损坏机件。

(3)上坡时,如遇路面差或坡度较大,应提前换入低速挡行驶;下坡时,严禁脱挡滑行,并避免紧急制动,以防向前倾翻。

(4)通过泥泞地段或雨后砂地,要低速缓行,避免换挡、制动或急剧加速,并不要靠近路边或沟旁行驶,防止侧滑。

(5)翻斗车排成纵列行驶时,要和前车保持8 m左右的间距,下雨或冰雪的路面上还应加大间距。

(6)在坑沟边缘卸料时,应设安全挡块,车辆接近坑边应减速行驶,避免剧烈冲撞。

（7）停车时要选择适当地点,不要在坡道上停车。冬季要防止车辆与地面冻结粘连。

（8）严禁料斗内载人。禁止料斗在卸料工况下行驶或进行平土作业。

（9）发动机运转或料斗内载荷时,严禁在车底下进行任何作业。

（10）操作人员离机时,必须将发动机熄火,并挂挡拉紧手制动器。

（二）施工技术

1. 场地平整

（1）现场勘察。当确定平整工程后,施工人员首先应到现场进行勘察,了解场地地形、地貌和周围环境。根据建筑总平面图及规划了解并确定现场平整场地的大致范围。

（2）地面障碍物清除。平整前必须把场地平整范围内的障碍物如树木、电线、电杆、管道、房屋、坟墓等清理干净。场地原有高压线、电杆、塔架、地上和地下管道、电缆、坟墓、树木、沟渠以及旧有房屋、基础等进行拆除或进行搬迁、改建、改线;对附近原有建筑物、电杆、塔架等采取有效的防护和加固措施,可利用的建筑物应充分利用。在黄土地区或有古墓地区,应在工程基础部位,按设计要求位置,用洛阳铲进行详探,发现墓穴、土洞、地道、地窖、废井等,应对地基进行局部处理。

（3）根据总图要求的高程,从水准基点引进基准高程作为确定土方量计算的基点。土方量的计算有方格网法和横截面法,可根据地形具体情况采用。现场抄平的程序和方法由确定的计算方法进行。通过抄平测量,可计算出该场地按设计要求平整需挖出和回填的土方量,再考虑基础开挖还有多少挖出（减去回填）的土方量,并进行挖填方的平衡计算,做好土方平衡调配,减少重复挖运,以节约运费。

（4）大面积平整土方宜采用机械进行,如用推土机、铲运机推运平整土方;有大量挖方应用挖土机等进行。在平整过程中要交错用压路机压实。

（5）平整场地的表面坡度应符合设计要求,如设计无要求时,一般应向排水沟方向作成不小于 0.2% 的坡度。

（6）平整后的场地表面应逐点检查,检查点为每 $100 \sim 400$ m^2 取 1 点,但不少于 10 点;长度、宽度和边坡均为每 20 m 取 1 点,每边不少于 1 点,其质量检验标准应符合表 1-2 的要求。

表 1-2 土方开挖工程的质量检验标准 （单位:mm）

项 目	允许偏差或允许值					检验方法
	校基、基坑、基槽	挖方场地平整		管沟	地(路)面基层	
		人工	机械			
高程	−50	±30	±50	−50	−50	水准仪
长度、宽度（由设计中心线向两边量）	+200 −50	+300 −100	+500 −150	+100	—	经纬仪,用钢尺量
边坡	设计要求					观察或用坡度尺检查
表面平整度	20	20	50	20	20	用 2 m 靠尺和楔形塞尺检查
基底土性	设计要求					观察或土样分析

注:地(路)面基层的偏差只适用于直接在挖、填方上做地(路)面的基层。

（7）场地平整应经常测量和校核其平面位置、水平高程和边坡坡度是否符合设计要求。平面控制桩和水准控制点应采取可靠措施加以保护,定期复测和检查,土方不应堆在边坡边缘。

2. 土方基坑(槽)开挖

基坑开挖,应先测量定位,抄平放线,定出开挖宽度,按入线分块(段)分层挖土。根据土质和水文情况采取在四侧或两侧直立开挖或放坡,以保证施工操作安全。

(1)当开挖基坑(槽)的土壤含水率大而不稳定,或基坑较深,或受到周围场地限制而需用较陡的边坡或直立开挖而土质较差时,应采用临时性支撑加固。挖土时,土壁要求平直,挖好一层,支一层支撑,挡土板要紧贴土面,并用小木桩或横撑木顶住挡板。开挖宽度较大的基坑,当在局部地段无法放坡,或下部土方受到基坑尺寸限制不能放较大坡度时,则应在下部坡脚采取加固措施,如采用短桩与横隔板支撑,或砌砖、毛石或用编织袋、草袋装土堆砌临时矮挡土墙,保护坡脚;当开挖深基坑时,则须采取半永久性、安全、可靠的支撑措施。

(2)基坑开挖程序一般是:测量放线→切线分层开挖→排降水→修坡→整平→留足预留土层等。相邻基坑开挖时,应遵循先深后浅或同时进行的施工程序。挖土应自上而下水平分段分层进行。

(3)基坑开挖应尽量防止对地基土的扰动。

(4)在地下水位以下挖土,应在基坑(槽)四侧或两侧挖好临时排水沟和集水井。

(5)基坑、基槽尺寸应满足结构和施工要求。当基底为渗水土质,槽底尺寸应根据排水要求和基础模板设计所需基坑大小而定。当不设模板时,可按基础尺寸和施工操作工作面、最小回填工作宽度要求确定基底开挖尺寸。

(6)土方开挖的顺序、方法必须与设计工况相一致,并遵循"开槽支撑、先撑后挖、分层开挖、严禁超挖"的原则。

多人分段开挖时,施工层面间应留出一定的安全距离。边坡应随挖随修整。

(7)基槽(坑)开挖的测量放线工作已完成,并经验收符合设计要求。

(8)开挖各种浅基础时,如不放坡,应先按放好的灰线直边切出槽边的轮廓线。

(9)基坑(槽)应分段开挖,挖好一段浇筑一段垫层,并在基坑(槽)两侧围以土堤或挖排水沟,以防地面雨水流入基坑(槽),同时应经常检查边坡和支护情况,以防止坑壁受水浸泡造成塌方。

(10)应避免在已完基础一侧过高堆土,使基础、墙、柱歪斜而酿成事故。

(11)如开挖的基坑(槽)深于邻近建筑基础时,开挖应保持一定的距离和坡度(图1-2),以免影响邻近建筑基础的稳定。如不能满足要求,应采取在坡脚设挡墙或支撑进行加固处理。

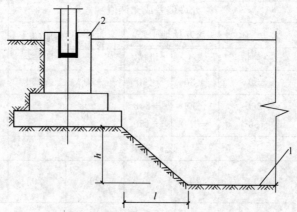

图1-2 基坑(槽)与邻近基础应保持的距离
1—开挖深基坑(槽)底部;2—邻近基础
h—地基至坑底的纵向距离;l—地基至坑底的横向距离

(12)各种槽坑开挖要求见表1-3。

表1-3 各种槽坑开挖要求

槽坑类型	要　　求
浅条形基础	一般黏性土可自上而下分层开挖,每层深度以600 mm为宜,从开挖端部逆向倒退按踏步型挖掘;碎石类土先用镐翻松,正向挖掘出土,每层深度视翻土厚度而定
浅管沟	与浅条形基础开挖基本相同,仅沟帮不需直修平。高程按龙门板上平往下返出沟底尺寸,接近设计高程后,再从两端龙门板下面的沟底高程上返500 mm为基准点,拉小线用尺检查沟底高程,最后修整沟底
放坡的基槽或管沟	应先按施工方案规定的坡度粗略开挖,再分层按放坡度要求做出坡度线,每隔3 m左右做出一条,以此为准进行铲坡。深管沟挖土时,应在沟帮中间留出宽800 mm左右的倒土台
大面积浅基坑	沿坑三面开挖,挖出的土方装入手推车或翻斗车,运至弃土(存土)地点

(13)挖至设计高程后,基底不得长期暴露,并不得受扰动或浸泡。应及时检查基坑尺寸、高程、基底土承载力,符合要求并办理验槽手续后应立即进行后续施工。

(14)开挖基槽(坑)和管沟时,不得超过基底高程。如个别地方超挖时,应取得设计单位的同意,用与基土相同的土料补填,并夯实至要求的密实度;或用灰土或砂砾石填补并夯实。重要部位超挖时,可用低强度等级混凝土填补。

(15)在基槽挖土过程中,应随时注意土质变化情况,如基底出现软弱土层、枯井、古墓等,应与设计单位共同研究,采取加深、换填或其他加固地基方法进行处理。遇有文物,应做好保护,妥善处理后再继续施工。

(16)基坑挖完后应进行验槽,并做好记录,如发现地基土质与地质勘探报告、设计要求不符时,应与有关人员研究并及时处理。

(17)开挖基槽、管沟的土方,在场地有条件堆放时,留足回填需用的好土,多余的土方运出,避免二次搬运。

3.修整边坡、清底

(1)土方开挖挖到距槽底500 mm以内时,测量放线人员应及时配合测出距槽底500 mm水平高程点;自每条槽端部200 mm处,每隔2～3 m在槽帮上钉水平高程小木橛。在挖至接近槽底高程时,用尺或事先量好的500 mm标准尺杆,随时以小木橛上平校核槽底高程。最后由两端轴线(中心线)引桩拉通线,检查沟槽底部尺寸,确定槽宽界标,据此修整槽帮,最后清除槽底土方,修底铲平。

(2)人工修整边坡,确保边坡坡面的平整度。当遇有上层滞水影响时,要在坡面上每隔1 m插放一根泄水管,以便把滞水有效地疏导出来,减少对坡面的压力。

(3)基槽、管沟的直立帮和坡度,在开挖过程和敞露期间应采取措施防止塌方,必要时应加以保护。

在开挖槽边土方时,应保证边坡和直立帮的稳定。当土质良好时,抛于槽边的土方(或材料),应距槽(沟)边缘1.0 m以外,高度不宜超过1.5 m。在柱基周围、墙基或围墙一侧,不得堆土过高。

4.季节性施工要点

(1)人工挖槽施工宜安排在少雨期节进行,若必须在雨期施工,应采取有效措施。开工前应做好计划和施工准备,一旦开挖即应连续快速进行。

（2）雨期施工应注意边坡稳定，必要时可适当放缓边坡或设置支撑，基槽边应设拦水坎和排水沟防止雨水流入基槽，土质较差的边坡宜采用防水布覆盖，防止雨水冲刷边坡。阶梯状分层挖槽时应在基底较低处设置集水坑，及时排除基底积水，严禁浸泡基槽。雨期开挖工作面不宜过大，应分段逐片进行。施工中应加强对边坡和支撑的检查。

（3）土方开挖不宜在冬期施工。如必须进行冬期施工时，应编制相应的冬期施工方案。采取措施防止土层冻结后开挖土方时，可在冻结前用保温材料覆盖或将表层土翻耕耙松，其翻耕深度应根据当地气候条件确定，一般不小于 0.3 m。

开挖基坑（槽）或管沟时，必须防止基础下的基土遭受冻结。如基坑（槽）开挖完毕后，有较长的停歇时间，应在基底高程以上预留适当厚度的松土，或用其他保温材料覆盖，地基不得受冻。如遇开挖土方引起邻近建筑物（构筑物）的地基和基础暴露时，应采用防冻措施，以防产生冻结破坏。

二、机械挖土

（一）施工机具

1. 推土机

（1）推土机的特点

操作灵活，运转方便，所需工作面小，可挖土、运土，易于转移，行驶速度快，应用广泛。

（2）推土机的构造组成

推土机主要由发动机、底盘、液压系统、电气系统、工作装置和辅助设备等组成，如图 1-3 所示。

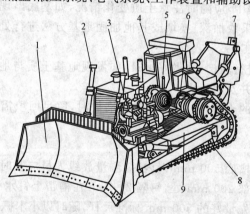

图 1-3　推土机

1—铲刀；2—液压系统；3—发动机；4—驾驶室；5—操纵机构；
6—传动系统；7—松土器；8—行走装置；9—机架

（3）作业用途

1）推平；

2）运距 100 m 内的堆土（效率最高为 60 m）；

3）开挖浅基坑；

4）推送松散的硬土、岩石；

5）回填、压实；

6）配合铲运机助铲；

7）牵引；

8)下坡坡度最大35°,横坡最大为10°,几台同时作业时,前后距离应大于8 m。

(4)适用范围

1)推一至四类土;

2)找平表面,场地平整;

3)短距离移挖作填,回填基坑(槽)、管沟并压实;

4)开挖深不大于1.5 m的基坑(槽);

5)堆筑高1.5 m内的路基、堤坝;

6)拖羊足碾;

7)配合挖土机从事集中土方、清理场地、修路开道等。

(5)作业方法

推土机开挖的基本作业是铲土、运土和卸土三个工作行程和一个空载回驶行程。铲土时应根据土质情况,尽量采用最大切土深度在最短距离(6~10 m)内完成,以便缩短低速运行时间,然后直接推运到预定地点。回填土和填沟渠时,铲刀不得超出土坡边沿。

2.铲运机

(1)铲运机的特点

操作简单灵活,不受地形限制,不需特设道路,准备工作简单,能独立工作,不需其他机械配合能完成铲土、运土、卸土、填筑、压实等工序,行驶速度快,易于转移;需用劳力少,动力少,生产效率高。

(2)铲运机的构造组成

铲运机按运行方式分为拖式铲运机和自形式铲运机。

1)拖式铲运机主要由拖把、前轮、油管、辕架、工作油缸、斗门、铲斗、机架、后轮和拖拉机等组成,如图1-4所示。

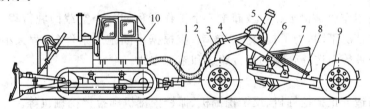

图1-4 拖式铲运机(CTY2.5型)

1—拖把;2—前轮;3—油管;4—辕架;5—工作油缸;

6—斗门;7—铲斗;8—机架;9—后轮;10—拖拉机

2)自行式铲运机主要由发动机、单轴牵引车、前轮、转向架、转向液压缸、辕架、提升油缸、斗门、斗门油缸、铲斗、后轮、尾架、卸土板和卸土油缸等组成,如图1-5所示。

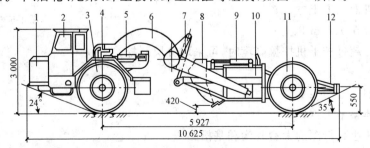

图 1-5

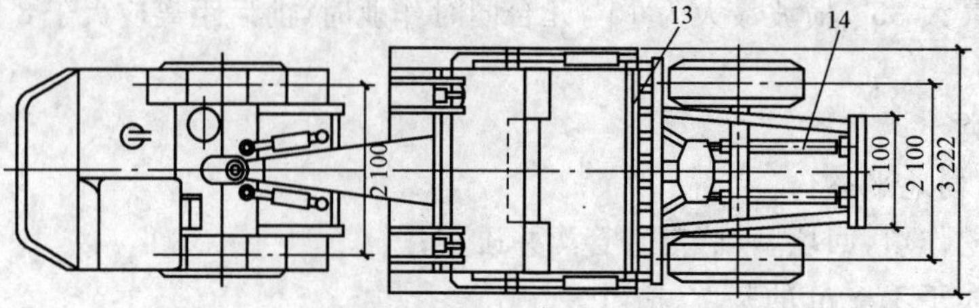

图 1-5　自行式铲运机(CL7 型)(单位:mm)

1—发动机;2—单轴牵引车;3—前轮;4—转向支架;5—转向液压缸;

6—辕架;7—提升油缸;8—斗门;9—斗门油缸;10—铲斗;

11—后轮;12—尾架;13—卸土板;14—卸土油缸

(3)作业用途

1)大面积整平;

2)开挖大型基坑、沟渠;

3)运距 800~1 500 m 内的挖运土(效率最高为 200~350 m);

4)填筑路基、堤坝;

5)回填压实土方;

6)坡度控制在 20°以内。

(4)适用范围

1)大面积场地平整、压实;

2)运距 800 m 内的挖运土方;

3)开挖大型基坑(槽)、管沟,填筑路基等。但不适于砾石层、冻土地带及沼泽地区使用。

(5)作业方法

铲运机的基本作业是铲土、运土、卸土三个工作行程和一个空载回驶行程。在施工中,由于挖填区的分布情况不同,为了提高生产效率,应根据不同施工条件(工程大小、运距长短、土的性质和地形条件等),选择合理的运行路线和施工方法。

3.挖掘机

挖掘机按构造分正铲挖掘机、反铲挖掘机、抓铲挖掘机和拉铲挖掘机等。

(1)正铲挖掘机

1)正铲挖掘机的特点

装车轻便灵活,回转速度快,移位方便;能挖掘坚硬土层,易控制开挖尺寸,工作效率高,如图 1-6 所示。

2)作业用途

①开挖停机面以上土方;

②工作面应在 1.5 m 以上;

③开挖高度超过挖土机挖掘高度时,可采取分层开挖;

④装车外运。

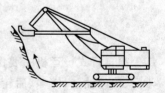

图 1-6　正铲挖掘机

3)适用范围

①大型场地整平土方;

②工作面狭小且较深的大型管沟和基槽路堑;

③独立基坑;

④边坡开挖。

4)作业方法

前进向上,强制切土。

(2)反铲挖掘机

1)反铲挖掘机的特点

操作灵活,挖土、卸土均在地面作业,不用开运输道。反铲挖掘机如图1-7所示。

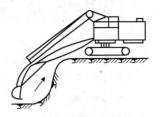

图1-7 反铲挖掘机

2)作业用途

①开挖地面以下深度不大的土方;

②最大挖土深度4～6 m,经济合理深度为1.5～3 m;

③可装车和两边甩土、堆放;

④较大较深基坑可用多层接力挖土。

3)适用范围

①管沟和基槽;

②独立基坑;

③边坡开挖。

4)作业方法

后退向下,强制切土。

(3)拉铲挖掘机

1)拉铲挖掘机的特点

可挖深坑,挖掘半径及卸载半径大,但操作灵活性较差,拉铲挖掘机如图1-8所示。

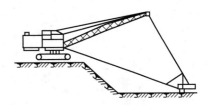

图1-8 拉铲挖掘机

2)作业用途

①开挖停机面以下土方;

②可装车和甩土;

③开挖截面误差较大;

④可将土甩在基坑(槽)两边较远处堆放。

3)适用范围

①挖掘一至三类土,开挖较深较大的基坑(槽)、管沟;

②大量外借土方;

③填筑路基、堤坝;

④挖掘河床;

⑤不排水挖取水中泥土。

4)作业方法

后退向下,自重切土。

(4)抓铲挖掘机

1)抓铲挖掘机的特点

钢绳牵拉灵活性较差,工效不高,不能挖掘坚硬土;可以装在简易机械上工作,使用方便。抓铲挖掘机如图1-9所示。

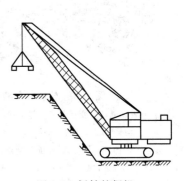

图1-9 抓铲挖掘机

2)作业用途

①开挖直井或深井土方;

②可装车或甩土;

③排水不良也能开挖;

④吊杆倾斜角度应在45°以上,距边坡应不小于2 m。

3)适用范围

①土质比较松软,施工面较狭窄的深基坑、基槽;

②水中挖取土,清理河床;

③桥基、桩孔挖土;

④装卸散装材料。

4.装载机

(1)装载机的特点

操作灵活,回转移位方便、快速;可装卸土方和散料;行驶速度快。

(2)装载机的构造组成

装载机按行走装置分履带式装载机和轮胎式装载机。

轮胎式装载机由工作装置、行走装置、发动机、传动系统、转向制动系统、液压系统、操作系统和辅助系统组成,如图1-10所示。履带式装载机是以专用底盘或工业拖拉机为基础车,装上工作装置并配装适当的操纵系统而构成的,其构造组成如图1-11所示。

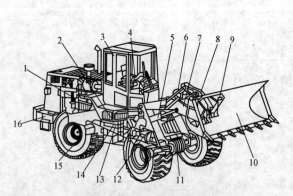

图1-10　轮胎式装载机

1—发动机;2—变矩器;3—驾驶室;4—操纵系统;

5—动臂油缸;6—转斗油缸;7—动臂;8—摇臂;

9—连杆;10—铲斗;11—前驱动桥;12—传动轴;

13—转向油缸;14—变速箱;15—后驱动桥;16—车架

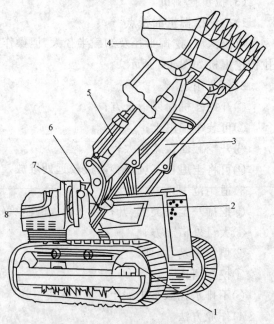

图1-11　履带式装载机

1—行走机构;2—发动机;3—动臂;4—铲斗;

5—转斗油缸;6—动臂油缸;7—驾驶室;8—燃油箱

（3）作业用途

1）开挖停机面以上土方；

2）轮胎式只能装松散土方，履带式可装较实土方；

3）松散材料装车；

4）吊运重物，用于铺设管道。

（4）适用范围

1）外运多余土方；

2）履带式改换挖斗时，可用于开挖；

3）装卸土方和散料；

4）松散土的表面剥离；

5）地面平整和场地清理等工作；

6）回填土；

7）拔除树根。

一般深度不大的大面积基坑开挖，宜采用推土机或装载机堆土、装土，用自卸汽车运土。对长度和宽度均较大的大面积土方一次开挖，可用铲运机铲土、运土、卸土、填筑作业。对面积大且深的基础多采用 0.5 m³、1.0 m³ 斗容量的液压正铲挖掘，上层土方也可用铲运机或推土机进行。如操作面狭窄，且有地下水，土的湿度大，可采用液压反铲挖掘机挖土，自卸汽车运土。在地下水中挖土，可用拉铲，效率较高。对地下水位较深采取不排水开挖时，亦可分层用不同机械开挖，先用正铲挖土机挖地下水位以上的土方，再用拉铲或反铲挖土机挖地下水位以下的土方，如图 1-12 所示，用自卸汽车运土。

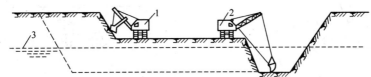

图 1-12 正铲与拉铲配合开挖基坑

1—正铲挖土机；2—拉铲挖土机；3—地下水位线

（二）施工技术

1.开挖基坑、基槽

（1）开挖坡度的确定。

当地质条件好、土（岩）质较均匀、无不良地质现象、地下水不丰富时，坡度见表1-4。

表 1-4 临时性挖方边坡值

土的类别	密实度或状态	坡度允许值（高宽值）	
		坡高在 5 m 以内	坡高为 5～10 m
碎石土	密实	1：0.35～1：0.50	1：0.50～1：0.75
	中密	1：0.50～1：0.75	1：0.75～1：1.00
	稍密	1：0.75～1：1.00	1：1.00～1：1.25
黏性土	坚硬	1：0.75～1：1.00	1：1.00～1：1.25
	硬塑	1：1.00～1：1.25	1：1.25～1：1.50

（2）当基坑（槽）或管沟受周边环境条件和土质情况限制无法进行放坡开挖时，应采取有效的边坡支护方案，开挖时应综合考虑支护结构是否形成，做到先撑后挖，一般应待支护结构强度达到设计强度的70%以上时，才可继续开挖。

（3）开挖基坑（槽）或管沟时，应合理确定开挖顺序、路线及开挖深度。然后分段分层均匀下挖。

1）土方开挖宜从上到下分段分层依次进行。随时做成一定坡度，以利排水。

2）在开挖过程中，应随时检查槽壁和边坡的状态。深度大于1.5 m时，根据土质变化情况，应做好基坑（槽）或管沟的支撑准备，以防坍塌。

3）开挖基坑（槽）和管沟，不得直接挖至设计高程，应在设计高程以上暂留一层土不挖，抄平后，再由人工挖出。暂留土层的厚度，依挖土机械不同为200～300 mm。

（4）开挖大型基坑（槽）时，应采用正铲挖掘机。正铲挖掘机施工方法如下。

1）正向开挖、侧向装土法（图1-13）。正向开挖、侧向装土法用于开挖工作面较大，深度不大的边坡、基坑（槽）、沟渠和路堑等，为最常用的开挖方法。

正铲向前进方向挖土，汽车位于正铲的侧向装车。本法铲臂卸土回转角度最小（<90°），装车方便，循环时间短，生产效率高。

2）正向开挖、反方装土法。正向开挖、反方装土法适用于开挖工作面狭小，且较深的基坑（槽）、管沟和路堑等。

正铲向前进方向挖土，汽车停在正铲的后面（图1-14）。本法开挖工作面较大，但铲臂卸土回转角度较大（在180°左右），且汽车要侧行车，增加工作循环时间，生产效率降低（回转角度180°，效率约降低23%；回转角度130°，约降低13%）。

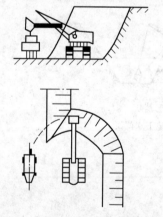 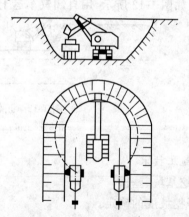

图1-13 正向开挖、侧向装土法　　　　　图1-14 正向开挖、反方装土法

3）分层开挖法。分层开挖法适用于开挖大型基坑或沟渠，工作面高度大于机械挖掘的合理高度时采用。

将开挖面按机械的合理高度分为多层开挖［图1-15(a)］，当开挖面高度不能成为一次挖掘深度的整数倍时，则可在挖方的边缘或中部先开挖一条浅槽作为第一次挖土运输线路［图1-15(b)］，然后逐次开挖直至基坑底部。

4）上下轮换开挖法（图1-16）。上下轮换开挖法在土层较高，土质不太硬，铲斗挖掘距离很短时使用。

先将土层上部1 m以下土挖深30～40 cm，然后挖土层上部1 m厚的土，如此上下轮换开挖。本法挖土阻力小，易装满铲斗，卸土容易。

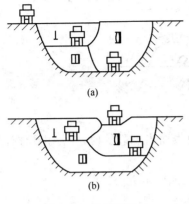

图 1-15　分层开挖法

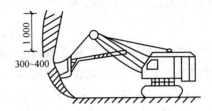

图 1-16　上下轮换开挖法(单位:mm)

5)顺铲开挖法(图 1-17)。顺铲开挖法在土质坚硬、挖土时不易装满铲斗、装土时间长时采用。

铲斗从一侧向另一侧一斗挨一斗地顺序开挖,使每次挖土增加一个自由面,阻力减小,易于挖掘。也可依据土质的坚硬程度使每次只挖 2～3 个斗牙位置的土。

6)间隔开挖法(图 1-18)。间隔开挖法适用于开挖土质不太硬,较宽的边坡或基坑、沟渠等。即在扇形工作面上第一铲与第二铲之间保留一定距离,使铲斗接触土体的摩擦面减少,两侧受力均匀,铲土速度加快,容易装满铲斗,生产效率提高。

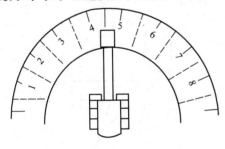

图 1-17　顺铲开挖法

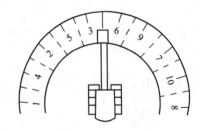

图 1-18　间隔开挖法

7)多层挖土法(图 1-19)。多层挖土法适用于开挖高边坡或大型基坑。

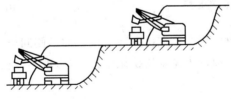

图 1-19　多层挖土法

将开挖面按机械的合理开挖高度,分为多层,同时开挖,以加快开挖速度,可分层运出,也可分层递送,至最上层(或下层)用汽车运走。两台挖土机沿前进方向开挖,上层应先开挖且与下层保持 30～50 m 距离。

8)中心开挖法(图 1-20)。中心开挖法适用于开挖较宽的山坡地段或基坑、沟渠等。

正铲先在挖土区的中心开挖,当向前挖至回转角度超过 90°时,则转向两侧开挖,运土汽车按八字形停放装土。挖土区宽度宜在 40 m 以上,以便于汽车靠近正铲装车。

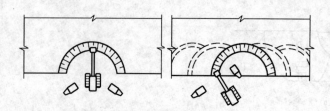

图 1-20　中心开挖法

（5）在挖方边坡上如发现有软弱土、流砂土层时，或地表面出现裂缝时，应停止开挖，并及时采取相应补救措施，以防止土体崩塌与下滑。

（6）采用反铲、拉铲挖土机开挖基坑（槽）或管沟时应采取以下方法。

1）反铲挖掘机的施工方法

①沟端开挖法。沟端开挖法适用于一次成沟后退挖土，挖出土方随即运走的工程，或就地取土填筑路基或修筑堤坝等。

反铲停于沟端，后退挖土，同时往沟一侧弃土或装汽车运走，如图 1-21（a）所示。挖掘宽度可不受机械最大挖掘半径限制，臂杆回转角度仅 45°～90°，同时可挖到最大深度。对较宽基坑可采用图 1-21（b）的方法，其最大一次挖掘宽度为反铲有效挖掘半径的两倍，但汽车须停在机身后面装土，生产效率降低。

②沟侧开挖法（图 1-22）。沟侧开挖法适用于横挖土体和需要将土方甩到离沟边较远的距离的工程。

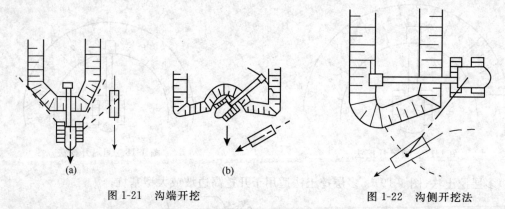

（a）　　　　　　　　　　（b）

图 1-21　沟端开挖　　　　　　　　　图 1-22　沟侧开挖法

反铲停于沟侧沿沟边开挖，汽车停在机旁装土或往沟一侧卸土。本法铲臂回转角度小，能将土弃于距沟边较远的地方，但挖土宽度比挖掘半径小，边坡不好控制，同时机身靠沟边停放，稳定性较差。

③沟角开挖法（图 1-23）。沟角开挖法适用于开挖土质较硬、宽度较小的沟槽（坑）。

反铲位于沟前端的边角上，随着沟槽（坑）的掘进，机身沿着沟边往后作"之"字形移动。臂杆回转角度平均在 45°左右，机身稳定性好，可挖较硬土体，并能挖出一定的坡度。

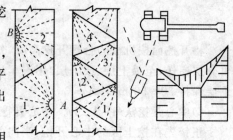

④多层接力开挖法（图 1-24）。多层接力开挖法适用于开挖土质较好、深 10 m 以上的大型基坑、沟槽和渠道。

图 1-23　沟角开挖法

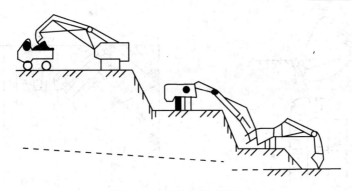

图 1-24 多层接力开挖法

用两台或多台挖土机设在不同作业高度上同时挖土,边挖土、边向上传递到上层,由地表挖土机连挖土带装车。上部可用大型反铲,中、下层用大型或小型反铲,以便挖土和装车,均衡连续作业,一般两层挖土可挖深 10 m,三层可挖深 15 m 左右。本法开挖较深基坑,可一次开挖到设计高程,一次完成,可避免汽车在坑下装运作业,提高生产效率,且不必设专用垫道。

2)拉铲挖掘机作业法

①三角开挖法(图 1-25)。三角开挖法适用于开挖宽度在 8 m 左右的沟槽。

拉铲按"之"字形移位,与开挖沟槽的边缘成 45°角左右。本法拉铲的回转角度小,生产率高,而且边坡开挖整齐。

②沟端开挖法(图 1-26)。沟端开挖法适用于就地取土、填筑路基及修筑堤坝等。

拉铲停在沟端,倒退着沿沟纵向开挖。开挖宽度可以达到机械挖土半径的两倍,能两面出土,汽车停放在一侧或两侧,装车角度小,坡度较易控制,并能开挖较陡的坡。

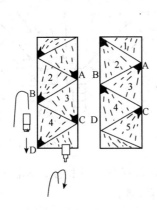

图 1-25 三角开挖法

A、B、C、D—拉铲停放位置

1,2,3,4,5—开挖顺序

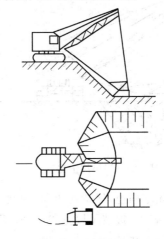

图 1-26 沟端开挖法

③沟侧开挖法(图 1-27)。沟侧开挖法适用于开挖土方就地堆放的基坑(槽)以及填筑路堤等工程。

拉铲停在沟侧沿沟横向开挖,沿沟边与沟平行移动,如沟槽较宽,可在沟槽的两侧开挖。本法开挖宽度和深度均较小,一次开挖宽度约等于挖土半径,且开挖边坡不易控制。

④分段拉土法(图 1-28)。分段拉土法适用于开挖宽度大的基坑(槽)沟渠工程。

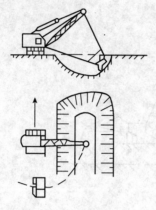

图 1-27　沟侧开挖法

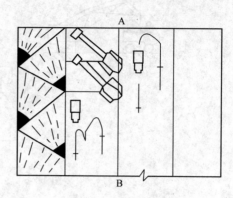

图 1-28　分段拉土法

在第一段采取三角挖土,第二段机身沿 AB 线移动进行分段挖土。如沟底(或坑底)土质较硬,地下水位较低时,应使汽车停在沟下装土,铲斗装土后稍微提起即可装车,能缩短铲斗起落时间,又能减小臂杆的回转角度。

⑤层层拉土法(图 1-29)。层层拉土法适用于开挖较深的基坑,特别是圆形或方形基坑。

拉铲按从左到右或从右到左的顺序逐层挖土,直至设计深度。本法可以挖得平整,拉铲斗的时间可以缩短。

当土装满铲斗后,可以从任何高度提起铲斗,运送土时的提升高度可减少到最低限度,但落斗时要注意将拉斗钢绳与落斗钢绳一起放松,使铲斗垂直下落。

⑥顺序挖土法(图 1-30)。顺序挖土法适用于开挖土质较硬的基坑。

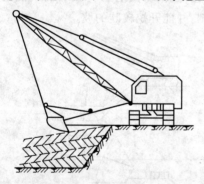

图 1-29　层层拉土法

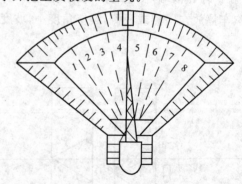

图 1-30　顺序挖土法

挖土时先挖两边,保持两边低、中间高的地形,然后顺序向中间挖土。本法挖土只有两边遇到阻力,较省力,边坡可以挖得整齐,铲斗不会发生翻滚现象。

⑦转圈挖土法(图 1-31)。转圈挖土法适用于开挖较大、较深的圆形基坑。

拉铲在边线外顺圆周转圈挖土,形成四周低中间高的地形,可防止铲斗翻滚。

当挖到 5 m 以下时,则需配合人工在坑内沿坑周边往下挖一条宽 500 mm,深 400～500 mm 的槽,然后进行开挖,直至槽底平,接着再人工挖槽,最后用拉铲挖土,如此循环作业至设计高程为止。

⑧扇形挖土法(图 1-32)。扇形挖土法适用于挖直径和深度不大的圆形基坑或沟渠。

拉铲先在一端挖成一个锐角形,然后挖土机沿直线按扇形后退挖土,直至完成。本法挖土机移动次数少,汽车在一个部位循环,道路少,装车高度小。

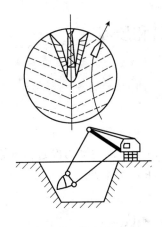

图 1-31　转圈挖土法

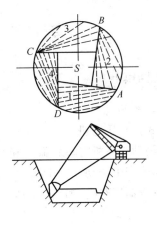

图 1-32　扇形挖土法

（7）挖土机沿挖方边缘移动时，机械距离边坡上缘的宽度不得小于基坑（槽）和管沟深度的 1/2，如挖土深度超过 5 m 时应按专业性施工方案来确定。

2. 修坡和清底

（1）凡机械挖不到的土方，应配合人工随时进行开挖，并用手推车把土运到机械挖到的地方，再用机械挖走。放坡施工时应人工配合机械修整边坡，并用坡度尺检查坡度。

（2）在距槽底设计高程 200～300 mm 槽帮处抄出水平线，钉上木桩，然后用人工将暂留土层挖走。同时由两端轴线（中心线）引桩拉通线（用小线或铅丝）检查距槽边尺寸，确定槽宽标准，以此修整槽边。最后人工紧随挖土机械清除槽底土方。

（3）槽底修理整平后，进行质量检查验收。

（4）开挖基坑（槽）、管沟的土方，在场地有条件堆放时，应留足回填需用的好土，多余的土方，应一次运走，避免二次搬运。

3. 季节性施工要点

（1）土方开挖一般不宜在雨期进行，若必须在雨期施工应采取有效措施，开工前应做好计划和施工准备。开挖工作面不宜过大，应逐段、逐片分期完成。一旦开挖应连续进行，尽快完成。

（2）雨期施工在开挖的基坑（槽）或管沟，应注意边坡稳定，必要时可适当放缓边坡坡度或设置支撑并对坡面进行保护。同时应在坑（槽）外侧围以土堤或开挖水沟，防止地面水流入。经常对边坡、支撑、土堤进行检查，发现问题要及时处理。

（3）雨期施工，机械作业完毕后应停放在较高的坚实地面上。

（4）土方开挖不宜在冬期施工。如必须在冬期施工时，其施工方法应按冬期施工方案进行。

（5）采用防止冻结法开挖土方时，可在冻结以前，用保温材料覆盖或将表层土翻耕耙松，其翻耕深度应根据当地气候条件确定，一般不小于 300 mm。

（6）如遇开挖土方引起邻近建筑物或构筑物的地基和基础暴露时，应采取防冻措施，以防产生冻结破坏。

第三节　土方的填筑和压实

一、人工回填土

(一)施工机具

1.手扶式振动压路机

手扶式振动压路机有单轮振动和双轮振动两种,是由柴油机的动力经过传动系统,启动振动器,使振动轮产生振动。扶手槽连接机架下的转向轮,由手动转向。

(1)双轮振动压路机,如图1-33所示。

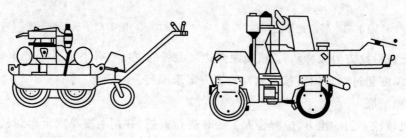

(a)双轮整体式　　　　　　　　　　　　(b)双轮绞接式

图1-33　双轮振动压路机

(2)单轮振动压路机,如图1-34所示。

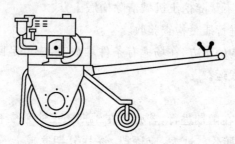

图1-34　单轮振动压路机

2.夯实机械

夯实机由于体积小,重最轻,构造简单,机动灵活、实用,操纵、维修方便,夯击能量大,夯实工效较高,在建筑工程上使用很广。

夯实机械有振动冲击夯、振动平板夯和蛙式打夯机。

(1)振动冲击夯

1)振动冲击夯有内燃式和电动式

①内燃式:以内燃机为动力,机动灵活,但结构较复杂。

②电动式:以电动机为动力,结构较简单,操作方便。

2)适用范围

砂土层、三合土、碎石、砾石等土层的夯实,因其机动灵活,更适合室内地面、庭院、各种沟槽以及条形基础、基坑基底等狭窄地段回填夯实。

（2）振动平板夯

1）振动平板夯有内燃式和电动式

①内燃式：以内燃机为动力，不受电源限制，但结构复杂电源限制，但结构复杂。

②电动式：以电动机为动力，要受电源限制，但结构较简单。电动振动式夯土机结构如图1-35所示。

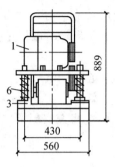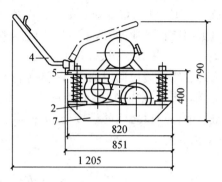

图1-35 电动振动式夯土机（单位：mm）
1—电动机；2—传动胶带；3—振动体；4—手把；
5—支撑板；6—弹簧；7—夯板

2）适用范围

具有冲击和振动的综合作用，适用于沥青混合物、沙质土壤、砾石、碎石和灰土的夯实，尤其适用于沥青路面的修补、室内外场地夯实和边坡、道路的基础夯实。

（3）蛙式打夯机

1）蛙式打夯机有电动式

电动式：结构简单、操作方便，如图1-36所示。

2）适用范围

适用于道路、水利等土方夯实和场地平整，尤其适用于灰土和索土的道路夯实作业。

（二）施工技术

1. 基坑（槽）清理

填土前应将基坑内的杂物清理干净，排除积水。

2. 检验土质

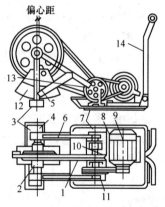

图1-36 电动蛙式打夯机构造
1、11—三角带；2—心轴；3—夯头；4—轴承；
5、6—夯头架；7—座；8—拖盘；9—电动机；
10—传动轴；12—偏心块；13—排架；14—扶手

（1）检验回填土的种类、粒径是否符合规定，清除回填土中草皮、垃圾、有机物等杂物。

（2）进行土料土工试验，内容主要包括液限、塑限、塑性指数、强度、含水率等项目，其检验方法、标准应符合相应规定。

（3）回填前对土料进行击实试验，以测定最大干密度、最佳含水率。

（4）当土的含水率过大时，应采取翻松、晾干、风干、换土回填、掺入干土或其他吸水性材料措施；如土料过干，则应预先洒水湿润。

3. 布土、摊平

（1）根据每层回填土厚度计算用土量，均匀摊平。对于回填作业面较宽处，利用高程桩或小线控制回填土厚度、平整度。

(2)振动打夯机每层虚铺厚度为 250～350 mm,人工夯每层虚铺厚度小于 200 mm。

(3)回填土每层至少夯打三遍。打夯应一夯压半夯,夯夯连接,纵横交叉。并且严禁使用水浇使土下沉的所谓"水夯法"。

(4)基坑回填应相对两侧或四周同时进行。基础墙两侧回填土的高程不可相差太多,以免把墙挤歪;较长的管沟墙,应采用内部加支撑的措施,然后在外侧回填土方。

(5)深浅基坑相连时,应先填深坑,填平后再统一分层填夯。分段填筑时交接处应做成 1∶2 的阶梯形,且分层交接处应错开,上下层错缝距离不应小于 1 m,碾压重叠宽度应为 0.5～1 m。接缝不得留在基础、墙角、柱墩等重要部位。

(6)回填管沟的管线两侧应同时回填,两侧高差不得超过 0.3 m。

(7)管顶以上 0.5 m 范围内,宜用小型夯具(如木夯)夯实。

(8)非同时进行的回填段之间的搭接处,不得形成陡坎,应将夯实层留成阶梯状,阶梯的宽度应大于高度的 2 倍。

4.夯(压)实

摊平后的回填土须立即夯(压)实。打夯机按一定顺序打夯,后夯压前半夯,夯夯相连,且夯位应压在前遍夯位的缝隙上。一般情况下,振动打夯机每层夯实遍数为 3～4 遍,人工夯每层夯实遍数为 3～4 遍,手扶式压路机每层夯实遍数为 6～8 遍。若经检验,密实度仍达不到要求时,应继续夯(压),直到达到要求为止。

基坑及地坪夯实应由四周开始,然后夯向中间。

5.检验密实度

每层回填土均应按规范规定检测其回填夯实后的密实度,达到要求后,方可进行上一层的回填。

6.季节性施工要点

(1)基坑(槽)的回填应分段施工,连续作业,快速成活。

(2)在基坑(槽)边应设阻、排水设施,防止雨水流入沟槽。在基坑(槽)内应设排水沟、集水坑,及时将积水排出。

(3)施工中应注意天气变化,雨前应及时夯完已填土层或将表面压光,并做成一定坡度,以利排除雨水。

(4)填方基底不得受冻,且回填前应清除基(槽)底上的冰雪和保温材料。

(5)室内地面垫层下回填的土方,填料中不得含有冻土块,并应及时夯(压)实。填方完成后至地面施工前,应采取防冻措施。

(6)冬期回填土时,当天填土必须当天完成夯(压)实,并及时覆盖防冻。

二、机械回填土

(一)施工机具

1.静作用压路机

(1)静作用压路机有光轮压路机、轮胎压路机和羊脚碾等

1)光轮压路机其构造组成如图 1-37 所示,其工作装置由几个用钢板卷成或用铸钢铸成的圆柱形中空(内部可装压重材料)的滚轮组成。

2)轮胎压路机其构造组成如图 1-38 所示,轮胎式压路机的轮胎前后错开排列,一般前轮为转向轮,后轮为驱动轮,前、后轮胎的轨迹有重叠部分,使之不致漏压。

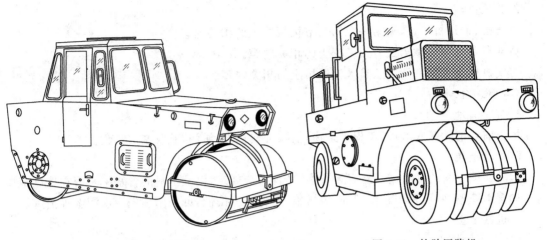

图 1-37 光轮压路机   图 1-38 轮胎压路机

3)羊脚碾拖式单滚羊脚碾构造组成如图1-39所示。各种羊脚的外形如图 1-40 所示,羊脚的尺寸和形状对土的压实质量和压实效果有直接影响,羊脚的高度和碾轮的直径之比应控制在 1∶8 ～1∶5 之间。为使羊脚经久耐用,在羊脚的尖端部位常堆焊一层耐磨锰钢。

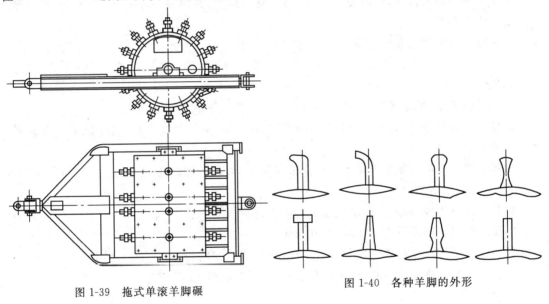

图 1-39 拖式单滚羊脚碾   图 1-40 各种羊脚的外形

(2)按土壤条件选择机型

1)对于黏性土压实,可选用光轮或轮胎压路机。对于含水率较小、黏性较大的黏土,或填土干密度很高时,应选用羊足碾;当含水率较高且填土干密度较低时,以采用轮胎压路机为宜,如在小型工程也可选用光轮压路机。

2)对于无黏性土压实,可选用轮胎或光轮压路机,但较均匀的砂土则只能选用轮胎压路机。

3)在作用于土层上的单位压力不超过土壤的极限强度条件下,应尽可能选用比较重型的碾压机械,以达到较大的压实效果,并能提高生产率。

4)当填土含水率较小且难以进行加水湿润时,应采用重型碾压机械;当填土含水率较大且填土干密度较低时,应采用轻型碾压机械。

2.其他机械

推土机、铲运机等,参见第一章第二节机械挖土的相关内容。

翻斗车参见第一章第二节人工挖土的相关内容。

夯实机械参见第一章第三节人工回填土的相关内容。

(二)施工技术

1.基底清理

填土前要清除基底垃圾、树根等杂物,抽除坑穴积水、淤泥,验收基底高程。

2.检验土质

检验回填土料的种类、粒径,有无杂物,是否符合规定,以及土料的含水率是否在控制范围内。如含水率偏高,可采用翻松、晾晒等措施,如含水率偏低,可采用预先洒水润湿等措施。

3.机械填土

(1)推土机填土

1)填土应由下而上分层铺填。大坡度堆填土,不得居高临下,不分层次,一次堆填。

2)推土机运土回填,可采取分堆集中,一次运送方法,分段距离为 10~15 m,以减少运土漏失量。

3)土方推至填方部位时,应提起一次铲刀,成堆卸土,并向前行驶 0.5~1.0 m,利用推土机后退时将土刮平。

4)用推土机来回行驶进行碾压,履带应重叠一半。

5)填土程序宜采用纵向铺填顺序,从挖土区段至填土区段,以 400~600 mm 距离为宜。

(2)铲运机填土

1)铲运机填土,填土区段,长度不宜小于 20 m,宽度不宜小于 8 m。

2)填土应分层进行,每次填土厚度不大于 300~500 mm。每层填土后,利用空车返回时将地表面刮平。

3)填土顺序一般尽量采取横向或纵向分层卸土,以利行驶时初步压实。

(3)自卸汽车填土

1)自卸汽车为成堆卸土,须配以推土机推土、摊平。

2)每层的填土厚度不大于 300~500 mm。

3)填土可利用汽车行驶作部分压实工作,行车路线须均匀分布于填土层上。

4)汽车不能在虚土上行驶,卸土推平和压实工作须分段交叉进行。

4.填土压实

(1)填方应从最低处开始,由下向上水平分层铺填碾压(或夯实)。

(2)在地形起伏之处,应做好接槎,修筑 1∶2 阶梯形边坡,每步台阶高可取 500 mm,宽 1 000 mm。分段填筑时,每层接缝处应做成大于 1∶1.5 的斜坡,碾迹重叠 0.5~1.0 m,上下层错缝距离不应小于 1 m。接缝部位不得在基础、墙角、柱墩等重要部位。

(3)填土在碾压机械碾压之前,宜先用轻型推土机、拖拉机推平,低速行驶预压 4~5 遍,使其表面平实,采用振动平碾压实。爆破石碴或碎石类土,应先用静压而后振压。

(4)碾压法是利用机械滚轮的压力压实土壤,使之达到所需的密实度。碾压机械有平碾、羊足碾等。平碾又称光碾压路机,是一种以内燃机为动力的自行压路机。按重量等级分为轻型(30~50 kN)、中型(60~90 kN)和重型(100~140 kN)三种,适于压实砂类土和黏性土。羊足碾一般无动力,靠拖拉机牵引,有单筒、双筒两种。根据碾压要求,又可分为空筒及装砂、注水等三种。羊足碾虽然与土接触面积小,但对单位面积的压力比较大,土壤压实的效果好。羊足碾适用于对黏性土的压实。

碾压机械压实填方时,行驶速度不宜过快,一般平碾控制在 24 km/h;羊足碾控制在 3 km/h,并要控制压实遍数,否则会影响压实效果。

(5)用压路机进行填方碾压,应采用"薄填、慢驶、多次"的方法,填土厚度不应超过 250～300 mm;碾压方向应从两边逐渐压向中间,碾轮每次重叠宽度为 150～250 mm,边角、坡度压实不到之处,应辅以人力夯或小型夯实机具夯实。压实密实度除另有规定外,应压至轮子下沉量不超过 1～2 cm 为度,每碾压完一层后,应用人工或机械(推土机)将表面拉毛,以利接合。

(6)用羊足碾碾压时,填土宽度不宜大于 500 mm,碾压方向应从填土区的两侧逐渐压向中心。每次碾压应有 150～200 mm 重叠,同时随时清除黏着于羊足之间的土料。为提高上部土层密实度,羊足碾压过后,宜再辅以拖式平碾或压路机压平。

(7)用铲运机及运土工具进行压实,铲运机及运土工具的移动须均匀分布三填筑层的表面,逐次卸土碾压,如图 1-41 所示。

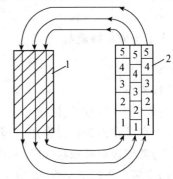

图 1-41　铲运机在填土地段逐次卸土碾压
1—挖土区;2—卸土碾压区

5.季节性施工要点

(1)雨期施工的填方工程,应连续进行,尽快完成;工作面不宜过大,并分层分段逐片进行。施工时应防止地面水流入基坑(槽)内,以免边坡塌方或基土遭到破坏。现场应有防雨及排水措施。重要或特殊的土方回填,尽量在雨期前完成。

(2)雨期施工时应制订切实可行的施工方案,防止地面水流入基坑(槽)内,造成边坡塌方或基底遭到破坏。

(3)施工中应注意收听天气预报,雨前应做好有关准备工作。

(4)填方工程不宜在冬期施工,如必须在冬期施工时应编制冬期施工方案,其施工方法需经过技术经济比较后确定。

(5)冬期填方前,应清除基底上的积雪和保温材料;距离边坡表层 1 m 以内不得用冻土填筑;填方上层应采用未冻、不冻胀或透水性好的土料填筑,其厚度应符合设计要求。

(6)冬期回填土方,每层铺筑厚度要比常温施工时减少 20%～25%,其中冻土块体积不得超过填方总体积的 15%;其粒径不得大于 150 mm。铺冻土块要均匀分布,逐层压(夯)实。回填土方的工作应连续进行,并采取有效的防冻措施,防止已填土层受冻。

第二章　地基与基础工程

第一节　地基处理

一、土工合成材料地基

(一)施工机具

1. 自卸汽车

(1)自卸汽车的特点与用途

自卸汽车是在倾卸装置作用下,将车厢向后或向左右两侧倾翻达到自动卸料目的汽车。自卸汽车与其他装卸机械联合使用,可极大地提高运输效率,降低运输成本,减轻装卸人员的劳动强度;自卸汽车的机动性大,具有一定的爬坡能力(10%~15%),转弯半径较小,投资较小、辅助工作简单、卸料自动化、生产效率较高,适用于土方及其他散装物料的短途运输。重型自卸汽车如图 2-1 所示。

图 2-1　重型自卸汽车

(2)自卸汽车的使用要点

1)自卸汽车应保持举升液压系统完好,工作平稳,操纵灵活,不得有卡阻现象。

2)按规定牌号添加液压油,各节液压缸表面应保持清洁。

3)作业前、后,均应将举升操纵杆放在空挡位置,注意拔出或插入车厢固定销。

4)配合挖掘机作业时,自卸汽车就位后,应提紧手制动器,在铲斗必须越过汽车驾驶室作业时,驾驶室内不准有人停留。

5)卸料时注意在车厢上空和附近应无障碍物;向坑洼地区卸料时,必须和坑边留有安全距离,防止塌方翻车。严禁在斜坡横向倾卸。

6)车厢装有货物时,不允许用正常方法下落,更不允许快速下落,应控制使其缓慢断续地下落。卸料后的车厢必须及时复位,不得在倾卸情况下起步行走。严禁在自卸汽车的车厢内载人。

7)自卸汽车车厢举升后进行检修润滑等作业时,必须将车厢支撑牢固方可进入车厢下面工作。自卸汽车装运混凝土或黏性物料后,必须将整个车槽内外清洗干净,防止物料凝结在车槽上。

2.碾压机械

振动压路机、平板振动器或蛙式打夯机参见第一章第三节人工回填土的相关内容。

(二)施工技术

1.土工合成材料的选用

设计选用土工合成材料的品种、性能和填料土类,应根据工程特性和地基土条件,通过现场试验确定,垫层材料宜用黏性土、中砂、粗砂、砾砂、碎石等内摩阻力高的材料。如工程要求垫层排水,垫层材料就应具有良好的透水性。土工合成材料地基质量检验标准见表 2-1。

表 2-1 土工合成材料地基质量检验标准

项 目	允许偏差
土工合成材料强度(%)	≤5
土石料有机质含量(%)	≤5
土工合成材料延伸率(%)	≤3
土工合成材料搭接长度(mm)	≥300
屋面平整度(mm)	≤20
每层铺设厚度(mm)	±25

2.土工纤维连接

土工纤维连接一般可采用搭接、缝合、胶合或 U 形钉钉合方法,如图 2-2 所示。搭接时应有足够的宽(长)度,在坚固和水平的路基上搭接 0.3 m,在软弱的和不平的地面需搭接 0.9 m;接头处尽量避免受力,防止移动。胶合搭接最少 100 mm,用胶黏剂将 2 块土工布胶结牢固。缝合用尼龙或涤纶线,针距 7~8 mm 时用缝合机面对面或折叠缝合。用 U 形钉连接时每 1.0 m 用一 U 形钉插入连接,其强度低于缝合法和胶合法,应保证主要受力方向的连接强度不低于所采用材料的抗拉强度。

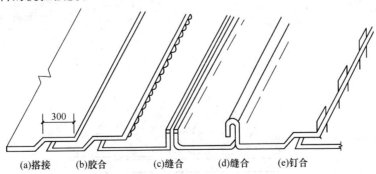

(a)搭接   (b)胶合   (c)缝合   (d)缝合   (e)钉合

图 2-2 土工纤维连接方法

3. 土工纤维铺设

(1)土工布下设置砾石或碎石垫层,上面设置砂卵石护层,碎石承压,土工纤维受拉,充分发挥织物的约束作用和抗拉效应。

(2)土工纤维铺设不要太长,避免长时间暴晒和暴露,使材性老化,应随铺土工布随做护层。

(3)土工纤维上铺垫层时,第一层铺垫厚度应在 500 mm 以下。用推土机铺垫,要防止刮土板损坏土工纤维,局部不得应力集中过大。

(4)土工合成布与结构的连接牢固是保证土工合成材料地基承载力的关键工序,施工前必须根据现场实际情况与设计要求制订切实可行的连接方案。

(5)铺设应从一端向另一端进行,端部应先铺填,中间后铺填,铺设松紧适度,端部必须精心设锚固,如图 2-3 所示。

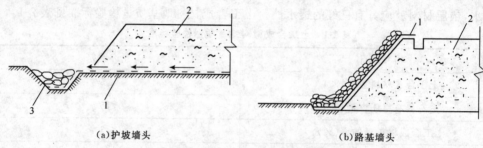

(a)护坡墙头　　　　　　　　　　(b)路基墙头

图 2-3　土工纤维的端头锚固

1—土工纤维;2—填筑护坡或路基;3—排水沟

4. 土工纤维用于反滤工程

土工纤维做反滤层时,连接不得出现扭曲、折皱和重叠。土工纤维上抛石时,应先铺一层 30 mm 厚卵石层,并限制高度在 1.5 m 内,对于重而带棱角的石料,抛掷高度不大于 500 mm。

铺设时,应做好端头位置和锚固,在护坡顶可把土工纤维绕在管子上,埋设在坡顶沟槽中[图 2-4(a)],防止土工纤维下落;在堤坝,土工纤维终止在护坡块石之内,路基应终止在排水沟底部[图 2-4(b)、(c)],避免冲刷时加速坡脚冲刷成坑。

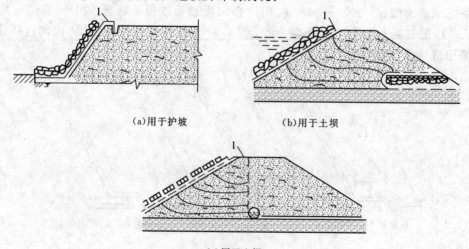

(a)用于护坡　　　　　　　　　　(b)用于土坝

(c)用于土坝

图 2-4　土工纤维用于护坡、土坝反滤工程

1—土工纤维

二、注浆地基

(一)施工机具(螺旋钻孔机)

(1)螺旋钻孔机的特点和分类

螺旋钻孔机是钻的下部有切削刀,切下来的土沿钻杆上的螺旋叶片上升并从地面排出,连续地切土和取土,成孔速度快;钻孔直径范围为150～2 000 mm,一次钻孔深度可达15～20 m。

螺旋钻孔机分为长螺旋钻孔机(钻杆的全长上都有螺旋叶片,最大钻深可达20 m)、短螺旋钻孔机(钻杆上只有2～6个导程的一段有螺旋叶片,最大钻深可达78 m)、双螺旋钻扩机(钻深可达4～5 m,这种钻机一般用于冻土地带)三种。

长螺旋钻孔机整体构造不复杂,成孔效率高,在灌注桩的成孔中应用较多。长螺旋钻孔机按钻杆结构的不同有整体式和装配式两种,按其行走机构的不同有履带式和汽车式两种。长螺旋钻孔机常用多能桩架和起重式桩架。在建筑工地上,常用履带式桩架与长螺旋钻具配套,组成履带式长螺旋钻机,使用较为方便。

(2)螺旋钻孔机的构造组成及工作原理

长螺旋钻孔机如图2-5所示,长螺旋钻孔机由电动机、减速器、钻杆和钻头等组成,整套钻孔机通过滑车组悬挂在桩架上,钻孔机的升架、就位由桩架控制。钻具上的电动机适合于在满载的情况下运转,同时具有较好的过载保护装置。减速器大都采用立式行星减速器。为保证钻杆钻进时的稳定性和初钻时的准确性,在钻杆长度的1/2处安装有中间稳杆器,它用钢丝绳悬挂在钻孔器的动力头上,并随动力头沿桩架立柱上下移动。在钻杆下部装有导向圈,导向圈固定在桩架立柱上,钻杆是一根焊有螺旋叶片的钢管,长螺杆的钻杆多分段制作;常用中空形钻杆,在钻孔机中有上下贯通的垂直孔,可以在钻孔完成后由孔中直接从上面浇灌混凝土,一边浇灌一边缓慢地提升钻杆,这样有利于孔壁稳定,减少孔的坍塌,提高灌注桩的质量。钻孔时,孔底的土片沿着钻杆的螺旋叶片上升,把土卸于钻杆周围的土地上,或是通过出料斗卸在翻斗车等运输工具中运走。长螺旋钻孔机钻孔的孔径不大于1 m,为适用不同地层的钻孔需要,配备有各种不同的钻头,适用于地下水位较低的黏土及砂土层施工。

长螺旋钻孔机多用液压马达驱动,其自重轻,调速很方便,液压动力由履带桩架提供。

短螺旋钻孔机的切土原理与长螺旋钻孔机相同,但排土方法不一样,如图2-6所示。短螺旋钻孔机向下切削一段距离后,切削下的土壤堆积在螺旋叶片上,由桩架卷扬机与短螺旋连接的钻杆,连同螺旋叶片上的土壤一起提升。到钻头超过地面,整个桩架平台旋转一个角度,短螺旋钻孔机反向旋转,将螺旋叶片上的碎土甩到地面上。故短螺旋钻孔机钻孔直径可达2 m,甚至更大。用伸缩钻杆与短螺旋连接,钻孔深度可达78 m。

无论是钻孔直径与钻孔深度,短螺旋钻孔机都比长螺旋钻孔机大,因此使用范围很广。短螺旋钻孔机钻头直径与桩孔孔径一致,钻头一般设计成双头螺纹形,以提高效率;有两种转速,一是转速较低的钻杆转速,二是转速高的甩土转速。对不同类别的土层宜选用不同形式的钻头。伸缩钻杆有2～5节,每节钻杆之间用键连接,钻杆既可伸缩也可改变长度,还可传递扭矩,以保证钻头钻进的动力需要。

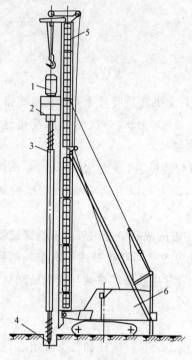

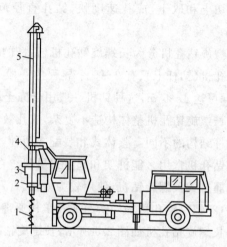

图 2-5　履带式长螺旋钻孔机

1—电动机；2—减速器；3—钻杆；

4—钻头；5—钻架；6—履带式起重机底盘

图 2-6　短螺旋钻孔机

1—螺旋叶片；2—液压马达；

3—变速器；4—加压液压缸；5—钻杆护套

(二)施工技术

(1)施工时，注液管用内径 20～50 mm、壁厚 5 mm 的带管尖的有孔管，如图 2-7(a)所示，泵将压缩空气以 0.2～0.6 MPa 的压力，将溶液以 1～5 L/min 的速度压入土中。注液管间距为 1.73R、行距 1.5R，如图 2-7(b)所示，R 为每注液管的加固半径。砂类土每层加固厚度为注液管有孔部分的长度加 0.5R，其他可按试验确定。

(2)硅化加固土层以上应保留不少于 1 m 的不加固土层。

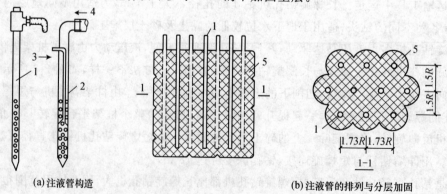

(a)注液管构造　　　　　　　　　　　(b)注液管的排列与分层加固

图 2-7　注液管及注液管排列

1—单液注液管；2—双液注液管；3—第一种溶液；4—第二种溶液；5—硅化加固区

(3)对均质土层，施工程序应按加固层自上而下进行，如土的渗透系数随深度增大，则应自下而上进行。采用压力或电动双液硅化法，溶液灌注程序为：当地下水流速 v 小于 1 m/d 时，应先自上而下灌注水玻璃,然后自下而上灌注氯化钙;当 v 为 1~3 m/d 时,将水玻璃与氯化钙溶液轮流注入;当 v 大于 3 m/d 时,应将水玻璃与氯化钙溶液同时注入,灌注间隔时间应符合表 2-2 的规定。灌注次序,采用单液硅化时,溶液应逐排灌注;采用双液硅化时,溶液应先灌注单数排,然后双数排压入。

表 2-2　向注液管中灌注水玻璃和氯化钙溶液的间隔时间

地下水流速(m/d)	0.0	0.5	1.0	1.5	3.0
最大间隔时间(h)	24	6	4	2	1

注:当加固土的厚度大于 5 m,且地下水流速小于 1 m/d 时,为避免超过上述间隔时间,可将加固的整体沿竖向分成几段进行。

(4)灌注管成孔用振动打拔管机、振动钻或三脚架穿心锤(重 20~30 kg)打入。电极可用 ϕ22 mm 钢筋,用打入法或先钻孔 2~3 m 再打入。

(5)电动双液硅化是把注液管作为阳极,铁棒作为阴极,将水玻璃和氯化钙溶液先后由阳极压入土中,通电后,孔隙水由阳极流向阴极,化学溶液也随之渗流分布于土的孔隙中,硬化生成硅胶。要求电压梯度为 0.5~0.75 V/cm,不加固土层的注液管应绝缘;注液与通电应连续进行。

(6)硅化完毕,留下孔洞用 1∶5 水泥砂浆或土填塞。

(7)砂土和黄土应在施工后 15 d 以后进行,黏性土应在 60 d 以后进行。砂土硅化后的强度应取试块做无侧限抗压试验,其值不得低于设计强度的 90%,黏性土硅化后,应观测加固前后沉降量变化,或使用触探测器探测加固前后土的阻力的变化,确定其质量。

三、预压地基

(一)施工机具

1.振动锤

振动锤利用激振器产生垂直定向振动,使桩在重力或附加压力作用下沉入土中。振动锤可以用来沉预制桩,也可用来拔桩。振动锤使用较方便,不用设置导向桩架,只需用起重机吊起即可。

2.螺旋钻孔机

参见第二章第一节注浆地基的相关内容。

(二)施工技术

1.堆载预压地基

(1)竖向排水体尺寸

1)砂井或塑料排水带直径。砂井直径主要取决于土的固结性和施工期限的要求。砂井分为普通砂井和袋装砂井。普通砂井直径可取 300~500 mm,袋装砂井直径可取 70~120 mm。塑料排水带的作用与砂井相同,可按下式计算:

$$d_p = \frac{2(b+\delta)}{\pi} \tag{2-1}$$

式中　d_p——塑料排水带当量换算直径;
　　　b——塑料排水带宽度;
　　　δ——塑料排水带厚度。

2）砂井或塑料排水带间距。可根据地基土的固结特性和预压时间要求达到的固结度来确定，一般按砂井径比 n（$n=d_e/d_w$，d_e 为砂井的有效排水圆柱体直径，d_w 为砂井直径，对塑料排水带可取 $d_w=d_p$）确定。普通砂井间距可取 $n=6\sim8$，袋装砂井或塑料排水带的间距可取 $n=15\sim22$。

3）砂井排列方式。砂井的平面布置可采用等边三角形或正方形排列根砂井的有效排水圆柱体的直径 d_e 和砂井间距 s 的关系按下列规定取用：

等边三角形布置　　　　　　　　$d_e=1.05s$

正方形布置　　　　　　　　　　$d_e=1.13s$

4）砂井深度。砂井的深度应根据建筑物对地基的稳定性、变形要求和工期确定。对以地基抗滑稳定性控制的工程，砂井深度至少应超过最危险滑动面 2 m。对以变形控制的建筑，如压缩土层厚度不大，砂井宜贯穿压缩土层；对深厚的压缩土层，砂井深度应根据在限定的预压时间内消除的变形量确定。若施工设备条件达不到设计深度，则可采用超载预压等方法来满足工程要求。

（2）堆载的数量、范围和速率

1）堆载数量。预压荷载的大小，应根据设计要求确定，通常可与建筑物的基土压力大小相同。对于沉降有严格限制的建筑，应采用超载预压法处理地基，超载数量应根据预定时间内要求消除的变形量通过计算确定，并宜使预压荷载下受压土层各点的有效竖向压力大于或等于建筑荷载所引起的相应点的附加压力。

2）堆载范围。堆载的范围不应小于建筑物基础外缘所包围的范围，以保证建筑物范围内的地基得到均匀加固。

3）堆载速率。堆载速率应与地基土增长的强度相适应，待地基在前一级荷载作用下达到一定的固结度后，再施下一级荷载，特别是在加荷后期，更需严格控制加荷速率。加荷速率应通过对地基抗滑稳定性的计算来确定，以确保工程安全。但更为直接且可靠的方法是通过各种现场观测来控制，边桩移位速率应控制在 $3\sim5$ mm/d；地基竖向变形速率不宜超过 10 mm/d。

（3）水平垫层铺设

预压法处理地基必须在地表铺设与排水竖井相连的砂垫层，其厚度不应小于 500 mm。砂垫层砂料宜用中粗砂，黏粒含量应小于 3%，砂料中可混有少量粒径小于 50 mm 的砾石。砂垫层的干密度应大于 1.5 g/m³。在预压区内宜设置与砂垫层相连的排水盲沟，在预压区边缘应设置排水沟。砂井的砂料宜用中粗砂，其黏粒含量应不大于 3%。

（4）砂井施工

砂袋放入孔内至少应高出孔口 200 mm，以便埋入砂垫层中。砂井成孔施工方法如下。

1）振动沉管法，是以振动锤为动力，将套管沉到预定深度，灌砂后振动，提管形成砂井。采用该法施工不仅避免了管内砂随管带上，保证砂井的连续性，同时砂受到振密，砂井质量较好。

2）水冲法，是指利用高压水通过射水管形成高速水流的冲击和环刀的。机械切削，使土体破坏，并形成一定直径和深度的砂井孔，然后灌砂而成砂井。

射水成孔工艺，对土质较好且均匀的黏性土地基是较适用的，但对土质很软的淤泥，因成孔和灌砂过程中容易缩孔，很难保证砂井的直径和连续性。对夹有粉砂薄层的软土地基，若压力控制不严，易在冲水成孔时出现串孔，对地基扰动较大。

射水法成井的设备比较简单，对土的扰动较小。但在泥浆排放、塌孔、缩颈、串孔、灌砂等方面部还存在一定的问题。

3)螺旋钻成孔法,是用动力螺旋钻钻孔,属于干钻法施工。提钻后孔内灌砂成形。此法适用于陆上工程,砂井长度在 10 m 以内,土质较好,不会出现缩颈、塌孔现象的软弱地基。此法在美国应用较广泛,该工艺所用设备简单而机动,成孔比较规整,但灌砂质量较难把握,对很软弱的地基也不太适用。

(5)袋装砂井施工

袋装砂井的施工过程如图 2-8 所示。首先用振动贯入法、锤击打入法或静力压入法将成孔用的无缝钢管作为套管埋入土层,到达规定高程后放入砂袋,然后拔出套管,再于地表面铺设排水砂层即可。用振动打桩机成孔时,1 个长 20 m 的孔需 20～30 s,完成 1 个袋装砂井的全套工序,亦只需 6～8 min,施工十分简便。

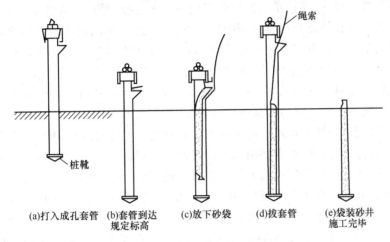

绳索
桩靴
(a)打入成孔套管
(b)套管到达规定标高
(c)放下砂袋
(d)拔套管
(e)袋装砂井施工完毕

图 2-8　袋装砂井的施工工艺流程

(6)塑料排水带施工

1)插板机械

用于插设塑料排水带的插板机种类较多,性能不一。按机型分有轨道式、轮胎式、链条式和步履式等多种。

2)塑料排水带管靴与桩尖

管靴一般有圆形和矩形两种。由于其截面不同,所以桩尖也各异,桩尖是用来防止在打设塑料带过程中,淤泥进入导管,并且对塑料带起锚定作用。混凝土圆形桩尖,如图 2-9 所示;倒梯形桩尖如图 2-10 所示。

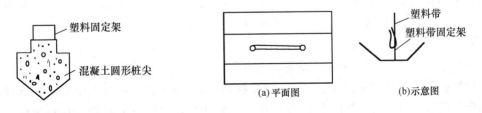

塑料固定架
混凝土圆形桩尖

图 2-9　混凝土圆形桩尖

塑料带
塑料带固定架
(a)平面图
(b)示意图

图 2-10　倒梯形桩尖

3)塑料排水带打设工艺流程

定位→将塑料带通过导管从管靴中拔出→调整塑料带与桩尖→插入塑料带→拔管剪断塑料带。

(7)堆载预压施工控制

1)水平排水垫层施工时,应避免对软土表层的过大扰动,以免造成砂和淤泥混合,影响垫层的排水效果。另外,在铺设砂垫层前,应清除干净砂井顶面的淤泥或其他杂质,以利砂井排水。

2)对于预压软土地基,因软土固结系数较小,软土层较厚时,达到工作要求的固结度需要较长时间。为此,对软土预压应设置排水通道,排水通道的长度和间距宜通过试压试验确定。

3)砂井的灌砂量,应按井孔的体积和砂在中密时的干密度计算,其实际灌砂量不小于计算值的95%。灌入砂袋的砂宜用干砂,并应灌制密实,砂袋放入孔内至少应高出孔口200 mm,以便埋入砂垫层中。

4)袋装砂井施工所用钢管内径宜略大于砂井直径,以减小施工过程中对地基土的扰动。袋装砂井或塑料排水带施工时,平面井距偏差应不大于井径,垂直度偏差宜小于1.5%。

5)塑料带滤水膜在转盘和打设过程中应避免损坏,防止淤泥进入带芯堵塞输水孔而影响塑料带的排水效果。塑料带与桩尖的连接要牢固,避免提管时脱开而将塑料带拔出。桩尖平端与导管靴配合要适当,避免错缝,防止淤泥在打设过程中进入导管,增大对塑料带的阻力,甚至将塑料带拔出。塑料带需接长时,为减少带与导管阻力,应采用滤水膜内平搭接的连接方式。为保证输水畅通并有足够的搭接强度,搭接长度宜大于200 mm。

6)堆载预压过程中,堆在地基上的荷载不得超过地基的极限荷载,避免地基失稳破坏。应根据土质情况制订加荷方案,如需要施加大荷载时,应分级加载,并注意控制每级加载重量的大小和加荷速率,使之与地基的承载力增长相互适应,等待地基在前一级荷载作用下,达到一定固结度后,再施加下一级荷载,特别是在加荷后期,更要严格控制加荷速率,防止因整体或局部加载量过大、过快而使地基土发生剪切破坏。一般堆载预压控制指标是:地基最大下沉量不宜超过10~15 mm/d;水平位置不宜大于4~7 mm/d;孔隙水压力不超过预压荷载所产生应力的60%。通常加载在60 kPa之前,加荷速度可不加限制。

7)预压时间应根据建筑物的要求和固结情况来确定,一般达到如下条件即可卸荷:

①地面总沉降量达到预压荷载下计算的最终沉降量的80%以上;

②理论计算的地基总固结度达80%以上;

③地基沉降速度已降到0.5~1.0 mm/d。

8)对重要工程,应预先在现场进行预压试验,在预压过程中进行沉降、侧向位移、孔隙水压力和十字板抗剪强度等测试。根据上述数据分析加固效果,并与原设计进行比较,以便对设计作必要的修正,并指导现场施工。

(8)堆载预压施工监测

对堆载预压工种,在加载过程中应进行竖向变形、边桩水平位移及孔隙压力等项目的监测,且根据监测资料控制加载速率。对竖井地基,最大竖向变形量每天不应超过15 mm;对天然地基,最大竖向变形量每天不应超过10 mm;边桩水平位移每天不应超过5 mm,并且应根据上述观察资料综合分析、判断地基的稳定性。

对堆载预压工程,当荷载较大时,应严格控制加载速率,防止地基发生剪切破坏或产生过大的塑性变形。对分级加载的工程(如油罐充水预压),可将测点的观测资料整理成每级荷载下孔隙水压力增量累加值$\sum \Delta u$与相应荷载增量累加值$\sum \Delta p$关系曲线($\sum \Delta u$-$\sum \Delta p$关系曲线)。对连续逐渐加载工程,可将测点孔压u与观测时间相应的荷载整理成u-p曲线。当以上曲线斜率出现陡增时,认为该点已发生剪切破坏。

应当指出,按观测资料进行地基稳定性控制是一项复杂的工作,控制指标取决于多种因素,如地基土的性质、地基处理方法、荷载大小以及加载速率等。软土地基的失稳通常经历从局部剪切破坏到整体剪切破坏的过程,这个过程要有数天时间。

2.真空预压地基施工

(1)施工技术参数

1)竖向排水体尺寸。采用真空预压法处理地基必须设置砂井或塑料排水带。竖向排水体可采用袋装砂井,也可采用普通砂井或塑料排水带。砂井或塑料排水带的间距可按照加载预压法设计的砂井或塑料排水带间距选用。砂井深度应根据设计要求在预压期间完成的沉降量和拟建建筑物地基稳定性的要求,通过计算确定。砂井的砂料应采用中粗砂。

2)预压区面积和分块大小。采用真空预压处理地基时,真空预压的总面积不得小于建筑物基础外缘所包围的面积,每块预压面积宜尽可能大且相互连接,因为这样可加快工程进度和消除更多的沉降量。两个预压区的间隔也不宜过大,需根据工程要求和土质决定,一般以2～6 m较好。

3)膜下真空度。真空预压效果与密封膜下所能达到的真空度大小关系密切。

4)变形计算。先计算加固前建筑物荷载下天然地基的沉降量,再计算真空预压期间所完成的沉降量,两者之差即为预压后在建筑物使用荷载下可能发生的沉降。预压期间的沉降可根据设计所要求达到的固结度推算加固区所增加的平均有效应力,从固结度-有效应力曲线上查出相应的孔隙比进行计算。

(2)真空预压施工要求

1)真空预压的抽气设备宜采用射流真空泵,空抽时必须达到95 kPa以上的真空吸力,真空泵的设置应根据预压面积大小和形状、真空泵效率和工程经验确定,但每块预压区至少应设置两台真空泵。

2)真空管路的连接应严格密封,在真空管路中应设置止回阀和截门。水平向分布滤水管可采用条状、梳齿状及羽毛状等形式,滤水管布置宜形成回路。滤水管应设在砂垫层中,其上覆盖厚度100～200 mm的砂层。滤水管可采用钢管或塑料管,外包尼龙纱或土工织物等滤水材料。

由于各种原因,射流真空泵全部停止工作,膜内真空度随之全部卸除,这将直接影响地基预压效果,并延长预压时间,为避免膜内真空度在停泵后很快降低,在真空管路中应设置止回阀和截门。当预计停泵时间超过24 h时,则应关闭截门。所用止回阀及截门都应符合密封要求。

密封膜铺3层的理由是最下一层和砂垫层相接触,膜容易被刺破,最上一层膜易受环境影响,如老化、刺破等,而中间一层膜是最安全、最起作用的一层膜。膜的密封有多种方法,就效果来说,以膜上全面覆水最好。

3)密封膜应采用抗老化性能好、韧性好、抗穿刺性能强的不透气材料。密封膜热合时宜采用双热合缝的平搭接,搭接宽度应大于15 mm。

密封膜宜铺设3层,膜周边可采用挖沟埋膜、平铺并用黏土覆盖压边、围堰沟内及膜上覆水等方法进行密封。

4)采用真空-堆载联合预压时,先进行抽真空,当真空压力达到设计要求并稳定后,再进行堆载,并继续抽气,堆载时需在膜上铺设土工织布等保护材料。

（3）真空预压施工工艺

1）设置排水通道。在软基表面铺设砂垫层和在土体中埋设袋装砂井或塑料排水带,其施工工艺参见堆载预压法施工。

2）铺设膜下管道。真空滤水管一般设在排水砂垫中,其在预压过程中应能适应地基的变形。滤水管外宜围绕铅丝、外包尼龙纱或土工织物等滤水材料。水平向分布滤水管可采用条状、梳齿状或鱼刺状等形式,如图 2-11 和图 2-12 所示。

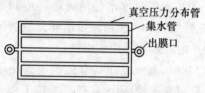

图 2-11　真空滤管条形排列

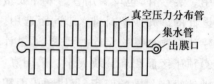

图 2-12　真空滤管鱼刺形排列

3）铺设密封膜。由于密封膜系大面积施工,有可能出现局部热合不好、搭接不够等问题,影响膜的密封性。为确保在真空预压全过程中的密封性,密封膜宜铺设 3 层,覆盖膜周边可采用挖沟折铺、平铺并用黏土压边,围堰沟内覆水以及膜上全面覆水等方法进行密封。当处理区内有充足水源补给的透水层时,尽管在膜周边采取了上述措施,但在加固区内仍存在不密封因素,应采用封闭式板桩墙、封闭式板桩墙加沟内覆水或其他密封措施隔断透水层。

4）抽气设备及管路连接。真空预压的抽气设备宜采用射流真空泵。在应用射流真空泵时,要随时注意泵的运转情况及其真空效率。一般情况下主要检查离心泵射水量是否充足。真空泵的设置应根据预压面积大小、真空泵效率以及工程经验确定,但每块预压区内至少应设置两台真空泵。

真空管路的连接点应严格进行密封,以保证密封膜的气密性。由于射流真空泵的结构特点,流经真空泵管路进入密封膜内,形成连接密封,但系敞开系统。真空泵工作时,膜内真空度很高,但由于某种原因,射流泵全部停止工作,膜内真空度随之全部卸除,这将直接影响地基加固效果,延长预压时间。为避免膜内真空度在停泵后很快降低,在真空管路中应设置止回阀和截门。

（4）真空预压施工控制

1）密封膜热合黏结时宜用两条膜的热合黏结缝平搭接,搭接宽度应大于15 mm（图 2-13）。

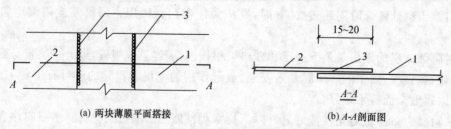

(a) 两块薄膜平面搭接　　　(b) *A-A*剖面图

图 2-13　两块薄膜密合示意（单位：mm）

1—第一块薄膜；2—搭接上的第二块薄膜；3—两块薄膜热合两条缝

2）密封膜宜设三层,覆盖膜周边可采用挖沟折铺、平铺,并用用黏土压边、围堰沟内覆水和膜上全面覆水等方法密封,如图 2-14 所示。

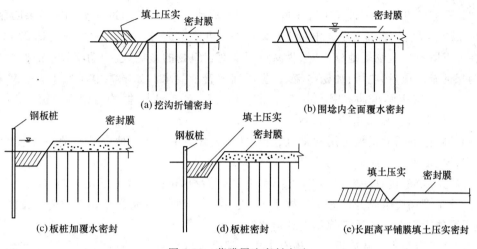

图 2-14　薄膜周边密封方法

(a)挖沟折铺密封　　(b)围埝内全面覆水密封

(c)板桩加覆水密封　　(d)板桩密封　　(e)长距离平铺膜填土压实密封

3)当地区有充足水源补给透水层时,应采用封闭式板桩墙、封闭式板桩墙加沟内覆水或其他密封措施隔断透水层。

4)真空预压的真空度可一次抽气至最大,当连续 5 d 实测沉降小于每天 2 mm,或固结度≥80%,或符合设计要求时,可以停止抽气。

5)铺密封膜前,拣除贝壳及带尖角石子,填平打砂井、袋装砂井、塑料排水带时留下的孔洞,清理平整砂垫层。密封膜要认真检查,并及时补洞后再密封。

6)当用真空-堆载联合加固时,应先按真空加固的要求抽气,真空度稳定后再将所需的堆载加上,堆载的膜上要铺放一层编织布保护密封膜,加载后继续抽气至设计要求后停止抽气。

四、振冲地基

(一)施工机具

1.振冲器

振冲器构造如图 2-15 所示。

2.起重机

可采用履带式起重机(8～10 t)、轮胎式起重机、汽车式起重机或轨道式自行塔架等。根据施工经验,采用汽车式起重机施工比较方便,采用汽车吊的起吊力,30 kW 振冲器大于 80 kN,75 kW 振冲器宜大于 160 kN,起吊高度必须大于施工深度。

(二)施工技术

1.振冲施工要求

(1)振冲施工可根据设计荷载的大小、原土强度的高低、设计桩长等条件选用不同功率的振冲器。施工前应在现场进行试验,以确定水压、振密电流和留振时间等各种施工参数。

振冲施工选用振冲器要考虑设计荷载的大小、工期、工地电源容量及地基土天然强度的高低等因素。30 kW 振冲器每台机组约需电源容量 75 kW,其

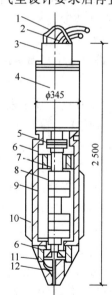

图 2-15　振冲器构造(单位:mm)

1—吊具;2—水管;3—电缆;4—电机;
5—联轴器;6—轴;7—轴承;8—偏心块;
9—壳体;10—起片;11—头部;12—水管

制成的碎石桩径约 0.8 m,桩长不宜超过 8 m,因其振动力小,桩长超过 8 m 加密效果明显降低;75 kW 振冲器每台机组需要电源电量 100 kW,桩径可达 0.9～1.5 m,振冲深度可达 20 m。

在邻近既有建筑物场地施工时,为减小振动对建筑物的影响,宜用功率较小的振冲器。

为保证施工质量,电压、加密电流、留振时间要符合要求。如电源电压低于 350 V 则应停止施工。使用 30 kW 振冲器密实电流一般为 45～55 A;55 kW 振冲器密实电流一般为 75～85 A;75 kW 振冲器密实电流一般为 80～95 A。

(2)升降振冲器的机械可用起重机、自行井架式施工平车或其他合适的设备。施工设备应配有电流、电压和留振时间自动信号仪表。

升降振冲器的机具一般常用 8～25 t 汽车式起重机,可振冲 5～20 m 长桩。

(3)施工现场应事先开设泥水排放系统,或组织好运浆车辆将泥浆运至预先安排的存放地点,应尽可能设置沉淀池重复使用上部清水。

振冲施工有泥水从孔内返出。砂石类土返泥水量较少,黏土层返泥水量大,这些泥水不能漫流在基坑内,也不能直接排入到地下排污管和河道中,以免引起对环境的有害影响,为此在场地上必须事先开设排泥水沟系和做好沉淀池。施工时用泥浆泵将返出的泥水集中抽入池内,在城市施工,当泥水量不大时可用水车拉走。

(4)桩体施工完毕后应将顶部预留的松散桩体挖除,如无预留应将松散桩头压实,随后铺设并压实垫层。

为了保证桩顶部的密实,振冲前开挖基坑时应在桩顶高程以上预留一定厚度的土层。一般 30 kW 振冲器应留 0.7～1.0 m,75 kW 振冲器应留 1.0～1.5 m。当基槽不深时可振冲后开挖。

(5)不加填料振冲加密宜采用大功率振冲器,为了避免造孔中塌砂将振冲器抱住,下沉速度宜快,造孔速度宜为 8～10 m/min,到达深度后将射水量减至最小,留振至密实电流达到规定时,上提 0.5 m,逐段振冲直至孔口,一般每米振密时间约 1 min。

在粗砂中施工如遇下沉困难,可在振冲器两侧增焊辅助水管,加大造孔水量,但造孔水压宜小。

(6)振密孔施工顺序宜沿直线逐点逐行进行。

2.振冲施工步骤

(1)清理平整施工场地,布置桩位。

(2)施工机具就位,使振冲器对准桩位。

(3)造孔。振冲器对准桩位,偏差应小于 50 mm。先开启高压水泵,振冲器端口出水后,再启动振冲器,待运转正常后开始造孔。造孔过程中振冲器应处于悬垂状态,要求振冲器下放速度小于或等于振冲贯入土层速度。造孔速度取决于地基土质条件和振冲类型及造孔水压等,造孔速度宜为 0.5～2.0 m/min。造孔水压大小视振冲器贯入速度和地基土冲刷情况而定,一般为 0.2～0.8 MPa。造孔水压大即水量大,返出泥砂多,水压小,返出泥土少,在不影响造孔速度情况下,水压宜小。

(4)造孔至设计深度确认。造孔深度控制,造孔深度可以小于设计桩深 300 mm,这是为了防止高压水对处理深度以下地基土的冲击。

在此造孔填料,振冲器带着填料向下贯入到设计深度,并开始加密,减少水冲对下卧地基土的影响,即成桩深度与设计桩身一致。对于软淤泥、松散粉砂、砂质粉土和粉煤灰等易被水冲破坏的土,初始造孔深度可小于设计深度 300 mm 以上,但开始加密深度必须达到设计深度。

当造孔时振冲器出现上下颤动或电流大于电机额定电流时,可终止造孔,此时造孔深度未达到设计深度时,应与设计部门研究解决。

(5)清孔。造孔后边提升振冲器边冲水直至孔口,再放至孔底,重复两三次扩大孔径,并使孔内泥浆变稀、振冲孔顺直通畅,以利填料加密。

(6)填料。大功率振冲器投料可不提出孔口,小功率振冲器下料困难时,可将振冲器提出孔口填料,每次填料厚度不宜大于 500 mm。将振冲器沉入填料中进行振密制桩,当电流达到规定的密实电流值和规定的留振时间后,将振冲器提升 300~500 mm。

(7)重复以上步骤,自下而上逐段制作桩体直至孔口,记录各段深度的填料量、最终电流值和留振时间,并均应符合设计规定。

(8)关闭振冲器和水泵。

3.振冲地基施工

(1)振冲挤密法

振冲挤密法一般在中、粗砂地基中使用,这种加固方法可不另外加料,而利用振冲器的振动力,使原地基的松散砂振挤密实。施工操作时,其关键是水量的大小和留振时间的长短。"留振时间"就是振冲器在地基中某一深度处,停下振动的时间。水量的大小要保证地基中的砂土充分饱和。砂土只要在饱和状态下并受到振动便会产生液化,足够的留振时间是让地基中的砂土"完全液化"和保证有足够大的"液化区"。砂土经过液化在振冲停止后,颗粒便慢慢重新排列,这时的孔隙比将比原来的孔隙比小,密实度相应增加,这样就可达到加固的目的。

整个加固区施工完后,桩体顶部向下 1 m 左右这一土层,由于上覆压力小,桩的密实程度难以保证,应予挖除另做垫层,也可另用振动或碾压等密实方法处理。

振冲挤密法一般的施工顺序如下。

1)振冲器对准加固点。打开水源和电源,检查水压、电压和振冲器的空载电流是否正常。

2)沉入砂基。使振冲器以 1~2 m/min 的速度徐徐沉入砂基,并观察振冲器电流变化,电流最大值不得超过电机的额定电流。当超过额定电流值时,必须减慢振冲器下沉速度,甚至停止下沉。

3)当振冲器下沉到设计加固深度以上 300~500 mm 时,需减小冲水,其后继续使振冲器下沉至设计加固深度以下 500 mm 处,并在这一深度上留振 30~60 s。

4)以 1~2 m/min 速度提升振冲器。每提升振冲器 30~50 cm 就留振 30~60 s,并观察振冲器电机电流变化,其密实电流一般超过空振电流 25~30 A 记录每次提升的高度、留振时间和密实电流。

5)关机、关水和移位。在另一加固点上施工。

6)施工现场全部振密加固完后,整平场地,进行表层处理。

(2)振冲置换法

振冲置换法的施工程序如图 2-16 所示。振冲置换法施工是指碎石桩施工,其施工操作步骤可分为成孔、清孔、填料、振密。

若土层中夹有硬层时,应适当进行扩孔,即在此硬层中,把振冲器多次往复上下几次,使得此孔径扩大,以便加碎石料。

在黏性土层中制桩,孔中的泥浆水太稠时,碎石料在孔内下降的速度将减慢,且影响施工速度,所以要在成孔以后留有一定时间清孔,利用回水把稠泥浆带出地面,降低孔内泥浆密度。每次加料时往孔内倒入的填料数量,约为堆积在孔内填料量的 0.8 倍,然后用振冲器振密,再继续加料。密实电流应超过原空振时电流 35~45 A。

在强度很低的软土地基中施工,则要采用"先护壁、后制桩"的方法。即在成孔时,不要一次性到达加固深度,可先到达第一层软弱层,然后加些料进行初步挤振,让这些填料挤到此层的软弱层周围,把此段的孔壁保护住;接着再往下开孔到第二层软弱层,给予同样处理;直到加固深度,这样在制桩前已将整个孔道的孔壁保护住,就可按常规制桩。

目前常用的填料是碎石,其粒径不宜大于 50 mm,太大将会损坏机具。也可采用卵石、矿渣等其他硬粒料,各类填料的含泥量均不得大于 10%,已经风化的石块,不能做填料使用。同理,在地表 1 m 范围内的土层,也需另行处理。

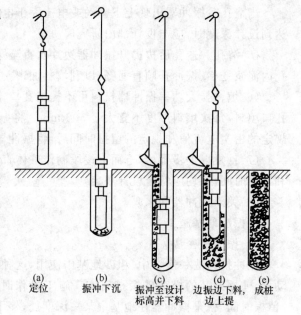

(a) 定位 (b) 振冲下沉 (c) 振冲至设计标高并下料 (d) 边振边下料,边上提 (e) 成桩

图 2-16 振冲碎石桩施工工艺

五、高压喷射注浆地基

(一)施工机具

参见第二章第一节注浆地基的相关内容。

(二)施工技术

1.施工准备

(1)施工前先进行场地平整,挖好排浆沟,并应根据现场环境和地下埋设物的位置等情况,复核高压喷射注浆的设计孔位。

(2)检查水泥、外掺剂(减缓浆液沉淀、缓凝或速凝、防冻等)的质量证明或复试试验报告。

(3)检查高压喷射注浆设备的性能,压力表、流量表的精度和灵敏度。

(4)连接成套高压喷射注浆设备,试运转,确认设备性能符合设计要求。

(5)通过试成桩,确认符合设计要求的压力、水泥喷浆量、提升速度和旋转速度等施工参数。

(6)旋喷施工前,应将钻机定位安放平稳,旋喷管的允许倾斜度不得大于 1.5%。

(7)水泥浆的水胶比一般为 0.8~1.5。为消除纯水泥浆离析和防止泥浆泵管道堵塞,可在纯水泥浆中掺入一定数量的陶土和纯碱。根据需要可加入适量的减缓浆液沉淀、缓凝或速凝、防冻、防蚀等外加剂。

(8)由于喷射压力较大,容易发生窜浆(即第二个孔喷进的浆液,从相邻的孔内冒出),影响邻孔的质量,应采用间隔跳打法施工,一般二孔间距大于 1.5 m。

(9)水泥浆的搅拌宜在旋喷前一小时以内搅拌,旋喷过程中冒浆量应控制在 10%~25% 之间。根据经验,冒浆量小于注浆量 20% 者为正常现象,超过 25% 或完全不冒浆时,应查明原因并采取相应的措施。

2.高压喷射注浆法施工

工艺流程如图 2-17 所示。

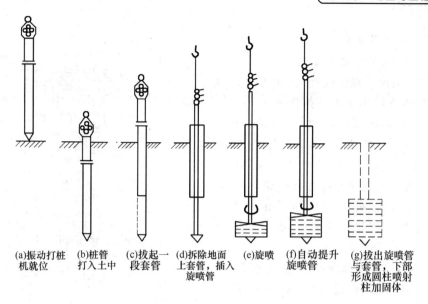

(a)振动打桩　(b)桩管　(c)拔起一　(d)拆除地面　(e)旋喷　(f)自动提升　(g)拔出旋喷管
机就位　　打入土中　段套管　　上套管，　　　　　　旋喷管　　与套管，下部
　　　　　　　　　　　　　　　插入　　　　　　　　　　　　　形成圆柱喷射
　　　　　　　　　　　　　　　旋喷管　　　　　　　　　　　柱加固体

图 2-17　高压喷射注浆法施工工艺流程

（1）喷射深层长桩

在高压喷射注浆过程中出现压力骤然下降、上升或大量冒浆等异常情况等故障时，应停止提升和喷射注浆以防桩体中断，同时立即查明产生的原因并及时采取措施排除故障。如发现有浆液喷射不足，影响桩体的设计直径时，应进行复合。

喷射注浆施工地基，主要是第四纪冲积层，由于天然地基的地层土质情况沿着深度变化较大，土质种类、密实程度、地下水状态等一般都有明显的差异，在这种情况下，喷射深层长桩形成固结体时，若只采用单一的固定喷射参数，势必形成直径不均的上部较粗下部较细的固结体，将严重影响喷射固结体的承载或抗渗作用。因此，对喷射深层长桩，应按地质剖面图及地下水等资料，在不同深度，针对不同地层土质情况，选用合适的喷射参数，才能获得均匀密实的长桩。对深层硬土，可采用增加压力和流量或适当降低旋转和提升速度等方法。

（2）重复喷射

对土体进行第一次喷射时，喷射流冲击对象为破坏原状结构土，若在原位进行第二次喷射时，则喷射流冲击对象已变成浆土混合液，冲击破坏所遇到的阻力较第一次喷射时小。因此，在一般情况下，重复喷射有增加固结体直径的。效果，增大的数值主要随土质密度而定，由于增径大小难以控制，因此不能把它作为增径的主要措施。通常在发现浆液喷射不足影响固结质量时或工程要求较大的直径时才可进行重复喷射。

（3）控制固结形状

通过调节喷射压力和注浆量，改变喷嘴移动方向和速度来控制固结体的形状。根据工程情况，可喷射成固结体形状，见表 2-3。

表 2-3　固结体形状

形　状	喷射方法
圆盘状	只旋转不提升或少提升
圆柱状	边提升边旋转
大底状	在底部喷射时，加大压力做重复喷射或减低喷嘴的旋转和提升速度
大帽状	旋转到顶端时，加大压力或做重复喷射或减低喷嘴的旋转和提升速度
糖葫芦状	在喷浆过程中加大压力，减低喷嘴的旋转和提升速度

六、水泥土搅拌桩地基

(一)施工机具(深层搅拌机)

(1)SJB-30 型深层双轴搅拌机,如图 2-18 所示。目前常用的还有 SJB-40 型搅拌机。

(2)GZB-600 型深层单轴搅拌机,是利用进口钻机改装而成的单搅拌轴、叶片喷浆方式的搅拌机,如图 2-19(a)所示。GZB-600 型深层搅拌机在搅拌头上分别设置搅拌叶片和喷浆叶片,两层叶片相距 0.5 m,成桩直径 ϕ600 mm,喷浆叶片上开有 3 个尺寸相同的喷浆口,如图2-19(b)所示。

(3)DJB-14D 型深层单轴搅拌机,是在 BJ800 型转盘钻机基础上改制而成,如图 2-20(a)所示,其主机系统包括动力头、搅拌轴和搅拌头。搅拌头上端有一对搅拌叶片,下部为与搅拌叶片互成 90°,直径 ϕ500 mm 的切削叶片,叶片的背后安有 2 个直径 ϕ8~ϕ12 mm 的喷嘴,如图 2-20(b)所示。

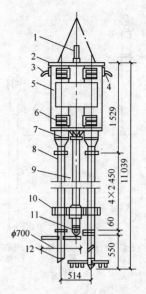

图 2-18　SJB-30 型深层双轴搅拌机(单位:mm)

1—输浆管;2—外壳;3—出水口;4—进水口;
5—电动机;6—导向滑块;7—减速器;8—搅拌轴;
9—中心管;10—横向系板;11—球形阀;12—搅拌头

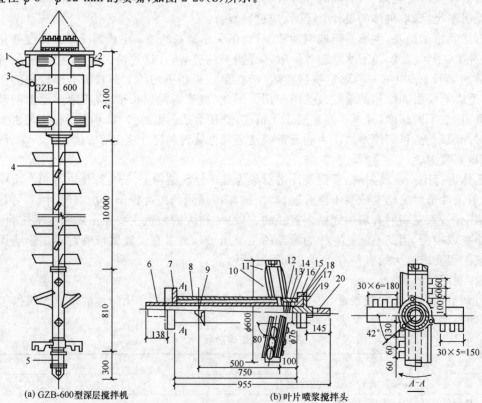

(a)GZB-600型深层搅拌机　　(b)叶片喷浆搅拌头

图 2-19　GZB-600 型深层单轴搅拌机及叶片喷浆搅拌头(单位:mm)

1—电缆接头;2—进浆口;3—电动机;4—搅拌轴;5—搅拌头;6—输浆管;7—上法兰;8、13—搅拌轴;9—搅拌叶片;
10—喷浆叶片;11—输送管;12—堵头;14—胶垫;15—螺栓;16—螺母;17—垫圈;18—下法兰;19—上法兰;20—螺旋锥头

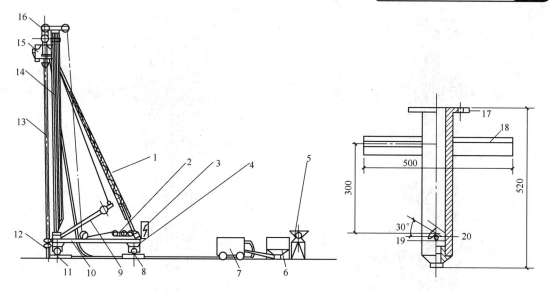

(a)DJB-14D 型深层搅拌单轴搅拌机　　　　(b)搅拌头结构图

图 2-20　DJB-14D 型深层单轴搅拌机和搅拌头(单位:mm)

1—副腿;2—卷扬机;3—配电箱;4—操作台;5—灰浆搅拌机;6—集料斗;7—挤压泵;8—轨道;

9—起落挑杆;10—底盘;11—枕木;12—搅拌钻头;13—主动钻杆;14—钻塔;15—动力头;16—顶部滑轮组;

17—法兰盘;18—搅拌叶片;19—切削叶片;20—喷嘴

(4)GDP-72 型和 GDPG-72 型深层双轴搅拌机械。前者是采用液压步履运行方式,后者是采用滚管运行方式,两者加固的最大深度为 18 m,成桩直径 ϕ 700 mm,加固面积为 0.71 m²。

(5)ZKD65-3 型和 ZKD85-3 型深层三轴搅拌机械,如图 2-21 所示。钻孔的最大深度(和钻孔直径)分别为 30 m(ϕ 650 mm)和 27 m(ϕ 850 mm),在钻孔内可插入工字钢,以提高水泥土搅拌桩的抗弯刚度。

(二)施工技术

1.施工流程

施工流程如图 2-22 所示。

2.施工准备

(1)水泥土搅拌桩施工现场事先应予以平整,必须清除地上和地下的障碍物。遇有明浜、池塘及洼地时应抽水和清淤,回填黏性土料并予以压实,不得回填杂填土或生活垃圾。

国产水泥土搅拌机的搅拌头大都采用双层(或多层)十字杆形或叶片螺旋形。这类搅拌头切削和搅拌加固软土十分合适,但对块径大于 100 mm 的石块、树根和生活垃圾等大块物的切割能力较差,即使将搅拌头作了加强处理后也能穿过块石层,但施工效率较低,机械磨损严重。因此,施工时应予以挖除后再填素土为宜,增加的工程量不大,但施工效率却可大大提高。

(2)施工前,应标定搅拌机械的灰浆泵输送量、灰浆输送管到达搅拌机喷浆口的时间和起吊设备提升速度等施工工艺参数,并根据设计要求通过试验确定搅拌桩的配合比。同时宜用流量泵控制输浆速度,使注浆泵出口压力保持在 0.4~0.6 MPa,并应使搅拌提升速度与输浆速度同步。

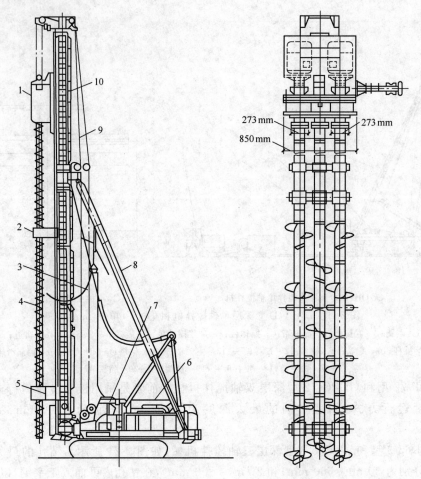

(a)ZKD85-3 型深层三轴搅拌机　　　　(b)钻杆大样图

图 2-21　ZKD85-3 型深层三轴搅拌机

（成孔直径 ϕ 850 mm,钻孔深 27 m）

1—动力头;2—中间支承;3—注浆管电线;4—钻杆;5—下部支承;
6—电气柜;7—操作盘;8—斜撑;9—钻机用钢丝绳;10 立柱

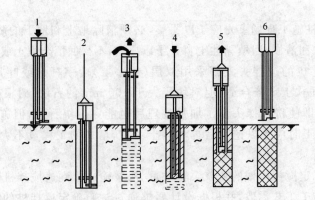

图 2-22　深层搅拌加固工艺流程

1—定位下沉;2—沉入到达底部;3—喷浆搅拌上升;
4—重复搅拌(下沉);5—重复搅拌(上沉);6—完毕

3.桩机就位

按要求钻尖对准桩位标志下钻,对中误差应小于 20 mm,调整好桩机,桩机的钻杆要保证垂直,可采用双锤法检验,要求不垂直度小于 1.5%,防止斜桩。

4.浆液的配制与输送

(1)设专人负责制浆,按设计配比进行制浆,根据每米桩长用水泥多少,一次性配制一根桩所用的水泥浆量。湿法的水胶比为 0.45~0.55。浆液在灰浆搅拌机中应不断搅拌,直至送浆前。待送浆前将浆液倒入集料斗中。搅拌浆液的水泥应过筛,制备好的浆液不得离析。

(2)进入贮浆桶的浆液要经过滤筛,筛网孔径不大于 20 目,且筛网不得有破损。贮浆桶内的浆液必须持续搅拌防止沉淀。对停置时间超过 2 h 的水泥浆应降低强度等级使用或废弃。

(3)水泥浆泵设专人管理,喷搅所额定的浆液量必须控制在各自喷搅完成时贮浆桶内的浆液正好排空。

5.施钻与喷浆控制要求

在施钻前,现场技术负责对施钻深度、复搅次数、施钻速度、喷浆速度、喷浆次数及停浆面等向作业人员作详细交底。在施工过程中,质检人员会同监理在每个班中进行检查,特别是对搅拌桩的水泥用量、水泥浆液的水胶比要逐一核校。

6.成桩施工

(1)正式施工前要在现场进行成桩的工艺性试验。

(2)预拌下沉

1)待深层搅拌机的冷却水循环正常后,启动搅拌机放松起重机钢丝绳,使搅拌机沿导向架搅拌切土下沉,下沉速度可由电机的电流监测表控制。工作电流不应大于 70 A。钻头边旋转边钻进,钻至设计高程后停钻,确认钻深。

2)预拌下沉时也可采用喷浆的施工工艺,但必须确保全桩长上下至少再重复搅拌一次。作业时要先开动灰浆泵,证实浆液从喷嘴喷出时启动搅拌机向下旋转钻进并连续喷射灰浆,钻进速度一般为 1.0 m/min,转速 60 r/min 左右,喷浆压力控制在 1.0~1.4 MPa,喷浆量控制在 30 L/min,下沉到设计深度后原地喷浆 30 s 再提升。

3)机具下沉遇有硬土层阻力大、下沉慢且搅拌钻进困难时,应增加搅拌机自重,然后启动加压装置加压或边输入浆液边搅拌钻进成桩。

4)搅拌机预拌下沉时不宜采用冲水下沉,只有当场地地表土较硬下沉困难,或遇到硬土层下沉太慢时,需经搅拌桩设计人员许可后,方可适量冲水。从输浆系统补给清水以利钻进,但应考虑冲水对桩身强度的影响。凡经输浆管冲水下沉的桩,喷浆前应将输浆管内的水排净。

(3)提升搅拌

将水泥浆与土体拌和均匀,直至预定的停浆面。当桩周土为成层土时,应对软弱土层增加搅拌次数或增加水泥掺量。搅拌头如被软黏土包裹时,应及时清除。搅拌头的直径应定期复核检查,其磨耗量不得大于 10 mm。设专人负责提升、开启和停灰浆泵。

搅拌头下沉到设计深度后,开启灰浆泵将浆液送入桩底,当浆液到达出浆口后,自桩底反转,喷浆搅拌 30 s,在浆液与桩端土充分搅拌后,再开始提升搅拌头,边喷浆、边匀速搅拌提升。浆液泵送必须连续,上升速度依据地层不同及钻机型号不同可控制在 0.5~1.5 m/min,喷浆量为 20~40 L/min,依据试验确定的参数进行控制,停浆面控制在设计桩顶高程以上 0.5 m。拌制浆液罐数、水泥和外加剂用量及泵送浆液的时间等应有专人记录,喷浆量及搅拌深度必须采用监测仪器自动记录。

（4）重复下沉、提升搅拌

根据设计要求的次数，按照上述第（2）条、（3）条的步骤重复进行。如喷浆（粉）量已达到设计要求时，只需复搅不再送浆（喷粉）。

（5）成桩

根据设计的搅拌次数，最后一次喷浆（粉）或仅搅拌提升直至预定的停浆（灰）面，即完成一根搅拌桩的作业。移动搅拌机至下一桩位按照上述施工程序进行下一根搅拌桩的施工。湿法作业成桩后，需开动灰浆泵清洗管路中残存的水泥浆。

7. 季节性施工要点

（1）雨期施工，要准备好水泥盖布，下底垫木板，防止水泥雨淋受潮。盖布要求不透水。

（2）雨期施工时，现场四周需挖掘排水沟和集水井，其位置以不影响施工为原则。坑内施工要做好排水工作，避免槽底受水浸后，槽底土变软，钻机行走不便，必要时垫木方以利行走。

（3）冬期施工，要求水泥浆进钻管温度不低于 5℃，气温太低可用热水进行水泥浆配制。

（4）冬期施工应对桩头采取防冻措施，保证桩体强度正常增长。已施桩应做好保温工作，尤其清除桩间保护土层后要及时用岩棉被或草帘子进行覆盖避免桩头及桩间土受冻。

（5）冬期施工应编制冬期施工方案，施工应对水、水泥浆、输浆管路及储浆设施进行有效保温，防止冻结。

七、土和灰土挤密桩复合地基

（一）施工机具（打桩机）

桩锤与桩架合起来称为"打桩机"。

（1）桩架

桩架用于悬挂桩锤或钻具、吊桩和沉桩，并为之导向。

1）桩架的形式是多种多样的，其中通用桩架是能适用于多种桩锤或钻具的桩架，分为万能桩架和履带式桩机两种基本形式。

万能桩架可在平面内做 360°回转，立柱可水平伸缩和前后倾斜，整机可在轨道上行驶，而行驶方法因其不同的底盘构造分为辅轨式和步履式两种。

辅轨式万能桩架是在长的连续轨道上行驶的万能桩架。它价格便宜，但缺点较多（需要铺轨道且对轨道的水平度要求较严，整套机构比较庞大，在现场组装和用后拆迁都比较麻烦，铺设轨道和把桩架从一条轨道移到另一条轨道上费工费时），应用较少。

步履式万能桩架是在很短的一段轨道上行驶的万能桩架，其轨道可以断续地向前推移，无限延长，其行走、转向非常方便，省去了大量的铺轨和移轨工作，应用广泛。

履带式桩架是装在履带底盘上的桩架，分为悬挂式和三点式两种形式。

悬挂式履带桩架是以履带起重机为底盘，以吊臂悬吊桩架立柱，在下部加一支持叉而成；其立柱在吊臂端部的安装非常简单，装、拆非常方便，桩架拆掉后可作起重机使用；但起重易失稳，稳定性差；横向承载能力较弱，尤其是装用钻孔机时非常明显；立柱在悬挂式中不能倾斜安装，不能打斜桩。

三点式履带桩架是以履带起重机为底盘，其立柱是由三点支承的，即立柱是由两个斜撑（支在附加液压支腿横梁的球座上）和下部托架支持；其稳定性好、承受横向载荷的能力大；立柱可倾斜安装，因此可用来打斜桩，在性能方面优于悬挂式，应用十分广泛。

2)桩架的构造组成

①辅轨式万能桩架构造组成

辅轨式万能桩架由金属结构部分、机械传动部分和电气系统组成,如图 2-23 所示。金属结构部分包括立柱、上平台、下平台、横梁、斜撑和水平伸缩小车等。机械传动部分包括工作装置和综合机械传动机构。电气系统包括发电机、控制器、动力线、照明系统和发电机组等。

②悬挂式履带桩架构造组成

悬挂式履带桩架是以履带起重机为底盘,以起重吊臂作为悬吊桩架之柱,如图 2-24 所示。

③三点式履带桩架构造组成

三点式履带桩架由立柱、立柱支撑、液压支腿、斜撑以及前后支腿等组成,如图 2-25 所示。

3)桩架的安全操作

①桩架的安装场地应平坦坚实,当地基承载力达不到规定的压应力时,应在履带下铺设路基箱或 30 mm 厚的钢板,其间距不得大于 300 mm。

②桩架的安装、拆卸,应按照出厂说明书规定程序进行。伸缩式履带打桩机,应将履带扩张后,方可安装。履带扩张,应在无配重情况下进行,上部回转平台应转到与履带呈 90°位置。

③立杆底座安装完毕后,应对水平微调液压缸进行试验,确认无问题时,再将活塞杆缩进,并准备安装立柱。

④立柱安装时,履带驱动轮应置于后部,履带前倾覆点应采用铁楔块填实,并应制动住行走机构和回转机构,用销轴将水平伸缩臂定位。在安装垂直液压缸时,应在下面铺木垫板将液压缸顶实,并使主机保持平衡。

⑤安装立柱时,应按规定扭矩将连接螺栓拧紧,立柱支座下方应垫千斤顶,并顶实。安装后的立柱,其下方搁置点不应少于 3 个。立柱的前端和两侧应系缆风绳。

⑥立柱竖立前,应向顶梁各润滑点加注润滑油,再进行卷扬筒制动试验。试验时,应先将立柱拉起 300～400 mm 后制动住,然后放下,同时应检查并确认前后液压缸千斤顶牢固可靠。

⑦立柱的前端应垫高,不得在水平以下位置扳起立柱,当立柱扳起时,应同步放松缆风绳。当立柱接近垂直位置时,应减慢竖立速度。扳到 75°～83°时,应停止卷扬,并收紧缆风绳,再装上后支撑,用后支撑液压缸

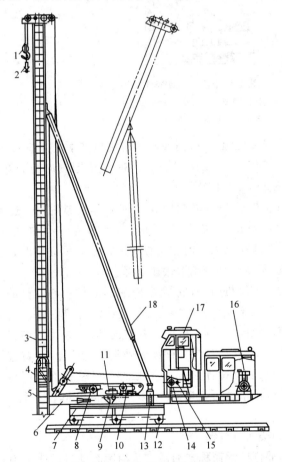

图 2-23　辅轨式万能桩架

1—主钩;2—副钩;3—立柱;4—升降梯;5—水平伸缩小车;6—上平台;
7—下平台;8—升降梯卷扬机;9—水平伸缩机构;10—副吊桩卷扬机;
11—双蜗轮变速器;12—行走机构;13—横梁;14—吊锤卷扬机;
15—主吊桩卷扬机;16—电气设备;17—操纵室;18—斜撑

使立柱竖直。

　　⑧安装后支撑时,应有专人将液压缸向主机外侧拉住,不得撞击机身。

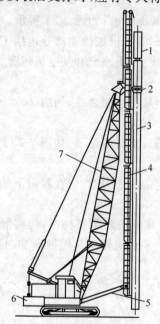

图 2-24　悬挂式履带桩架
1—打桩锤;2—桩帽;3—桩;4—立柱;
5—支撑叉;6—车体;7—吊臂

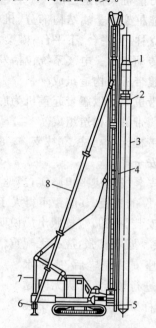

图 2-25　三点式履带桩架
1—打桩锤;2—桩帽;3—桩;4—立柱;
5—立柱支撑;6—液压支腿;7—车体;8—斜撑

　　⑨安装桩锤时,桩锤底部冲击块与桩帽之间应有下述厚度的缓冲垫木。对金属桩,垫木厚度应为 100~150 mm;对混凝土桩,垫木厚度应为 200~250 mm。作业中,应观察垫木的损坏情况,损坏严重时应予更换。

　　⑩连接桩锤与桩帽的钢丝绳张紧度应适宜,过紧或过松时,应予调整,拉紧后应留有 100~250 mm 的滑出余量,并应防止绳头插入气缸法兰与冲击块内损坏缓冲垫。

　　拆卸应按与安装时相反程序进行。放倒立柱时,应使用制动器使立柱缓缓放下,并用缆风绳控制,不得不加控制地快速下降。

　　正前方吊桩时,对混凝土预制桩,立柱中心与桩的水平距离不得大于 4 m;对钢管桩,水平距离不得大于 7 m。严禁偏心吊桩或强行拉桩等。

　　使用双向立柱时,应待立柱转向到位,并用锁销将立柱与基杆锁住后,方可起吊。

　　施打斜桩时,应先将桩锤提升到预定位置,并将桩吊起,套入桩帽,桩尖插入桩位后再后仰立柱,并用后支撑杆顶紧,立柱后仰时打桩机不得回转及行走。

　　打桩机带锤行走时,应将桩锤放至最低位。行走时驱动轮应在尾部位置,并应有专人指挥。

　　(2)柴油打桩锤

　　柴油打桩锤简称柴油锤。柴油锤起动时需要外力,起动后便可连续打桩。

　　1)柴油锤的分类及特点

　　①柴油锤按其结构的不同可分为导杆式和筒式两种。导杆式柴油锤是用导杆为往复运动的缸体导向,活塞固定而缸体运动的柴油锤;整机质量轻,运输安装方便,可用于打木桩、板桩、钢板桩及小型钢筋混凝土桩,也可用来打砂桩与素混凝土桩的沉管,是建筑工程中经常使用的

小型柴油锤。筒式柴油锤的活塞在筒形气缸内往复运动,气缸固定,其结构和技术性能较为先进,目前广泛采用。

②柴油锤具有以下特点。

a.构造简单,维修使用较方便。

b.安装拆卸方便,便于移动,生产效率较高。

c.有噪声、有废气排出,振动较大。

d.使用中易受地层的影响,当地层较硬时,沉桩阻力较大,桩锤的反弹力越大跳起的高度越大;当地层较软时,桩下沉量大,燃油不能爆发或爆发无力,桩锤因而不能被提起,使工作停止,这时只好重新起动。

e.柴油锤的有效功率比较小,用来打桩的动能只有40%~50%,另外的50%~60%消耗在燃油压缩的过程中。

2)柴油锤的构造组成

①导杆式柴油锤

导杆式柴油锤由活塞、缸锤、导杆、顶部横梁、起落架和燃油系统等组成,如图2-26所示。

②筒式柴油锤

筒式柴油锤由锤体、燃油供应系统、润滑系统、冷却系统和起落架等组成,图2-27所示为D72筒式柴油锤构造图。

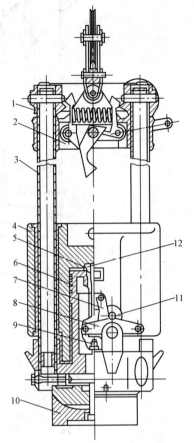

图 2-26　导杆式柴油锤

1—顶横梁;2—起落架;3—导杆;4—缸锤;
5—喷油嘴;6—活塞;7—曲臂;8—油门调整杆;
9—液压泵;10—桩帽;11—撞击销;12—燃烧室

3)柴油锤的使用要点

①柴油桩锤打桩使用规定配合比的燃油,作业前应将燃油箱注满,并将出油阀门打开。

②作业前,应打开放气螺塞,排出油路中的空气,并应检查和试验燃油泵,从清扫孔中观察喷油情况;发现不正常时,应予调整。

③作业前,应使用起落架将上活塞提起稍高于上气缸,打开储油室油塞,按规定加满润滑油。对自动润滑的桩锤,应采用专用油泵向润滑油管路加入润滑油,并应排除管路中的空气。

④对新启用的桩锤,应预先沿上活塞一周浇入0.5 L润滑油,并应用油枪对下活塞加注一定量的润滑油。

⑤应检查所有紧固螺栓,并应重点检查导向板的固定螺栓,不得在松动及缺件情况下作业。

⑥应检查并确认起落架各工作机构安全可靠,起动钩与上活塞接触线在5~10 mm之间。

⑦提起桩锤脱出砧座后,其下滑长度不宜超过200 mm;超过时应调整桩帽绳扣。

⑧应检查导向板磨损间隙,当间隙超过7 mm时,应予更换。

⑨应检查缓冲胶垫,当砧座和橡胶垫的接触面小于原面积2/3时,或下气缸法兰与砧座间隙小于7 mm时,均应更换橡胶垫

⑩对水冷式桩锤,应将水箱内的水加满。冷却水必须使用软水。冬季应加温水。

桩锤起动前,应使桩锤、桩帽和桩在同一轴线上,不得偏心打桩。

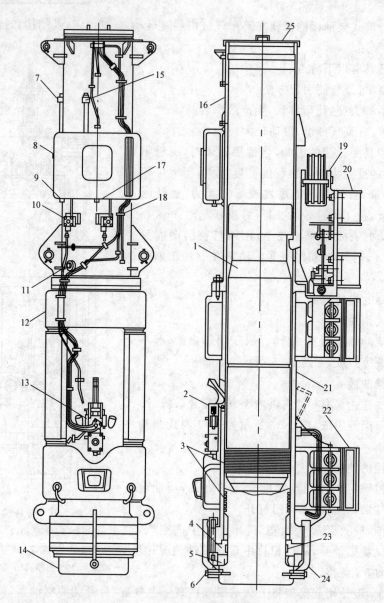

图 2-27 D72 筒式柴油锤构造

1—上活塞;2—燃油泵;3—活塞环;4—外端环;5—橡胶环;6—橡胶环导向;7—燃油进口;
8—燃油箱;9—燃油排放旋塞;10—燃油阀;11—上活塞保险螺栓;12—冷却水箱;13—润滑油泵;
14—下活塞;15—燃油进口;16—上气缸;17—润滑油排放塞;18—润滑油阀;19—起落架;
20—导向卡;21—下气缸;22—下气缸导向卡爪;23—铜套;24—下活塞保险卡;25—顶盖

在桩贯入度较大的软土层起动桩锤时,应先关闭油门冷打,待每击贯入度小于 100 mm 时,再开启油门起动桩锤。

锤击中,上活塞最大起跳高度不得超过出厂说明书规定。目视测定高度宜符合出厂说明书上的目测表或计算公式。当超过规定高度时,应减小油门,控制落距。

当上活塞下落而柴油锤未燃爆时,上活塞可发生短时间的起伏,此时起落架不得落下,以防撞击碰坏。

打桩过程中,应有专人负责拉好曲臂上的控制绳;在意外情况下,可使用控制绳紧急停锤。

当上活塞与起动钩脱离后,应将起落架继续提起,宜使它与上气缸达到或超过 2 m 的距离。

作业中,应重点观察上活塞的润滑油是否从油孔中卸出。当下气缸为自动加油泵润滑时,应经常打开油管头,检查有无油喷出;当无自动加油泵时,应每隔 15 min 向下活塞润滑点注入润滑油。当一根桩打进时间超过 15 min 时,则应在打完后立即加注润滑油。

作业中,当桩锤冲击能量达到最大能量时,其最后 10 锤的贯入值不得小于 5 mm。

桩帽中的填料不得偏斜,作业中应保证锤击桩帽中心。

作业中,当水套的水因蒸发而低于下气缸吸排气口时,应及时补充,严禁无水作业。

停机后,应将桩锤放到最低位置,盖上气缸盖和吸排气孔塞子,关闭燃料阀,将操作杆置于停机位置,起落架升至高于桩锤 1 m 处,锁住安全限位装置。

长期停用的桩锤,应从桩机上卸下,放掉冷却水、燃油及润滑油,将燃烧室及上、下活塞打击面清洗干净,并应做好防腐措施,盖上保护套,入库保存。

（3）振动桩锤

振动桩锤主要由原动机（电动机、液压马达）、振动器、夹桩器和吸振器组成,图 2-28 所示为国产 DZ-60 振动桩锤。其使用要点如下所述:

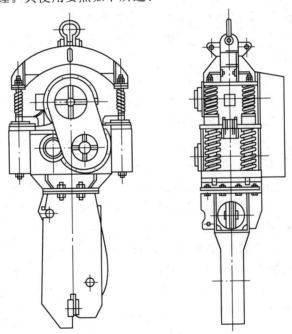

图 2-28　DZ-60 振动桩锤

1)作业场地至电源变压器或供电主干线的距离,应在 200 m 以内。

2)电源容量与导线截面应符合出厂使用说明书的规定,起动时,电压降应按规定执行。

3)液压箱、电气箱应置于安全平坦的地方,电气箱和电动机必须安装保护接地设施。

4)长期停放重新使用前,应测定电动机的绝缘值,应不小于 0.5 MΩ,并应对芯线进行导通试验。电缆外包橡胶层应完好无损。

5)应检查并确认电气箱内各部件完好,接触无松动,接触器触点无烧毛现象。

6)作业前,应检查振动桩锤减振器与连接螺栓的紧固性,不得在螺栓松动或缺件的状态下起动。

7)应检查并确认振动箱内润滑油位在规定范围内。用手盘转胶带轮时,振动箱内不得有任何异响。

8)应检查各传动胶带的松紧度,过松或过紧时应进行调整;胶带防护罩不应有破损。

9)夹持器与振动器连接处的紧固螺栓不得松动。液压缸根部的接头防护罩应齐全。

10)应检查夹持片的齿形。当齿形磨损超过 4 mm 时,应更换或用堆焊修复。使用前,应在夹持片中间放一块 10～15 mm 厚的钢板进行试夹。试夹中,液压缸应无渗漏,系统压力应正常,不得在夹持片之间无钢板时试夹。

11)悬挂振动桩锤的起重机,其吊钩上必须有防松脱的保护装置。振动桩锤悬挂钢架的耳环上应加装保险钢丝绳,

12)启动振动桩锤应监视起动电流和电压,一次启动时间不应超过 10 s。当启动困难时,应查明原因并排除故障后,方可继续起动。启动后,应待电流降到正常值时,方可转到运转位置。

13)振动桩锤起动运转后,应待振幅达到规定值时,方可作业。当振幅正常后仍不能拔桩时,应改用功率较大的振动桩锤。

14)拔钢板桩时,应按沉入顺序的相反方向起拔,夹持器在夹持板桩时,应靠近相邻一根,对工字钢桩应夹紧腹板的中央。如钢板桩和工字钢桩的头部有钻孔时,应将钻孔焊平或将钻孔以土割掉,也可在钻孔处焊加强板,以严防拔断钢板桩。

15)夹桩时,不得在夹持器和桩的头部之间留有空隙,并应待压力表显示压力达到额定值后,方可指挥起重机起拔。

16)拔桩时,当桩身埋入部分被拔起 1.0～1.5 m 时,应停止振动,拴好吊桩用钢丝绳,再起振拔桩。当桩尖在地下只有 1～2 m 时,应停止振动,由起重机直接拔桩。待桩完全拔出后,在吊桩钢丝绳未吊紧前,不得松开夹持器。

17)沉桩前,应以桩的前端定位,调整导轨与桩的垂直度,倾斜度不得超过 2°。

18)沉桩时,吊桩的钢丝绳应紧跟桩下沉速度而放松。在桩入土 3 m 之前,可利用桩机回转或导杆前后移动,校正桩的垂直度;在桩入土超过 3 m 时,不得再进行校正。

19)沉桩过程中,当电流表指数急剧上升时,应降低沉桩速度,使电动机不超载;但当桩沉入太慢时,可在振动桩锤上加一定配重。

20)作业中,当遇到液压软管破损、液压操纵箱失灵或停电(包括熔丝烧断)时,应立即停机,将换向开关放在"中间"位置,并应采取安全措施,不得让桩从夹持器中脱落。

21)作业中,应保持振动桩锤减振装置各摩擦部位具有良好的润滑。

22)作业后,应将振动桩锤沿导杆放至低处,并采用木块垫实,带桩管的振动桩锤可将桩管插入地下一半。

23)作业后,除应切断操纵箱上的总开关外,尚应切断配电盘上的开关,并用防雨布将操纵箱遮盖好。

(二)施工技术

1.施工技术参数

(1)桩孔直径

根据工程量、挤密效果、施工设备、成孔方法及经济等情况而定,一般选用 300～450 mm。

(2)桩长

根据土质情况、桩处理地基的深度、工程要求和成孔设备等因素确定,一般为 5～15 m。土或灰土挤密桩处理地基的深度,应根据建筑场地的土质情况、工程要求和成孔及夯实设备等

综合因素确定。对湿陷性黄土地基,应符合现行的国家标准《湿陷性黄土地区建筑规范》(GB 50025—2004)的有关规定。

(3)桩距和排距

桩孔一般按等边三角形布置,其间距和排距可按以下公式计算,如图 2-29 所示。

(4)处理宽度

土或灰土挤密桩处理地基的面积,应大于基础或建筑物底层平面的面积。当采用局部处理时,超出基础底面的宽度对非自重湿陷性黄土、素填土和杂填土等地基,每边不应小于基底宽度的 0.25 倍,并不应小于 0.50 m;对自重湿陷性黄土地基,每边不应小于基底宽度的 0.75 倍,并不应小于 1.00 m。当采用整片处理时,超出建筑物外墙基础底面外缘的宽度,每边不宜小于处理土层厚度的 1/2,并不应小于 2 m。

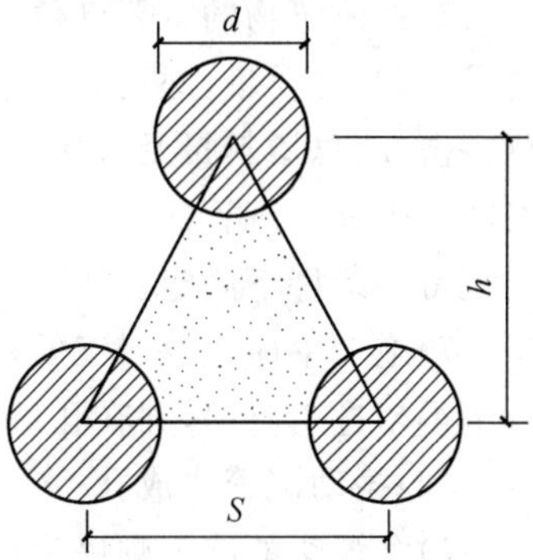

(5)地基承载力

土或灰土挤密桩复合地基的承载力特征值,应通过现场单桩或多桩复合地基载荷试验确定。初步设计时,也可按当地经验确定,但对土挤密桩复合地基的承载力特征值,不宜大于处理前的 1.4 倍,并不宜大于 180 kPa;对灰土挤密桩复合地基的承载力特征值,不宜大于处理前的 2.0 倍,并不宜大于 250 kPa。

图 2-29 桩距和排距

d—桩孔直径;S—桩的间距;h—桩的排距

(6)桩孔填料及灰土垫层

桩孔内的填料,应根据工程要求或处理地基的目的确定,桩体的夯实质量宜用平均压实系数万。控制。当桩孔内用素土或灰土分层回填、分层夯实时,桩体的平均压实系数值不应小于 0.96,消石灰与土的体积配合比,宜为 2∶8 或 3∶7。

桩顶高程以上应设置 300～500 mm 厚的 2∶8 灰土垫层,其压实系数不应小于 0.95。

2. 成孔

现有成孔方法,包括沉管(锤击、振动)和冲击等方法,但都有一定的局限性,在城乡建设和居民较集中的地区往往限制使用,如锤击沉管成孔,通常允许在新建场地使用,故选用上述方法时,应综合考虑设计要求、成孔设备或成孔方法、现场土质和对周围环境的影响等因素。

(1)锤击沉管成孔

1)桩机安装就位后,使其平稳,然后吊起桩管,对准桩孔位,并在桩管和桩锤之间垫好缓冲材料,缓缓放下,使桩管、桩尖、桩锤在同一垂线上。借锤的自重和桩管自重将桩尖压入土中。

2)桩尖开始入土时,先低锤轻击或低锤重打,待桩尖沉入土中 1～2 m,且各方面正常后,再用预定的速度、落距锤击沉管至设计高程。

3)施工顺序:当沉管速度小于 1 m/min 时,宜由里向外打;当桩距为 2～2.5 倍桩径或桩距小于 2 m 时,应采用跳点、跳排打的方法施工。

4)夯击沉管时,当桩的倾斜度超过 1%～1.5%时,应拔管填孔重打,若出现桩锤回跳过高、沉桩速度慢、桩孔倾斜、桩靴损坏等情况,应及时回填挤密,每次成孔拔管后,应及时检查桩尖。

5)用柴油锤沉桩至设计深度后,应立即关闭油门,及时匀速(硬质层应小于或等于 1.0 m/min,软弱层及软硬交界处小于或等于 0.8 m/min)拔管。有困难时,可用水浸湿桩管周围土层或旋活桩管后起拔,拔出桩管后应立即检查并测量桩孔直径和深度,如发现缩颈现象,可用洛阳铲扩孔或上下窜动桩管扩孔。缩颈严重时,可在桩孔内充填干砂、生石灰、水泥、干粉煤灰和碎砖渣等,稍停一段时间后,再将桩管沉入孔中,如采用这种办法仍无效,可采用素混凝土或碎石填入缩孔地段,用桩管反复挤密后,再在其上做土桩或灰土桩,也可用预制混凝土桩打到缩颈处以下的桩孔中,成为上段为土桩而下段为混凝土的混合桩。

6)在建筑物的重要部位,荷载、基础形式或尺寸变异大处以及土层软弱的地方,需严格控制成孔、制桩质量,必要时应采取加密桩或设短桩的措施,并认真做好施工记录,控制每根桩的总锤击数、总填料量及最后 1 m 的锤击数和最后两阵 10 击的贯入度,其值可按设计要求和施工经验确定。沉管的贯入度应在桩尖未破坏、锤击未偏心、锤的落距符合要求、桩帽和弹性垫层正常等条件下测定。

7)施工中应注意施工安全,成孔后桩机应撤离一定的距离,并及时夯填桩孔(未夯填的桩孔不得超过 10 个),并在孔口加盖。

(2)振动沉管法成孔

1)沉管法的施工顺序为桩机就位、沉管挤土、拔管成孔、桩孔夯填,如图 2-30 所示,同锤击沉管法相同。

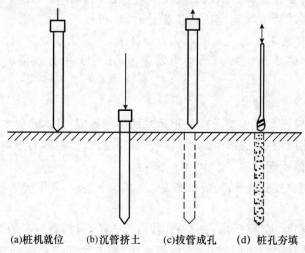

(a)桩机就位 (b)沉管挤土 (c)拔管成孔 (d) 桩孔夯填

图 2-30 沉管法成孔施工工艺程序

2)振动沉管法施工应注意以下几点:

①桩机就位必须平稳,不发生移动或倾斜,桩管应对准桩孔;

②沉管开始阶段应轻击慢沉,等桩管方向稳定后再按正常速度沉管,对于最先完成的 2～3 个桩孔、建筑物的重要部位、土层有变化的地段或沉管贯入度出现反常现象等均应逐孔详细记录沉管的锤击数和振动沉入时间、出现的问题和处理方法;

③桩管沉至设计深度后及时拔出,不应在土中搁置时间太久,拔管困难时,可采取与锤击沉管法相同的方法,即用水浸湿桩管周围土层或将桩管旋转后拔出;

④成孔后要及时检查桩孔质量,观测孔径和深度偏差是否超过允许值。轻微的缩颈可以削颈至能够顺利夯填施工。

3.桩孔夯填

夯填施工前,应进行夯填试验,以确定每次合理的填实数量和夯填次数,据夯填质量标准确定检测方法应达到的指标。依照《建筑地基处理技术规范》(JGJ 79—2002),桩孔内的填料应根据工程要求或处理地基的目的来确定,并应用压实系数 λ_c 控制夯实质量。

(1)夯实机就位后应保持平整稳固,夯锤与桩孔中心要相互对中,使夯锤能自由下落孔底。

(2)夯填前应检查孔径、孔深、孔的倾斜度、孔的中心位置,合格后,还应检查桩孔内有无杂物、积水和落土,如有,清理干净后,在填料前应先夯实孔底(夯次不得少于8~10次),夯到有效深度或其下 300~500 mm,直至孔底发出清脆声音为止,然后再保证填料的含水率接近或等于最优含水率的状态下,定量分层填夯。

(3)人工填料应指定专人按规定数量均匀填料,不得盲目乱填,更不允许用送料车直接倒料入孔。

(4)填料、夯击交替进行,均匀夯击至设计高程以上 200~300 mm 时为止。桩顶至地面间的空当可采用素土夯填轻击处理,待做桩上的垫层时,将超出设计桩顶的桩头及土层挖掉。

(5)为保证夯填质量,规定填入孔内的填料量、填入次数、填料的拌和质量、含水率、夯击次数、夯击时间均应有专人操作、记录和管理,并对上述项目按总桩数的2%进行抽样随机检查,每班抽样检查的数量不少于1~2次,对于施工完毕的桩号、排号、桩数逐个与施工图对照检查,如发现问题应立即返工或补填、补打。

八、水泥粉煤灰碎石桩复合地基

(一)施工机具

1.螺旋钻孔机

参见第二章第一节注浆地基的相关内容。

2.机动翻斗车

参见第一章第二节人工挖土的相关内容。

3.其他施工机具

振动沉管打桩机架、强制式搅拌机、手推车、起重机等。

(二)施工技术

1.水泥粉煤灰碎石桩工艺流程

泥粉煤灰碎石桩工艺流程如图 2-31 所示。

2.施工细节

(1)施工现场首先做好"三通一平"

当地表土强度较低时,要先铺设适当厚的砂垫层,以利重型施工机械通行。

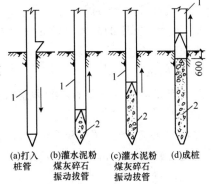

图 2-31　水泥粉煤灰碎石桩工艺流程
1—桩管;2—水泥粉煤灰碎石桩

(a)打入桩管　(b)灌水泥粉煤灰碎石振动拔管　(c)灌水泥粉煤灰碎石振动拔管　(d)成桩

(2)设编号

施工中为了避免漏桩,打桩前先按桩位预埋桩尖,并在桩尖上编号。

(3)混合料的配比

施工时,混合料的配比对桩的质量有很大的影响,一般情况下,不同成桩方法对配比的要求也不相同。

(4)成桩试验

施工前要进行成桩试验,试验数量7~9根,如不能满足设计要求,应调整桩间距、填料量等施工参数,重新试验或修改施工工艺设计。

(5)成桩工艺

1)水泥粉煤灰碎石桩的施工,应根据设计要求和现场地基土的性质、地下水埋深、场地周边是否有居民、有无对振动反应敏感的设备等多种因素选择施工工艺。

常用的施工工艺有长螺旋钻孔灌注成桩,长螺旋钻孔、管内泵压混合料成桩,振动沉管灌注成桩3种。

2)若地基土是松散的饱和粉细砂、粉土,以消除液化和提高地基承载力为目的,此时应选择振动沉管打桩机施工;振动沉管灌注成桩属挤土成桩工艺,对桩间土具有挤(振)密效应。但振动沉管灌注成桩工艺难以穿透厚的硬土层、砂层和卵石层等。在饱和黏性土中成桩,会造成地表隆起,挤断已打桩,且振动和噪声污染严重,在城市居民区施工受到限制。

在夹有硬的黏性土时,可采用长螺旋钻机钻孔,再用振动沉管打桩机制桩。

长螺旋钻孔灌注成桩适用于地下水位以上的黏性土、粉土、素填土、中等密实以上的砂土,属非挤土成桩工艺,该工艺具有穿透能力强、无振动、低噪声、无泥浆污染等特点,但要求桩长范围内无地下水,以保证成孔时不塌孔。

长螺旋钻孔、管内泵压混合料成桩工艺,是国内近几年来使用比较广泛的一种新工艺,属非挤土成桩工艺,具有穿透能力强、低噪声、无振动、无泥浆污染、施工效率高及质量容易控制等特点。

长螺旋钻孔灌注成桩和长螺旋钻孔、管内泵压混合料成桩工艺,在城市居民区施工,对周围居民和环境的不良影响较小。

3)成桩工艺顺序为桩管垂直就位,闭合桩靴;将桩管沉入地基土中达到设计深度;按设计规定的混合料量向桩管内投入混合料;边振动边拔管,拔管高度由设计确定;边振动边向下压管(沉管),下压的高度由设计和试验确定;停止拔管,继续振动,停拔时间长短按照规定要求;重复拔压,直至桩管拔出地面。

(6)沉管

桩机就位须平整、稳固、调整沉管与地面垂直,确保垂直度偏差不大于1%。若采用预制钢筋混凝土桩尖,需埋入地表以下300 mm左右。启动马达,开始沉管,沉管过程中注意调整桩机的稳定,严禁倾斜和错位。沉管过程中做好记录。激振电流每沉1 m记录1次,对土层变化处应特别说明,直到沉管沉至设计高程。

(7)投料

在沉管过程中可用料斗进行空中投料。待沉管沉至设计高程后须尽快投料,直到管内混合料面与钢管投料口平齐。如上料量不够,须在拔管过程中空中投料,以保证成桩桩顶高程满足设计要求。混合料配比应严格执行设计规定,碎石和石屑含杂质不大于5%,并且不含有粒径大于50 mm的颗粒。按设计配比配制混合料,投入搅拌机加水拌和,加水量由混合料坍落度控制。混合料的搅拌须均匀,搅拌时间不少于2 min。

(8)拔管

当混合料加至钢管投料口平齐后,开动马达,沉管原地留振10 s左右,然后边振动边拔管。拔管速度按均匀线速控制,一般控制在1.2～1.5 m/min左右,如遇淤泥土或淤泥质土,拔管速度可适当放慢。桩管拔出地面,确认成桩符合设计要求后用粒状材料或湿黏土封顶,然后移机继续下一根桩施工。

(9)桩头处理

CFG桩(水泥粉煤灰碎石桩)施工完毕待桩体达到一定强度(一般为7 d左右),方可进行桩头处理。桩顶 1 m 左右长度的桩体是松散的,密实度较小,此部分应当挖除,或者采取碾压或夯实等方法使之密实,然后再铺设垫层。

(10)垫层与土工格栅铺设

桩头处理完后,为了调整 CFG 桩和桩间土的共同作用及桩土应力比,在桩顶铺设一定厚度的垫层和土工格栅,垫层铺设应分层压实。

1)施工前应按设计要求由实验室进行配合比试验,施工时按配合比配制混合料。长螺旋钻孔、管内泵压混合料成桩施工的坍落度宜为 160～200 mm,振动沉管灌注成桩施工的坍落度宜为 30～50 mm,振动沉管灌注成桩后桩顶浮浆厚度不宜超过 200 mm。

2)当用振动沉管灌注成桩和长螺旋钻孔灌注成桩施工时,桩体配比中采用的粉煤灰可选用电厂收集的粗灰;当采用长螺旋钻孔、管内泵压混合料灌注成桩时,为增加混合料的和易性和可泵性,宜选用细度(0.045 mm 方孔筛筛余百分比)不大于 45% 的 Ⅲ 级或 Ⅲ 级以上等级的粉煤灰。

3)长螺旋钻孔、管内泵压混合料成桩施工时每方混合料粉煤灰掺量宜为 70～90 kg,坍落度应控制在 160～200 mm,这主要是考虑保证施工中混合料的顺利输送。坍落度太大,易产生泌水、离析,泵压作用下,集料与砂浆分离,导致堵管;坍落度太小,混合料流动性差,也容易造成堵管。振动沉管灌注成桩若混合料坍落度过大,桩顶浮浆过多,桩体强度会降低。

4)长螺旋钻孔、管内泵压混合料成桩施工在钻至设计深度后,应准确掌握提拔钻杆时间,混合料泵送量应与拔管速度相配合,遇到饱和砂土或饱和粉土层,不得停泵待料;沉管灌注成桩施工拔管速度应按匀速控制,拔管速度应控制在 1.2～1.5 min 左右,如遇淤泥或淤泥质土,拔管速度应适当放慢。

长螺旋钻孔、管内泵压混合料成桩施工,应准确掌握提拔钻杆时间,钻孔进入土层预定高程后,开始泵送混合料,管内空气从排气阀排出,待钻杆内管及输送软、硬管内混合料连续时提钻。若提钻时间较晚,在泵送压力下钻头处的水泥浆液被挤出,容易造成管路堵塞。应杜绝在泵送混合料前提拔钻杆,以免造成桩端处存在虚土或桩端混合料离析、端阻力减小。提拔钻杆过程中应连续泵料,特别是在饱和砂土、饱和粉土层中不得停泵待料,避免造成混合料离析、桩身缩径和断桩,目前施工多采用 2 台 0.5 m³ 的强制式搅拌机,可满足施工要求。

5)施工桩顶高程宜高出设计桩顶高程不少于 0.5 m;施工中桩顶高程应高出设计桩顶高程,留有保护桩长。保护桩长的设置是基于以下几个因素。

①成桩时桩顶不可能正好与设计高程完全一致,一般要高出桩顶设计高程一段长度。

②桩顶一般由于混合料自重较小或由于浮浆的影响,靠桩顶一段桩体强度较差。

③已打桩尚未结硬时,施打新桩可能导致已打桩受振动挤压,混合料上涌使桩径缩小。增大混合料表面的高度即增加了自重压力,可提高抵抗周围土挤压的能力。

6)成桩过程中,抽样做混合料试块,每台机械 1 天应做 1 组(3 块)试块(边长为 150 mm 的立方体),标准养护,测定其立方体抗压强度。

7)冬期施工时混合料入孔温度不低于 5℃,对桩头和桩间土应采取保温措施。

冬期施工时,应采取措施避免混合料在初凝前遭到冻结,保证混合料入孔温度大于 5℃,根据材料加热难易程度,一般优先加热拌和水,其次是砂和石。混合料温度不宜过高,以免造成混合料假凝无法正常泵送施工。泵头管线也应采取保温措施。施工完清除保护土层和桩头后,应立即对桩间土和桩头采用草帘等保温材料进行覆盖,防止桩间土冻胀而造成桩体拉断。

8)清土和截桩时,不得造成桩顶高程以下桩身断裂和扰动桩间土。长螺旋钻成孔、管内泵压混合料成桩施工中存在钻孔弃土。对弃土和保护土层清运时如采用机械、人工联合清运,应避免机械设备超挖,并应预留至少50 cm用人工清除,避免造成桩头断裂和扰动桩间土层。

9)褥垫层铺设宜采用静力压实法,当基础底面下桩间土的含水率较小时,也可采用动力夯实法,夯填度(夯实后的褥垫层厚度与虚铺厚度的比值)不大于0.9。褥垫层材料多为粗砂、中砂或碎石,碎石粒径宜为8～20 mm,不宜选用卵石。当基础底面桩间土含水率较大时,应进行试验确定是否采用动力夯实法,免桩间土承载力降低。对较干的砂石材料,虚铺后可适当洒水再行碾压或夯实。

10)施工垂直度偏差不应大于1%;对满堂布桩基础,桩位偏差不应大于0.4倍桩径;对条形基础桩位偏差不应大于0.25倍桩径;对单排布桩桩位偏差驾应大于60 mm。

九、夯实水泥土桩复合地基

(一)施工机具

1.长螺旋钻成孔灌注桩机

参见第二章第一节注浆地基的相关内容。

2.沉管打桩机

(1)振动沉管打桩机

振动沉管打桩机由桩架、振动沉拔桩锤和套管组成。

滚管式振动沉管打桩机如图2-32所示。

钢管的直径一般为$\phi 273\sim\phi 600$ mm。

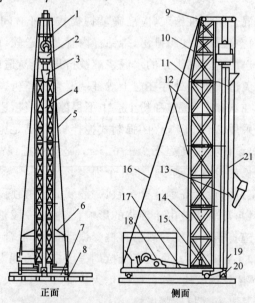

图2-32 滚管式振动沉管打桩机示意

1—滑轮组;2—振动锤;3—漏斗口;4—桩管;5—前拉索;6—遮栅;7—滚筒;8—枕木;
9—架顶;10—架身顶段;11—钢丝绳;12—架身中段;13—吊斗;14—架身下段;15—导向滑轮;
16—后拉索;17—架底;18—卷扬机;19—加压滑轮;20—活瓣桩尖;21—加压钢丝绳

（2）锤击沉管打桩机

锤击沉管打桩机由桩架、重锤和套管组成。图 2-33 为滚管式锤击沉管桩架示意图。

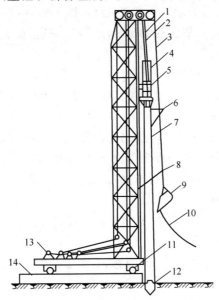

图 2-33 滚管式锤击沉管桩架

1—桩锤钢丝绳；2—桩管滑轮组；3—吊斗钢丝绳；4—桩锤；5—桩帽；6—混凝土漏斗；7—桩管；
8—桩架；9—混凝土吊斗；10—加绳；11—行驶用钢管；12—预制桩靴；13—卷扬机；14—枕木

小型锤击沉管打桩机一般采用电动落锤（又称电动吊锤）和导杆式柴油锤（又称柴油吊锤），其落锤高度为 1.0～2.0 m；也可采用 1 t 级单作用蒸汽锤，落锤高度为 0.5～0.6 m。

中型锤击沉管打桩机一般采用电动落锤，落锤高度为 1.0～2.0 m；国外还采用液压锤，落锤高度为 1.2～1.9 m。

大型锤击沉管打桩机一般采用筒式柴油锤和柴油吊锤，前者落锤高度为 2.5 m，后者落锤高度为 1.0～2.0 m。

不同型号的筒式柴油锤，其冲击部分质量不同，适用于不同类型的锤击沉管打桩机，例如：D12、D18 和 D25 筒式柴油锤适用于小型桩机；D32、D35 和 D40 筒式柴油锤适用于中型桩机；D45、D50、D60 和 D72 筒式柴油锤适用于大型桩机。

（二）施工技术

1.成孔方法

（1）夯实水泥土桩的施工，应按设计要求选用成孔工艺。挤土成孔可选用沉管、冲击等方法；非挤土成孔可选用洛阳铲、螺旋钻等方法。

（2）采用人工洛阳铲成孔，确定好桩位中心，以中点为圆心，以桩身半径为半径划出圆，作为桩孔开挖尺寸线，从周围向中心开始挖。

（3）人工挖孔过程中应及时量测孔径、垂直度，当挖至设计深度时，用量孔器测量孔深、孔径、垂直度及进入设计持力层的深度，满足设计要求。孔内挖出的土及时运走，不能及时运走的要堆放在离孔口 0.5 m 以外，保证不能掉入孔内。

（4）机械成孔时应根据地层情况，合理选择和调整钻进参数，控制进尺速度。

（5）采用长螺旋钻机成孔，在钻机进场后，根据桩长安装钻塔及钻杆，没必要的钻杆不用，避免钻具过长造成晃动,也不易保证钻孔的垂直度。

(6)钻机定位后,进行检查,钻尖与桩点偏移不得大于 10 mm,刚接触地面时,下钻速度要慢,尤其遇地表硬层或冻土层,最好用风镐凿破硬层或冻土层后,再进行钻进。

(7)钻进遇有砖头、瓦块、卵石较多的地层时,应慢速钻进,避免钻杆跳动与机架摇晃引起孔径扩大。

(8)钻进中遇到卡钻、不进尺或进尺缓慢时,应切断电源停机检查,找出原因,采取措施,不得盲目钻进,导致桩孔严重倾斜。若机架晃动、移动、偏斜或钻头有节奏声响时,应立即停止施工,提出处理方案后方可继续施工。

(9)钻出的土应及时清运走,不能及时运出的,要保证堆土距孔口大于 0.5 m。

(10)钻至设计孔深时,由质检员进行终孔验收,用测绳或量孔器测量孔深、孔径、垂直度,是否满足设计要求,桩尖是否进入持力层设计的长度。

(11)检查孔壁有无缩径、坍塌等现象。

(12)检查合格后,填写成孔施工记录,孔口盖好盖板,将钻机移至下一桩位。

(13)成孔施工应符合下列要求:

1)桩孔中心偏差不应超过桩径设计值的 1/4,对条形基础不应超过桩径设计值的 1/6;

2)桩孔垂直度偏差不应大于 1.5%;

3)桩扎直径不应小于设计桩径;

4)桩孔深度不应小于设计深度。

2.孔底夯实

(1)钻(挖)至设计孔底深度后,清除孔内的杂物、积水和孔底虚土,之后采用机械夯机进行夯实,夯击次数可现场试验确定,判断标准为听到"砰砰"的清脆声为准,一般为 6～8 击。

(2)对边角部位,机械无法到位的桩,采用人工夯实,先用小落距轻夯 3～5 次,然后重夯不少于 8 次,夯锤落距不小于 600 mm,听到"砰砰"的清脆声音为止。

(3)向孔内填料前孔底必须夯实。桩顶夯填高度应大于设计桩顶高程 200～300 mm,垫层施工时应将多余桩体凿除,桩顶面应水平。

(4)施工过程中,应有专人监测成孔及回填夯实的质量,并做好施工记录,如发现地基土质与勘察资料不符时,应查明情况,采取有效处理措施。

3.水泥土拌和料

(1)选好所用土后,控制其有机物含量、大颗粒含量及含水率,有机物含量不大于 5%,并要求过 10～20 mm 的网筛。现场控制拌和料的含水率,试验方法是"手攥成团,落地开花"。如拌和料含水率低,可洒水处理。如土的含水率偏高,可进行晾晒或掺加其他干料,如粉煤灰或炉渣等,保证达到最佳含水率。

(2)拌和水泥土要求采用机械搅拌,可采用强制式搅拌机或普通滚筒式搅拌机,保证搅拌均匀。只有工程量很小时,可考虑采用人工搅拌,但也一定要拌和均匀。

(3)按设计的配比用专用量具量水泥与土的体积,保证配比准确。

(4)拌和好的水泥土料,要在 2 h 内用完,否则应废弃,确保桩所用拌和料是合格的。

4.桩管与桩尖

桩管宜采用无缝钢管。钢管直径一般为 $\phi273～\phi700$ mm。桩管与桩尖接触部分,宜用环形钢板加厚,加厚部分的最大外径应比桩尖外径小 10～20 mm。桩管的表面应焊有或漆有表示长度的数字,以便在施工中进行入土深度的观测。

采用不同的桩尖形式,能满足不同的单桩竖向承载力的要求;采用特殊的桩尖形式,使桩端扩大,提高单桩竖向承载力。桩尖的分类如下。

1)锥形封口桩尖。

2)活瓣桩尖。①普通锥形桩尖;②正方形桩尖体加锥形活瓣;③五瓣式梅花形截面桩尖。

3)钢筋混凝土预制桩尖。①普通锥形桩尖;②正方形桩尖体加锥形桩尖;③平底大头桩尖。

4)锥铁桩尖。①普通锥形桩尖;②螺旋形钻头式桩尖。

5)钢板焊接桩尖。部分桩尖如图 2-34 所示。

目前,最常用的桩尖为钢筋混凝土普通锥形桩尖如图 2-34(d)所示。锥形封口桩尖,如图 2-34(a)所示,不便于复打,故用得较少。普通锥形活瓣桩尖,如图 2-34(b)所示,进入硬土层或黏性较大的土层时,灌注混凝土后拔管瞬间桩尖不易张开,混凝土难灌满桩端而形成吊脚桩。如果活瓣桩尖之间封闭不好,易进水或泥砂。因此,一般宜避免采用活瓣桩尖,如果要采用时,活瓣桩尖应有良好的加工精度以及足够的强度和刚度,活瓣之间应紧密贴合。为保证活瓣之间紧密贴合,有的工地采用可自动收拢式活瓣桩尖。正方形桩尖体、锥形活瓣桩尖和正方形桩尖体加锥形预制桩尖使沉管灌注桩的断面由圆形变成方形,从而较大地提高了单桩承载力。五瓣式梅花形截面活瓣桩尖,使成桩截面由圆形变成五瓣式梅花形截面,从而较大地提高桩侧摩阻力。螺旋形钻头式铸铁桩尖,如图 2-34(c)所示,用于旋转挤压沉管桩。普通锥形铸铁桩尖用于锤击、振动或振动冲击沉管桩,以穿透一定厚度的硬夹层。钢板焊接桩尖,如图 2-34(e)所示,可配合应用于大直径振动或锤击沉管桩,能贯入工程性质良好的坚硬土层,甚至可贯入强风化岩。

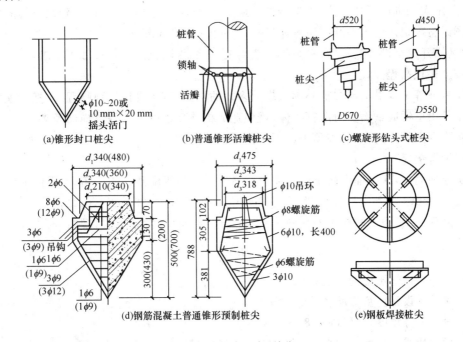

图 2-34 部分桩尖示意(单位:mm)

5. 成桩施工

(1)填料前检查孔口堆土是否在孔口 0.5 m 以外,避免夯击时掉入孔内影响质量。检验孔底是否已夯实。在孔口铺一块铁皮或木板,堆放拌和料。

(2)填料应用铁锹匀速填料,每次填料 200~300 mm 即夯击 6~8 击,避免直接用手推车或小翻斗车往孔内倒,每填一步夯击密实后再填下一步。

(3)当夯至桩顶高程时,多填 300 mm 作为保护桩头,之后再填索土夯至地表,确保桩头质量。

(4)为保证质量,应认真控制并记录每一桩孔的填料数量和夯击次数,并用轻型动力触探法抽查一定数量桩孔的夯实质量。

(5)成桩质量检查:成桩 24 h 内采用取土样测干密度或轻型动力触探检验桩身质量。

6. 遇地下障碍物情况的处理

如在设计加固深度范围内,发现有管道或墓穴等地下障碍时,首先采用人工或挖掘机将地下障碍清除,然后人工修整为阶梯状,采用分层回填方法至原高程。控制回填密实度可采用轻型触探或重力触探进行试验,以期达到与原地基土承载力相近。在此基础上按原设计布桩重新成孔、成桩。这样保持了与原设计相同,处理后地基是均匀的。施工时要有相应的设计变更及施工记录。

7. 开槽挖土凿桩头

夯实水泥土桩施工完后,待桩体达到一定强度(一般 3~7 d),可进行开槽。一般应采用人工开挖,不仅可以防止对桩体和桩间土产生不良影响,而且比较经济。

(1)如果桩顶预留土较多,开挖面积大,采用人工开挖效率太低,可采用机械和人工联合开挖,但要遵循如下原则:

1)不可对设计高程以下桩体产生损害;

2)对中高灵敏土,尽量避免扰动桩间土。

(2)采用人工机械联合开挖,人工开挖厚度留置多少,与土质条件有关,建议不同的场地条件应现场试验确定。但人工开挖留置厚度一般不小于 500 mm。

(3)基槽开挖至设计高程后,多余的桩头需要剔除,剔除桩头时宜按如下要求:

1)找出桩顶高程位置;

2)用钢钎等工具沿桩周向桩心逐次剔除多余的桩头,直到设计桩顶高程,并把桩顶凿平;

3)不可用重锤或重物横向击打桩体,避免造成桩顶高程以下的桩体横向断裂;

4)桩头剔至设计高程处,桩顶表面不可出现斜截面。

8. 铺设褥垫层

桩头处理完后,即可铺设褥垫层。褥垫层所用材料为级配砂石或中粗砂,限制最大粒径一般不超过 30 mm。褥垫层厚度一般 100~300 mm,常用 150~200 mm,由设计确定。

桩头处理后,桩间土和桩头处在同一平面,褥垫层虚铺厚度按下式控制:

$$\Delta H = \frac{h}{\lambda} \tag{2-2}$$

式中 ΔH ——褥垫层虚铺厚度;

h ——设计褥垫层厚度;

λ ——夯填度,一般取 0.87~0.9。

虚铺后多用静力压实,当桩间土含水率不大时亦可夯实。褥垫层的宽度比基础的宽度要大,其宽出的部分不宜小于褥垫层的厚度。

9. 季节性施工要点

(1)冬期施工应采取有效的冬施方案,如用热水拌和或成品坑保温。水泥土入孔温度不得低于5℃。

(2)当气温高于30℃时,要在已搅拌好的水泥土拌和料上覆盖两层湿草袋,每隔一段时间洒水湿润,以防水分蒸发过快,使拌和料含水率降低。

(3)雨期施工防止雨水流入孔内,施工面不宜过大,按逐段逐片分期施工,重点做好材料防雨工作,设引水沟、集水井。

(4)雨期或冬期施工时,应采取防雨、防冻措施,防止土料和水泥受雨水淋湿或冻结。

十、砂桩地基

(一)施工机具(柴油打桩机)

参见第二章第一节土和灰土挤密桩复合地基的相关内容。

(二)施工技术

1.技术参数

(1)桩径

砂桩直径可根据成桩方法、施工机械能力和置换率同时确定。在软弱黏性土中,尽量采用较大的直径,一般采用0.3~0.8 m。

(2)桩长

桩长的确定取决于加固土层的厚度,软弱土层的性能和工程要求,须通过计算确定,一般不超过12 m,多在8~20 m之间,另外还可按下列原则确定。

1)当相对土层较硬且埋深不大时,砂桩可穿过软弱土层并达到硬层的顶面,以减少地基变形。

2)当相对硬层埋深较大时,应控制好沉降量。

3)当处于液化的饱和松散砂土时,按抗震处理深度确定。

4)桩长一般不宜短于4 m。

(3)桩孔布置

对大面积满堂处理的工程,桩位应取等边三角形布置;对于独立和条形基础,桩位应取正方形、矩形或等腰三角形布置;对于圆形或环形基础用放射性布置,如图2-35所示。

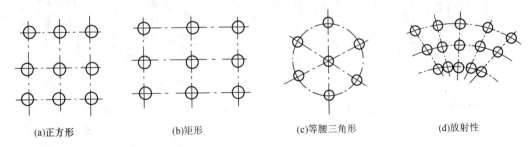

(a)正方形　　　　(b)矩形　　　　(c)等腰三角形　　　　(d)放射性

图 2-35　桩位布置

(4)桩距

砂石桩的间距应通过试验确定,但不宜大于砂石桩直径的4倍,一般为1.8~4.0倍桩直径,如仅为加速地基下沉,间距可为4~5 m。

(5)垫层设置

砂桩施工结束后,基础底面应铺设300~500 mm厚的砂垫层或砂石垫层,且须分层铺设,用平板振捣压实。在地面很软,不能保证施工机械正常运行和操作时,可在砂桩施工前,铺设施工用的临时垫层,其厚度可视场地土质而定。

(6)加固深度

地基加固深度一般为7~8 m,并应根据软弱土层的性质、厚度及建筑物设计要求按下列原则确定。

1)当地基中的松软土层厚度不大时,砂石桩宜穿过松软土层。

2)当松软土层厚度较大时,桩长应根据建筑地基的允许变形值确定。

(7)地基承载力

对于砂石桩处理的砂土地基,可根据挤密后砂土的密实状态,按国家标准《建筑地基基础设计规范》(GB 50007—2011)的有关规定确定。

2.振动挤密法

(1)振动挤密砂桩的成桩工艺就是在打桩机的振动作用下,把带有底盖或排砂活瓣的套管打入规定的设计深度,套管入土后,挤密了套管周围的土体,然后投入砂子,排砂于土中,振动密实后成为砂桩,施工顺序如图 2-36 所示。

(2)打砂桩先打入外径为桩直径,下端装有自由脱落的混凝土桩靴或带活瓣式桩靴(图 2-37)的桩管活瓣,用草圈或铁圈约束,使之呈圆锥形。当将桩管沉入到要求深度后,即吊起桩锤,在桩管中灌入砂石,然后再利用桩架上的卷扬机及振动箱或汽锤的上下锤击,将桩管徐徐拔出,拔管速度控制在 1~1.5 m/min,使砂石借助振动留于桩孔中形成密实的砂桩,也可二次打入桩管灌砂石形成扩大砂桩。

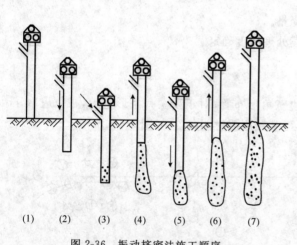

(1)　(2)　(3)　(4)　(5)　(6)　(7)

图 2-36　振动挤密法施工顺序

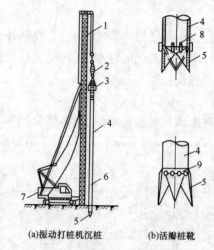

(a)振动打桩机沉桩　　(b)活瓣桩靴

图 2-37　振动打桩机打砂桩

1—机架;2—减振器;3—振动器;4—钢套管;
5—活瓣桩尖;6—装砂下料斗;7—机座;
8—活门开启限位装置;9—锁轴

(3)打砂桩顺序应从外围或两侧向中间进行,砂井间距较大可逐排进行。打桩后基坑表层会产生松动或隆起,应进行压实,或在开挖基坑时,预留 0.5~1.0 m 厚的土层,打完桩后再挖除。

(4)灌砂石的含水率应加控制,对饱和水的土层,砂可采用饱和状态;对非饱和土或杂填土或能形成直立孔的土层,含水率采用 7%~9%。

(5)砂桩应保持连续,不断桩、不缩颈,成桩后采用标准贯入或轻便触探查,以不小于设计要求的数值为合格。桩的垂直度应小于或等于$L/100$,用测桩架和桩管垂直度检验。平面位移$\leqslant d/z$桩长符合设计要求。

（6）灌砂石量一般为桩孔体积的 2 倍,实际灌砂石量（不含水重）不少于计算的 95%。如发现砂石量不够或桩中断等情况,可在原位进行复打再灌砂石。

具体施工程序如下:

1）移动桩机及导向架,把桩管及桩尖对准桩位;

2）启动振动锤,把桩管下到预定的深度;

3）向桩管内投入规定数量的砂石料（根据施工试验的经验,为了提高施工效率,装砂石也可在桩管下到便于装料的位置时进行）;

4）把桩管提升一定的高度（下砂石顺利时提升高度不超过 1～2 m）,提桩尖自动打开,桩管内的砂石料流入孔内;

5）降落桩管,利用振动及桩尖的挤压作用使砂石密实;

6）重复 4）、5）工序,桩管上下运动,砂石料不断补充,砂石桩不断增高;

7）桩管提至地面,砂石桩完成。

施工中,电机工作电流的变化反映挤密程度及效率。电流达到一定不变值,继续挤压将不会产生挤密效能。施工中不可能及时进行效果检测,因此按成桩过程的各项参数对施工进行控制是重要的环节,必须予以重视,有关记录是质量检验的重要资料。

3.锤击成桩法施工

（1）双管法

双管法施工机械主要有蒸汽打桩机或柴油打桩机,底端开口的外管（套管）和底部封口的内管（芯管）履带式起重机及装砂石料斗等。

（2）单管法

单管法的施工顺序是:

1）桩靴闭合,桩管垂直就位;

2）桩管沉入土层中至设计深度;

3）用料斗向桩管内灌砂石,当砂石量太大时,分两次灌入:第一次灌入 2/3,待桩管从土层中提升一半长度后再灌入剩余的 1/3;

4）按规定的提升速度提升拔出桩管,桩成。

第二节　（桩）基础工程

一、静力压桩工程

（一）施工机具（静力压桩机）

（1）静力压桩机是一种新型的施工机械,在桩基施工方面广泛应用。

（2）静力压桩机分为机械式和液压式两种。机械式静力压桩机压桩力由机械方式传递,而液压式静力压桩机用液压缸产生的静压力来压桩和拔桩,应用十分广泛。

（3）液压静力压桩机与传统的打桩机相比有下列特点:

1）液压静力压桩机操作灵敏、安全,有辅桩工作机吊桩就位,不用另配起重机吊桩。

2）因为是静力压桩,施工中无噪声、振动和废气污染,适用于城区内医院、学校及精密工作区、车间等桩基的施工。

3）能避免像其他打桩机那样因连续打击桩身而引起桩头和桩身的破坏。

4)液压静力压桩机的油管与油路、组合元件很多且很复杂,油料泄漏的可能性相应增多,维修的技术含量高。这种现象使油料损耗加大,易污染地面,并降低液压传动的效率。

(4)液压静力压桩机的构造

液压静力压桩机主要由长船行走机构、短船行走及回转机构、支腿平台机构、夹持机构、配重铁、操作室、导向压桩架、液压总装室、液压系统和电气系统等组成,如图2-38所示。

(5)液压静力压桩机的工作原理

如图2-39所示,液压静力压桩机工作时,由辅桩工作机将桩吊入夹持槽梁内,夹持液压缸伸程加压将预制桩夹持。压桩液压缸做伸程动作,将桩徐徐压入地面。压桩液压缸的支承反力由桩机自重或配重铁来平衡。YZY160液压静力压桩机夹持力可达5 000 kN。

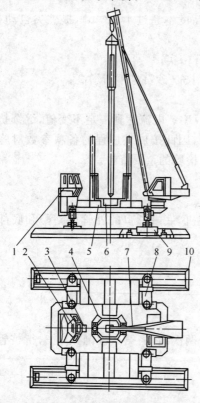

图2-38　液压静力压桩机
1—操纵室;2—电气操纵室;3—液压系统;4—导向架;
5—配重铁;6—夹持机构;7—辅桩工作机;8—支腿平台;
9—短船行走及回转机构;10—长船行走机构

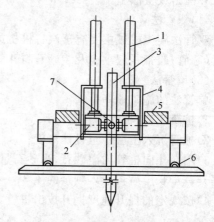

图2-39　液压静力压桩机工作原理
1—压桩液压缸;2—夹持液压缸;3—预制桩;
4—导向架;5—配重铁;6—行走机构;7—夹持槽梁

(二)施工技术

1.测量放线

在打桩施工区域附近设置控制桩与水准点,不少于2个,其位置以不受打桩影响为原则(距操作地点40 m以外),轴线控制桩应设置在距外墙桩5~10 m处,以控制桩基轴线和高程。

2.桩机就位

施工前放好轴线和每一个桩位,在桩位中心打1根短钢筋,并涂上油漆使标志明显。经选定的压桩机进场行至桩位处,应按额定总重量配置压重,调整机架垂直度,并使桩机夹持钳口中心(可挂中心线锤)与地面上的“样桩”基本对准,调平压桩机,再次校核无误,将长步履(落地)受力。如在较软的场地施工,由于桩机的行走会挤走预定短钢筋,故当桩机大体就位之后要重新测定桩位。

3.预制桩起吊与运输

(1)预制桩起吊与运输时,必须满足的条件

1)混凝土预制桩的混凝土强度达到强度设计值的70%方可起吊。

2)混凝土预制桩的混凝土强度达到强度设计值的100%才能运输和压桩施工。

3)起吊就位时,将桩机吊至静压桩机夹具中夹紧并对准桩位,将桩尖放入土中,位置要准确,然后除去吊具。

(2)吊桩喂桩

静压预制桩每节长度一般在13 m以内,可直接用压桩机的工作吊机自行吊桩喂桩,也可以另配专门吊机进行吊桩喂桩。当桩被运至压桩机附近后,一般采用单点吊法起吊,用双千斤(吊绳)加小扁担(小横梁)的起吊方法使桩身竖起插入夹桩的钳口中。若采用硫磺胶泥接桩法,在起吊前应先检查浆锚孔的深度,并将孔内杂物和积水清理干净。

4.稳桩

当预制桩被插入夹钳口中后,将桩徐徐下降直到桩尖离地面100 mm左右,然后夹紧桩身,微调压桩机使桩尖对准桩位,并将桩压入土中0.5~1.0 m,暂停下压,从桩的两个正交侧面校正桩身垂直度,待桩身垂直度偏差小于0.5%,并使静力压桩机处于稳定状态时方可正式开压。

5.压桩

检查有关动力设备及电源等,防止压桩中途间断施工,确定无误后,即可正式压桩。压桩是通过主机的压桩油缸伸程之力将桩压入土中,压桩油缸的最大行程视不同的压桩机而有所不同,一般为1.5~2.0 m。所以每一次下压,桩的入土深度为1.5~2.0 m,然后松夹—上升—再夹—再压,如此反复,直至将一节桩压入土中。当一节桩压至离地面0.8~1 m时,可进行接桩或放入送桩器将桩压至设计高程。压桩程序如图2-40所示。

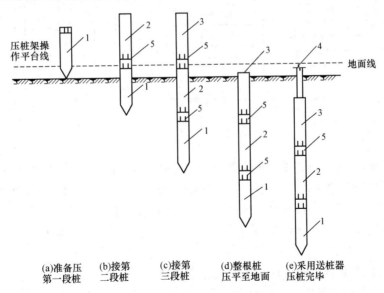

(a)准备压　　(b)接第　　(c)接第　　(d)整根桩　　(e)采用送桩器
第一段桩　　二段桩　　三段桩　　压平至地面　　压桩完毕

图2-40　压桩程序示意

1—第一段桩;2—第二段桩;3—第三段桩;4—送桩;5—接桩处

(1)压桩过程中,桩帽、桩身和送桩的中心线应重合,应经常观察压力表,控制压桩阻力,调

节桩机静力同步平衡,勿使偏心。检查压梁导轮和导笼的接触是否正常,防止卡住,并详细做好静力压桩工艺施工记录。桩在沉入时,应在桩的侧面设置标尺,根据静压桩机每一次的行程,记录压力变化情况。

当压桩到设计高程时,读取并记录最终压桩力,与设计要求压桩力相比,允许偏差控制在±5%以内,如-5%以上,应向设计单位提出,确定处置与否。压桩时压力不得超过桩身强度。

(2)压同一根桩,各工序应连续施工,并做好压桩施工记录。

(3)压桩顺序:应根据地形、土质和桩布置的密度决定。通常确定压桩顺序的基本原则如下述。

1)根据桩的密集程度及周围建(构)筑物的情况,按流水法分区考虑打桩顺序:若桩较密集,且距周围建(构)筑物较远、施工场地较开阔时,宜从中间向四周进行;若桩较密集、场地狭长、两端距建(构)筑物较远时,宜从中间向两端进行;若桩较密集,且一侧靠近建(构)筑物时,宜从毗邻建筑物的一侧开始由近及远地进行。

2)根据基础的设计高程,宜先深后浅。

3)根据桩的规格,宜先大后小、先长后短。

4)根据高层建筑主楼(高层)与裙房(低层)的关系,宜先高后低。

5)根据桩的分布状况,宜先群桩后单桩。

6)根据桩的打入精度要求,宜先低后高。

(4)压桩顺序确定后,应根据桩的布置和运输方便,确定压桩机是往后"退压",还是往前"顶压"。当逐排压桩时,推进的方向应逐排改变,对同一排桩而言,必要时可采用间隔跳压的方式。大面积压桩时,可从中间先压,逐渐向四周推进。分段压桩,可以减少对桩的挤动,在大面积压桩时较为适宜,如图2-41所示。

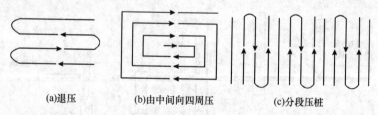

(a)退压   (b)由中间向四周压   (c)分段压桩

图 2-41　压桩顺序

(5)压桩应连续进行,防止因压桩中断而引起间歇后压桩阻力过大,发生压不下去的现象。如果压桩过程中确实需要间歇,则应考虑将桩尖间歇在软弱土层中,以便启动阻力不致过大。

(6)压桩过程中,当桩尖碰到砂夹层而压不下去时,应以最大压力压桩,忽停忽开,使桩有可能缓缓下沉穿过砂夹层。如桩尖遇到其他硬物,应及时处理后方可再压。

(7)压桩施工应符合下列要求。

1)静压桩机应根据设计和土质情况配足额定重量。

2)桩帽、桩身和送桩的中心线应重合。

3)压同一根桩应缩短停歇时间。

(8)为减小静压桩的挤土效应,可采取下列技术措施:

1)对于预钻孔沉桩,孔径约比桩径(或方桩对角线)小50～100 mm;深度视桩距和土的密实度渗透性而定,一般宜为桩长的 $1/3\sim1/2$,应随钻随压桩。

2)限制压桩速度等。

6.接桩

(1)静力压桩一般连接方法有电焊焊接法、法兰连接法和硫磺胶泥锚接法。当下一节桩压到露出地面 $0.8\sim1.0$ m(以施工方便为宜)时,便可接上一节桩。当桩贯穿的土层中夹有薄层砂土时,确定单节长度时应避免桩端在砂土层中进行接桩。焊接和法兰接桩适用于各类土层桩的连接,硫磺胶泥锚接适用于软土层,但对一级建筑桩基或承受拔力的桩宜慎重选用。

1)焊接法

接桩时,上节桩必须对准下节桩并垂直无误后,用点焊将角钢拼接、连接固定,再次检查位置正确后进行焊接。焊接时要求端头钢板与桩的轴线垂直,钢板平整,以使相连接的两桩节轴线重合,连接后桩身保持垂直。

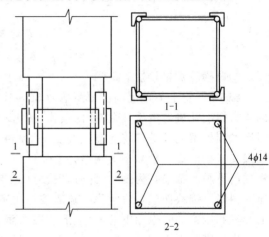

图 2-42 焊接法接桩节点构造

接头施工时,当下节桩沉至桩顶离地面 $0.8\sim1.5$ m 处便吊上节桩,若两端头钢板之间有缝隙,用薄钢片垫实焊牢,然后由两人进行对角分段焊接。焊接前要清除预埋件表面的污泥杂物,焊缝应连续饱满,厚度必须满足设计要求。桩接头焊接完毕后,焊缝应在自然条件下冷却 10 min 以上方可继续压桩。接桩焊接应按隐蔽工程进行验收后方可进入下一道工序。焊接法接桩节点构造如图 2-42 所示。

上节桩和下节桩的接头构造如图 2-43(a)所示,连接后的构造如图 2-43(b)所示。

2)法兰连接法

法兰接桩主要用于离心法成型的钢筋混凝土管柱。制桩时,用低碳钢制成的法兰盘与混凝土整浇在一起,接桩时,上下节桩之间用石棉或纸板衬垫,垂直度检查无误后,在法兰盘的钢板孔中穿入螺栓,用扳手拧紧螺帽,锤击数次后,再拧紧一次,并焊死螺帽。法兰盘接桩速度快、质量好,但耗钢量大,造价高。该法适用各种土层的离心管桩接桩。

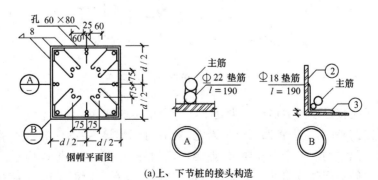

(a)上、下节桩的接头构造

图 2-43

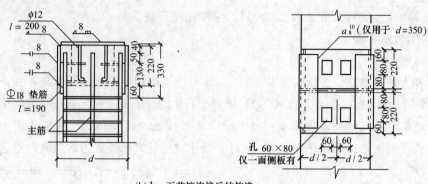

(b)上、下节桩连接后的构造

图 2-43　焊接接头构造(单位:mm)

3)硫磺胶泥锚接法

施工时,将下节桩沉到桩顶距地面 80～100 mm(以施工方便为宜)处暂停沉桩,对下节桩的 4 只螺纹孔进行清洗,除去孔内杂物、油污和积水,同时对上节桩的锚筋进行清洗并调直,然后运送到桩架处。桩架将上节桩按要求吊起并垂直对准下节桩,使 4 根钢筋插入筋孔(直径为锚接筋直径的 2.5 倍),下落压梁并套住桩顶,然后将上节桩和压梁同时上升约 200 mm(以 4 根锚筋不脱离锚筋孔为度)。此时,安设好施工夹箍(由 4 块木板,内侧用人造革包裹 40 mm 厚的树脂海绵块而成),将溶化的硫磺胶泥注满锚筋孔内,并使之溢出铺满下节桩顶面,然后将上节桩和压梁同时徐徐下落,使上下节桩端面紧密黏合。灌注时间不得超过 2 min。

当硫磺胶泥冷却并拆除施工夹箍后,即可继续加荷施压。硫磺胶泥锚接法接桩节点构造如图 2-44 所示。

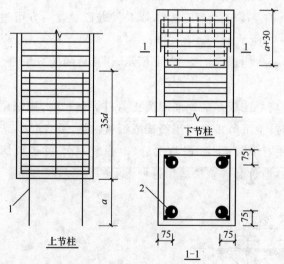

图 2-44　硫磺胶泥锚接法接桩节点构造(单位:mm)

1—锚筋;2—锚筋孔

(2)应避免桩尖接近硬持力层或桩尖处于硬持力层中接桩。

(3)采用焊接接桩时,应先将四周点焊固定,然后对称焊接,并确保焊缝质量和设计尺寸。焊材材质(钢板、焊条)均应符合设计要求,焊接件应做好防腐处理。焊接接桩,其预埋件表面应清洁,上下节之间的间隙应用铁片垫实焊牢接桩时,一般在距地面 1 m 左右进行,上下节桩的中心线偏差不大于 10 mm,节点弯曲矢高偏差不大于 1%桩长。

1)锚杆静压桩和混凝土预制桩电焊接桩时上下节桩平面合拢后,2 个平面的偏差应小于 10 mm,用钢尺量全部对接平面偏差。

2)焊缝电焊外观质量用目测法直观检查应以无气孔、无焊瘤、无裂缝为合格,电焊焊缝全数检查。

3)焊缝探伤检验按设计规定的抽检数量进行探伤检验;重要工程应对电焊接桩的接头做 10%的探伤检查。

4)电焊结束后停歇时间用秒表测定,每个焊接接头电焊结束后停歇时间应大于 1.0 min,再进行压桩。

(4)硫磺胶泥锚接桩应按下列要求作业:

1)锚筋应洞直并清除污垢、油迹和氧化铁层。

2)锚筋孔内应有完好螺纹,无积水、杂物和油污。

3)接点的平面和锚筋孔内应灌满胶泥。

4)胶泥试块每工作班不得少于 1 组。

5)硫磺胶泥每个接头的浇筑时间用秒表测定应小于 2 min。

6)硫磺胶泥每个接头浇筑后的停歇时间用秒表测定应大于 7 min。

(5)法兰连接桩上下节桩之间宜用石棉或纸衬垫,拧紧螺帽,经过压桩机施加压力时再拧紧一次并焊死螺帽。

7. 送桩

静压桩的送桩可利用现场的预制桩段作为送桩器来进行。施压预制桩最后一节桩的桩顶面达地面以上 1.5 m 左右时,应再吊一节桩放在被压的桩顶面(不要将接头连接),一直将被压桩的顶面下压入土层中,直至符合终压控制条件为止,然后将最上面的一节桩拔出来即可。但大吨位的压桩机,由于最后的压桩力和夹桩力均很大,有可能将桩身混凝土夹碎,所以不宜用预制桩作送桩器,而应制作专用的钢质送桩器。送桩器或作送桩器用的预制钢筋混凝土方桩侧面应标出尺寸线,便于观察送桩深度。如果桩顶高出地面一段距离,而压桩力已达到规定值则要截桩,以便压桩机移位。

8. 终止压桩

(1)对于摩擦桩,应按设计桩长控制;但最初几根试压桩,施压 24 h 后应用桩的设计极限承载力作为终压力进行复压,复压不动才可正式施工。

(2)对于端承摩擦桩或摩擦端承桩,应按终压力值进行控制。

1)对于桩长大于 21 m 的端承摩擦桩,终压力值一般取桩的设计极限承载力。当桩周土为黏性土且灵敏性较高时,终压力值可按设计极限承载力的 0.8～0.9 倍取值。

2)当桩长小于 21 m,而大于 14 m 时,终压力按设计极限承载力 1.1～1.4 倍取值;或桩的设计极限承载力取终压力值的 0.7～0.9 倍。

3)当桩长小于 14 m 时,终压力按设计极限承载力 1.4～1.6 倍取值;或设计极限承载力取终压力值 0.6～0.7 倍。其中对于小于 8 m 的超短桩,按 0.6 倍取值。

(3)超载压桩时,一般不宜采用满载连续复压法,但在必要时可以进行复压,复压的次数不宜超过 2 次,且每次稳压时间不宜超过 10 s。

9. 桩身接头

(1)接头数量。一般情况下,预制桩的接头不宜超过 2 个,预应力管桩接头数量不宜超过 4 个。

(2)接头形式主要采用硫磺胶泥锚固接头;当桩很长时,也有在地面以下第一个接头采用焊接的形式。

二、先张法预应力管桩工程

(一)施工机具(打桩机)

参见第二章第一节土和灰土挤密桩复合地基的相关内容。

(二)施工技术

1.测量定位

(1)根据设计图纸编制工程桩测量定位图,并保证轴线控制点不受打桩时振动和挤土的影响,保证控制点的准确性。

(2)根据实际打桩线路图,按施工区域划分测量定位控制网,一般1个区域内根据每天施工进度放样10~20根桩位,在桩位中心点地面上打入1支ϕ6.5 mm长30~40 cm的钢筋,并用红油漆标示。

(3)桩机移位后,应进行第2次核样,核样根据轴线控制网点所标示工程桩位坐标点(x、y值),采用极坐标法进行核样,保证工程桩位偏差值小于10 mm,并以工程桩位点中心,用白灰按桩径大小画1个圆圈,以方便插桩和对中。

(4)工程桩在施工前,应根据施工桩长在匹配的工程桩身上画出以"m"为单位的长度标记,并按从下至上的顺序标明桩的长度,以便观察桩入土深度及记录每米沉桩锤击数。

2.桩机就位

(1)为保证打桩机下地表土受力均匀,防止不均匀沉降,保证打桩机施工安全,采用厚度2~3 cm厚的钢板铺设在桩机履带板下,钢板宽度比桩机宽2 m左右,保证桩机行走和打桩的稳定性。

(2)桩机行走时,应将桩锤放置于桩架中下部以桩锤导向脚不伸出导杆末端为准。

(3)根据打桩机桩架下端的角度计初调桩架的垂直度,并用线坠由桩帽中心点吊下与地上桩位点初对中。

3.管桩起吊、对中和调直

(1)管桩应由起重机将桩转动至打桩机导轨前,单节长≤20 m的管桩转运采用专用吊钩钩住两端内壁直接进行水平起吊,两点钩吊法如图2-45所示。单节长>20 m的管桩应采用四点吊法转运,吊点位置如图2-46所示。管桩摆放宜采用两点支法,如图2-47所示。

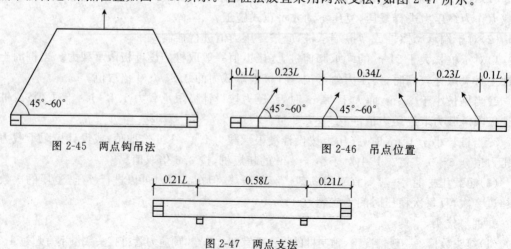

图2-45 两点钩吊法　　　　　　图2-46 吊点位置

图2-47 两点支法

(2)管桩摆放平稳后,在距管桩端头0.21L处,将捆桩钢丝绳套牢,一端拴在打桩机的卷扬机主钩上,另一端钢丝绳挂在起重机主钩上,打桩机主卷扬机先向上提桩,起重机在后端辅助用力,使管桩与地面基本成 45°～60°角向上提升,将管桩上口喂入桩帽内,将起重机一端钢丝绳松开取下,将管桩移至桩位中心。

(3)对中。管桩插入桩位中心后,先利用桩锤自重将桩插入地下 300～500 mm,桩身稳定后,调整桩身、桩锤、桩帽的中心线使其重合,与打入方向成一直线。

(4)调直。用经纬仪(直桩)和角度计(斜桩)测定管桩垂直度和角度。经纬仪应设置在不受打桩机移动和打桩作业影响的位置,保证 2 台经纬仪与导轨成正交方向进行测定,使插入地面时桩身的垂直偏差不大于 0.5%。

4.打桩

(1)打第一节桩时必须采用桩锤自重或冷锤(不挂挡位)将桩徐徐打入,直至管桩沉到某一深度不动为止,同时用仪器观察管桩的中心位置和角度,确认无误后,再转为正常施打必要时,宜拔出重插,直至满足设计要求。

(2)正常打桩宜采用重锤低击。

(3)打桩顺序应根据桩的密集程度及周围建(构)筑物的关系确定。

1)若桩较密集且距周围建(构)筑物较远,施工场地开阔时宜从中间向四周进行。

2)若桩较密集且场地狭长,两端距建(构)筑物较远时,宜从中间向两端进行。

3)若桩较密集且一侧靠近建(构)筑物时,宜从毗邻建(构)筑物的一侧开始,由近及远地进行。

4)根据桩入土深度,宜先长后短。

5)根据管桩规格,宜先大后小。

6)根据高层建筑塔楼(高层)与裙房(低层)的关系,宜先高后低。

5.接桩

(1)当管桩需接长时,接头个数不宜超过 3 个且尽量避免桩尖落在厚黏性土层中接桩。

(2)管桩接桩,采用焊接接桩,其入土部分桩段的桩头宜高出地面 50～100 mm。

(3)下节桩的桩头处宜设导向箍以方便上节桩就位,接桩时上下节桩应保持顺直,中心线偏差不宜大于 2 mm,节点弯曲矢高偏差不大于 1‰桩长。

(4)管桩对接前,上下端板表面应用钢丝刷清理干净,坡口处露出金属光泽,对接后,若上下桩接触面不密实,存在缝隙,可用厚度不超过 5 mm 的钢片嵌填,达到饱满为止,并点焊牢固。

(5)焊接时宜由 3 个电焊工在成 120°角的方向同时施焊,先在坡口圆周上对称点焊 4～6 点,待上下桩节固定后拆除导向箍再分层施焊,每层焊接厚度应均匀。

(6)焊接层数不少于 3 层,采用普通交流焊机的手工焊接时第 1 层必须用 ϕ 3.2 mm 电焊条打底,确保根部焊透,第 2 层方可用粗电焊条(ϕ4 mm 或 ϕ5 mm)施焊;采用自动及半自动保护焊机的应按相应规程分层连续完成。

(7)焊接时必须将内层焊渣清理干净后再焊外 1 层,坡口槽的电焊必须满焊,电焊厚度宜高出坡口 1 mm,焊缝必须每层检查,焊缝应饱满连续,不宜有夹渣、气孔等缺陷,满足《钢结构工程施工质量验收规范》(GB 50205—2001)中二级焊缝的要求。

(8)焊接完成后,需自然冷却不少于 1 min 后才可继续锤击。夏天施工时温度较高,可采用鼓风机送风,加速冷却,严禁用水冷却或焊好即打。

(9)对于抗拔及高承台桩,其接头焊缝外露部分应作防锈处理。

6.送桩

(1)根据设计桩长接桩完成并正常施打后,应根据设计及试打桩时确定的各项指标来控制是否采取送桩。

(2)送桩前应保证桩锤的导向脚不伸出导杆末端,管桩露出地面高度宜控制在 0.3～0.5 m。

(3)送桩前在送桩器上以"m"为单位,并按从下至上的顺序标明长度,由打桩机主卷扬吊钩采用单点吊法将送桩器喂入桩帽。

(4)在管桩顶部放置桩垫,厚薄均匀,将送桩器下口套在桩顶上,采用仪器调整桩锤、送桩器和桩三者的轴线在同一直线上。

(5)送桩完成后,应及时将空孔回填密实。

7.检查验收

(1)在桩帽侧壁用笔标示尺寸,以"cm"为单位,高度宜为试桩标准制定的最后每阵贯入度的 4～5 倍。将经纬仪架设在不受打桩振动影响的位置上对管桩贯入度进行测量,再用收锤回弹曲线测绘纸绘出管桩的回弹曲线,最后从回弹曲线上量出最后三阵贯入度。

(2)当采用送桩时测试的贯入度应参考同一条件的桩不送桩时的最后贯入度予以修正。

(3)根据设计及试打桩标准确定的高程和最后三阵贯入度来确定可否成桩,满足要求后,做好记录,会同有关部门做好中间验收工作。

(4)实际控制成桩标准中的高程和最后三阵贯入度与设计及试桩标准出入较大时,应会同有关部门采取相应措施,研究解决后移至下一桩位。

三、混凝土预制桩工程

(一)施工机具(钢筋对焊机)

(1)钢筋对焊机简述

钢筋对焊机简称"对焊机",是完成钢筋对焊(将两根钢筋端部对在一起并焊接牢固的方法)的机械。使用对焊机对焊钢筋,可将工程剩下来的短料按新的工程配筋要求对接起来重新利用,节省钢材;同手工电弧焊搭接焊工艺相比,焊缝部位强度高,特别是在承重大梁钢筋密集的底部、曲线梁或拼装块体预应力主筋的穿孔、张拉等施工中,更显示出钢筋对焊的优越性。

(2)钢筋对焊机的构造组成

对焊机主要由焊接变压器、左电极、右电极、交流接触器、送料机构和控制元件等组成,如图 2-48 所示。

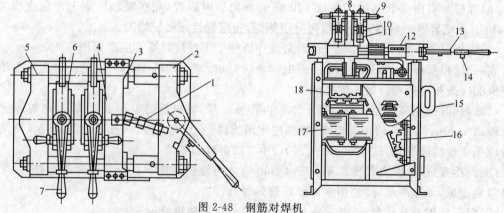

图 2-48 钢筋对焊机

1—调节螺钉;2—导轨架;3—滑轮;4—滑动平板;5—固定平板;6—左电极;
7—旋紧手柄;8—护板;9—套钩;10—右电极;11—夹紧臂;12—行程标尺;
13—操纵杆;14—接触器按钮;15—分级开关;16—交流接触器;
17—焊接变压器;18—铜引线

钢筋对焊机的工作原理如图2-49所示,对焊机的电极分别装在滑动平板上,滑动平板可沿机身上的导轨移动,电流通过变压器次级线圈传到电极上,当推动压力机构使两根钢筋端头接触在一起后,造成短路电阻产生热量,加热钢筋端头,当加热到高塑性后,再加力挤压,使两端头达到牢固的对接。

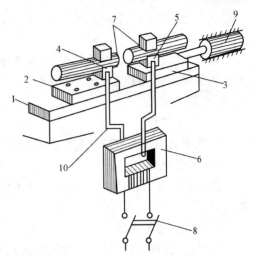

图2-49　钢筋对焊机的工作原理
1—机身;2—固定平板;3—滑动平板;4—固定电极;
5—活动电极;6—变压器;7—钢筋;8—开关;
9—压力机构;10—变压器次级线圈

（3）钢筋对焊机的安全操作

1）钢筋对焊机应安置在室内,并应有可靠的接地或接零。

2）当多台钢筋对焊机并列安装时,相互间距不得小于3 m,应分别接在不同相位的电网上,并应分别有各自的导线开关。

3）焊接前,应检查并确认对焊机的压力机构灵活,夹具牢固,气压、液压系统无泄漏,一切正常后方可施焊。

4）焊接前,应根据所焊接钢筋截面,调整二次电压。不得焊接超过钢筋对焊机规定直径的钢筋。

5）断路器的接触点、电极应定期磨光,二次电路全部连接螺栓应定期紧固。

6）冷却水温度不得超过40℃;排水量应根据温度调节。

7）焊接较长钢筋时,应设置托架;配合搬运钢筋的操作人员,在焊接时,应防止火花烫伤。

8）闪光区应设挡板,与焊接无关的人员不得入内。

9）冬期施焊时,室内温度不应低于8℃。

10）作业后,应放尽机内冷却水。

（二）施工技术

1.现场制桩工艺

（1）钢筋矫直与下料

埋设地锚,将箍筋用卷扬机矫直,钢筋截面积减少要<5％。采用切断机或切割机,按图纸要求标画好的尺寸对主筋及箍筋下料,各种钢筋下料尺寸须准确。主筋采用对焊时,要考虑闪光对焊耗余量。

（2）主筋对焊

根据钢筋直径和对焊机容量可采用连续闪光焊、预热闪光焊、闪光-预热闪光焊等。主筋下料尺寸应充分考虑预留量。将钢筋头部的150 mm范围内的铁锈、污泥等清除,安放时使钢筋的轴线一致,然后对焊,对焊结束后,待接头由红色变为黑色时,松开夹具,将钢筋平稳取出。

（3）箍筋加工

利用弯曲机进行加工。首先确定间距,而后在工作台（弯曲机平台）上按各段尺寸要求,设置若干标志,按标志要求操作,逐段弯折,并随时与图集要求进行对照,使其符合图集要求。对桩两端的加密箍筋均采用点焊焊成封闭箍。

（4）网片与骨架制作

将矫直好的钢筋按照图集、图纸要求放在预制的模子上,用电弧焊或电阻点焊焊成网片。

将桩尖弯曲成形的主筋放在模具上,采用双面搭接焊法将其焊接成骨架。

(5)布放箍筋与主筋绑扎

将焊好的骨架安放在操作架上,按图纸要求量距并进行标记,箍筋按画好的位置放好。把箍筋和主筋用铁丝绑扎牢固,相邻绑扎点的铁丝呈八字形,绑好外环后再绑内环,穿入副筋按上述方法进行绑扎。

(6)网片安装

将成型的网片与桩顶钢筋帽按尺寸垂直安入骨架内,用铁丝绑扎牢固。

(7)钢帽焊制

需要接桩时,钢板按图集要求尺寸下好料后,焊接成型,然后焊到上段骨架底部和下段骨架顶部。

2.混凝土浇筑成桩

(1)场地平整、底模制作与抹刷隔离剂

将预制场地整平夯实。在现场制作时,一般可提前铺设厚约 10 cm 的 C20 混凝土硬化地面,待混凝土具备一定强度后充当底模;也可采用砖铺设顶部砂浆抹平充当底模。在制桩场地上,均匀地抹刷隔离剂,晒干后,铺上塑料薄膜。

(2)骨架安放

将成型骨架平直摆到底模上,对好桩顶及桩尖的位置,骨架与底模之间垫上提前预制好的水泥砂浆垫块,以确保主筋保护层厚度。

(3)模板加工

每块模板长度不应少于 5 m,模板宽度和桩边长一致,桩尖处模板按桩尖形状制作成型,桩顶处模板应与桩边长一致,模板表面刨平接头对齐后进行钉装成型,制作好的模板须有一定刚度,且拼缝紧密,不得漏浆,再在其内侧铺设钉装模板布,用钉子加固好。亦可直接利用钢模板。

(4)模板支护

将成型的模板对齐,夹到安放好的钢筋笼两侧,模板内用等桩边长的木条,每隔 2 m 设 1 个支撑控制支模宽度,挂上施工线调整钢筋骨架与模板的相对位置,并放好垫块,保证保护层厚度,检查支模的平整及有无漏浆现象,并随时调整,最后紧好模板夹,在预留孔处安装铁管完成支模。支模须牢固无变形,拼缝处不得漏浆。

(5)混凝土搅拌、浇筑与振捣

严格按配合比上料,计算出每盘料的加料量,平均分配后准确地按计算值称出每车的上料量,先加石子,然后加砂子、水泥和 NC 早强剂。混凝土搅拌时间应≥3 min。混凝土坍落度控制在 3~5 cm。每台班须制作试块不少于 1 组。浇筑时,由桩顶到桩尖方向依次进行上料,整个浇筑过程必须连续,不得中断。为增强混凝土的密实性,采用插入式振动器,由桩顶向桩尖呈行列式依次振捣,每次振捣时间为 20~30 s,每次移动距离不大于 40 cm,直至桩尖,并对桩顶、桩尖处加强振捣。将桩上表面压实抹平。

(6)拆模与养护

成桩后,当桩达到一定强度后,开始拆模,由桩顶开始向桩尖过渡,小心拆卸,模板拆除后用清水及时冲刷干净。木模板拆模时间一般不宜少于 2 h,钢模板不宜少于 12 h。拆模后,用塑料布将桩体覆盖严密进行保湿,并加盖草帘子保温。若夏季施工,要按时浇水养护,若冬季施工,可采用蒸汽养护。

3.沉桩施工工艺

(1)定位放线

将基准点设在施工场地外,并用混凝土加以固定保护,依据基准点利用全站仪或钢尺配合经纬仪测量放线,桩位测量放线误差控制在 20 mm 以内,放线经自检合格,报监理和建设单位联合验收合格后方可施工。

(2)高程确定

根据基准点±0.000 位置,以水准仪按区域测量场地地面高程,并换算出桩入土深度。

(3)桩机就位

打桩机就位后,检查桩机的水平度及导杆的垂直度,桩机须平稳,控制导杆垂直度<0.5%。通过基准点或相邻桩位校验桩位,确保对位误差不超过 20 mm。

(4)桩的起吊

当桩的混凝土达到设计强度的 70% 后方可起吊,吊点应系于设计规定处,如无吊环,可按图 2-50 所示位置起吊,以防裂断,在吊索与桩间应加衬垫,吊应平稳提升,避免撞击和振动。

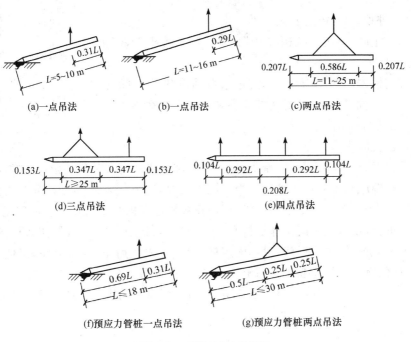

图 2-50　预制桩吊点位置

(5)桩的运输

桩运输时,桩的强度应达到 100%,运输可采用平板拖车、轻轨平板车或载重汽车,装载时应将桩装载稳固,并支撑或绑牢固。长桩运输时,桩下宜设活动支座。

(6)桩的堆放

桩堆放时,应按规格、桩号分层叠置在平整坚实的地面上,支承点应设在吊点处或附近,上下层垫块应在同一直线上,堆放层数不宜超过 4 层。

(7)吊桩就位

桩的吊立定位,一般利用桩架附设的起重钩吊桩就位,或配 1 台起重机送桩就位。用副钩吊桩,根据桩长选择合适的吊点将桩起吊,并使其垂直对准桩位,将桩帽徐徐松下套在桩顶,解除吊钩,检查并使桩锤、桩帽和桩身在同一直线上,然后慢慢将桩插入土中。

（8）校正垂直度

用两台经纬仪或垂球从两个角度检查桩的垂直度,并及时纠正,确保桩垂直度偏差<0.5%。

（9）确定打（沉）桩方法

打（沉）桩法有锤击法、振动法及静力压桩法等,以锤击法应用最普遍。

打桩时,应用导板夹具或桩箍将桩嵌固在桩架两导柱中,桩位置及垂直度经校正后,方可将锤连同桩帽压在桩顶,开始沉桩。桩顶不平,应用厚纸板垫平或用环氧树脂砂浆补抹平整。

开始沉桩应起锤轻压,并轻击数锤,观察桩身、桩架、桩锤等垂直一致,始可转入正常。

打桩应用适合桩头尺寸之桩帽和弹性垫层,以缓和打桩时的冲击,桩帽用钢板制成,并用硬木或绳垫承托,桩帽与桩接触表面须平整,与桩身应在同一直线上,以免沉桩产生偏移。桩锤本身带帽者,则只在桩顶护以绳垫或木块。

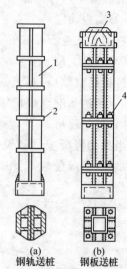

(a)　　　(b)
钢轨送桩　钢板送桩

图 2-51　钢送桩构造
1—钢轨;2—15 mm 厚钢板箍;
3—硬木垫;4—连接螺栓

桩须深送入土时,应用钢桩送桩（图 2-51）,放于桩头上,锤击送桩将桩送入。

振动沉桩与锤击沉桩法基本相同,是用振动箱代替桩锤,使桩头套入振动箱连同桩帽或液压夹桩器夹紧,便可照锤击法,启动振动箱进行沉桩至设计要求深度。

（10）打（沉）桩顺序

根据土质情况,桩基平面尺寸、密集程度、深度和桩机移动方便等决定打桩顺序,如图 2-52 所示为几种打桩顺序和土体挤密情况。当基坑不大时,打桩应从中间开始分头向两边或周边进行。当基坑较大时,应将基坑分为数段,而后在各段范围内分别进行。打桩避免自外向内或从周边向中间进行,以避免中间土体被挤密,桩难打入,或虽勉强打入,但使邻桩侧移或上冒。对基础高程不一的桩,宜先深后浅,对不同规格的桩,宜先大后小,先长后短,以使土层挤密均匀,以避免位移偏斜。在粉质黏土及黏土地区,应避免按照一个方向进行,使土向一边挤压,造成入土深度不一,土体挤实程度不均,导致不均匀沉降。若桩距大于或等于 4 倍桩直径,则与打桩顺序无关。

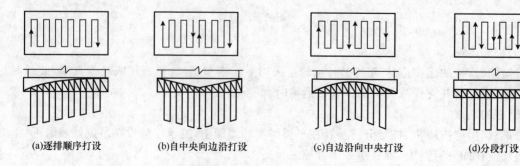

(a)逐排顺序打设　　(b)自中央向边沿打设　　(c)自边沿向中央打设　　(d)分段打设

图 2-52　打桩顺序和土体挤密情况

(11)开锤打桩

松绳将锤吊起,再拉动绳子使锤钩脱离,锤自由下落,开动打桩锤,开始控制油门时应处于很小的位置,待桩入土一定深度稳定后,逐渐加大油门按要求落距沉桩,最大落距控制一般不超过 2~3 m。操作手控制好油门大小,始终保持锤的跳动正常。

(12)接桩

预制钢筋混凝土长桩受运输条件和桩架高度限制,一般常分成数节,分节打入,常用接头形式有角钢帮焊接头、钢板对焊接头、法兰盘接头、硫磺胶泥锚固接头,如图 2-53 所示。

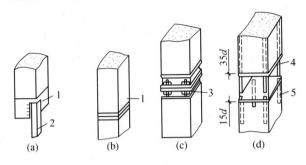

图 2-53 钢筋混凝土预制桩接头形式
1—钢板;2—角钢;3—螺栓;4—锚筋;5—带螺纹浆锚孔

焊接接头施工均要求端头钢板与桩的轴线垂直,钢板平整,以使相连接的二桩节轴线重合,连接后桩身保持竖直,接头施工时,当下节桩沉至桩顶高出地面 0.8~1.5 m 处可吊上节桩。若二墙头钢板之间有缝隙,用薄钢片垫实焊牢。然后由两人进行对角分段焊接。在焊接前要清除预埋件表面的污泥杂物,焊缝应连续饱满。

硫磺胶泥锚固接头施工先将下节桩沉至桩顶距地面 0.8~1.0 m 处,提起沉桩机具后对锚筋孔进行清洗,除去孔内油污、杂物和积水,同时对上节桩的锚筋进行清刷调直;接着将上节桩对准下节桩,使 4 根锚筋(其长度为 15 倍锚筋直径)插入锚筋孔(其孔径为锚筋直径的 2.5 倍,长度大于 15 倍锚筋直径),下落压梁并套住上节桩顶,保持上下节桩的端面相距 200 mm 左右,安设好施工夹箍(由 4 块木板,内侧用人造革包裹 40 mm 厚的树脂海绵块组成);然后将熔化的硫磺胶泥(胶泥浇筑温度控制在 145℃左右)注满锚筋孔内,并溢出铺满下节桩顶面;最后将上节桩和压梁同时徐徐下落,使上下桩端面紧密黏合。当硫磺胶泥停歇冷却并拆除施工夹箍后,即可继续沉桩。硫磺胶泥灌注时间一般为 2 mm。

下段桩送至离地表 1 m 处,停止打桩,然后将上段桩吊好,采用锚接法或焊接法进行接桩。接桩时应将上下两节对齐,控制并使上下两节中心线偏差<5 mm,弯曲不得大于桩长的 0.1%。

(13)停锤

采用控制贯入度和控制高程双控的方法确定停锤标准。当控制贯入度为主时,控制最后 10 击贯入度 3~5 mm;控制桩顶高程为主时,控制其偏差在 ±50 mm 之内。

四、混凝土灌注桩工程

(一)施工机具

1.螺旋钻孔机

参见第二章第一节预压地基的相关内容。

2.机动洛阳铲挖孔机

这种挖孔机由提升机架、卷扬机、滑轮组及机动部分组成,具有设备简单、操作方便的特点,在我国北方使用较多。

3.钻扩机

钻扩机又称扩孔机,有汽车式扩孔机、双导向步履式钻扩机、双管双螺旋钻扩机和短螺旋钻扩机等多种形式。进行钻扩作业时,具有振动小、噪声低、排土量少的优点。

4.正反循环钻机

(1)正循环钻机。正循环钻机主要由动力机、泥浆泵、卷扬机、转盘、钻架、钻杆、水龙头和钻头等组成。

(2)反循环钻机。反循环钻机由钻头、加压装置、回转装置、扬水装置、接续装置和升降装置等组成。

5.潜水钻机

(1)潜水钻机主要由潜水电机、齿轮减速器、密封装置、钻杆和钻头等组成。

(2)潜水电钻具有体积小、重量轻,机器结构轻便简单、机动灵活和成孔速度较快等特点,宜用于地下水位高的轻便土层,如淤泥质土、黏性土及砂质土等。

(3)钻头。钻进不同类别土层,应有不同的钻头,其形式有笼式钻头、筒式钻头及两翼式钻头等。

6.冲击钻机

(1)冲击钻机。冲击钻机主要由桩架(包括卷扬机)、冲击钻头、掏渣筒、转向装置和打捞装置等组成。

(2)冲击钻头。常用的冲击钻头为十字形钻头。

(3)掏渣筒。掏渣筒的主要作用是捞取被冲击钻头破碎后的孔内钻渣。它主要由提梁、管体、阀门和管靴等组成。阀门有多种形式,常用的形式有碗形活门、单扇活门和双扇活门等。

(二)施工技术

1.人工挖孔桩施工

(1)放线定位:按设计图纸放线,定桩位。

(2)测量控制:桩位轴线采取在地面设"十字"控制网基准点,安装提升设备时,吊桶的钢丝绳中心与桩孔中心线一致,以作挖土时控制中心。

(3)分节挖土和出土。

采取分段开挖,每段高度取决于孔壁稳定状态,一般以 0.8～1.0 m 为一施工段。挖孔由人工从上到下逐层用镐锹进行,遇坚硬土层用锤、钎破碎,挖土次序是先挖中间部分,后挖周边,允许尺寸误差 3 cm,扩底部分采取先挖桩身圆柱体,再按扩底尺寸从上到下削土修成扩底形。如遇大量渗水,采取排水措施。挖出的土方应及时运走,不得堆放在孔口附近。

垂直运输在孔上口安支架、工字轨道、电葫芦或搭三木搭,用 1～2 t 慢速卷扬机提升(图 2-54),吊至地面上后,用机动翻斗车或手推车运出。

(4)安装护壁钢筋和护壁模板。

1)护壁施工采取组合式钢模板拼装而成,拆上节支下节,循环周转使用。模板用 U 形卡连接,上下设两半圆组成的钢圈顶紧,不另设支撑,混凝土用吊桶运输,人工浇筑,上部留 100 mm 高作为浇灌口,拆模后用砌砖或混凝土堵塞,混凝土强度达 1 MPa 即可拆模。

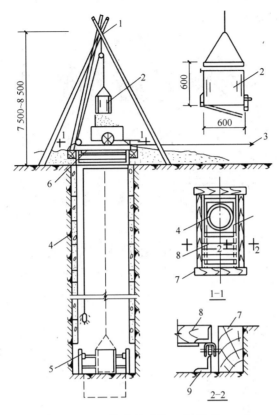

图 2-54　人工挖孔桩成孔工艺(单位:mm)

1—三木搭;2—吊土桶;3—接卷扬机;4—混凝土护壁;5—定型组合钢模板;
6—活动安全盖板;7—枕木;8—活动井盖;9—角钢轨道

2)挖孔桩护壁模板一般做成通用(标准)模板。直径小于 $\phi 1\ 200\ \text{mm}$ 的桩孔,模板由 5~8 块组成。模板高度由施工段高度确定,一般模板高度宜为 0.8~1.0 m。

3)护壁厚度一般为 100~150 mm,大直径桩护壁厚度为 200~300 mm。

4)护壁钢筋按设计要求执行,应先安放钢筋,然后才能安装护壁模板。

5)护壁支模中心点,应与桩中心一致。

6)灌注护壁混凝土,护壁混凝土形式分为外齿式和内齿式,如图 2-55 所示,一般采用内齿式。护壁混凝土的强度等级应符合设计要求,护壁模板一般 24 h 后拆除。

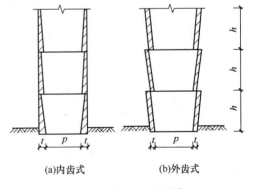

(a)内齿式　　(b)外齿式

图 2-55　混凝土护壁形式

7)对桩直径 1.2 m 内的钢筋笼制作,同一般灌注桩方法;对直径和长度大的钢筋笼,一般在主筋内侧每隔 2.5 m 加设 1 道直径 25~30 mm 的加强箍,每隔 1 箍在箍内设 1 个井字加强支撑,与主筋焊接牢固组成骨架(图 2-56)。为便于吊运,一般分 2 节制作,主筋与箍筋间隔点焊固定,控制平整度误差不大于 5 cm,钢筋笼一侧主筋上每隔 5 m 设置耳环,控制保护层为 7 cm,钢筋笼外形尺寸比孔小 11~12 cm(图 2-57),钢筋笼就位用小型吊运机具或起重机进行,上下节主筋采用帮条双面焊接,整个钢筋笼用槽钢悬挂在井壁上,借自重保持垂直度准确。

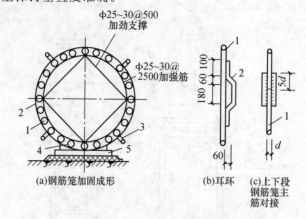

图 2-56　钢筋笼的成形与加固(单位:mm)

1—主筋;2—箍筋中 ϕ 12～16@150;3—耳环 ϕ 20 mm;4—轻轨;5—枕木

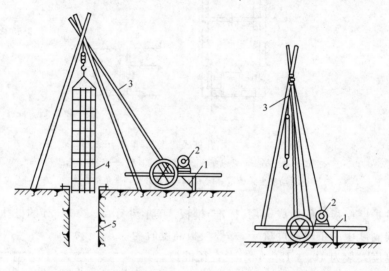

(a)小型钢筋笼吊放　　　　(b)三木搭移动

图 2-57　钢筋笼吊放

1—架子车;2—0.5～1.0 t 卷扬机;3—三木搭;4—钢筋笼;5—柱孔

8)混凝土用粒径小于 50 mm 的石子,水泥用 42.5 级普通或矿渣水泥,坍落度 8～10 cm,用机械拌制。混凝土用翻斗汽车、机动车或手推车向桩孔内灌注,混凝土下料采用串桶,深桩孔用混凝土导管,如地下水压大,应采用混凝土导管水中灌注混凝土工艺。混凝土要垂直灌入桩孔内,并应连续分层灌注,每层厚不超过 1.5 m。对小直径桩孔,长 6 m 以上,利用混凝土的大坍落度和下冲力使其密实,长 6 m 以内分层捣实。大直径桩应分层浇筑,分层捣实。

2.夯扩沉管桩施工

(1)夯扩施工顺序如图 2-58 所示。

(2)封底:夯扩桩采用干混凝土封底的无桩靴沉管方式,在外管下端约 150 mm 高度,投入足量的干混凝土,使其在锤击时吸收地下水分,而形成致密的混凝土隔水层。

(3)沉管:桩管打至设计深度后,拔出内管时,外管内应保持干燥无水。若泥水进入管内,则封底失败,应采取有效措施处理。

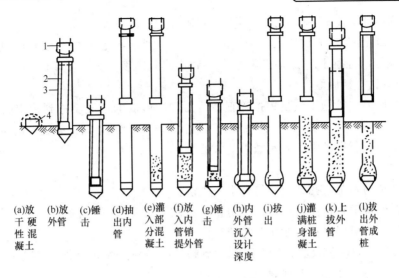

图 2-58 夯扩施工顺序

1—顶梁或桩锤;2—内夯管;3—外管;4—管塞

(4)夯扩:在外管内灌入部分混凝土,稍提外管锤击(静压)以扩大桩尖。一般情况下,当桩端持力层性质相对较差,而易于夯扩时,应适当增加扩大头混凝土灌注量;当持力层密实度大、性质较好、难以夯扩时,扩大头混凝土灌入量就要适当减少。

(5)灌注混凝土及拔管:当混凝土灌满桩管后,便开始拔管,边拔管,边振动(锤击),边继续灌注混凝土。

(6)安放钢筋笼成桩:混凝土至钢筋笼设计高程后,适时安放钢筋笼,继续灌注混凝土成桩。

3.干作业成孔灌注桩

(1)干作业钻孔灌注桩

1)成孔

①螺旋钻钻孔(图 2-59)。螺旋钻孔法是利用螺旋钻头的部分刃旋转切削土层,被切的土块随钻头旋转,并沿整个钻杆上的螺旋叶片上升而被推出孔外的方法。在软塑土层,含水率大时,可用叶片螺距较大的钻杆,这样工效可高一些;在可塑或硬塑的土层中,或含水率较小的砂土中,则应采用叶片螺距较小的钻杆,以便能均匀平稳地钻进土中。一节钻杆钻完后,可接上第二节钻杆,直到钻至要求的深度。

②机动洛阳铲钻孔。机动洛阳铲钻孔是利用机动洛阳铲将其提升到一定高度后,再利用洛阳铲的冲击能量来开孔挖土的另一种方法。每次冲铲后,将土从铲具钢套中倒弃。

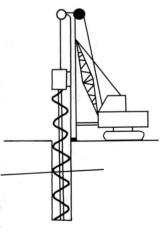

图 2-59 螺旋钻孔法示意

2)钻孔施工

①钻孔时,钻杆应保持垂直稳固、位置正确,防止因钻杆晃动引起扩大孔径。

②钻进速度应根据电流值变化,及时进行调整。

③钻进过程中,应随时清理孔口积土和地面散落土,遇到地下水、塌孔、缩孔等异常情况时,应及时处理。

④成孔达设计深度后,孔口应予以保护,并按规定进行验收,并做好记录。

⑤灌注混凝土前,应先放置孔口护孔漏斗,随后放置钢筋笼并再次测量孔内虚土厚度。桩顶以下 5 m 范围内混凝土应随浇随振动,并且每次浇筑高度均大于 1.5 m。

(2)干作业钻孔扩底灌注桩

1)钻孔扩底灌注桩施工法是把按等直径钻孔方法形成的桩孔钻进到预定的深度,然后换上扩孔钻头后撑开钻头的扩孔刀刃使之旋转切削地层扩大孔底,成孔后放入钢筋笼,灌注混凝土形成扩底桩以便获得较大垂直承载力的方法。

2)钻孔施工

钻孔扩底桩的施工直孔部分应符合下列规定:

①钻杆应保持垂直稳固,位置正确,防止因钻杆晃动引起扩大孔径。

②钻进速度应根据电流值变化及时调整。

③钻进过程中,应随时清理孔口积土,遇到地下水、塌孔、缩孔等异常情况时,应及时处理。

3)钻孔扩底部位应符合下列规定:

①根据电流值或油压值调节扩孔刀片切削土量,防止出现超负荷现象。

②扩底直径应符合设计要求,经清底扫膛,孔底的虚土厚度应符合规定。

③成孔达到设计深度后,孔口应予保护,按规定验收,并做好记录。

(3)灌注混凝土前,应先放置孔口护孔漏斗,随后放置钢筋笼并再次测量孔内虚土厚度。浇筑桩顶以下 5 m 范围内的混凝土时,应随浇随振动,每次浇筑高度不大于 1.5 m。扩底桩灌注混凝土时,第 1 次应灌到扩底部位的顶面,随即振捣密实。

4.套管成孔灌注桩

(1)振动沉管灌注桩

振动沉管灌注桩施工工艺流程如图 2-60 所示。

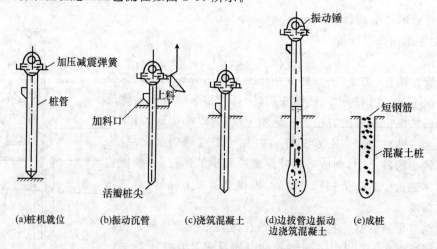

(a)桩机就位 (b)振动沉管 (c)浇筑混凝土 (d)边拔管边振动边浇筑混凝土 (e)成桩

图 2-60 振动沉管灌注桩施工工艺流程

1)桩机就位。施工前,应根据土质情况选择适用的振动打桩机,桩尖采用活瓣式。施工时先安装好桩机,将桩管对准桩位中心,桩尖活瓣合拢,放松卷扬机钢丝绳,利用振动机及桩管自重,把桩尖压入土中,勿使偏斜,即可启动振动箱沉管。

2)振动沉管。沉管过程中,应经常探测管内有无地下水或泥浆,如发现水或泥浆较多,应拔出桩管,检查活瓣桩尖缝隙是否过疏,漏进砂水;如过疏应加以修理,并用砂回填桩孔后重新沉管;如再发现有少量水时,一般可在沉入前先灌入 0.1 m³ 左右的混凝土或砂浆封堵活瓣桩尖缝隙再继续沉入。

沉管时为了适应不同土质条件,常用加压方法来调整土的自振频率。桩尖压力改变可利用卷扬机滑轮钢丝绳把桩架的部分重量传到桩管上,并根据钢管沉入速度,随时调整离合器,防止桩架抬起发生事故。

3)混凝土浇筑。桩管沉到设计位后,停止振动,用上料斗将混凝土灌注桩入桩到管内,一般应灌满或略高于地面。

4)边拔管边振动。开始拔管时,先启动振动箱片刻再拔管,并用吊铊探测到桩尖活瓣确已张开,混凝土已从桩管中流出以后,方可继续抽拔桩管,边拔边振。拔管速度,对于用活瓣桩尖者,不宜大于 2.5 m/min;对于用预制钢筋混凝土桩尖者,不宜大于 4 m/min。在拔管过程中,桩管内应至少保持 2 m 以上高度的混凝土,或不低于地面,可用吊铊探测,不足时要及时补灌,以防混凝土中断,形成缩颈。

振动灌注桩的中心距不宜小于桩管外径的 4 倍,相邻的桩施工时,其间隔时间不得超过水泥的初凝时间,中间需停顿时,应将桩管在停歇前先沉入土中。

拔管方法有单打法、复打法和反插法,一般宜采用单打法。

①单打法即一次拔管法,拔管时每提升 0.5～1 m,振动 5～10 s,再拔管 0.5～1 m,如此反复进行,直至全部拔出为止。单打法施工须注意以下几点:

a.必须严格控制最后 30 s 的电流、电压值,其值按设计要求或根据试桩和当地经验确定。

b.桩管内灌满混凝土后,先振动 5～10 s,再开始拔管,应边振边拔,每拔 0.5～1.0 m 停拔,振动 5～10 s,如此反复,直至桩管全部拔出。

c.在一般土层内,拔管速度宜为 1.2～1.5 m/min,用活瓣桩尖时宜慢,用预制桩尖时适当加快;在软弱土层中,宜控制在 0.6～0.8 m/min。

②复打法就是在同一桩孔内进行两次单打,即按单打法制成桩后再在混凝土桩内成孔并灌注混凝土。采用此法可扩大桩径,大大提高桩的承载力。复打法施工须注意以下几点:

a.第 1 次灌注混凝土应达到自然地面;

b.应随拔管随清除粘在管壁上和散落在地面上的泥土;

c.前后 2 次沉管的轴线重合;

d.复打施工必须在第 1 次灌注的混凝土初凝之前完成。

③反插法就是将套管每提升 0.5 m,再下沉 0.3 m,反插深度不宜大于活瓣桩尖长度的 2/3,如此反复进行,直至拔离地面。此法也可扩大桩径,提高桩的承载力。反插法施工须注意以下几点:

a.桩管灌满混凝土之后,先振动再拔管,每次拔管高度 0.5～1.0 m,反插深度 0.3～0.5 m;在拔管过程中,应分段添加混凝土,保持管内混凝土面始终不低于地表面或高于地下水位 1.0～1.5 m,拔管速度应小于 0.5 m/min。

b.在桩尖处的 1.5 m 范围内,宜多次反插以扩大桩的端部断面。

c.穿过淤泥夹层时,应当放慢拔管速度,并减少拔管高度和反插深度,在流动性淤泥中不宜使用反插法。

5)安放钢筋笼或插筋。第 1 次浇筑至笼底高程,再安放钢筋笼,然后灌注混凝土至设计高程。

(2)锤击沉管灌注桩

锤击沉管灌注桩施工工艺流程如图 2-61 所示。

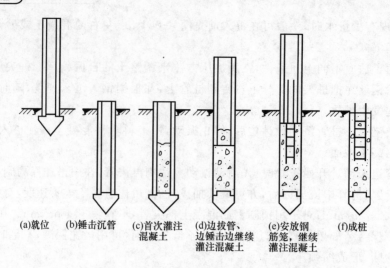

(a)就位　(b)锤击沉管　(c)首次灌注混凝土　(d)边拔管、边锤击边继续灌注混凝土　(e)安放钢筋笼，继续灌注混凝土　(f)成桩

图 2-61　锤击沉管灌注桩施工工艺流程

1)桩机就位。将桩管对预先埋设在桩位上的预制桩对准尖或将桩管对准桩位中心,使它们三点合一线,然后把桩尖活瓣合拢,放松卷扬机钢丝绳,利用桩机和桩管自重,把桩尖打入土中。

2)锤击沉管。

①锤击沉管施工法,是利用桩锤将桩管和预制桩尖(桩靴)打入土中,边拔管、边振动、边灌注混凝土、边成桩,在拔管过程中,由于保持对桩管进行连续低锤密击,使钢管不断得到冲击振动,从而密实混凝土。锤击沉管灌注桩的施工应该根据土质情况和荷载要求,分别选用单打法、复打法、反插法。

②锤击沉管的实施步骤为检查桩管与桩锤、桩架等是否在一条垂直线上之后,看桩管垂直度偏差是否小于或等于 5‰,即可用桩锤先低锤轻击桩管,观察偏差在容许范围内,再正式施打,直至将桩管打入至设计高程或要求的贯入度。

③锤击沉管施工时须注意的问题。

a.群桩基础和桩中心距小于 4 倍桩径的桩基,应提出保证相邻桩桩身质量的技术措施。

b.混凝土预制桩尖或钢桩尖的加工质量和埋设位置应与设计相符,桩管与桩尖的接触应有良好的密封性。

c.沉管全过程必须有专职记录员做好施工记录;每根桩的施工记录均应包括每米的锤击数和最后 1 m 的锤击数;必须准确测量最后 3 阵,每阵 10 锤的贯入度及落锤高度。

d.混凝土的充盈系数不小于 1.0;对于混凝土充盈系数小于 1.0 的桩,宜全长复打;对可能有断桩和缩劲桩,应采用局部复打。成桩后的桩身混凝土顶面高程应不低于设计高程 50 mm。全长复打桩的入土深度宜接近原桩长,局部复打应超过断桩或缩颈区 1 m 以上。

④全长复打桩施工时应遵守下列规定。

a.第 1 次灌注混凝土应达到自然地面。

b.应随拔管随清除粘在管壁上和散落在地面上的泥土。

c.前后 2 次沉管的轴线应重合。

d.复打施工必须在第 1 次灌注的混凝土初凝之前完成。

⑤桩身的钢筋,应与混凝土的坍落度 8~10 cm 相对应,若为素混凝土,则为 6~8 cm。

3)首次灌注混凝土。沉管至设计高程后,应立即灌注混凝土,尽量减少间隔时间;在灌注混凝土之前,必须先确保桩管内没有吞食桩尖,并用吊铊检查桩管内无泥浆或无渗水后,再用吊斗将混凝土通过灌注漏斗灌入桩管内。

4)边拔管边锤击,继续灌注混凝土。当混凝土灌满桩管后,便可开始拔管,一边拔管,一边锤击,拔管的速度要均匀,对一般土层以 1 m/min 为宜,在软弱土层及软硬土层交界处宜控制在 0.3~0.8 m/min。采用倒打拔管的打击次数,单动汽锤不少于 50 次/min,自由落锤轻击(小落距锤击)不少于 40 次/min;在管底未拔至桩顶设计高程之前,倒打和轻击不得中断。在拔管过程中应向桩管内继续灌入混凝土,以满足灌注量的要求。

5)放钢筋笼灌注成桩。当桩身配钢筋笼时,第 1 次灌注混凝土应先灌至笼底高程,再放置钢筋笼,然后灌混凝土至桩顶高程。第 1 次拔管高度应控制在能容纳第 2 次所需灌入的混凝土量为限,不宜拔得过高。在拔管过程中应有专用测锤或浮标检查混凝土面的下降情况。

5.爆扩成孔灌注桩

(1)成孔

爆扩桩的成孔方法有人工成孔法、机钻成孔法和爆扩成孔法。机钻成孔所用设备和钻孔方法与爆扩成孔相同,下面只介绍爆扩成孔法。

爆扩成孔法是先用小直径(如 50 mm)洛阳铲或手提麻花钻钻出导孔,然后根据不同土质放入不同直径的炸药条,经爆扩后形成桩孔,其施工工艺流程如图 2-62 所示。

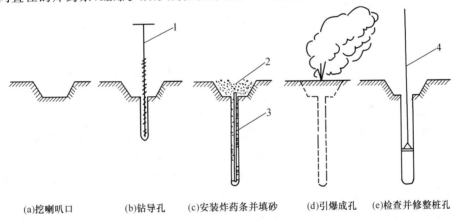

(a)挖喇叭口　　(b)钻导孔　　(c)安装炸药条并填砂　　(d)引爆成孔　　(e)检查并修整桩孔

图 2-62　爆扩成孔法施工工艺流程图
1—手提钻;2—砂;3—炸药条;4—洛阳铲

采用爆扩成孔法,必须先在爆扩灌注桩施工地区进行试验,找出在该地区地质条件下导管、装药量及其形成桩孔直径的有关数据,以便指导施工。

装炸药的管材,以玻璃管较好,既防水又透明,又能查明炸药情况,又便于插到导孔底部,管与管的接头处要牢固和防水,炸药要装满振实,药管接头处不得有空药现象。

雷管的放法,各地不一。有的按 0.5~0.6 m 间距放 1 个;有的以 5 m 为界限,药管长度小于 5 m 放 2 个,大于 5 m 放 3 个;有的是小于 3 m 者,在药管中间放 1 个;3~6 m 者,在药管的 1/4 和 3/4 处各放 1 个,究竟哪种为好,可通过试爆确定。

(2)爆扩大头

爆扩大头的工作包括放入炸药包、灌入压爆混凝土、通电引爆、测量混凝土下落高度(或直接测量扩大头直径)以及捣实扩大头混凝土等几个操作过程,其施工工艺流程如图 2-63 所示。

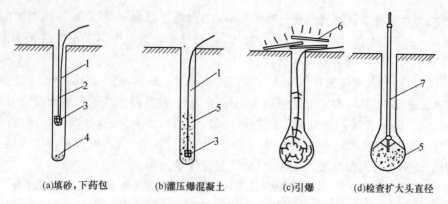

(a)填砂，下药包　　(b)灌压爆混凝土　　(c)引爆　　(d)检查扩大头直径

图 2-63　爆扩大头施工工艺流程图

1—导线；2—绳；3—药包；4—砂；5—压焊混凝土；6—木板；7—测孔器

1）药包的包扎与安放。药包必须用塑料薄膜等防水材料紧密包扎，必要时包扎口还应涂以沥青等防水材料密闭，以免药包受潮湿而出现瞎炮。药包宜包扎成扁圆球形，其高度与直径之比以 1∶2 为宜。药包中心最好并联放置 2 个雷管，以保证顺利引爆。

药包用绳子吊进桩孔内，放到孔底中部，然后盖以 150～200 mm 厚的砂子，以免受混凝土的冲击。药包放好后，应将雷管的导线放松，以免灌入压爆混凝土时把导线砸断，施工时应加注意。

若桩孔内有水，必须在药包上绑以重物使之沉至孔底，否则药包上浮，使所爆扩大头的高程不符合设计要求。

2）灌入第 1 次混凝土。第 1 次灌入的混凝土又称压爆混凝土。首先应根据不同的土质条件，选择适宜的混凝土坍落度：黏性土 9～12 cm，砂类土 12～15 cm，黄土 17～20 cm。当桩径为 250～400 mm 时，混凝土集料粒径最大不宜超过 30 mm。

第 1 次灌入的压爆混凝土量要适当。灌入量过少，混凝土在起爆时会飞扬起来，影响爆扩效果；若灌入量过大，混凝土可能产生"拒落"的事故，也就是混凝土积在扩大头上方的桩柱内，不回落到底部，一般情况下，第 1 次灌入桩孔的混凝土量应达 2～3 m 高，或约为将要爆成的扩大头体积的 1/2 为宜。

3）引爆和引爆顺序。压爆混凝土灌入桩孔后，从浇筑混凝土开始至引爆时的间隔时间不宜超过 30 min，否则，引爆时很容易出现"拒落"事故，而且难以处理。

为了保证爆扩桩的施工质量，应根据不同的桩距、扩大头高程和布置情况，严格遵守引爆顺序。

4）振捣扩大头底部混凝土。扩大头引爆后，灌入的压爆混凝土即自行落入扩大头空腔的底部，接着应予以振实。振捣时，最好使用经接长的软轴振动棒。

（3）混凝土灌注

首先，钢筋笼应细心轻放，不可将孔口和孔壁的泥土带入孔内。灌注混凝土时，应随时注意钢筋笼位置，防止偏向一侧。所用混凝土的坍落度要合适，一般黏性土 5～7 cm；砂类土 7～9 cm；黄土 6～9 cm。混凝土集料最大粒径不得超过 25 mm。扩大头和桩柱混凝土要连续浇筑完毕，不留施工缝。混凝土浇筑完毕后，根据气温情况，可用草袋覆盖，浇水养护，在干燥的砂类土地区，桩周围还需浇水养护。

第三章　砌体结构工程

第一节　砖砌体工程

一、烧结普通砖、烧结多孔砖砖墙砌体工程

(一)施工机具(强制式砂浆搅拌机)

强制式砂浆搅拌机主要由搅拌系统、装料系统、给水系统和进出料控制系统组成(图 3-1)。工作时,拌和筒不动,电动机转动由主轴带动搅拌叶片旋转,实现筒内的砂浆拌和。出料时,摇动手柄,根据不同的卸料方式,活门卸料式搅拌机的出料活门自动开启出料,倾翻卸料式搅拌机则是拌和筒整体倾斜一定角度,砂浆从料口自动流出。砂浆搅拌机按移动方式可分为固定式和可移动式两种,其中可移动式的砂浆机在下面安装有车轮,可以随地移动。

(a)倾翻卸料式砂浆搅拌机　　　(b)H$_{11}$-325 型砂浆搅拌机

图 3-1　强制式砂浆搅拌机

1—机架；2—固定销；3—支架；4—销轴；5—支撑；6—减速器；7—电动机

(二)施工技术

1.普通砖基础施工

(1)立皮数杆

在垫层转角处、交接处及高低处立好基础皮数杆。基础皮数杆要进行抄平,使杆上所示底层室内地面线高程与设计的底层室内地面高程一致。

(2)砖的砌筑前处理

砖基础砌筑前,基础垫层表面应清扫干净,洒水湿润。砖提前 1～2 d 浇水湿润,不得随浇随砌,对烧结普通砖、多孔砖含水率宜为 10％～15％;对灰砂砖、粉煤灰砖含水率宜为 8％～12％。现场检验砖含水率的简易方法采用断砖法,当砖截面四周融水深度为 15～20 mm 时视为符合要求的适宜含水率。

(3)排砖摆底

基础大放脚的摆底尺寸及收退方法必须符合设计图纸规定,如一层一退,外均应砌丁砖;如两层一退,第一层为条砖,第二层砌丁砖。

（4）盘角、挂线

砌筑时，可依皮数杆先在转角及交接处砌几皮砖，再在其间拉准线砌中间分，其中第一皮砖应以基础底宽线为准砌筑。基础墙挂线要求：240墙单面线；370以上墙双面挂线。

（5）砂浆拌制

1）砂浆现场拌制时，各组分材料应采用质量计量。计量应准确（计量精度水泥控制在±2%以内，砂和掺合料等控制在±5%以内）。

2）凡在砂浆中掺入有机塑化剂、早强剂、缓凝剂、防冻剂等，应经检验和试配符合要求后，方可使用。有机塑化剂应有砌体强度的型式检验报告。

3）砌筑砂浆宜采用机械搅拌，并注意投料顺序，应先倒砂，然后倒水泥、掺合料，最后加水。其拌和时间不得少于 2 min，且拌和均匀，颜色一致。

4）砂浆应随拌随用，常温下拌好的砂浆应在拌成后 3～4 h 内用完，当气温超过 30℃时，应在拌成后 2～3 h 内使用完毕。对掺有缓凝剂的砂浆，其使用时间应视具体情况适当延长。

5）当砌筑砂浆出现泌水现象时，应在砌筑前再次拌和。

6）砂浆试块：每一检验批且不超过 250 m³ 砌体的各种类型及强度等级的砌筑砂浆，每台搅拌机至少做一组试块（一组六块）。砂浆强度等级或配合比变化时，应另做试块。

（6）砌筑

1）砌体尺寸应符合设计图纸要求，基础中有预留孔洞时应按设计图纸要求的位置和高程进行留置。

2）当遇到基础垫层高程不一致或有局部加深而深浅不一致时，应从最低处往上砌筑，高低相接处要砌成阶梯，并在砌筑过程中随时注意拉线检查复核，以保持砌体平直、通顺；当遇到高低错台的基础应从低处开始砌筑，并由高台向低台搭接，搭接长度应符合设计要求，如设计无要求时，其搭接长度不应小于基础扩大部分的高度。砌体临时间断处的高差不得超过一步脚手架的高度。

3）基础大放脚部分一般采用一顺一丁砌筑形式。注意十字及丁字接头处的砖块搭接，在这些交接处，纵横基础要隔皮砌通。图3-2为二砖半底宽大放脚十字交接处的分皮砌法。

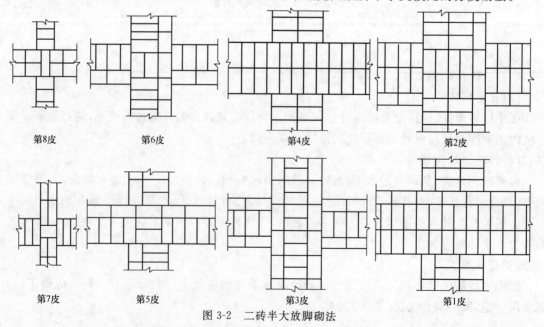

第8皮　　　　第6皮　　　　　　第4皮　　　　　　第2皮

第7皮　　　第5皮　　　　第3皮　　　　　　第1皮

图 3-2　二砖半大放脚砌法

4)基础大放脚转角处应在外角加砌七分头砖(3/4砖),以使竖缝上下错开。图3-3为二砖半底宽大放脚转角处分皮砌法。

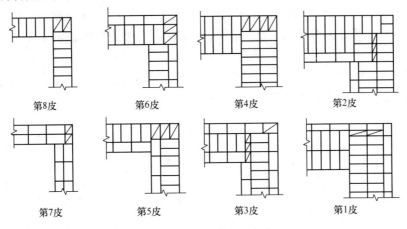

第8皮 第6皮 第4皮 第2皮

第7皮 第5皮 第3皮 第1皮

图3-3 二砖半大放脚转角砌法

5)变形缝的墙角应按直角要求砌筑,先砌的墙要把舌头灰刮尽;后砌的墙可采用缩口灰,掉入缝内的杂物应随时清理。

6)暖气沟挑檐砖及上一层压砖,均应用丁砖砌筑,灰缝要严实,挑檐砖高程必须正确。

7)安装管沟和洞口过梁其型号、高程必须正确,底灰饱满;如坐灰超过 20 mm 厚,用细石混凝土铺垫,两端搭墙长度应一致。

8)砌砖工程当采用铺浆法砌筑时,铺浆长度不得超过 750 mm;施工期间气温超过 30℃时,铺浆长度不得超过 500 mm。

(7)抹防潮层

基础砌至防潮层高程时,需用水平仪找平,按设计铺设防水砂浆做防潮层。设计无要求时,一般铺设厚度为 20 mm 的水泥防水砂浆(防水粉掺量为水泥质量的 3%～5%),防潮层要求压实抹平。对一油一毡防潮层,应待找平层干硬后,刷冷底子油一道,涂沥青玛琋脂,摊铺卷材并压紧,卷材搭接宽度不少于 100 mm。

(8)回填

砌完基础后应清理基槽(坑)内杂物,回填前不允许有积水,并及时进行回填土施工。回填应在基础两侧同时对称进行,并按有关要求分层夯实。

2.普通砖墙体施工

(1)放线、立皮数杆、基层表面清理、湿润、砂浆拌制。

参见普通砖基础施工(1)、(2)和(5)的相关内容。

(2)组砌方法。砌体一般采用一顺一丁、梅花丁或三顺一丁砌法。

(3)排砖撂底。一般外墙第一层砖撂底时,两山墙排丁砖,前后檐纵墙排条砖。根据弹好的门窗洞口位置线,认真核对窗间墙、垛尺寸及位置是否符合排砖模数,如不符合模数时,可在征得设计同意的条件下将门窗的位置左右移动,使之符合排砖的要求。若有破活,七分头或丁砖应排在窗口中间、附墙垛或其他不明显的部位。移动门窗口位置时,应注意暖卫立管安装及门窗开启时不受影响。另外,排砖还要考虑在门窗口上边的砖墙合拢时也不出现破活。

(4)盘角。砌砖前应先盘角,每次盘角不要超过五层。新盘的大角,及时进行吊、靠。如有偏差要及时修整。盘角时要仔细对照皮数杆的砖层和高程,控制好灰缝大小,使水平灰缝均匀一致。大角盘好后再复查一次,平整和垂直度完全符合要求后,再挂线砌墙。

(5)挂线。砌筑一砖半墙必须双面挂线,如果长墙几个人均使用一根通线,中间应设几个小支点,小线要拉紧,每层砖都要穿线看平,使水平缝均匀一致,平直通顺;砌一砖厚混水墙时宜采用外手挂线,可照顾砖墙两面平整,为下道工序控制抹灰厚度奠定基础。

(6)砌筑

1)砖墙的转角处,每皮砖的外角应加砌七分头砖。当采用一顺一丁砌筑形式时,七分头砖的顺面方向依次砌顺砖,丁面方向依次砌丁砖(图3-4)。

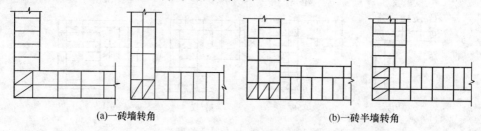

(a)一砖墙转角   (b)一砖半墙转角

图3-4 一顺一丁转角砌法

2)砖墙的丁字交接处,横墙的端头皮加砌七分头砖,纵横隔皮砌通。当采用一顺一丁砌筑形式时,七分头砖丁面方向依次砌丁砖(图3-5)。

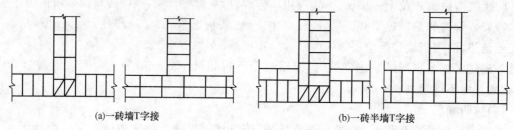

(a)一砖墙T字接   (b)一砖半墙T字接

图3-5 一顺一丁的丁字交接处砌法

3)砖墙的十字交接处,应隔皮纵横墙砌通,交接处内角的竖缝应上下相互错开1/4砖长(图3-6)。

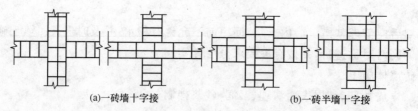

(a)一砖墙十字接   (b)一砖半墙十字接

图3-6 一顺一丁的十字交接处砌法

4)宽度小于1 m的窗间墙,应选用整砖砌筑,半砖和破损的砖应分散使用在受力较小的砖墙,小于1/4砖块体积的碎砖不能使用。

5)砌砖工程当采用铺浆法砌筑时,铺浆长度不得超过750 mm;施工期间气温超过30℃时,铺浆长度不得超过500 mm。

(7)留槎。外墙转角处应同时砌筑,隔墙与承重墙不能同时砌筑又留成斜槎时,可于承重墙中引出凸槎,并在承重墙的水平灰缝中预埋拉结筋。斜槎水平投影长度不应小于高度的2/3,槎子必须平直、通顺。拉结筋每道墙不得少于2根。

(8)门窗洞口。门窗洞口侧面木砖预埋时应小头在外,大头在内,木砖要提前做好防腐处理。木砖数量按洞口高度决定。洞口高度在 1.2 m 以内时,每边放 2 块;洞口高度 1.2~2 m,每边放 3 块;洞口高度 2~3 m,每边放 4 块;预埋木砖的部位上下一般距洞口上边或下边各四皮砖,中间均匀分布。

3.多孔砖墙体施工

(1)多孔砖砌体排砖方法

目前多孔砖有 KP1(P 型)多孔砖和模数(DM 型或 M 型)多孔砖两大类。KP1 多孔砖的长、宽尺寸与普通砖相同,仅每块砖高度增加到 90 mm,所以在使用上更接近普通砖,普通砖砌体结构体系的模式和方法,在 KP1 多孔砖工程中都可沿用,这里不再介绍;模数多孔砖在推进建筑产品规范化、提高效益等方面有更多的优势,工程中可根据实际情况选用,模数多孔砖砌体工程有其特定的排砖方法。

1)模数多孔砖砌体排砖方案。不同尺寸的砌体用不同型号的模数多孔砖砌筑。砌体长度和厚度以 50 mm ($\frac{1}{2}$M) 进级,即 90 mm、140 mm、190 mm、240 mm、340 mm 等(表 3-1、表 3-2),高度以 100 mm(1M)进级(均含灰缝 10 mm)。个别边角不足整砖的部位用砍配砖 DMP 或锯切 DM4、DM3 填补。挑砖挑出长度不大于 50 mm。

表 3-1　模数多孔砖砌体厚度进级及砌筑方案　　　　　　(单位:mm)

模数	1M	$1\frac{1}{2}$M	2M	$2\frac{1}{2}$M	3M	$3\frac{1}{2}$M	4M
墙厚	90	140	190	240	290	340	390
方案 1	DM4	DM3	DM2	DM1	DM2+DM4	DM1+DM4	DM2+DM3
方案 2				DM3+DM4		DM2+DM3	

注:推荐方案 1,190 mm 厚内墙亦可用 DM1 砌筑。

表 3-2　模数多孔砖砌体长度尺寸进级表　　　　　　(单位:mm)

模数	$\frac{1}{2}$M	1M	$1\frac{1}{2}$M	2M	$2\frac{1}{2}$M	3M	$3\frac{1}{2}$M	4M	$4\frac{1}{2}$M	5M
砌体	90	140	190	240	290	340	390	440	490	
中-中或墙垛	50	100	150	200	250	300	350	400	450	500
砌口	60	110	160	210	260	310	360	410	460	510

2)模数多孔砖排砖方法。模数多孔砖排砖重点在于 340 墙体和节点,具体内容见表 3-3。

表 3-3　模数多孔砖排砖重点

项　目	内　容
墙体	本书排砖以 340 外墙、240 内墙、90 隔墙的工程为模式。其中,340 墙体用两种砖组合砌筑,其余各用一种砖砌筑

续上表

项　目	内　容
排砖原则	"内外搭砌、上下错缝、长边向外、减少零头"。上下两皮砖错缝一般为 100 mm，个别不小于 50 mm。内外两皮砖搭砌一般为 140 mm、90 mm，个别不小于 40 mm。在构造柱、墙体交接转角部位，会出现少量边角空缺，需砍配砖 DMP 或锯切 DM4、DM3 填补

3）平面排砖。平面排砖的方法见表 3-4。

表 3-4　平面排砖的方法

项　目	内　容
从角排起，延伸推进	以构造柱及墙体交接部位为节点，两节点之间墙体为一个自然段，自然段按常规排法，节点按节点排法
外墙砖顺砌	即长度边（190 mm）向外，个别节点部位补缺可扭转 90°，但不得横卧使用（即孔方向必须垂直）
避免通缝	为避免通缝，340 外墙楼层第一皮砖将 DM1 砖放在外侧

4）竖向排砖。首层首皮从 −100 mm、楼层从建筑楼面高程处起步，每皮高 100 mm，一般墙体每两皮一循环，构造柱部位有马牙槎进退，故四皮一循环。

5）排砖调整。当 340 外墙遇到表 3-5 的情况时，需作一定的排砖调整。

表 3-5　排砖调整

项　目	内　容
凸形外山墙段调整	凸形外山墙段，一般需插入一组长 140 mm 调整砖
E 类节点调整	外墙中段对称轴处为内外墙交接部位，以 E 类节点调整
插入调整砖	凸形、凹形、中央楼梯间外墙段，中心对称轴部位为窗口，两侧在阳角、阴角及窗口上下墙处插入不等长的调整砖

6）门窗洞口排砖要求。洞口两侧排砖均应取整砖或半砖，即长 190 mm 或 90 mm，不可出现 3/4 或 1/4 砖，即长 140 mm 或 40 mm 砖。

7）外门窗洞口排砖方法。340 mm 或 240 mm 外墙门窗洞口如设在房间开间的中心位置，需结合实际排砖情况，向左或向右偏移 25 mm，以保证门窗洞口两侧为整砖或半砖，但调整后两侧段洞口边至轴线之差不得大于 50 mm。

8）窗下暖气槽排砖方法。340 墙体窗下暖气槽收进 150 mm，厚 190 mm，用 DM2 砌筑，槽口两侧对应窗洞口各收进 50 mm。

9）340 外墙减少零头方法：
①在适当的部位，可用横排 DM1 砖以减少零头；
②遇 40 mm×40 mm 的空缺可填混凝土或砂浆；
③在构造柱马牙槎放槎合适位置，可用整砖压进 40 mm×40 mm 的一角以减少零头。

10）排砖设计与施工步骤：
①设计人员应熟悉和掌握模数多孔砖的排砖原理和方法，以指导施工。施工图设计阶段，建筑专业设计人员宜绘制排砖平面图（1∶20 或 1∶30），并以此最后确定墙体及洞口的细部

尺寸。

②施工人员应熟悉和掌握模数多孔砖排砖的原则和方法,在接到施工图纸后,即应按照排砖规则进行排砖放样,以确定施工方案,统计不同砖型的数量编制采购计划。

③在首层±0.000墙体砌筑施工开始之前,应进行现场实地排砖。根据放线尺寸,逐块排满第一皮砖并确认妥善无误后,再正式开始砌。如发现有与设计不符之处,应与设计单位协商解决后方可施工。

(2)多孔砖墙体施工

1)润砖:常温施工时,多孔砖在砌筑前1~2 d浇水湿润,砌筑时,砖的含水率宜控制在10%~15%之间,一般当水浸入砖四周15~20 mm,含水率即满足要求。不得用干砖上墙。

2)确定组砌方法:砌体应上下错缝、内外搭砌,宜采用一顺一丁、梅花丁或三顺一丁砌筑形式。

3)选砖:砌清水墙、柱用的多孔砖应选择边角整齐,无弯曲、裂纹,色泽均匀,敲击时声音响亮,规格基本一致的砖。

4)排砖摞底:依据墙体线、门窗洞口线及相应控制线,按排砖图在工作面试排。一般外墙第一层砖摞底时,两山打丁砖,前后檐纵墙排条砖。窗间墙、垛尺寸如不符合模数,可将门窗洞口的位置左右移动(≤60 mm)。如有"破活"时,七分头或丁砖应排在窗口中间、附墙垛或其他不明显部位。移动门窗口位置时,应注意不要影响暖卫立管安装和门窗的开启。排砖应考虑门窗洞口上边的砖墙合拢时不出现"破活"。后檐墙排第一皮砖时,要考虑甩窗口后砌条砖,窗角上必须是七分头,墙面单丁才是"好活"。

5)拌制砂浆。参见普通砖基础施工(5)的相关内容。

6)砌筑墙体。砌筑墙体施工过程见表3-6。

表3-6 砌筑墙体施工

项 目	内 容
盘角	砌砖应先盘大角。每次盘角不应超过五层,新盘大角要及时进行吊、靠,如有偏差应及时修整。要仔细对照皮数杆砖层和高程,控制水平灰缝均匀一致。大角盘好后,复查平整和垂直完全符合要求,再进行挂线砌筑
砌砖	(1)挂线:砌筑一砖厚清水墙时,采用外手挂线;砌筑一砖半墙必须双面挂线;砌长墙多人使用一根通线时,中间应设几个支点,小线要拉紧,每层砖都要穿线看平,使水平灰缝均匀一致,平直通顺。遇刮风时,应防止挂线成弧状。 (2)砌砖:砌筑墙体时,多孔砖的孔洞应垂直于受压面,砌筑前应试摆,砖要放平跟线。 (3)对抗震地区砌砖宜采用一铲灰、一块砖、一挤揉的"三一砌砖法",即满铺、满挤操作法。对非抗震地区,除采用"三一砌砖法"外,也可采用铺浆法砌筑,铺浆长度不得超过500 mm。 (4)砌体灰缝应横平竖直。水平灰缝厚度和竖向灰缝宽度宜为10 mm,但不应小于8 mm,也不应大于12 mm。砌体灰缝砂浆应饱满,水平灰缝的砂浆饱满度不得低于80%;竖向灰缝宜采用加浆填灌的方法,严禁用水冲浆灌缝。竖向灰缝不得出现透明缝、瞎缝和假缝。 (5)砌清水墙应随砌随刮去挤出灰缝的砂浆,等灰缝砂浆达到"指纹硬化"(手指压出清晰指纹而砂浆不粘手)时即可进行划缝,划缝深度为8~10 mm,深浅一致,墙面清扫干净;砌混水墙应随砌随将舌头灰刮尽。

项 目	内 容
砌砖	(6)砌筑过程中,要认真进行自检。砌完基础或每一楼层后,应校核砌体的轴线和高程;对砌体垂直度应随时检查。如发现有偏差超过允许范围,应随时纠正,严禁事后砸墙。 (7)砌体相邻工作段的高度差,不得超过一层楼的高度,也不宜大于 3.6 m。临时间断处的高度差,不得超过一步脚手架的高度。工作段的分段位置,宜设在伸缩缝、沉降缝、防震缝构造柱或门窗洞口处。 (8)常温条件下,每日砌筑高度应控制在 1.4 m 以内。 (9)隔墙顶应用立砖斜砌挤紧
木砖预留和墙体拉结筋	(1)木砖应提前做好防腐处理。预埋木砖应小头在外、大头在内,数量按洞口高度决定。洞口高在 1.2 m 以内,每边放 2 块;高 1.2~2 m,每边放 3 块;高 2~3 m,每边放 4 块。木砖位置一般在距洞口上边或下边三皮砖,中间均匀分布。 (2)钢门窗、暖卫管道、硬架支模等的预留孔,均应在砌筑时按设计要求预留,不得事后剔凿。 (3)墙体拉结筋的长度、形状、位置、规格、数量、间距等均应按设计要求留置,不得错放、漏放
留槎	(1)外墙转角处应双向同时砌筑;内外墙交接处必须留斜槎,斜槎水平投影长度不应小于高度的 2/3,留槎必须平直、通顺,如图 3-7 所示。 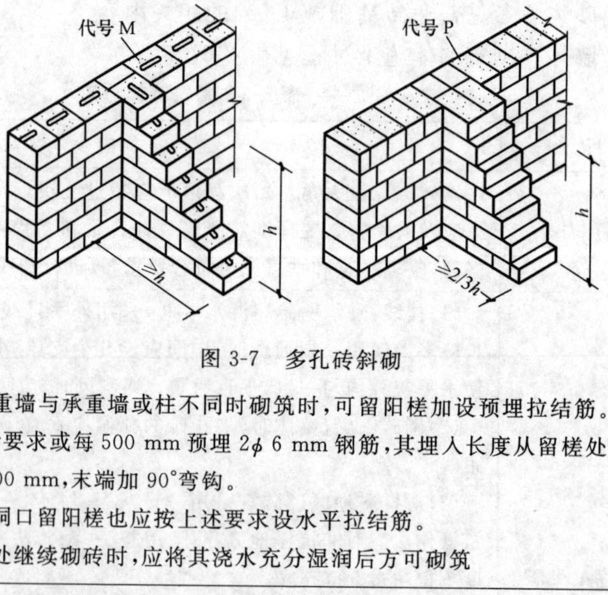 图 3-7 多孔砖斜砌 (2)非承重墙与承重墙或柱不同时砌筑时,可留阳槎加设预埋拉结筋。拉结筋沿墙高按设计要求或每 500 mm 预留 $2\phi 6$ mm 钢筋,其埋入长度从留槎处算起,每边不小于 1 000 mm,末端加 90°弯钩。 (3)施工洞口留阳槎也应按上述要求设水平拉结筋。 (4)留槎处继续砌砖时,应将其浇水充分湿润后方可砌筑
过梁、梁垫	(1)安装过梁、梁垫时,其高程、位置、型号必须准确,坐浆饱满。坐浆厚度大于 20 mm 时,要铺垫细石混凝土。当墙中有圈梁时,梁垫应和圈梁浇筑成整体。 (2)过梁两端支承长度应一致。 (3)所有大于 400 mm 宽的洞口均应按设计加过梁;小于 400 mm 的洞口可加设钢筋砖过梁

续上表

项　目	内　容
构造柱	(1)设置构造柱的墙体,应先砌墙,后浇混凝土。砌砖时,与构造柱连接处应砌成马牙槎,每个马牙槎沿高度方向的尺寸不宜超过 300 mm,马牙槎应先退后进,构造柱应有外露面。 (2)柱与墙拉结筋应按设计要求放置,设计无要求时,一般沿墙高 500 mm,每 120 mm厚墙设置一根 $\phi 6$ mm 的水平拉结筋,每边深入墙内不应小于 1 000 mm
勾缝	(1)墙面勾缝应横平竖直,深浅一致,搭接平顺。 (2)清水砖墙勾缝应采用加浆勾缝,并宜采用细砂拌制的 1:1.5 水泥砂浆。当勾缝为凹缝时,凹缝深度宜为 4~5 mm。 (3)混水砖墙宜用原浆勾缝,但必须随砌随勾,并使灰缝光滑密实

4.普通砖柱与砖垛施工

(1)砌筑前应在柱的位置近旁立皮数杆。成排同断面的砖柱,可仅在两端的砖柱近旁立皮数杆。

(2)砖柱的各皮高低按皮数杆上皮数线砌筑。成排砖柱,可先砌两端的砖柱,然后逐皮拉通线,依通线砌筑中间部分的砖柱。

(3)柱面上下皮竖缝应相互错开 1/4 砖长以上。柱心无通缝。严禁采用包心砌法,即先砌四周后填心的砌法,如图 3-8 所示。

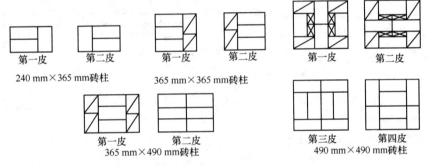

图 3-8　矩形柱砌法

(4)砖垛砌筑时,墙与垛应同时砌筑,不能先砌墙后砌垛或先砌垛后砌墙,其他砌筑要点与砖墙、砖柱相同。图 3-9 所示为一砖墙附有不同尺寸砖垛的分皮砌法。

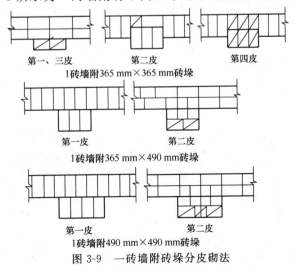

图 3-9　一砖墙附砖垛分皮砌法

(5)砖垛应隔皮与砖墙搭砌,搭砌长度应不小于 1/4 砖长,砖垛外表上下皮垂直灰缝应相互错开 1/2 砖长。

5.砖拱、过梁、檐口施工

(1)砖平拱

应用不低于 MU7.5 的砖与不低于 M5 的砂浆砌筑。砌筑时,在拱脚两边的墙端砌成斜面,斜面的斜度为 1/5～1/4,拱脚下面应伸入墙内不小于 20 mm。在拱底处支设模板,模板中部应有 1% 的起拱。在模板上划出砖及灰缝位置及宽度,务必使砖的块数为单数。采用满刀灰法,从两边对称向中间砌,每块砖要对准模板上划线,正中一块应挤紧。竖向灰缝是上宽下窄成楔形,在拱底灰缝宽度应不小于 5 mm;在拱顶灰缝宽度应不大于 15 mm。

(2)砖弧拱

砌筑时,模板应按设计要求做成圆弧形。砌筑时应从两边对称向中间砌。灰缝成放射状,上宽下窄,拱底灰缝宽度不宜小于 5 mm,拱顶灰缝宽度不宜大于 25 mm。也可用加工好的楔形砖来砌,此时灰缝宽度应上下一样,控制在 8～10 mm。

(3)钢筋砖过梁

1)采用的砖的强度应不低于MU7.5,砌筑砂浆强度不低于 M2.5,砌筑形式与墙体一样,宜用一顺一丁或梅花丁。钢筋配置按设计而定,埋钢筋的砂浆层厚度不宜小于 30 mm,钢筋两端弯成直角钩,伸入墙内长度不小于 240 mm(图 3-10)。

2)钢筋砖过梁砌筑时,先在洞口顶支设模板,模板中部应有 1% 的起拱。在模板上铺设 1∶3 水泥砂浆层,厚30 mm。将钢筋逐根埋入砂浆层中,钢筋弯钩要

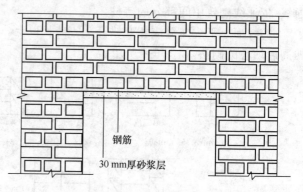

钢筋
30 mm厚砂浆层

图 3-10　钢筋砖过梁

向上,两头伸入墙内长度应一致。然后与墙体一起平砌砖层。钢筋上的第一皮砖应丁砌。钢筋弯钩应置于竖缝内。

(4)过梁底模板拆除

过梁底模板应待砂浆强度达到设计强度 50% 以上,方可拆除。

(5)砖挑檐

1)挑檐可用普通砖、灰砂砖、粉煤灰砖及免烧砖等砌筑,多孔砖及空心砖不得砌挑檐。砖的规格宜采用 240 mm×115 mm×53 mm。砂浆强度等级应不低于 M5。

2)无论哪种形式,挑层的下面一皮砖应为丁砌,挑出宽度每次应不大于 60 mm,总的挑出宽度应小于墙厚。

3)砖挑檐砌筑时,应选用边角整齐、规格一致的整砖。先砌挑檐两头,然后在挑檐外侧每一层底角处拉准线,依线逐层砌中间部分。每皮砖要先砌里侧后砌外侧,上皮砖要压住下皮挑出砖,才能砌上皮挑出砖。水平灰缝宜使挑檐外侧稍厚,里侧稍薄。灰缝宽度控制在 8～10 mm范围内。竖向灰缝砂浆应饱满,灰缝宽度控制在 10 mm 左右。

6.清水砖墙面勾缝施工

(1)勾缝前清除墙面黏结的砂浆、泥浆和杂物,并洒水湿润。脚手眼内也应清理干净,洒水湿润,并用与原墙相同的砖补砌严密。

（2）墙面勾缝应采用加浆勾缝，宜用细砂拌制的1∶1.5水泥砂浆。砖内墙也可采用原浆勾缝，但必须随砌随勾缝，并使灰缝光滑密实。

（3）砖墙勾缝宜采用凹缝或平缝，凹缝深度一般为4～5 mm。

（4）墙面勾缝应横平竖直、深浅一致、搭接平整并压实抹光，不得有丢缝、开裂和黏结不牢等现象。

（5）勾缝完毕，应清扫墙面。

7.季节性施工要点

（1）冬期施工

1）冬期施工砌砖工程，应有完整的冬期施工方案。当日最低气温低于0℃时，即使在冬期施工以外，也应按冬期施工办理。

2）冬期施工砂浆宜用普通硅酸盐水泥拌制。石灰膏等掺合料应防止受冻，如遭冻结，应经融化后方可使用。

3）拌制砂浆用砂，不得含有冰块和直径大于10 mm的冻结块。

4）砖不得遭水浸冻，使用前应清除表面冰雪，在气温低于0℃条件下砌筑时，砖不得浇水，但必须增大砂浆的稠度。

5）冬期砌筑砂浆的拌和宜采用两步投料法。材料加热时，水加热温度不超过80℃，砂加热温度不超过40℃。砂浆使用温度不应低于＋5℃。当采用掺盐砂浆砌筑时，宜将砂浆强度等级较常温提高一级。配筋砌体内不得采用掺盐砂浆法施工。

6）冬期施工砌体灰缝厚度不应大于10 mm。

7）冬期施工应防止地基冻结，不得在有冻胀性且已受冻的地基土上进行砌筑。

8）冬期施工砂浆试块的留置，应增加不少于一组与砌体同条件养护的试块，测试检验其28 d的强度。

（2）雨期施工

应做好基坑排水、挡水措施，以防雨水浸泡基坑。每天砌筑结束时应做好砌体顶部的覆盖，以防雨水冲刷。并不得使用含水率达饱和的砖且适当减小砂浆的稠度，日砌筑高度不宜超过1.2 m。

二、蒸压粉煤灰砖、蒸压灰砂砖砌体工程

（一）施工机具

参见第三章第一节烧结普通砖、烧结多孔砖砖墙砌体工程的相关内容。

（二）施工技术

1.砖基础砌筑

（1）基础排砖摞底

基础大放脚的摞底尺寸及收退方法，必须符合设计图纸规定，如果是一层一退，里外均应砌丁砖；如是两层一退，一层为条砖，二层砌丁砖。

（2）大放脚

1）大放脚的转角处，应按规定放七分头，其数量为一砖半厚墙放三块，二砖墙放四块，依此类推。

2）基础大放角砌到基础墙时，要拉线检查轴线及边线，保证基础墙身位置正确。同时要对照皮数杆的砖层及高程，如有高低差时，应在水平灰缝中逐渐调整，使墙的层数与皮数杆一致。

（3）砖基础砌筑

1）砖基础砌筑前，基底垫层表面应清扫干净，洒水湿润，再盘墙角，每次盘角高度不应超过 五层砖。

2）基础垫层高程不一致或有局部加深部位，应从最低处往上砌筑，并应由高处向低处搭砌。当设计无要求时，搭接长度（L）不应小于基底的高差（H）（图 3-11），即 $L \geqslant H$，搭接长度范围内基础应按图 3-11 扩大

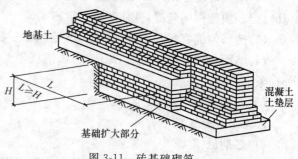

图 3-11　砖基础砌筑

砌筑。同时应经常拉线检查，以保持砌体平直通顺，防止出现螺丝墙。

3）暖气沟挑檐砖及上一层压砖，均应整砖丁砌，灰缝要严实，挑檐砖高程必须正确。

4）各种预留洞、埋件、拉结筋按设计要求留置，避免后剔凿，影响砌体质量。

5）变形缝的墙角应按直角要求砌筑，先砌的墙要把舌头灰刮尽；后砌的墙可采用缩口灰，掉入缝内的杂物随时清理。

6）安装管沟和洞口过梁其型号、高程必须正确，底灰饱满；如坐灰超过 20 mm 厚，应用细石混凝土铺垫，两端搭墙长度应一致。

（4）抹防潮层

抹防潮层砂浆前，将墙顶活动砖重新砌好，清扫干净，浇水湿润，基础墙体应高程线（一般以外墙室外控制水平线为基准），墙上顶两侧用木八字尺杆卡牢，复核高程尺寸无误后，倒入防水砂浆，随即用木抹子搓平，设计无规定时，一般厚度为 15～20 mm，防水粉掺量为水泥质量的 3%～5%。

2.砖墙砌筑

（1）粗砌方法

砌体一般采用一顺一丁（满丁、满条）排砖法、梅花丁或三顺一丁砌法。砖柱不得采用先砌四周后填心的包心砌法。每层一砖横墙的最上一皮砖应整砖丁砌。

（2）排砖摆底（干摆砖）

一般外墙一层砖摆底时，两山墙排下砖，前后檐纵墙排条砖。根据弹好的门窗洞口位置线，认真核对间墙、垛尺寸，按其长度排砖。窗口尺寸不符合排砖好活的时候，可以适当移动。七分头或丁砖应排在窗口中间、附墙垛或其他不明显的部位。排砖时必须做全盘考虑，前后檐墙排一皮砖时，要考虑甩窗口后砌条砖，窗角上应砌七分头砖。

（3）选砖

砌清水墙应选择棱角整齐，无弯曲、裂纹，颜色均匀，规格基本一致的砖。

（4）盘角

砌砖前应先盘角，每次盘角不要超过五层，新盘的大角，及时进行吊、靠。如有偏差要及时修整。盘角时要仔细对照皮数杆的砖层和高程，控制好灰缝大小，使水平灰缝均匀一致。大角盘好后再复查一次，平整和垂直度完全符合要求后，再挂线砌墙。

（5）挂线

砌筑 370 墙必须双面挂线。如墙长度较大，几个人使用一根通线，中间应设支点（腰线），小线要拉紧，每皮砖都要穿线，检查小线是否拉平、拉直，以保证水平灰缝均匀一致，平面通顺；砌 240 混水墙时宜采用外手挂线，便于照顾砖墙两面平整。

（6）砌砖

砌砖应采用一铲灰、一块砖、一挤揉的"三一"砌砖法，即满铺、满挤操作法。砌砖时砖要放平。里手高，墙面就要张；里手低，墙面就要背。砌砖一定要跟线。上跟线，下跟棱，左右相邻要对平"。水平灰缝厚度和竖向灰缝宽度一般为 10 mm，但不应小于 9 mm，也不应大于 11 mm。为保证清水墙面主缝垂直，不游丁走缝，当砌完一步架高时，宜每隔 2 m 水平间距，在丁砖立楞位置弹两道垂直立线，可以分段控制游丁走缝。在操作过程中，要认真进行自检，如出现有偏差，应随时纠正，严禁事后砸墙。清水墙不允许有三分头，不得在上部任意变活、乱缝。砌筑砂浆应随搅拌随使用，一般水泥砂浆必须在 3 h 内用完，水泥混合砂浆必须在4 h内用完。砌清水墙应随砌随划缝，划缝深度为 8～10 mm，深浅一致，墙面清扫干净。混水墙应随砌随将舌头灰刮尽。

（7）墙体留槎

砌体的转角处和交接处应同时砌筑，严禁无可靠措施的内外墙分砌施工。对不能同时砌筑而又必须留置的临时间断处应砌成斜槎，斜槎的水平投影长度不应小于高度的 2/3。槎子必须平直通顺，如图 3-12 所示。当不能留斜槎时，若抗震设防烈度低于 8 度，除大角外，可留置直槎，但必须砌成凸槎，并加设拉结钢筋。拉结钢筋数量为每 120 mm 厚墙用 1 根 ϕ 6 钢筋（240 mm 厚墙用 2ϕ 6 钢筋），间距沿墙高不超过 500 mm；埋入长度从留槎处算起每边不小于 500 mm，对抗震设防的地区，不应小于 1 000 mm，且钢筋末端应做 90°弯钩，如图3-13所示。施工洞口也应按以上要求留水平拉结钢筋，不应漏放、错放。

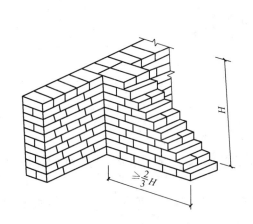

图 3-12　砖砌体斜槎示意

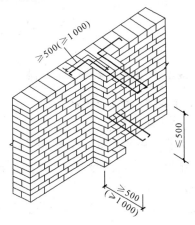

图 3-13　砖砌体直槎拉结筋示意（单位：mm）

（8）木砖预埋

木砖预埋时应小头在外，大头在内，数量按门窗洞口高度决定。洞口高度在 1.2 m 以内，每边放 2 块；高度在 1.2～2 m，每边放 3 块；高度在 2～3 m，每边放 4 块。预埋木砖的部位一般在洞口上边或下边四皮砖，中间均匀摆放。水电管道设备等留洞，应按设计要求与土建配合进行预留、预埋，不得事后剔凿。

（9）构造柱

应按设计要求的断面和配筋施工。按设计图纸将构造柱位置弹线找准，并绑好柱内主筋和箍筋。砌砖时，与构造柱连接处砌成大马牙槎，大马牙槎应先退后进，每一个大马牙槎沿高度方向不宜超过五皮砖（300 mm），并应沿墙高每隔 500 mm 设 2ϕ 6 拉结钢筋，每边伸入墙内不宜小于 1 000 mm。构造柱与圈梁连接处，构造柱的纵筋应穿过圈梁主筋，保证构造柱纵筋上下贯通。构造柱马牙槎上落的砂浆和柱底的散落砂浆、砖块等杂物清理干净。

(10)框架填充墙砌筑

用蒸压灰砂砖、蒸压粉煤灰砖砌框架填充墙时,应先按设计要求检查预留(后焊)拉结筋的数量和质量,并按层高弹出皮数杆。采用"三一砌砖法"砌筑,在砌至框架梁下时,墙顶应用立砖斜砌挤紧,防止平砌挤不实。

(11)施工洞口留设

洞口侧边离交接处墙面不应小于 500 mm,洞口净宽度不应超过 1 m。施工洞口可留直槎,但直槎必须设成凸槎,并须加设拉结钢筋,拉结钢筋的数量为每240 mm墙厚放置 2ϕ6 拉结钢筋,墙厚度每增加 120 mm 增加一根 1ϕ6 拉结钢筋,间距沿墙高不应超过 500 mm;埋入长度从留槎处算起每边均不应小于 1 000 mm;末端应有 90°弯钩。

3.季节性施工

(1)累计连续 5 d 由平均气温低于+5℃或当日最低温度低于 0℃时即进入冬期施工,应采取冬期施工措施。

(2)冬期使用的砖,要求在砌筑前清除冰霜。水泥宜用普通硅酸盐水泥,灰膏要防冻,如已受冻要融化后方能使用。砂中不得含有大于 10 mm 的冻块。

(3)材料加热时,水加热不超过 80℃,砂加热不超过 40℃,应采用两步投料法,即先拌和水泥和砂,再加水拌和。

(4)正温施工时,砖可适当浇水,负温施工可不浇水,但应增大砂浆稠度。

第二节　砌块砌体工程

一、混凝土小型空心砌块砌体工程

(一)施工机具(塔式起重机)

1.塔式起重机的特点

(1)工作时一般的起重高度为 40～60 m,有的可达到 100～160 m。

(2)工作半径大,塔式起重机可进行旋转作业,活动范围大,一般可在 20～80 m 的旋转半径范围内吊运重物。

(3)应用范围广,塔式起重机能吊装框架和围护结构的结构件,还能吊装和运输其他建筑材料等。

(4)塔式起重机多为电力操纵,具有多种工作速度,不仅能使繁重的吊、运、装卸工作实现机械化,而且动作平稳,较为安全可靠。

(5)具有多种作业性能,特别有利于采用分层分段安装作业施工方法。起重构件时,一般不会与已安装好的构件或砌筑物相碰,能充分利用现场,构件堆放有条理,且比较灵活,还可兼卸进场运送的货物。

(6)塔式起重机在一个施工地点使用时间一般较长,在某一工程结束后需要拆除、转移、搬运,再在新的施工地点安装,比一般施工机械繁琐、要求严格和需敷设行走轨道。

2.塔式起重机的分类

塔式起重机有多种分类方法,常用的分类如下。

(1)按起重量的大小分类

1)轻型塔式起重机。起重量为 5～30 kN,适用于五层以下的民用建筑物。

2)中型塔式起重机。起重量为 30～150 kN,适用于起重高度在 40 m 以下的建筑物施工。

3)重型塔式起重机。起重量可达 150～400 kN,适用于构件较重、房屋高度较高的多层及高层建筑物施工。

(2)按塔式起重机构造特征分类,如图 3-14 所示。

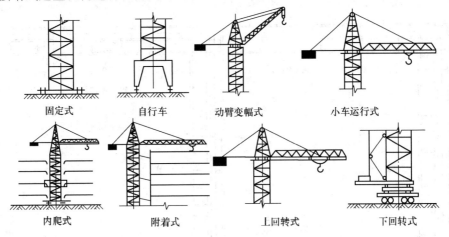

| 固定式 | 自行车 | 动臂变幅式 | 小车运行式 |

| 内爬式 | 附着式 | 上回转式 | 下回转式 |

图 3-14　塔式起重机构造特征分类

(3)按起重机的安装方式分类可分为整体快速拆装塔式起重机、拼装式塔式起重机、自升式塔式起重机三种。自升方式可分为绳轮自升式、链条自升式、齿条自升式、丝杆自升式、液压自升式。

(二)施工技术

1.施工准备

(1)定位放线

砌筑前应在基础面或楼面上定出各层的轴线位置和高程,并用 1:2 水泥砂浆或 C15 细石混凝土找平。

(2)立皮数杆、拉线

在房屋四角或楼梯间转角处设立皮数杆,皮数杆间距不得超过15 m。根据砌块高度和灰缝厚度计算皮数杆和排数,皮数杆上应画出各皮小砌块的高度及灰缝厚度。在皮数杆上相对小砌块上边线之间拉准线,小砌块依准线砌筑。

(3)排砌块

1)小型空心砌块在砌筑前,应根据工程设计施工图,结合砌块品种、规格绘制砌体砌块的排列图,围护结构,应预先设计好地导墙、工分带、接顶方法等,经审核无误,按图排列砌块。

2)小型空心砌块排列应从基础面开始,排列时尽可能采用主规格的砌块(390 mm×190 mm×190 mm),砌体中主规格砌块应占总量的 75%～80%。

2.砂浆拌制及使用

砂浆拌制宜采用机械搅拌,搅拌加料顺序和时间:先加砂、掺合料和水泥干拌 1 min,再加水湿拌,总的搅拌时间不得少于 4 min。若加外加剂,则在湿拌 1 min 后加入。

3.普通混凝土小型空心砌块砌筑施工

(1)墙体砌筑

1)砌筑一般采用"披灰挤浆",先用瓦刀在砌块底面的周肋上满披灰浆,铺灰长度不得超过800 mm,再在待砌的砌块端头满披头灰,然后双手搬运砌块,进行挤浆砌筑。

2)小砌块墙体应对孔错缝搭砌,搭接长度不应小于 90 mm。灰缝中采用钢筋网片时,可采用直径 4 mm 的钢筋焊接而成。拉结钢筋或钢筋网片每端均应超过该垂直灰缝,其长度不得小于 300 mm。

①钢筋焊接网片布置如图 3-15 所示。

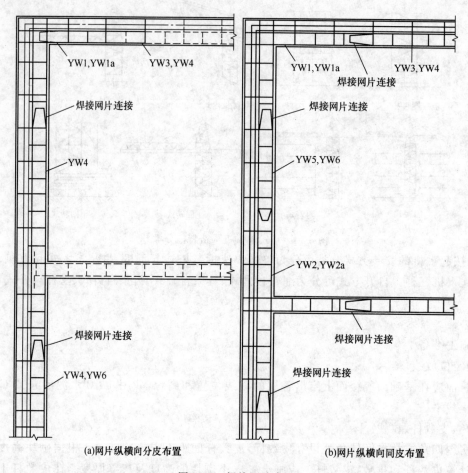

(a)网片纵横向分皮布置   (b)网片纵横向同皮布置

图 3-15   焊接网片布置

②钢筋焊接网片如图 3-16、图 3-17 所示。

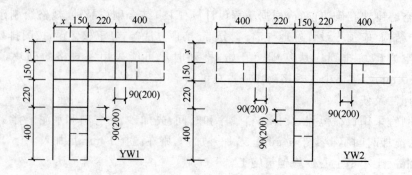

图   3-16

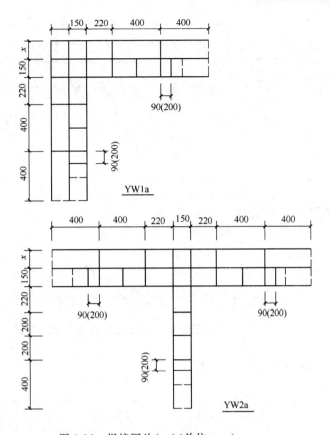

图 3-16 焊接网片(一)(单位:mm)

注:当用于分皮搭接时,网片横筋间距采用括号内数字,且端部虚线为实线,即有横向钢筋。

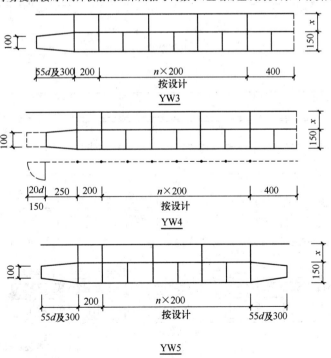

图 3-17

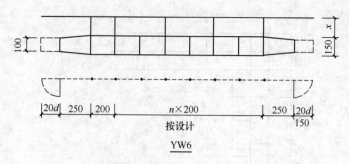

图 3-17　焊接网片(二)(单位:mm)

注:图中尺寸 $x=95+\delta$,其中 δ 为保温厚度。

③钢筋焊接网片连接如图 3-18、图 3-19 所示。

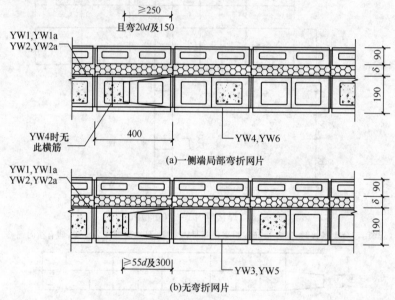

图 3-18　焊接网片连接(一)(单位:mm)

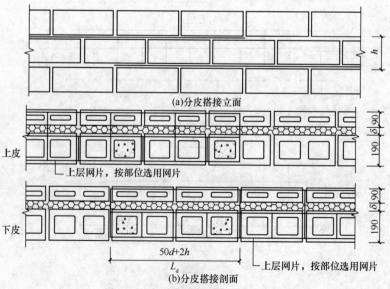

图 3-19　焊接网片连接(二)(单位:mm)

④灰缝钢筋含钢率见表 3-7,隔皮搭接长度按表 3-8 规定选用。

表 3-7　灰缝钢筋含钢率

钢筋直径(mm)	4		5		6	
竖向间距(mm)	200	400	200	400	200	400
含钢率 μ(%)	0.066	0.033	0.010	0.0051	0.015	0.0075

表 3-8　隔皮搭接长度

钢筋直径(mm)	4	5	6
L_d(mm)	600	650	700

注:1.表中搭接长度按 $h=200$ mm 计算,当 h 为其他数值时应另行计算。

　　2.搭接长度范围内至少应有一个上下贯通的芯柱。

3)砌筑应尽量采用主规格砌块(T 字交接处和十字交接处等部位除外),用反砌法砌筑,从转角或定位处开始向一侧进行,内外墙同时砌筑,纵横墙交错搭接。外墙转角处应使小砌块隔皮露端面,如图 3-20 所示。

4)空心砌块墙的 T 字交接处,应隔皮使横墙砌块端面露头。当该处无芯柱时,应在纵墙上交接处砌两块一孔半的辅助规格砌块,隔皮砌在横墙露头砌块下,其半孔应位于中间,如图 3-21(a)所示。当该处有芯柱时,应在纵墙上交接处砌一块三孔大规格砌块,砌块的中间孔正对横墙露头砌块靠外的孔洞,如图 3-21(b)所示。

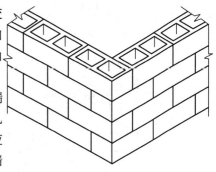

图 3-20　空心砌块墙转角砌法

注:为表示小砌块孔洞情况,图中将孔洞朝上绘制,砌筑时孔洞应朝下,以下图同。

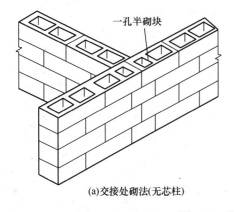

(a)交接处砌法(无芯柱)

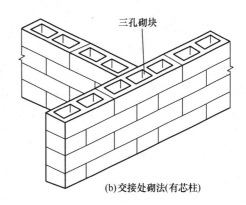

(b)交接处砌法(有芯柱)

图 3-21　混凝土空心砌块墙 T 字

5)结构平面非正交时,连接处可采用混凝土处理;根据受力情况,将节点处的 RC 构件设计成边缘构件。RC 墙体的水平钢筋、钢筋网可在 RC 柱处锚固或连接。非正交墙体的连接处理如图 3-22 所示。

6)所有露端面用水泥砂浆抹平。

7)空心砌块墙的十字交接处,当该处无芯柱时,在交接处应砌一孔半砌块,隔皮相互垂直相交,其半孔应在中间。当该处有芯柱时,在交接处应砌三孔砌块,隔皮相互垂直相交,中间孔相互对正。

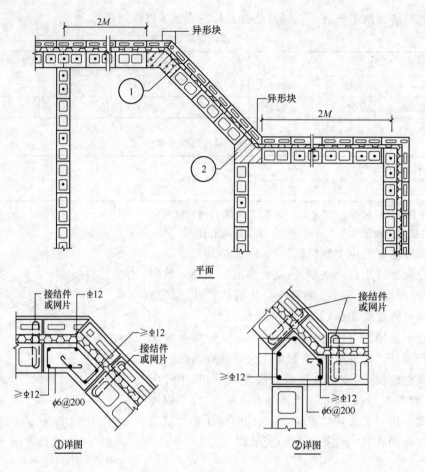

图 3-22 非正交墙体连接处理

8)临时间断处应砌成斜槎,斜槎水平投影长度不应小于高度的 2/3。如留斜槎有困难,除外墙转角处及抗震设防地区,墙体临时间断处不应留直槎外,临时间断可从墙面伸出 200 mm 砌成直槎并沿墙每隔三皮砖(600 mm)在水平灰缝片;拉结筋埋入长度,从留槎处算起,每边设 2 根直径 6 mm 的拉结筋或钢筋网均不应小于 600 mm,钢筋外露部分不得任意弯折(图 3-23)。

9)空心砌块墙临时洞口的处理:作为施工通道的临时洞口,其侧边离交接处的墙面不应小于 600 mm,并在顶部设过梁。填砌临时洞口的砌筑砂浆强度等级宜提高一级。

10)脚手眼设置及处理:砌体内不宜设脚手眼,如必须设置时,可用 190 mm×190 mm×190 mm 小砌块侧砌,利用其孔洞作脚手眼,砌体完工后用 C15 混凝土填实。

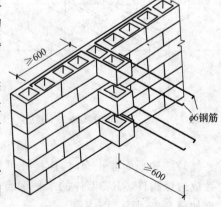

图 3-23 空心砌块墙直槎(单位:mm)

脚手眼不得在下列墙体或部位留设:120 mm 厚墙、料石清水墙和独立柱;过梁上与过梁成 60°角的三角形范围及过梁净跨度 1/2 的高度范围内;宽度小于 1 m 的窗间墙;砌体门窗洞口两侧 200 mm(石砌体为 300 mm)和转角处 450 mm(石砌体为 600 mm)范围内;梁或梁垫下及其左右 500 mm 范围内。

(2)芯柱施工

1)芯柱设置要点

①在外墙转角、楼梯间四角的纵横墙交接处的三个孔洞,宜设置素混凝土芯柱。

②五层及五层以上的房屋,应在上述部位设置钢筋混凝土芯柱。

2)芯柱构造要求

①芯柱截面不宜小于 120 mm×120 mm,宜用不低于 C20 的细石混凝土浇筑。

②钢筋混凝土芯柱每孔内插竖筋不应小于 $1\phi10$,底部应伸入室内地面下 500 mm 或与基础梁锚固,顶部与屋盖圈梁锚固。

③在钢筋混凝土芯柱处,沿墙高每隔 600 mm 应设 $\phi4$ 钢筋网片拉结,每边伸入墙体不小于 600 mm(图 3-24)。

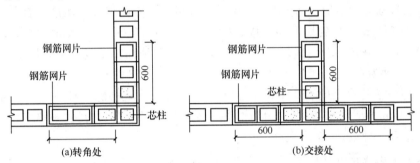

图 3-24 芯柱拉结钢筋网片设置(单位:mm)

④芯柱应沿房屋的全高贯通,并与各层圈梁整体现浇,可采用图 3-25 所示的做法。芯柱竖向插筋应贯通墙身且与圈梁连接,插筋不应小于 $1\phi12$。芯柱应伸入室外地下 500 mm 或锚入小于 500 mm 基础圈梁内。芯柱混凝土应贯通楼板,当采用装配式钢筋混凝土楼板时,可采用图 3-26 的方式实施贯通措施。

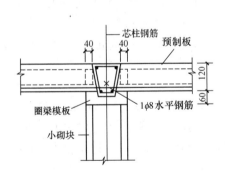

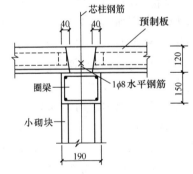

图 3-25 芯柱贯穿预制楼板的构造(单位:mm)　　图 3-26 芯柱贯穿楼板措施(单位:mm)

3)芯柱部位宜采用不封底的通孔小砌块,当采用半封底小砌块时,砌筑前打掉孔洞毛边。

4)在楼地面砌筑第一皮小砌块时,在芯柱部位,应用开口砌块(或 U 形砌块)砌出操作孔,在操作孔侧面宜用预留连通孔,必须清除芯柱孔内的杂物及削掉孔内凸出的砂浆,用水冲洗干净,校正钢筋位置并绑扎或焊接固定后,方可浇筑混凝土。

5)芯柱钢筋应与基础或基础梁中的预埋钢筋连接,上下楼层的钢筋可在楼板面上搭接,搭接长度应小于 $40d$。

6)砌完一个楼层高度后,应连续浇筑芯柱混凝土。每浇筑 400～500 mm 高度捣实一次,或边浇筑边捣实。浇筑混凝土前,先注入适量水泥浆;严禁灌满一个楼层后再捣实,宜采用机械捣实;混凝土坍落度不应小于 50 mm。

7)芯柱与圈梁应整体现浇,如采用槽形小砌块作圈梁模壳时,其底部必须留出芯柱通过的孔洞。

8)楼板在芯柱部位应留缺口,保证芯柱贯通。

4.蒸压加气混凝土空心砌块砌筑施工

(1)蒸压加气混凝土砌块排列

1)平面排块设计

①砌块长度。根据大部分生产厂的工艺,其产品长度尺寸均为 600 mm 一种规格,异形规格需与厂家协商进行加工生产,有个别工厂在工艺上可行,大部分工厂只能工厂切锯或施工现场切锯。

②砌块长度规格虽仅有一种,但由于其可自由切锯。所以从另一角度而言其规格尺寸可以多样化。如 600 mm 长砌块可加工成(300＋300) mm、(200＋400)mm、(150＋450) mm、(250＋350)mm 等规格,使平面排块带来很大灵活,但在平面长度设计中规格不宜太多(一般主规格以 2～3 种为宜)适当配置辅助规格。但同时又要尽可能做到数量平衡,如当规格中有 450 mm 时,应设法将剩余的 150 mm 规格用上,因 150 mm 规格除本身是一种规格外,经拼砌还可形成 300 mm、450 mm 等规格。因此,在平面长度设计一定要遵循"规格多样,数量平衡"这一原则。做到合理设计,经济用材。

③砌块上下皮应错缝设计,搭接长度不宜小于块长的 1/3。

④尽量避免设计 600 mm 以下的窗间墙,除非窗高较小(1.0 m 以下)或墙后有支承点(如框架结构中的柱,或混合结构中的横墙等);否则稳定性差,施工也困难。

⑤平面排块设计在建筑平面设计时应处理好建筑开间、进深以及门窗尺寸的模数如何与制品的模数协调,据此来确定砌块的主要规格和辅助规格。

⑥在混合结构中,当外墙有构造柱时,平面排块设计应根据构造柱之间的尺寸排块,先排窗下墙,后排窗间墙,窗间墙之间如不合模,在不影响使用功能的前提下,可调整窗户位置,构造柱如外加低密度加气混凝土保温块,则其尺寸宜符合制品主辅规格长度模数尺寸,并排成马牙槎。在寒冷和严寒地区的框架结构中,宜将砌块外包柱,从柱中线起排块。也可在柱间排块,但砌块不得与柱在同一表面,柱外面应留保温层厚度。

2)立剖面排块设计

①砌块高度。根据国内大部分生产厂的产品,约有三种,即 200 mm、250 mm 和 300 mm。一般高度方向不宜切锯,除非请厂家生产异形规格,但也可将砌块的厚度方向作为高度方向来调整,如墙厚为 200 mm,则可采用高度为 200 mm、厚度为 100 mm、125 mm 和 150 mm 的砌块,转向 90°,使厚度变成高度,来调整墙体的高度。

②立剖面排块的原则。先根据轴线尺寸先排窗坎墙(至窗台部位,其高度可低于窗台高度);然后排窗间墙至圈梁部位,在住宅建筑中,一般门窗洞口的过梁与圈梁合一,当窗间墙圈梁高度与窗过梁高度不一致时,可相互间进行调整。

(2)墙体砌筑

1)砌筑前按砌块平、立面构造图进行排列摆设,不足整块的可以锯截成所需尺寸,但不得小于砌块长度的 1/3。最下一层如灰缝厚度大于 20 mm 时,应用细石混凝土找平铺砌。

2)砌筑加气混凝土砌块单层墙,应将加气混凝土砌块立砌,墙厚为砌块的宽度;砌双层墙,是将加气混凝土砌块立砌两层,中间加空气层(厚度为 70～80 mm),两层砌块间每隔 500 mm

墙高应在水平灰缝中放置 $\phi 4 \sim \phi 6$ 的钢筋扒钉,扒钉间距 600 mm。

3)砌筑加气混凝土砌块应采用满铺满挤法砌筑,上下皮砌块的竖向灰缝应相互错开,长度不宜小于砌块长度的 1/3 并不小于 150 mm。当不能满足要求应在水平灰缝中放置 $2\phi 16$ 的拉结钢筋或 $\phi 4$ 的钢筋网片,拉结钢筋或钢筋网片的长度不小于 700 mm。转角处应使纵横墙的砌块相互咬砌搭接,隔皮砌块露端面。砌块墙的丁字交接处,应使横墙砌块隔皮露头,并坐中于纵墙砌块。

4)加气混凝土砌块墙体灰缝应横平竖直,砂浆饱满,水平灰缝厚度不得大于 15 mm,竖向灰缝宽度宜不大于 20 mm。

5)加气混凝土砌块墙每天砌筑高度不宜超过 1.8 m。

6)砌块与门窗口连接:当采用后塞口时,应预制好埋有木砖或铁件的混凝土块,按洞口高度,2 m 以内每边砌筑 3 块,洞口高度大于 2 m 时,每边砌筑 4 块,混凝土块四周的砂浆要饱满密实。安装门框时用手电钻在边框预先钻出钉眼,然后用钉子将木框与混凝土内预埋木砖钉牢。

7)砌块与楼板连接:墙体砌到接近上层梁、板底部时,应留一定空隙,待填充墙砌完并至少间隔 7 d 后再用烧结普通砖斜砌挤紧挤牢,砖的倾斜度为 60°左右,砂浆应饱满密实。

(3)墙体拉结筋设置

1)承重墙的外墙转角处,墙体交接处,均应沿墙高 1 m 左右在水平灰缝中放置拉结钢筋,拉结钢筋为 $3\phi 6$,钢筋伸入墙内不小于 1 000 mm。

2)非承重墙的外墙转角处,与承重墙体交接处,均应沿墙高 1 m 左右在水平灰缝中放置拉结钢筋,拉结钢筋为 $2\phi 6$,钢筋伸入墙内不小于 700 mm。

3)墙的窗口处,窗台下第一皮砌块下面应设置 $3\phi 6$ 拉结钢筋,拉结钢筋伸过窗口侧边应不小于 500 mm。墙洞口上边也应放置 $2\phi 6$ 钢筋,并伸过墙洞口,每边长度不小于 500 mm。

4)加气混凝土砌块墙的高度大于 3 m 时,应按设计规定作钢筋混凝土拉结带。如设计无规定时,一般每隔 1.5 m 加设 $2\phi 6$ 或 $3\phi 6$ 钢筋拉结带,以确保墙体的整体稳定性。

5. 双层混凝土小型空心砌块保温墙施工

混凝土砌块夹芯保温外墙,由结构层、保温层、保护层组成。结构层一般采用 190 mm 厚主砌块,保温层一般采用聚苯板、岩棉或聚氨酯现场分段发泡,保温层厚度根据各地区的建筑节能标准确定,保护层一般采用 90 mm 厚劈裂装饰砌块。

(1)节点构造

1)复合夹心墙体构造(图 3-27)

①拉结筋及钢筋片在使用前应作防锈处理;

②本图仅用于抗震设防烈度不大于 7 度地区;

③墙体灰缝内设置钢筋网片的部位不设拉结筋;

④拉结筋布置水平间距不大于 800 mm,竖向间距不大于 600 mm,梅花形布置,拉结网片设置竖向间距不大于 600 mm。

结构层与保护层砌体间采用曲镀锌钢筋网片或拉结钢筋连接。曲镀锌钢筋网片如图 3-28 所示。每三皮砌块放一层网片。

2)复合夹芯墙体芯柱构造节点 1(图 3-29)

①每层第一皮砌块砌筑时,芯柱部位应在室内侧设清理口,上下层的芯柱插筋通过清理口搭接。搭接长度 500 mm,浇筑混凝土前芯孔内废弃物应清除干净,封好清理口。

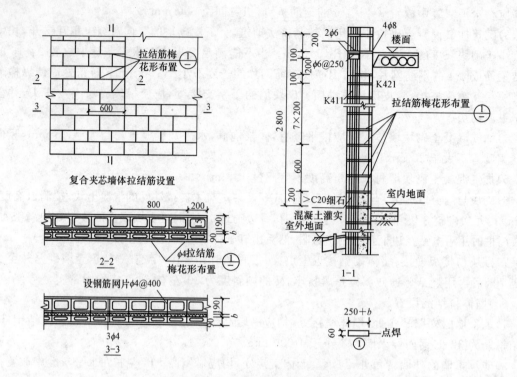

图 3-27　复合夹芯墙体构造（单位：mm）

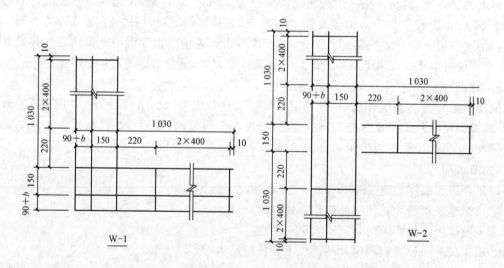

图 3-28　复合夹芯墙体拉结筋网片（单位：mm）

b—保温层厚度

②芯柱应采用大于等于 C20 高流动度、低收缩细石混凝土浇筑密实。

③W-1 详见图 3-28 复合夹芯墙体拉结筋网片。

④不设芯柱或清理口时，节点第一皮的排块采用第三皮方式，网片沿墙高每 600 mm 一道。

⑤异形块根据各地保温层厚度值进行设计。

⑥抗震设防不大于 7 度地区的工程，外墙可参照本图采用复合夹芯墙体。

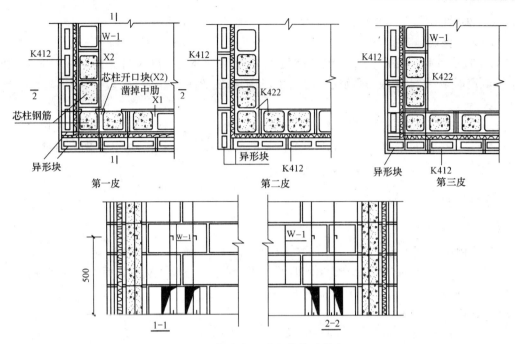

图 3-29 复合夹芯墙芯柱构造节点 1

3)复合夹芯墙体芯柱构造节点 2(图 3-30)

①每层第一皮砌块砌筑时,芯柱处须留出清理口,上下层的芯柱插筋通过清理口搭接。搭接长度 500 mm,浇筑混凝土前芯孔内废弃物应清除干净,封好清理口。

②芯柱应采用大于等于 C20 高流动度、低收缩细石混凝土浇筑密实。

③不设芯柱或清理口时,节点第一皮的排块采用第三皮方式,清理口上面的网片 W-2 不增设,网片 W-2 沿墙高每 600 mm 一道。

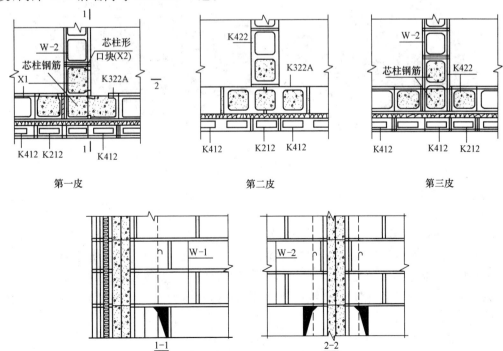

图 3-30 复合夹芯墙芯柱构造节点 2

④抗震设防不大于 7 度地区的工程,外墙可参照本图采用复合夹芯墙体。

(2)夹芯保温施工

1)结构层和保护层的混凝土砌块墙同时分段往上砌筑。砌筑时先砌结构层砌块,砌至 600 mm 高时,放置聚苯板,再砌筑外层保护层砌块,砌至 600 m 高时,放置拉结钢筋网片,依次往上砌筑。

2)也可先将全楼结构层砌块墙砌完,随砌随放置拉结钢筋网片或拉结钢筋(设拉结筋的部位不设拉结网片),再放置聚苯板,其后自下而上按楼层砌筑保护层砌块,并砌入钢筋网片。这种施工方法可减少砌筑工序对保护层装饰性砌块的污染。

二、填充墙砌体工程

(一)施工机具(卷扬机)

(1)卷扬机的用途

卷扬机具有结构简单、制造成本低、操作方便,对作业环境适应性强等特点,广泛应用于建筑施工中的提升物料、安装设备、冷拉钢筋等。

(2)卷扬机的分类

卷扬机的分类方法很多,常见的分类如下。

1)按钢丝绳牵引速度分为快速卷扬机[图 3-31(a)],慢速卷扬机[图 3-31(b)]和调速卷扬机三种。快速卷扬机又分为单筒和双筒,如配以井架、龙门架、滑车等可做垂直和水平运输等用,通常采用单筒式;慢速卷扬机多为单筒式,如配以拔杆、人字架、滑车组等可作大型构件安装等用;变速卷扬机又分机械变速式卷扬机和电动机变速式卷扬机,在电动机变速式卷扬机中又可分为恒输出功率变速式卷扬机、恒扭矩变速式卷扬机和双电动机变速式卷扬机。

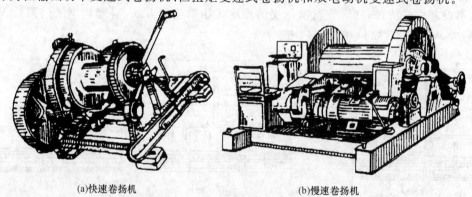

(a)快速卷扬机   (b)慢速卷扬机

图 3-31　卷扬机外形

2)按卷筒数量分为单筒卷扬机、双筒卷扬机和三筒卷扬机三种。

3)按机械传动形式分为汽齿轮传动卷扬机、斜齿轮传动卷扬机、行星齿轮传动卷扬机、内胀离合器传动卷扬机、蜗轮蜗杆传动卷扬机等多种。

4)按传动方式分为手动卷扬机、电动卷扬机、液压卷扬机、气动卷扬机等多种。

5)按使用行业分为用于建筑、林业、矿山、船舶等多种行业的卷扬机。

6)按动力分为手动卷扬机、电动卷扬机和液压马达卷扬机,手动卷扬机在结构吊装中已很少使用。

(3)卷扬机的构造组成

卷扬机的构造组成以快速卷扬机为例,如图 3-32 和图 3-33 所示。

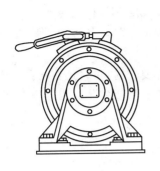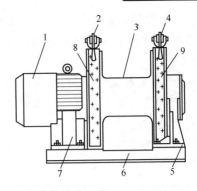

图 3-32　JJKX1 型单卷筒快速卷扬机

1—电动机；2—制动手柄；3—卷筒；4—启动手柄；5—轴承支架；

6—机座；7—电动机托架；8—带式制动器；9—带式离合器

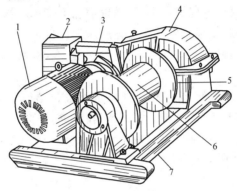

图 3-33　JJKD1 型卷扬机

1—电动机；2—制动器；3—弹性联轴器；4—圆柱齿轮减速器；

5—十字联轴器；6—光面卷筒；7—机座

图 3-32 中的 JJKX1 型单卷筒行星式快速卷扬机，采用行星齿轮传动，牵引力为 10 kN，传动系统安装在卷筒内部和端部，采用带式离合器和制动器进行操纵，主要由电动机、传动装置、离合器、制动器、基座等组成。

图 3-33 中的 JJKD1 型单筒快速卷扬机，主要由 7.5 kW 电动机、联轴器、圆柱齿轮减速器、光面卷筒、双瓦块式电磁制动器、机座等组成。

（二）施工技术

1.填充墙体砌体结构工程施工

（1）组砌方法应正确，上、下错缝，交接处咬槎搭砌，掉角严重的砖或砌块不宜使用。

（2）砌筑灰缝应横平竖直，砂浆饱满。空心砖、轻集料混凝土小型空心砌块的砌体水平、竖向灰缝为 8～12 mm；蒸压加气混凝土砌体水平灰缝宜为 15 mm，竖向灰缝为 20 mm。

（3）用轻集料小型空心砌块或蒸压加气混凝土砌块砌筑墙体时，墙底部应砌烧结普通砖或普通混凝土小型砌块，或现浇混凝土坎台等，其高度不宜小于 200 mm。

（4）有防水要求的房间楼板四周，除门洞口外，必须浇筑不低于 120 mm 高的混凝土坎台，混凝土强度等级不小于 C20。

（5）空心砖的砌筑应上下错缝，砖孔方向应符合设计要求。当设计无具体要求时，宜将砖孔置于水平位置；当砖孔垂直砌筑时，水平铺灰应用套板。砖竖缝应先挂灰后砌筑。

（6）填充墙砌筑时应错缝搭砌，蒸压加气混凝土砌块搭砌长度不应小于砌块长度的 1/3，并不小于 150 mm;轻集料混凝土小型空心砌块搭砌长度不应小于 90 mm。

(7)按设计要求设置构造柱、圈梁、过梁或现浇混凝土带。各种预留洞、预埋件等应按设计要求设置,避免后剔凿。

(8)空心砖砌筑时,管线留置方法,当设计无具体要求时,可采用穿砖孔预埋或弹线定位后用无齿锯开槽(用于加气混凝土砌块),不得留水平槽。管道安装后用混凝土堵填密实,外贴耐碱玻纤布,或按设计要求处理。

(9)墙体转角处和纵横墙交接处应同时砌筑。临时间断处应砌成斜槎,斜槎水平投影长度不应小于高度的 2/3。

2. 填充墙与结构拉结

(1)拉结方式。拉结钢筋的生根方式可采用预埋铁件、贴模箍、锚栓、植筋等连接方式,并符合以下要求。

1)锚栓不得布置在混凝土的保护层中,有效锚固深度不得包括装饰层或抹灰层;锚孔应避开受力主筋,废孔应用锚固胶或高强度等级的树脂水泥砂浆填实。

2)采用预埋铁件或贴模箍施工方法的,其生根数量、位置、规格、应符合设计要求,焊接长度符合设计或规范要求。

(2)填充墙与结构墙柱连接处,必须按设计要求设置拉结筋或通长混凝土配筋带,设计无要求时,墙与结构墙柱处及 L 形、T 形墙交接处,设拉结筋,竖向间距不大于 500 mm,埋压2根 $\phi 6$ 钢筋。平铺在水平灰缝内,两端伸入墙内不小于 1 000 mm,如图 3-34 所示。墙长大于层高的 2 倍时,宜设构造柱,如图 3-35 所示。

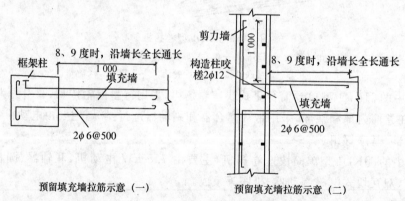

预留填充墙拉筋示意(一) 预留填充墙拉筋示意(二)

图 3-34 预留拉筋大样(单位:mm)

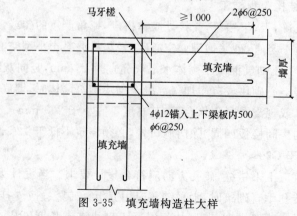

图 3-35 填充墙构造柱大样

注:构造柱截面不小于墙厚×240 mm。

墙高超过 4 m 时,半层高或门洞上皮宜设置与柱连接且沿墙全长贯通的混凝土现浇带,如图 3-36 所示。

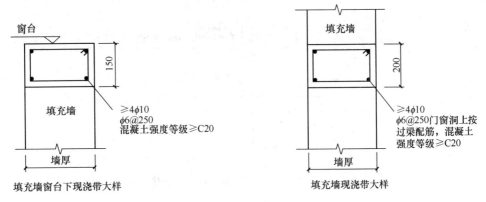

图 3-36　现浇带大样(单位:mm)

(3)设置在砌体水平灰缝中的钢筋的锚固长度不宜小于 $50\,d$,且其水平或垂直弯折段的长度不宜小于 $20\,d$ 和 150 mm;钢筋的搭接长度不应小于 $55\,d$。

(4)填充墙砌体留置的拉结钢筋或网片的位置应与块体皮数相符合。拉结钢筋或网片应置于灰缝中,其规格、数量、间距、埋置长度应符合设计要求,竖向位置偏差不应超过一皮高度。

(5)转角及交接处同时砌筑,不得留直槎,斜槎高不大于 1.2 m。拉通线砌筑时,随砌、随吊、随靠,保证墙体垂直、平整,不允许砸砖修墙。

(6)填充墙砌至接近梁、板底时,应留一定空隙,待填充墙砌筑完并应至少间隔 7 d 后,将缝隙填实。并且墙顶与梁或楼板用钢膨胀螺栓焊拉结筋或预埋筋拉结,如图 3-37、图 3-38所示。

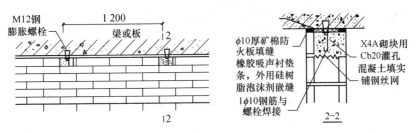

图 3-37　钢胀螺栓拉接筋拉结(单位:mm)

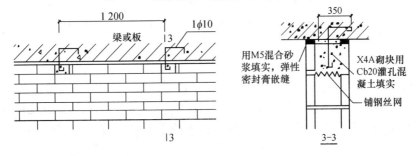

图 3-38　预埋筋拉结(单位:mm)

(7)混凝土小型空心砌块砌筑的隔墙顶接触梁板底的部位应采用实心小砌块斜砌楔紧;房屋顶层的内隔墙应离该处屋面板板底 15 mm,缝内采用 1:3 石灰砂浆或弹性腻子嵌塞。

(8)钢筋混凝土结构中的砌体填充墙,宜与框架柱脱开或采用柔性连接,如图 3-39 所示。

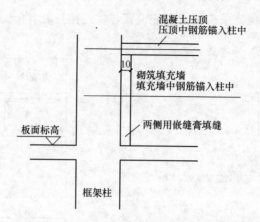

图 3-39 框架柱与非结构砌体填充墙连接做法

(9)蒸压加气混凝土和轻集料混凝土小型砌块除底部、顶部和门窗洞口处,不得与其他块材混砌。

(10)加气混凝土砌块的孔洞宜用砌块碎沫以水泥、石膏及胶修补。

3.季节性施工

(1)在连续 5 d 平均气温低于+5℃或当日最低温度低于 0℃时即进入冬期施工,应采取冬期施工措施。

(2)冬期使用的砖,要求在砌筑前清除冰霜。正温施工时,砖可适当浇水,负温施工不应浇水,可适当增大砂浆稠度。

(3)砂浆宜用普通硅酸盐水泥拌制,石灰膏要防冻,掺合料应有防冻措施,如已受冻要融化后方能使用。砂中不得含有大于 10 mm 的冻块。

(4)料加热时,水加热不超过 80℃,砂加热不超过 40℃。应采用两步投料法,即先拌和水泥和砂,再加水拌和。

(5)砂浆使用温度不应低于+5℃。

第三节 料石砌体工程

一、施工机具

参见第三章第一节烧结普通砖、烧结多孔砖砖墙砌体工程的相关内容。

二、施工技术

1.立皮数杆、垫层清理、湿润、试排、摆底、砂浆拌制

立皮数杆、垫层清理、湿润、试排、摆底、砂浆拌制等要求见第三章第一节烧结普通砖、烧结多孔砖砖墙砌体工程的普通砖基础施工的施工技术相关内容。

2.基础砌筑

(1)料石基础砌筑形式有丁顺叠砌和丁顺组砌。丁顺叠砌是一皮顺石与一皮丁石相隔砌筑,上下皮竖缝相互错开 1/2 石宽;丁顺组砌是同皮内 1~3 块顺石与一块丁石相隔砌筑,丁石中距不大于 2 m,上皮丁石坐中于下皮顺石,上下皮竖缝相互错开至少 1/2 石宽(图 3-40)。

(2)阶梯形料石基础,上阶料石应至少压砌下阶料石的 1/3。

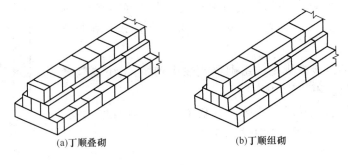

（a）丁顺叠砌　　　　　　　　（b）丁顺组砌

图 3-40　料石基础砌筑形式

（3）砌筑时砂浆铺设厚度应略高于规定灰缝厚度，一般高于厚度为 6～8 mm。

3．墙体砌筑

（1）料石墙砌筑形式有二顺一丁、丁顺组砌和全顺叠砌。二顺一丁是两皮顺石与一皮丁石相间，宜用于墙厚等于两块料石宽度时；丁顺组砌是同皮内每 1～3 块顺石与一块丁石相隔砌筑，丁石中距不大于 2 m，上皮丁石坐中于下皮顺石，上下皮竖缝相互错开至少 1/2 石宽，宜用于墙厚等于或大于两块料石宽度时；全顺是每皮均匀为顺砌石，上下皮错缝相互错开 1/2 石长，宜用于墙厚度等于石宽时（图 3-41）。

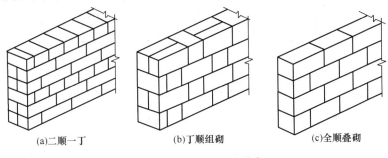

（a）二顺一丁　　　　　　（b）丁顺组砌　　　　　　（c）全顺叠砌

图 3-41　料石墙砌筑形式

（2）砌料石墙面应双面挂线（除全顺砌筑形式外），第一皮可按所放墙边砌筑，以上各皮均按准线砌筑，可先砌转角处和交接处，后砌中间部分。

（3）料石可与毛石或砖砌成组合墙。料石与毛石的组合墙，料石在外，毛石在里；料石与砖的组合墙，料石在里，砖在外，也可料石在外，砖在里。

（4）砌筑时，砂浆铺设厚度应略高于规定灰缝厚度，其高出厚度：细料石，半细料石宜为 3～5 mm；粗料石、毛料石宜为 6～8 mm。

（5）在料石和毛石或砖的组合墙中，料石和毛石或砖应同时砌起，并每隔 2～3 皮料石用丁砌石与毛石或砖拉结砌合，丁砌料石的长度宜与组合墙厚度相同。

（6）料石墙的转角处及交接处应同时砌筑，如不能同时砌筑，应留置斜槎。

（7）料石清水墙中不得留脚手眼。

4．料石柱砌筑

（1）料石柱有整石柱和组砌柱两种。整石柱每一皮料石是整块的，只有水平灰缝无竖向灰缝；组砌柱每皮由几块料石组砌，上下皮竖缝相互错开（图 3-42）。

（2）料石柱砌筑前，应在柱座面上弹出身边线，在柱座侧面弹出柱身中心。

（3）砌整石柱时，应将石块的叠砌面清理干净。先在柱座面上抹一层水泥砂浆，厚约 10 mm，再将石块对准中心线砌上,以后各皮石块砌筑应先铺好砂浆,对准中心线,将石块砌上。石块如有竖向偏移,可用铜片或铝片在灰缝边缘内垫平。

(4)砌组砌柱时,应按规定的组砌形式逐皮砌筑,上下皮竖缝相互错开,无通天缝,不得使用垫片。

(5)砌筑料石柱,应随时用线坠检查整个柱身的垂直度,如有偏斜应拆除重砌,不得用敲击方法去纠正。

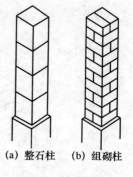

(a) 整石柱 (b) 组砌柱

图 3-42 料石柱

5.石墙面勾缝

(1)清理墙面、抠缝

勾缝前用竹扫帚将墙面清扫干净,洒水润湿。如果砌墙时没有抠好缝,就要在勾缝前抠缝,并确定抠缝深度,一般是勾平缝的墙缝要抠深 5~10 mm;勾凹缝的墙缝要抠深 20 mm;勾三角凸和半圆凸缝的要抠深 5~10 mm;勾平凸缝的,一般只要稍比墙面凹进一点就可以。

(2)确定勾缝形式

勾缝形式一般由设计决定。凸缝可增加砌体的美观,但比较费力;凹缝常使用于公共建筑的装饰墙面;平缝使用最多,但外观不漂亮,挡土墙、护坡等最适宜。各种勾缝形式如图 3-43 所示。

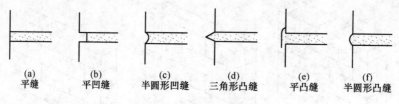

(a) 平缝   (b) 平凹缝   (c) 半圆形凹缝   (d) 三角形凸缝   (e) 平凸缝   (f) 半圆形凸缝

图 3-43   石墙的勾缝形式

(3)拌制砂浆

勾缝一般使用 1∶1 水泥砂浆,稠度 4~5 cm,砂子可采用粒径为 0.3~1 mm 的细砂,一般可用 3 mm 孔径的筛子过筛。因砂浆用量不多,一般采取人工拌制。

(4)勾缝

勾缝应自上而下进行,先勾水平缝后勾竖缝。勾缝的形式见表 3-9。

表 3-9   勾缝的形式

项 目	内 容
勾平缝	用勾缝工具把砂浆嵌入灰缝中,要嵌塞密实,缝面与石面相平,并把缝面压光
勾凸缝	先用小抿子把勾缝砂浆填入灰缝中,将灰缝补平,待初凝后抹上第二层砂浆。第二层砂浆可顺着灰缝抹 0.5~1 cm 厚,并盖住石棱 5~8 mm,待收水后,将多余部分切掉,但缝宽仍应盖住石棱 3~4 mm,并要将表面压光压平,切口溜光
勾凹缝	灰缝应抠进 20 mm 深,用特制的溜子把砂浆嵌入灰缝内,要求比石面深 10 mm 左右,将灰缝面压平溜光

如果原组砌的石墙缝纹路不好看时,也可增补一些砌筑灰缝,但要补得好看可另在石面上做出一条假缝,不过这只适用于勾凸缝的情况。

6.季节性施工

(1)冬期施工

1)连续 5 d 日平均气温低于+5℃或当日最低温度低于 0℃时即进入冬期施工,应采取冬期施工措施。

2)冬期施工宜采用普通硅酸盐水泥,按冬施方案并对水、砂进行加热,砂浆使用时的温度应在+5℃以上。

3)冬期施工中,每日砌筑后应及时用保温材料对新砌砌体进行覆盖,砌筑表面不得留有砂浆,在继续砌筑前,应扫净砌筑表面。

(2)雨期施工

下雨时应停止施工,雨季应防止雨水冲刷新砌的墙体,收工时应用防水材料覆盖砌体上表面,每天砌筑高度不宜超过 1.2 m。

第四章　模板工程

第一节　现浇框架模板工程

一、施工机具

1.圆锯机

圆锯机主要用于纵向锯割木材,也可配合带锯机锯割方材,是建筑工地或小型构件厂应用较广的一种木工机械。

(1)圆锯机的构造

圆锯机由机架、台面、电动机、锯片、防护罩等组成,如图 4-1 所示。锯片的规格一般以锯片的直径、中心孔直径或锯片的厚度为基数。

(2)圆锯片

圆锯机所用的圆锯片的两面是平直的,锯齿经过拨料,用来作纵向锯割或横向截断板、方材及原木,是广泛采用的一种锯片。

(3)圆锯片的齿形与拨料

锯齿的拨料是将相邻各齿的上部互相向左右拨弯。

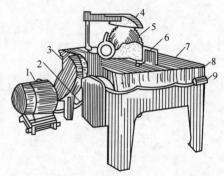

图 4-1　手动进料圆锯机

1—电动机;2—开关盒;3—皮带罩;4—防护罩;
5—锯片;6—锯齿;7—台面;8—机架;9—双联按钮

(4)正确拨料的基本要求

1)所有锯齿的每边拨料量都应相等。

2)锯齿的弯折处不可在齿的根部,而应在齿高的一半以上处,厚锯约为齿高的 1/3,薄锯为齿高的 1/4。弯折线应向锯齿的前面稍微倾斜,所有锯齿的弯折线锯齿尖的距离都应当相等。

3)拨料大小应与工作条件相适应,每一边的拨料量一般为 0.2~0.8 mm,约等于锯片厚度的 1.4~1.9 倍,最大不应超过 2 倍。软料湿材取较大值,硬材与干材取较小值。

4)锯齿拨料一般采用机械和手工两种方法,目前多以手工拨料为主,即用拨料器或锤打的方法进行。

(5)圆锯机的分类

1)纵截圆锯机。纵截圆锯机主要用于纵向锯割板材、板皮和方材,适用于建筑工地和木材加工厂配料。通常,由机身(工作台)、锯轴、锯片和防护装置等部分组成。

2)横截圆锯机。横截圆锯机用以将长料截短,适用于工地制作门窗和截配模板,工厂主要用于截配门窗和家具的毛构件。横截圆锯机又有推车截锯机和吊截锯机两种形式。

(6)圆锯机的操作

1)纵解圆锯机

①操作前应检查锯片有无断齿或裂纹现象,然后安装锯片,并装好防护罩和安全装置。

②安装锯片应与主轴同心,其内孔与轴的间隙不应大于 0.15～0.2 mm,否则会产生离心惯性力,使锯片在旋转中摆动。

③法兰盘的夹紧面必须平整,要严格垂直于主轴的旋转中心,同时保持锯片安装牢固。

④先检查被锯割的木材表面或裂缝中是否有钉子或石子等坚硬物,以免损伤锯齿,甚至发生伤人事故。

⑤手动进料纵解木工圆锯机要由两人配合操作,上手推料入锯,下手接拉割完。上手抱着木料一端,将前端靠着锯片入锯,推料时目视锯片照直前进,等料锯出后台面时,下手方可接拉后退,两人要步调一致紧密配合。

⑥上手推料至锯片 300 mm 就要撒手,站在锯片侧面,防止木片或锯片破裂射出伤人。下手接拉锯完回送木料时一定要将木料摆离锯片,以防止锯片将木料打回伤人。

⑦锯割速度要灵活掌握,进料过快会增大电机负荷,使电机温升过高甚至烧毁电机。

⑧木料夹住锯片时,要停止进料,待锯片恢复到最高转速后再继续锯割。夹锯严重时应关机处理,在分离刀后,打入木楔撑开锯路后,再继续锯完。

⑨锯台上锯片周围的劈柴边皮应用木棒及时清除,下手在向外甩边皮时严防接触锯片射出伤人。

⑩锯到木节处要放慢速度,并注意防止木节弹出伤人。

2)推车截锯机

推车截锯机操作与纵解圆锯机基本相同,但要注意以下几点。

①截长料时,需要多人配合,1 人上料推送,1 人推车横截,1 人扶尺接料,1 人码板。

②截短料时,可在推尺靠山上刻尺寸线,或在扶尺台上安限位挡块,1 人进行操作。

③截料头时,按工件长度和斜度在推车上钉一木块,将工件支撑到一定斜度推截即可。

④在截料过程中,禁止与锯片站在一条直线上,锯片两边夹有木块木屑,应用木棍清除,禁止直接用手拨弄。

3)吊截锯机

吊截锯机操作与推车截锯机基本相同,但要注意以下几点。

①操作时,将木料放在锯台上,紧靠靠板,对好长度,用左手按住木料,右手拉动手把,待锯片运转正常时,即可截断木料。

②锯毕放手,锯片靠平衡锤作用回复原位,再继续截料。

③如锯弯曲原木,应将其弯拱向上。

④遇有较大节子或腐朽时应予截除。

⑤余料短于 250 mm 的不得使用截锯来截断。

⑥截料时应注意:人要站在锯片的侧面,防止锯片破裂飞出伤人。

⑦按料时手必须离锯片 300 mm 以上,进料要慢、要稳,不要猛拉以免卡锯。

⑧遇到卡锯时应立即停锯,退出锯片,然后再缓慢进行锯截。

2. 平刨机

平刨机主要用途是刨削厚度不同等木料表面,平刨经过调整导板,更换刀具,加设模具后,也可用于刨削斜面和曲面,是施工现场用得比较广的一种刨削机械。

(1)平刨机的构造

平刨又名手压刨,主要由机座、前后台面、刀轴、导板、台面升降机构、防护罩、电动机等组成,如图 4-2 所示。

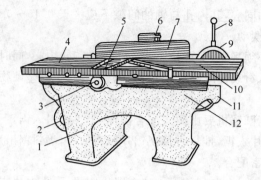

图 4-2　平刨机

1—机座；2—电动机；3—刀轴轴承座；4—工作台面；5—扇形防护罩；6—导板支架；

7—导板；8—前台面调整手柄；9—刻度盘；10—工作台面；11—电钮；12—偏心轴架护罩

(2)平刨机安全防护装置

平刨机是用手推工件前进，为了防止操作中伤手，必须装有安全防护装置，确保操作安全。平刨机的安全防护装置常用的有扇形罩、双护罩、护指键等，双护罩如图 4-3 所示。

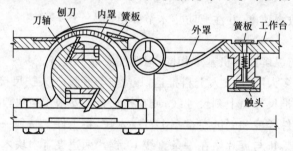

图 4-3　双护罩

(3)刨刀

刨刀有两种：一是有孔槽的厚刨刀，二是无孔槽的薄刨刀。厚刨刀用于方刀轴及带弓形盖的圆刀轴；薄刨刀用于带楔形压条的圆刀轴。常用刨刀尺寸是长度 200～600 mm，厚刨刀厚度 7～9 mm，薄刨刀厚度 3～4 mm。

刨刀变钝一般使用砂轮磨刀机修磨。刨刀的磨修要求达到刨削锋利、角度正确、刃口成直线等。刃口角度：刨软木为 35°～37°，刨硬木为 37°～40°。斜度允许误差为 0.02%。修磨时在刨刀的全长上，压力应均匀一致，不宜过重，每次行程磨去的厚度不宜超过 0.015 mm，刃口形成时适当减慢速度。磨修时要防止刨刀过热退火，无冷却装置的应用冷水浇注退热。操作人员应站在砂轮旋转方向的侧边，以防止砂轮万一破碎飞出伤人。为保证刨削木料的质量，需要精确地调整刀刃装置，使各刀刃离转动中心的距离一致。刀刃的位置，一般用平直的木条来检验，将刨刀装在刀轴上后，用木条的纵向放在后台面上伸出刨口，木条端头与刀轴的垂直中心线相交，然后转动刀轴，沿刨刀全长取两头及中间做三点检验，看其伸出量是否一致。

(4)平刨准备

1)装对刀。正确安装和固定刀片的原则是，刀片夹紧必须牢固，并紧贴刀轴的断屑棱边，刀片刃口伸出量约 1 mm，所有刀片刃口切削圆半径应相等。

对刀方法是将一硬木条或钢板尺平放在后台面上，反向转动刀轴，使刀刃刚好接触硬木条或钢板尺，在刀片长度上分左、中、右三点将刀刃调到同一切削半径上。其他刀片按上述方法调好。这时刀轴上所有刀片刃口就都处于同一切削圆柱面上。刀对好后,逐片拧紧紧螺钉。

2)台面调整。后台面作为已刨削平面的导轨,理论上应与刀刃切削圆柱的水平切面相重合,但考虑到木材切面的回弹,可使后台面略高于切削圆柱面的水平切面。

前台面应低于后台面,差距大小应视木料的具体情况随时变动,一般为 1～2 mm,粗刨时取大值,精刨时取小值。调整方法是在后台面上平放一刨光木方,以钢板尺垂直于前台面量取前后台面高低差。如果高低差不足或较大,应松开前台面锁紧装置,扳动调节手把下降或上升前台面,调合适后锁定台面即可。

3)靠山调整。靠山调整,一是要使靠山固定于台面上的合适位置,二是要将靠山平面调整到适合工件两基准面的角度。位置调整,松开靠山上水平轴的锁定螺栓,双手推拉靠山到需要的位置后拧紧锁定螺栓。靠山的角度调整,是把角尺平放在台面上,转动靠山,使其位于所需角度上,加以固定即可。以上准备工作完成后即可开机生产。

(5)平刨操作

1)操作时,人要站在工作台的左侧中间,左脚在前,右脚在后,左手按压木料,右手均匀推送(图 4-4),当右手离刨口 150 mm 时即应脱离料面,靠左手推送。

2)刨削时,要先刨大面,后刨小面。刨小面时,左手既要按压木料,又要使大面紧靠导板,右手在后稳妥推送。当木料快刨完时,要使木料平稳地推刨过去,遇到节子或戗槎处、木质较硬或纹理不顺,推送速度要放慢,思想要集中。两人操作时,应互相密切配合,上手台前送料要稳准,下手台后接料要慢拉,待木料过刨口 300 mm 后方可去接拉。木料进出要始终紧靠导板,不要偏斜。

3)刨削长 400 mm、厚 30 mm 以下的短料要用推棍推送;刨削长 400 mm、厚 30 mm 以下的薄板要用推板推送(图 4-5);长 300 mm、厚 20 mm 以下的木料,不要在平刨上刨削,以免发生伤手事故。

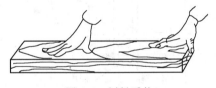

图 4-4　刨料手势

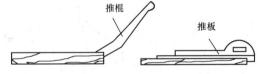

图 4-5　推棍与推板

4)在平刨床上可以同时刨削几个工件,以提高工效,但工件厚度应基本一致,以防薄工件压不住,被刨刀打回发生意外。刨薄板的小面时,为了提高工效,允许成叠进行刨削,但必须将几块板夹紧。刨削开始时,应将工件的两个基准面在角尺上检查一下,看其是否符合要求,确认无误后方可批量进行加工。

二、施工技术

1.安装柱模板

(1)弹柱位置线。按照放线位置,在柱内四边离地 50～80 mm 处事先已插入混凝土楼板的 200 mm 长 $\phi 8～\phi 25$ 的短筋上焊接支杆,从四面顶住模板以防止位移。

(2)安装柱模板。通排柱,先安装楼层平面的两边柱,经校正、固定,再拉通线校正中间各柱。模板按柱子大小,可以预拼成一面一片(一面的一边带两个角模,也可利用组合小钢模的阳模,中间接木模),或两面一片就位后先用铅丝与主筋绑扎临时固定,用 U 形卡将两侧模板连接卡紧,安装完两面再安装另外两面模板。

(3)安装柱箍。柱箍可用方钢、角钢、槽钢、钢管等制成,也可以采用钢木夹箍。柱箍应根据柱模尺寸、侧压力大小等因素在模板设计时确定柱箍尺寸间距。柱断面大时,可增加穿模螺栓。

(4)安装柱箍的拉杆或斜撑。柱模每边设两根拉杆,固定于事先预埋在楼板的钢筋环上,用经纬仪控制,用花篮螺栓调节校正模板垂直度。拉杆与地面宜为45°,预埋的钢筋环与柱距离宜为3/4柱高。

(5)将柱模板内清理干净,封闭清扫口,办理柱模预检和评定。柱筋隐验已通过才能支模。

2.安装剪力墙模板

(1)按位置线安装门窗洞口模板,下预埋件或木砖,门窗洞口模板应加定位筋固定和支撑,洞口设4～5道横撑,门窗洞口模板与墙模接合处应加垫海绵条防止漏浆。

(2)把预先拼装好的一面模板按位罩线就位,然后安装拉杆或斜撑,安装塑料套管和穿墙螺栓,穿墙螺栓规格和间距在模板设计时应明确规定。

(3)清扫墙内杂物,再安装另一侧模板,调整斜撑(拉杆)使模板垂直后,拧紧穿墙螺栓。注意模板上口应加水平楞,以保证模板上口水平向的顺直。

(4)模板安装完毕后,检查一遍扣件、螺栓是否紧固,模板拼缝及下口是否严密,办完预检手续。

(5)调整好模板顶部钢筋水平定距框的外形扁铁,达到保护层厚度。

3.安装梁模板

(1)柱子拆模后在混凝土楼板上弹出轴线,在混凝土柱上弹出水平线。在楼板上和柱子上弹出梁轴线。安装梁柱头节点模板,如图4-6所示。

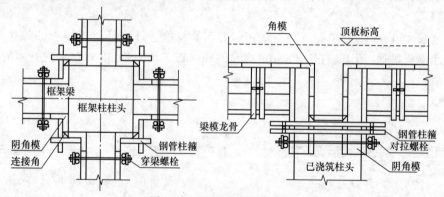

图4-6 梁柱头节点模板示意

(2)安装梁钢支柱之前(如土地面必须夯实)支柱下垫通长脚手板。一般梁支柱采用单排,当梁截面较大时可采用双排或多排,支柱的间距应由模板设计规定,一般情况下,间距以600～1 000 mm为宜,支柱上面垫100 mm×100 mm方木,支柱双向加水平拉杆,离地300 mm设一道,以后每隔1.6(1.2) m设一道。当四周无墙时,每一开间支柱加一双向剪刀撑。

(3)按设计高程调整支柱的高程,然后安装梁底板,并拉线找直,梁底板应起拱,当梁跨度大于或等于4 m时,梁底板按设计要求起拱。如无设计要求时,起拱高度当为钢支撑时宜为全跨长度的0.1%～0.15%,如图4-7所示。

(4)绑扎梁钢筋,经检查合格后办理隐检手续。

(5)清理杂物,安装侧模板,把两侧模板与梁底板固定牢固,组合小钢模用U形卡连接。

(6)用梁托架或三角架支撑固定梁侧模板。龙骨间距应由模板设计规定,一般情况下宜为750 mm,梁模板上口用定型卡子固定。当梁高超过600 mm时,加穿梁螺栓加固。注意梁侧模根部一定要楔紧,防止胀模通病。

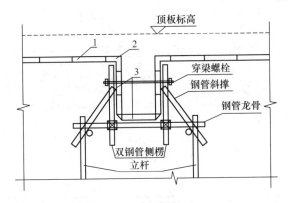

图 4-7 梁支模示意

1—楼板模板;2—阴角模板;3—梁模板

(7)安装后校正梁中线、高程、断面尺寸。将梁模板内杂物清理干净,注意梁模端头,作为清扫口不封,直到打混凝土前才封闭。检查合格后办模板预检评定。

4.安装楼板模板

(1)土地面应夯实,并垫通长脚手板,楼层地面立支柱前也应垫通长脚手板,采用多层支架支模时,支柱应垂直,上下层支柱应在同一竖向中心线上。要严格按各房间支撑图支模。

(2)从边跨一侧开始安装,先安装第一排龙骨和支柱,临时固定再安第二排龙骨和支柱,依次逐排安装。支柱与龙骨间距应根据横板设计规定,碗扣式脚手架还要符合模数要求。一般支柱间距为 800~1 200 mm,大龙骨间距为 600~1 200 mm,小龙骨间距为 400~600 mm。

(3)调节支柱高度,将大龙骨找平。大于 4 m 跨时要起拱。注意大小龙骨悬挑部分尽量缩短,以免大变形。而面板模不得有悬挑,凡有悬挑部分,板下座贴补小龙骨。

(4)铺楼板底模,楼板底模可以采用木模板和钢模板。木模板(指竹胶板或复合板)采用硬拼,保证拼缝严密,不漏浆。小钢模采用 U 形卡连接,U 形卡间距一般不大于 300 mm,模板铺贴顺序可以从一侧开始,不合模数部分可用木模板代替。顶板模板与四周墙体或柱头交接处应采取措施将单面刨光的小龙骨顶紧墙面并加垫海绵条防止漏浆。

(5)顶板模板铺完后,用水平仪测量模板高程,进行校正,并用靠尺找平。顶板施工示意如图 4-8 所示。

(6)高程校完后,支柱之间应加水平拉杆。根据支柱高度决定水平拉杆设几道,一般情况下离地面 300 mm 处设一道。

(7)将模板内杂物清理干净,办预检和评定。

5.模板拆除

模板拆除应依据工程拆模一览表要求,现场留设拆模同条件试块,含侧模、底模、外架子和上人强度;墙、柱、梁模板应优先考虑整体拆除,便于整体转移后,重复进行整体安装。

(1)柱子模板拆除。先拆掉柱斜拉杆或斜支撑,卸掉柱箍,再把连接每片柱模板的连接件拆掉,然后用撬棍轻轻撬动模板,使模板与混凝土脱离。

(2)墙模板拆除。先拆除穿墙螺栓等附件,再拆除斜拉杆或斜撑,用撬棍轻轻撬动模板,使模板离开墙体,即可把模板吊运走。

(3)楼板、梁模板拆除。

1)应先拆掉梁侧帮模,再拆除楼板模板,楼板模板拆模先拆掉水平拉杆,然后拆除支柱,每根龙骨留 1~2 根支柱暂不拆。

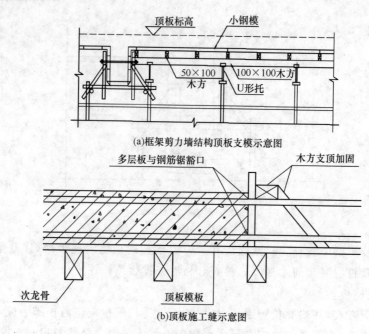

(a)框架剪力墙结构顶板支模示意图

(b)顶板施工缝示意图

图 4-8 顶板施工示意

2)操作人员站在已拆除的空隙,拆去近旁余下的支柱使其龙骨自由坠落。

3)用钩子将模板钩下,等该段的模板全部脱模后,集中运出,集中堆放。

4)楼层较高,支模采用双层排架时,先拆上层排架,使龙骨和模板落在底层排架上,上层钢模全部运出后,再拆底层排架。

5)有穿梁螺栓者先拆掉穿梁螺栓和梁托架,再拆除梁底模。

(4)侧模板(包括墙柱模板)拆除时能保证其表面及棱角不因拆除而损坏,即可拆除。楼板与梁拆模强度按本工程拆模一览表执行。

(5)拆下的模板及时清理黏结物,涂刷隔离剂,拆下的扣件及时集中收集管理。

(6)底模拆除混凝土强度一律按本工程拆模一览表规定进行拆除(预应力结构除外)。

第二节　现浇剪力墙结构大模板工程

一、施工机具

1.曲线锯

曲线锯又称反复锯,分水平和垂直曲线锯两种,如图 4-9 所示。

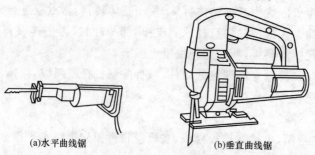

(a)水平曲线锯　　　　(b)垂直曲线锯

图 4-9 电动曲线锯

对不同的材料,应选用不同的锯条,中、粗齿锯条适用于锯割木材;中齿锯条适用于锯割有色金属板、压层板;细齿锯条适用于锯割钢板。

曲线锯可以作中心切割(如开孔)、直线切割、圆形或弧形切割。为了切割准确,要始终保持和体底面与工件成直角。

操作中不能强制推动锯条前进,不要弯折锯片,使用中不要覆盖排气孔,不要在开动中更换零件、润滑或调节速度等。操作时人体与锯条要保持一定的距离,运动部件未完全停下时不要把机体放倒。

对曲线锯要注意经常维护保养,要使用与金属铭牌上相同的电压。

2.手提电动圆锯机

手提电动圆锯机由小型电机直接带动锯片旋转,由电动机、锯片、机架、手柄及防护罩等部分组成(图 4-10)。手提电动圆锯机可用来横截和纵解木料。锯割时锯片高速旋转并部分外露,操作时必须注意安全。

开锯前先在木料上画线,并将其夹稳。双手提起锯机按动手柄上的启动按钮,对准墨线切入木材,把稳锯机沿线向前推进。操作时要戴防护眼镜,以免木屑飞出伤眼。

3.手提电动线锯机

手提电动线锯机主要用来锯较薄的木板和人造板,因其锯条较窄,既可做直线锯割,也可锯曲线。手提电动线锯机有垂直式和水平式两种。

垂直式手提电动线锯机的底板可以与锯条之间作 $45°\sim90°$ 的任意调节。锯直边时,底板与锯条垂直,锯斜边时,把底板在 45° 范围内作调整。操作时在木料上画线或安装临时导轨,底板沿临时导轨推进锯割。曲线锯割时必先画线,双手握住手把沿线慢慢推进锯割。

水平式手提线锯机无底板,刀片与电机轴平行。操作时,右手握住手柄,左手扶着机体沿线锯割。手提电动线锯机,不仅可以锯木材及人造板,还可锯软钢板、塑料板等其他材料。

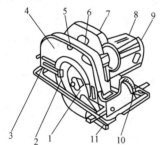

图 4-10　手提式木工电动圆锯

1—锯片;2—安全护罩;3—底架;4—上罩壳;

5—锯切深度调整装置;6—开关;7—接线盒手柄;

8—电机罩壳;9—操作手柄;10—锯切角度调整装置;11—靠山

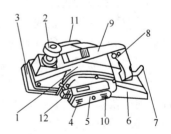

图 4-11　手提木工电刨

1—罩壳;2—调节螺母;3—前座板;4—主轴;

5—带罩壳;6—后座板;7—接线头;8—开关;

9—手柄;10—电机轴;11—木屑出口;12—炭刷

4.手提木工电刨

手提木工电刨是以高速回转的刀头来刨削木材的,它类似倒置的小型平刨床。操作时,左手握住刨体前面的圆柄,右手握住机身后的手把,向前平稳地推进刨削。往回退时应将刨身提起,以免损坏工件表面。手提电刨不仅可以刨平面,还可倒楞、裁口和刨削夹板门的侧面(图 4-11)。

5.电钻

木工常用的电钻有用于打螺钉孔的手提电钻和手电钻,以及装修时在墙上打洞的冲击钻。冲击钻和手提电钻的外形没有多大差别。冲击钻可在无冲击状态下在木材和钢板上钻孔,也可以在冲击状态下在砖墙或混凝土上打洞。由无冲击到有冲击的转换,是通过转动钻体前部的一个板销来实现的。

操作电钻时,应注意使钻头直线平稳给进,防止弹动和歪斜,以免扭断钻头。加工大孔时,可先钻一小孔,然后换钻头扩大。钻深孔时,钻削中途可将钻头拉出,排除钻屑继续向里钻进。使用冲击钻在木材或钢铁上钻孔时,不要忘记把钻调到无冲击状态。

6.电动螺丝刀

木工,特别是家具安装木工,过去拧木螺钉既费力又费时,电动螺丝刀的出现,大大减轻了木工的劳动强度。

电动螺丝刀的外形同手枪电钻相似,只是夹持部分有所不同。电动螺丝刀夹持机构内装有弹簧及离合器,不工作时弹簧将离合器顶离,电机转动而螺丝刀不转。当把螺丝刀压向木螺钉时,弹簧被压缩,离合器合上,螺丝刀转动从而拧紧木螺钉。

更换螺丝刀可以完成平口木螺钉、十字头螺钉、内六角螺钉、外六角螺钉和自攻螺钉等的拧紧工作。

7.手提磨光机

磨光机是用来磨平、抛光木制产品的电动工具。它有带式、盘式和平板式等几种。常用带式砂磨机由电动机、砂带、手柄及吸尘袋等部件组成。操作时,右手握住磨机后部的手柄,左手抓住侧面的手把,平放在木制产品的表面上顺木纹推进,转动的砂带将表面磨平,磨屑收进吸尘袋,积满后拆下倒掉。

磨光机砂磨时,一定要顺木纹方向推拉,切忌原地停留不动,以免磨出凹坑,损坏产品表面。用羊毛轮抛光时,压力要掌握适度,以免将漆膜磨透。

二、施工技术

1.外板内模结构安装大模板

(1)按照先横墙后纵墙的安装顺序,将一个流水段的正号模板用塔吊按位置吊至安装位置初步就位,用撬棍按墙位置线调整模板位置,对称调整模板的对角螺栓或斜杆螺栓。用托线板测垂直校正高程,使模板的垂直度、水平度、高程符合设计要求,立即拧紧螺栓。

(2)安装外模板,用花篮螺栓或卡具将上下端拉接固定。

(3)合模前检查钢筋,水电预埋管件、门窗洞口模板,穿墙套管是否遗漏,位置是否准确,安装是否牢固或削弱断面过多等,合反号模板前将墙内杂物清理干净。

(4)安装反号模板,经校正垂直后用穿墙螺栓将两块模板锁紧。

(5)正反模板安装完后检查角模与墙模,模板墙面间隙必须严密,防止漏浆,错台现象。检查每道墙上口是否平直,用扣件或螺栓将两块模板上口固定。办完模板工程预检验收,方准浇灌混凝土。

2.外砖内模结构安装大模板

(1)安装大模板之前,内墙钢筋必须绑扎完毕,水电预埋管件必须安装完毕。外砌内浇工程安装大模板之前,外墙砌砖及内墙钢筋和水电预埋管件等工序也必须完成。

(2)安装大模板时,必须按施工组织设计中的安排,对号入座吊装就位。靠吊垂直后,旋紧穿墙螺栓。横墙模板安装后,再安装纵墙模板。安装一间,固定一间。

(3)在安装模板时,关键要做好各个节点部位的处理。采用组合式大模板时,几个关键的节点部位模板安装处理方法有以下几点。

1)外(山)墙节点。外墙节点用活动角模,山墙节点用 85 mm×100 mm 木方解决组合柱的支模问题,如图 4-12 所示。

(a)外砖内浇结构

(b)外板内浇结构

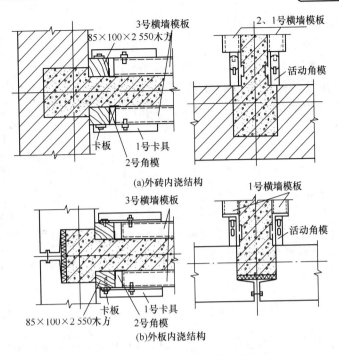

图 4-12　内外(山)墙节点模板安装

2)十字形内墙节点。用纵、横墙大模板直接连为一体,如图 4-13 所示。

3)错墙处节点。支模比较复杂,既要使穿墙螺栓顺利固定,又要使模板连接处缝隙严实,如图 4-14 所示。

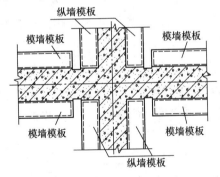

图 4-13　十字节点模板安装

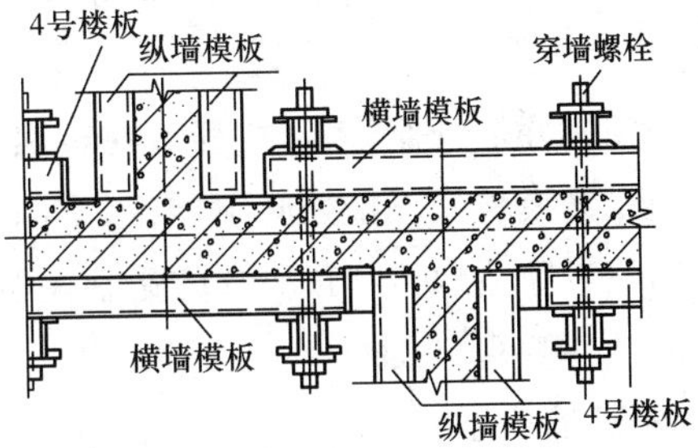

图 4-14　错墙处节点模板安装

4)流水段分段处。前一流水段在纵墙外端采用木方作堵头模板,在后一流水段纵墙支模时用木方作补模,如图 4-15 所示。

(a)前流水段

(b)后流水段

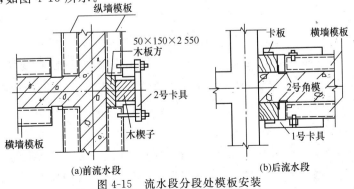

图 4-15　流水段分段处模板安装

5)拼装式大模板。在安装前要检查各个连接螺栓是否拧紧,保证模板的整体不变形。

6)模板的安装必须保证位置准确,立面垂直。安装的模板可用双十字靠尺在模板背面靠吊垂直度(图4-16)。发现不垂直时,通过支架下的地脚螺栓进行调整。模板的横向应水平一致,发现不平时,亦可通过模板下部的地脚螺栓进行调整。

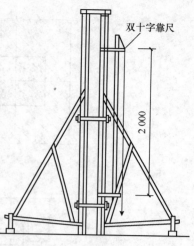

图4-16 双十字靠尺(单位:mm)

7)模板安装后接缝部位必须严密,防止漏浆。底部若有空隙,应用聚氨酯泡沫条、纸袋或木条塞严,以防漏浆。但不可将纸袋、木条塞入墙体内,以免影响墙体的断面尺寸。

8)每面墙体大模板就位后,要拉通线进行调直,然后进行连接固定。紧固对拉螺栓时要用力得当,不得使模板板面产生变形。

3.全现浇结构安装大模板

(1)施工要点

1)在下层外墙混凝土强度不低于7.5 MPa时,利用下一层外墙螺栓挂金属三角平台架。

2)安装内横墙、内纵墙模板(安装方法与外板内模结构的大模板方法相同)。

3)在内墙模板的外端头安装活动堵头模板,它可以用木板或用铁板根据墙厚制作,模板要严密,防止浇筑内墙混凝土时,混凝土从外端头部位流出。

4)先安装外墙内侧模板,按楼板的位置线将大模板就位找正,然后安装门窗洞口模板。

5)门窗洞口模板应加定位筋固定和支撑,门窗洞口模板与墙模接合处应加垫海绵条防止漏浆。

6)安装外墙外侧模板,模板放在金属三角平台架上,将模板就位找正,穿墙螺栓紧固校正注意施工缝模板的连接处必须严密,牢固可靠,防止出现错台和漏浆的现象。

7)注意穿墙螺栓与顶撑有的是在一侧模立好后先安,再立另一侧模,有的则可以两边模均立好才从一侧模穿入。

(2)外墙施工

内外墙全现浇工程的施工,其内墙部分与内浇外板工程相同;现浇外墙部分,其工艺不同,特别当采用装饰混凝土时,必须保证外墙面光洁平整,图案、花纹清晰,线条棱角整齐。

1)施工工艺

外墙墙体混凝土的集料不同,采用的施工工艺也不同。

①内外墙为同一品种混凝土时,应同时进行内外墙的施工。

②内外墙采用不同品种的混凝土时,例如外墙采用轻集料混凝土,内墙采用普通混凝土时,为防止内外墙接槎处产生裂缝,宜分别浇筑内外墙体混凝土。即先进行内墙施工,后进行外墙施工,内外墙之间保持三个流水段的施工流水步距。

2)外墙大模板的安装

①安装外墙大模板之前,必须先安装三角挂架和平台板。利用外墙上的穿墙螺栓孔,插入"L"形连接螺栓,在外墙内侧放好垫板,旋紧螺母,再将三角挂架钩挂在"L"形螺栓上,然后安

装平台板。也可将平台板与三角挂架连为一体,整拆整装。"L"形螺栓如从门窗洞口上侧穿过时,应防止碰坏新浇筑的混凝土。

②要放好模板的位置线,保证大模板就位准确。应把下层竖向装饰线条的中线,引至外侧模板下口,作为安装该层竖向衬模的基准线,以保证该层竖向线条的顺直。

在外侧大模板底面 10 cm 处的外墙上,弹出楼层的水平线,作为内外墙模板安装以及楼梯、阳台、楼板等预制构件的安装依据。防止因楼板、阳台板出现较大的竖向偏差,造成内外侧大模板难以合模,以及阳台处外墙水平装饰线条发生错台和门窗洞口错位等现象。

③当安装外侧大模板时,应先使大模板的滑动轨道(图 4-17)搁置在支撑挂架的轨枕上,要先用木楔将滑动轨道与前后轨枕固定牢,在后轨枕上放入防止模板向前倾覆的横栓,方可摘除塔式起重机的吊钩。然后松开固定地脚盘的螺栓,用撬棍拨动模板,使其沿滑动轨道滑至墙面位置,调整好高程位置后,使模板下端的横向衬模进入墙面的线槽内(图 4-18),并紧贴下层外墙面,防止漏浆。待横向及水平位置调整好以后,拧紧滑动轨道上的固定螺钉将模板固定。

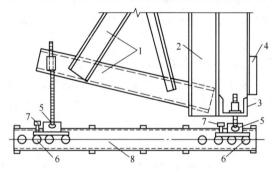

图 4-17 外墙外侧大模板与滑动轨道安装示意
1—大模板三角支撑架;2—大模板竖龙骨;3—大模板横龙骨;4—大模板下端横向腰线衬模;
5—大模板前、后地脚;6—滑动轨道辊轴;7—固定地脚盘螺栓;8—轨道

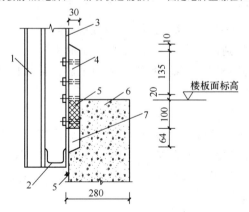

图 4-18 大模板下端横向衬模安装示意(单位:mm)
1—大模板竖龙骨;2—大模板横龙骨;3—大模板板面;4—硬塑料衬模;
5—橡胶板导向和密封衬模;6—已浇筑外墙;7—已形成的外墙横向线槽

④外侧大模板经校正固定后,以外侧模板为准,安装内侧大模板。为了防止模板位移,必须与内墙模板进行拉结固定。其拉结点应设置在穿墙螺栓位置处,使作用力通过穿墙螺栓传递到外侧大模板,防止拉结点位置不当而造成模板位移。

⑤当外墙采取后浇混凝土时,应在内墙外端留好连接钢筋,并用堵头模板将内墙端部封严。

⑥外墙大模板上的门窗洞口模板必须安装牢固、垂直方正。

⑦装饰混凝土衬模要安装牢固,在大模板安装前要认真进行检查,发现松动应及时进行修理,防止在施工中发生位移和变形,防止拆模时将衬模拔出。

镶有装饰混凝土衬模的大模板,宜选用水乳性隔离剂,不宜用油性隔离剂,以免污染墙面。

4.拆除大模板

(1)大模板拆除基本要求

1)模板拆除时保证其表面及棱角不因拆除模板而受损,拆模时应以同条件养护试块抗压强度为准。

2)拆除模板顺序与安装模板顺序相反,先拆纵墙模板后拆横墙模板,首先拆下穿墙螺栓再松开地脚螺栓使模板向后倾斜与墙体脱开。如果模板与混凝土墙面吸附或粘接不能离开时,可用撬棍撬动模板下口,不得在墙体上口撬模板,或用大铁锤砸模板。应保证拆模时不晃动混凝土墙体,尤其拆门窗洞模板时不能用大锤砸模板。

3)拆除全现浇结构模板时,应先拆外墙外侧模板,再拆除内侧模板。

4)清除模板平台上的杂物,检查模板是否有勾挂兜绊的地方,调整塔臂至被拆除模板的上方,将模板吊出。

5)大模板吊至存放地点时,必须一次放稳,保持自稳角为 $75°\sim80°$ 面对面放,中间留500 mm工作面,及时进行模板清理,涂刷隔离剂,保证不漏刷,不流淌(用橡皮刮子刮薄)每块模板后面挂牌,标明清理、涂刷人名单,模板堆放区必须有围栏,挂牌子"非工作人员禁止入内"。

6)大模板应定期进行检查和维修,大模板上后开孔应打磨平,不用者应补堵后磨平,保证使用质量。

7)为保证墙筋保护层准确,大模板顶应配合钢筋工安水平外控扁铁定距框。

8)大模板的拆除时间,以能保证其表面不因拆模而受到损坏为原则。一般情况下,当混凝土强度达到 1.0 MPa 以上时,可以拆除大模板。但在冬期施工时,应视其施工方法和混凝土强度增长情况决定拆模时间。

9)门窗洞口底模、阳台底模等拆除,必须依据同条件养护的试块强度和国家规范执行。模板拆除后混凝土强度尚未达到设计要求时,底部应加临时支撑支护。

10)拆完模板后,要注意控制施工荷载,不要集中堆放模板和材料,防止造成结构受损。

(2)大模板拆除施工要点

1)内墙大模板的拆除

①拆模基本顺序是先拆纵墙模板,后拆横墙模板和门洞模板及组合柱模板。

②每块大模板的拆模顺序是先将连接件,如花篮螺栓、上口卡子、穿墙螺栓等拆除。放入工具箱内,再松动地脚螺栓,使模板与墙面逐渐脱离。脱模困难时,可在模板底部用撬棍撬动,不得在上口撬动、晃动和用大锤砸模板。

2)角模的拆除

角模的两侧都是混凝土墙面,吸附力较大,加之施工中模板封闭不严,或者角模位移,被混凝土握裹,因此拆模比较困难。可先将模板外表的混凝土剔除,然后用撬棍从下部撬动,将角模脱出。千万不可因拆模困难用大锤砸角模,造成变形,为以后的支模、拆模造成更大困难。

3)门洞模板的拆除

①固定于大模板上的门洞模板边框,一定要当边框离开墙面后,再行吊出。

②后立口的门洞模板拆除时,要防止将门洞过梁部分的混凝土拉裂。

③角模及门洞模板拆除后,凸出部分的混凝土应及时进行剔凿。凹进部位或掉角处应用同强度等级水泥砂浆及时进行修补。

④跨度大于1 m的门洞口,拆模后要加设支撑,或延期拆模。

4)外墙大模板的拆除

①拆除顺序。拆除内侧外墙大模板的连接固定装置(如倒链、钢丝绳等)→拆除穿墙螺栓及上口卡子→拆除相邻模板之间的连接件→拆除门窗洞口模板与大模板的连接件→松开外侧大模板滑动轨道的地脚螺栓紧固件→用撬棍向外侧拨动大模板,使其平稳脱离墙面→松动大模板地脚螺栓,使模板外倾→拆除内侧大模板→拆除门窗洞口模板→清理模板、刷隔离剂→拆除平台板及三角挂架。

②拆除外墙装饰混凝土模板必须使模板先平行外移,待衬模离开墙面后,再松动地脚螺栓,将模板吊出。要注意防止衬模拉坏墙面,或衬模坠落。

③拆除门窗洞口框模时,要先拆除窗台模并加设临时支撑后,再拆除洞口角模及两侧模板。上口底模要待混凝土达到规定强度后再行拆除。

④脱模后要及时清理模板及衬模上的残渣,刷好隔离剂。隔离剂一定要涂刷均匀,衬模的阴角内不可积留有隔离剂,并防止隔离剂污染墙面。

⑤脱模后,如发现装饰图案有破损,应及时用同一品种水泥所拌制的砂浆进行修补,修补的图案造型力求与原图案一致。

5)筒形大模板的拆除

①组合式提模的拆除

拆模时先拆除内外模各个连接件,然后将大模板底部的承力小车调松,再调松可调卡具,使大模板逐渐脱离混凝土墙面。当塔式起重机吊出大模板时,将可调卡具翻转再行落地。大模板拆模后,便可提升门架和底盘平台,当提至预留洞口处,搁脚自动伸入预留洞口,然后缓缓落下电梯井筒模。预留洞位置必须准确,以减少校正提模的时间。由于预留洞口要承受提模的荷载,因此必须注意墙体混凝土的强度,一般应在1 N/mm²拆模。电梯井组合式提模施工程序如图4-19所示。

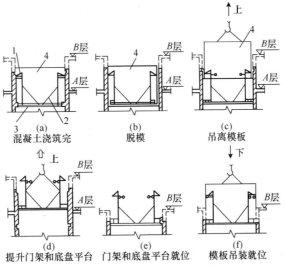

图4-19 电梯井组合式提模施工程序
1—支顶模板的可调三角架;2—门架;3—底盘平台;4—模板

②铰接式筒形大模板的拆除

应先拆除连接件,再转动脱模器,使模板脱离墙面后吊出。筒形大模板由于自重大,四周与墙体的距离较近,故在吊出吊进时,挂钩要挂牢,起吊要平稳,不准晃动,防止碰坏墙体。

第五章　钢筋工程

第一节　绑扎工程

一、施工机具

1. 钢筋钩

钢筋钩是用的最多的绑扎工具,其基本形式如图 5-1 所示。常用直径为 12～16 mm、长度为 160～200 mm 的圆钢筋加工而成,根据工程需要还可以在其尾部加上套筒或小板口等。

2. 小撬棍

主要用来调整钢筋间距,矫直钢筋的局部弯曲,垫保护层垫块等,其形式如图 5-2 所示。

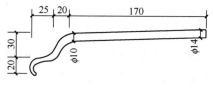

图 5-1　钢筋钩制作尺寸(单位:mm)

图 5-2　小撬棍

3. 起拱扳子

板的弯起钢筋需现场弯曲成型时,可以在弯起钢筋与分布钢筋绑扎成网片以后,再用起拱扳子将钢筋弯曲成形。起拱扳子的形状和操作方法如图 5-3 所示。

4. 绑扎架

为了确保绑扎质量,绑扎钢筋骨架必须用钢筋绑扎架,根据绑扎骨架的轻重、形状,可选用如图 5-4～图 5-6 所示的相应形式绑扎架。

其中图 5-4 所示为轻型骨架绑扎架,适用于绑扎过梁、空心板、槽形板等钢筋骨架;图 5-5 所示为重型骨架绑扎架,适用于绑扎重型钢筋骨架;图 5-6 所示为坡式骨架绑扎架,具有质量轻、用钢量省、施工方便(扎好的钢筋骨架可以沿绑扎架的斜坡下滑)等优点,适用于绑扎各种钢筋骨架。

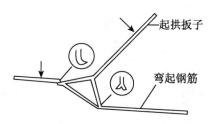

图 5-3　起拱扳子及操作

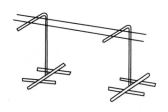

图 5-4　轻型骨架绑扎架

图 5-5　重型骨架绑扎架

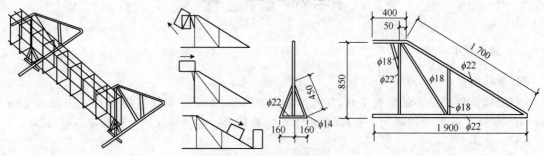

图 5-6　坡式骨架绑扎架(单位:mm)

5.钢筋冷拉机

(1)钢筋冷拉机的分类

国产钢筋冷拉机主要有卷扬机式、阻力轮式和液压式等,其各自的特点如下。

1)卷扬机式是利用卷扬机产生拉力来冷拉钢筋。由于它具有结构简单、易于制作和掌握操作技术,不受限制,便于实现单控和双控等特点,是一般钢筋加工车间应用较广的形式。

2)阻力轮式是将电动机动力减速后通过阻力轮使钢筋拉长的冷拉方式,适用于冷拉直径为 6~8 mm 的圆盘钢筋,其冷拉率为 6%~8%。

3)液压式是由液压泵的压力油通过液压缸拉伸钢筋,因而结构紧凑、工作平稳,自动化程度高,是有发展前途的冷拉机。

(2)钢筋冷拉机的构造和工作原理

1)卷扬机式钢筋冷拉机

①卷扬机式钢筋冷拉机构造,如图 5-7 所示。它主要由电动卷扬机、滑轮组、地锚、导向滑轮、夹具和测力机构等组成。主机采用慢速卷扬机,冷拉粗钢筋时选用 JM5 型;冷拉细钢筋时选用 JM3 型。为提高卷扬机牵引力,降低冷拉速度,以适应冷拉作业需要,常配装多轮滑轮组。如 JM5 型卷扬机配装六轮滑轮组后,其牵引力由 50 kN 提高到 600 kN,绳速由 9.2 m/min 降低到 0.76 m/min。

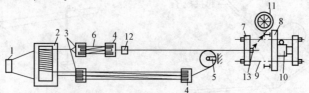

图 5-7　卷扬机式钢筋冷拉机构造示意

1—地锚;2—卷扬机;3—定滑轮组;4—动滑轮组;5—导向滑轮;
6—钢丝绳;7—活动横梁;8—固定横梁;9—传力杆;10—测力器;
11—放盘架;12—前夹具;13—后夹具

②工作原理。由于卷筒上钢丝绳是正、反向穿绕在两副动滑轮组上,因此,当卷扬机旋转时,夹持钢筋的一组动滑轮被拉向卷扬机,使钢筋被拉伸;而另一组动滑轮则被拉向导向滑轮,为下一次冷拉时交替使用。钢筋所受的拉力经传力杆、活动横梁传给测力装置,从而测出拉力的大小。拉伸长度可通过标尺测出或用行程开关来控制。

2)阻力轮式钢筋冷拉机

①阻力轮式钢筋冷拉机构造,如图 5-8 所示。由阻力轮、绞轮、变速器、调节槽和支承架等构成。

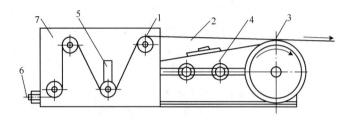

图 5-8　阻力轮式钢筋冷拉机构造示意

1—阻力轮;2—钢筋;3—绞轮;4—变速箱;5—调节槽;6—钢筋;7—支承架

②工作原理。电动机动力经变速器使绞轮以 40 m/min 的速度旋转,强力使钢筋通过 4 个不在一条直线上的阻力轮,使钢筋拉长。其中一个阻力轮的高度可调节,以便改变阻力大小,控制冷拉率。

3)液压式钢筋冷拉机

①液压式钢筋冷拉机构造,如图 5-9 所示。其结构和预应力液压拉伸机相同,只是其活塞行程较大,一般大于 600 mm。

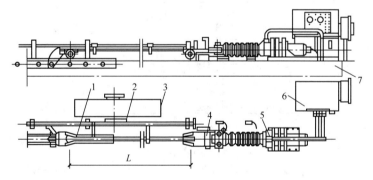

图 5-9　液压式钢筋冷拉机构造示意

1—尾端挂钩夹具;2—翻料架;3—装料小车;4—前端夹具;
5—液压张拉缸;6—泵阀控带器;7—混凝土基座;L—活塞行程

②工作原理。它由两台电动机分别带动高、低压力油泵,输出高、低压力油经由油管、液压控制阀,进入液压张拉缸,完成张拉钢筋和回程动作。

4)测力装置

测力装置用于双控中对冷拉应力的测定,以保证钢筋的冷拉质量,常用的有千斤顶式测力计和弹簧式测力计等。

①千斤顶测力计。千斤顶测力计安装在冷拉作业线的末端,如图 5-10 所示。钢筋冷拉力通过活动横梁给千斤顶活塞一个作用力,活塞把力均布地传给密闭油缸内的液压

油,液压油将每平方厘米上受到的力反应到压力表上,这就是冷拉力在压力表上的读数。其计算公式为:

$$拉力 = 压力表读数 \times 活塞底面积 \tag{5-1}$$

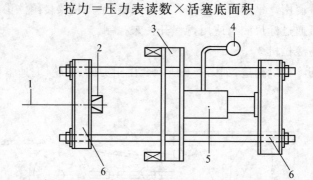

图 5-10 千斤顶测力计安装示意

1—钢筋;2—夹具;3—固定横梁;4—压力表;5—千斤顶;6—活动横梁

实际使用中,应将千斤顶测力计和压力表进行校验,换算出压力表读数和拉力的对照表。

②弹簧测力器。它是以弹簧的压缩量来换算钢筋的冷拉力,并通过测力计表盘来放大测力的数值,也可以利用弹簧的压缩行程来安装钢筋冷拉自动控制装置,其构造如图5-11 所示。

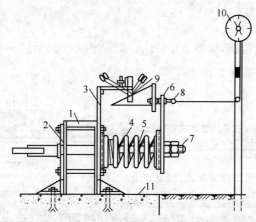

图 5-11 弹簧测力器构造

1—工字钢机架;2—铁板;3—弹簧挡板;4—大压缩弹簧;5—小压缩弹簧;
6—弹簧后挡板;7—弹簧拉杆;8—活动螺钉;9—自动控制水银开关;
10—弹簧压缩指针表;11—混凝土基础

弹簧测力计的拉力和压缩量的关系,要预先反复测定后,列出对照表,并定期校核。

(3)钢筋冷拉机的使用要点

1)进行钢筋冷拉作业前,应先检查冷拉设备的能力和钢筋的力学性能是否相适应,防止超载。

2)对于冷拉设备、机具及电器装置等,在每班作业前要认真检查,并对各润滑部位加注润滑油。

3)成束钢筋冷拉时,各根钢筋的下料长度应一致,其互差不可超过钢筋长度的 0.1%,并不可大于 20 mm。

4)冷拉钢筋时,如焊接接头被拉断,可重焊再拉,但重焊部位不可超过两次。

5)低于室温冷拉钢筋时可适当提高冷拉力。用伸长率控制的装置,必须装有明显的限位装置。

6)检查冷拉钢筋外观时,其表面不应发生裂纹和局部缩颈;不得有沟痕、鳞落、砂孔、断裂和氧化脱皮等现象。

7)冷拉钢筋冷弯试验后,弯曲的外面及侧面不得有裂缝或起层。

8)定期对测力计各项冷拉数据进行校核。

9)作业后应对全机进行清洁、润滑等维护作业。

10)液压式冷拉机还应注意液压油的清洁,按期换油,夏季用 HC-11 号液压油,冬季用HC-8号液压油。

6.钢筋冷拔机

(1)钢筋冷拔机的分类

钢筋冷拔机又称拔丝机,按其构造型式分为立式和卧式两种。立式按其作业性能可分为单次式(1/750 型)、直线式(4/650 型)、滑轮式(4/550 型、D5C 型)等;卧式构造简单,多用于施工现场拔钢丝,按其结构可分为单卷筒式和双卷筒式两种,后者效率较高。

(2)钢筋冷拔机构造和工作原理

1)立式钢筋冷拔机

①立式钢筋冷拔机构造。图 5-12 为立式单筒冷拔机的构造,它是由电动机、支架、拔丝模、卷筒、阻力轮、盘料架等组成。

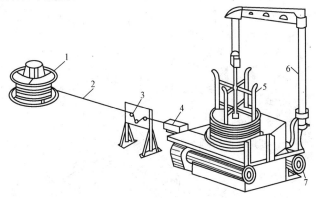

图 5-12 立式单筒冷拔机构造示意

1—盘料架;2—钢筋;3—阻力轮;4—拔丝模;5—卷筒;6—支架;7—电动机

②工作原理。电动机动力通过涡轮、涡杆减速后,驱动立轴旋转,使安装在立轴上的拔丝筒一起转动,卷绕着强行通过拔丝模的钢筋,完成冷拔工序。当卷筒上面缠绕的冷拔钢筋达到一定数量后,可用冷拔机上的辅助吊具将成卷钢筋卸下,再使卷筒继续进行冷拔作业。

③拔丝模。它是冷拔机的重要部件,其构造及规格直接影响钢筋冷拔的质量。拔丝模一般用白口铁和硬质合金组装而成。按其拔丝过程的作用不同,可将其划分四个工作区域,如图5-13 所示。

a.进口区。呈喇叭口形,便于被拉钢筋引入。

b.挤压区。它是拔丝模的工作区域,被拔的粗钢筋拉过此区域时,被强力拉拔和挤压而变细。挤压区的角度为 $14°\sim18°$;拔制的 $\phi 4$ 钢筋为 $14°$;$\phi 5$ 的钢筋为 $16°$;大于 $\phi 5$ 的钢筋为 $18°$。

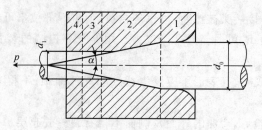

图 5-13 拔丝模构造示意

1—进口区；2—挤压区；3—定径区；4—出口区

α—挤压区角度；d_0—挤压前钢筋直径；d_1—挤压后钢筋直径；p—钢筋拔制方

c.定径区。又称圆柱形挤压区,它使钢筋保持一定的截面,其轴向长度约为所拔钢丝直径的一半。

d.出口区。拔制成一定直径的钢丝从此区域引出,卷绕在卷筒上。

拔丝模的选用是根据被拉钢筋的直径和其可塑性而定。拔丝模的主要尺寸是其内径和模孔角度的大小,钢筋可塑性大的可多缩些(0.5~1 mm);可塑性小的可少缩些(0.2~0.5 mm),否则钢筋易被拉断。为减少钢筋和模孔的摩擦,防止金属粘附在模孔上,保证钢筋冷拔丝表面质量,降低钢筋冷拔时产生的摩擦热量,延长拔丝模寿命,必须加入适量的润滑剂进行润滑。

2)卧式钢筋冷拔机

①卧式钢筋冷拔机构造。卧式钢筋冷拔机的卷筒是水平设置,有单筒、双筒之分,常用的为双筒,其构造如图5-14所示。

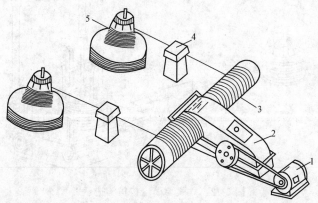

图 5-14 卧式双筒冷拔机构造示意

1—电动机；2—减速器；3—卷筒；4—拔丝模盒；5—承料架

②工作原理。电动机经减速器减速后驱动左右卷筒以 20 r/min 的转速旋转,卷筒的缠绕强力使钢筋通过拔丝模完成拉拔工序,并将冷拔塑细后的钢筋缠绕在卷筒上,达到一定数量后卸下,使卷筒继续冷拔作业。

(3)钢筋冷拔机使用要点

1)安装

①各卷筒底座下和地面的间隙应大于等于 75 mm,作为两次灌浆的填充层。底座下的垫铁每组不多于三块。在各底座初步校准就位后,将各组垫铁点焊连接,垫铁的平面积应大于等于于 100 mm×100 mm。电动机底座下和地基的间隙应大于等于 50 mm,作为两次灌浆填充层。

②冷拔机安装高程、中心线及水平调整后,经检查合格,应在 48 h 内进行两次灌浆,以保证安装精度不发生变化。

③各卷筒的横向误差不应大于 1 mm。

④所有地脚螺栓必须均匀旋紧。

⑤冷拔机的电气设备接地装置应安全可靠,电动机动力线的敷设不可走明线。

2)试运转

①试运转开始前,先启动润滑油泵,观察并调节各润滑点不出现缺油现象,系统中无漏油,回油管路必须畅通。

②启动通风机,观察风道是否畅通,风量是否合适。

③调节冷却水量,观察经卷筒及拔丝模盒的冷却水是否畅通。

④试运转中如有运转不平稳和温度过高等现象,必须检查排除故障后,方可再次启动。

3)使用、操作要点

①冷拔机应有两人操作,密切配合。使用前,要检查机械各传动部分、电气系统、模具、卡具及保护装置等,确认正常后,方可作业。

②开机前,应检查拔丝模的规格是否符合规定,在拔丝模盒中加入适量的润滑剂,并在作业中视情况随时添加,在钢筋头通过拔丝模以前也应抹少量润滑剂。

③冷拔钢筋时,每道工序的冷拔直径应按机械出厂说明书规定进行,不可超量缩减模具孔径。无资料时,可每次缩减孔径 0.5～1 mm。

④轧头时,应先使钢筋的一端穿过模具长度达 100～150 mm,再用夹具夹牢。

⑤作业时,操作人员不可用手直接接触钢筋和滚筒。当钢筋的末端通过拔丝模后,应立即脱开离合器,同时用手闸挡住钢筋末端,注意防止弹出伤人。

⑥拔丝过程中,当出现断丝或钢筋打结乱盘时应立即停机;待处理完毕后,方可开机。

⑦冷拔机运转时,严禁任何人在沿钢筋拉拔方向站立或停留。冷拔卷筒用链条挂料时,操作人员必须离开链条甩动区域。不可在运转中清理或检查机械。

⑧对钢号不明或无出厂合格证的钢筋,应在冷拔前取样检验。遇到扁圆的、带刺的、太硬的钢筋,不要勉强拔制,以免损坏拔丝模。

7. 钢筋冷轧扭机

(1)冷轧扭钢筋生产工艺

冷轧扭钢筋主要加工工艺是集冷拉、冷轧、冷扭三种冷加工于一体,其工艺流程如下:

原料→冷拉调直→冷却润滑→冷轧→冷扭→定尺切断→成品

冷轧扭加工不仅大幅度提高钢筋强度,而且使钢筋具有连续不断的螺旋曲面,在钢筋混凝土中能产生较强的机械绞合力和法向应力,提高钢筋和混凝土的黏结力,提高构件的强度和刚度,从而达到节约钢材和水泥的目的。

(2)钢筋冷轧扭机的构造及工作原理

1)冷轧扭机的构造

冷轧扭机是用于冷轧扭钢筋的专用设备,它是由放盘架、调直机构、冷轧机构、冷却润滑装置、定尺切断机构、下料架以及电动机、变速器等组成,如图 5-15 所示。

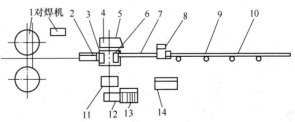

图 5-15　钢筋冷轧扭机构造

1—放盘架;2—调直机构;3、7—导向架;4—冷轧机构;
5—冷却、润滑装置;6—冷扭机构;8—定尺切断机构;9—下料架;
10—定位开关;11、12—变速器;13—电动机;14—操作控制台冷轧机构是由机架、轧辊、螺母、轴向压板、调整螺钉等组成,如图 5-16 所示。扭转头的作用是把轧扁的钢筋扭成连续的螺旋状钢筋。它是由支承架、扭转盘、压盏、扭转辊、中心套、支承嘴等组成,其构造如图 5-17 所示。

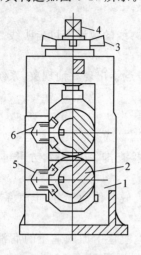

图 5-16　冷轧机构示意
1—机架;2—轧辊;3—螺母;
4—压下螺丝;5—轴向压板;6—调整螺栓

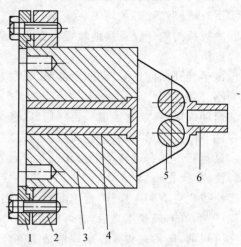

图 5-17　冷轧机构扭转头示意
1—压盏;2—支承架;3—扭转盘;
4—中心套;5—扭转辊;6—支承嘴

2)冷轧扭机的工作原理

冷轧钢筋的外形及加工原理如图 5-18 所示。在轧扁过程中,钢筋的塑性变形主要在 AC 段形成。在 A 位置钢筋开始产生变形,在 B 位置钢筋线速度和轧辊速度相等,在 C 位置完成轧扁动作,钢筋的塑性变形结束,并开始和轧辊脱离接触。由于轧辊的挤压作用,钢筋在轴向产生伸长变形。轧扁的钢筋在轧辊的推动下,进入两扭转辊之间。此时应停机人工将扭转辊旋转一定角度后固定,再次开机使扁钢筋继续前进。此时扭转辊将对扁钢筋产生一定的阻力,由于每个扭转辊只和扁钢筋的一个侧边形成点接触,因此在接触点上便分解出一对使钢筋产生扭转的力偶,使钢筋产生扭转的塑性变形。扁钢筋在轧辊推动下通过扭转辊扭转后继续旋转前进,形成具有连续螺旋曲面的冷轧扭钢筋。只要调整扭转辊的角度,就可以改变冷扎扭钢筋的螺距。螺距越小,钢筋和混凝土的握裹力越大,但螺距过小,会使钢筋不易通过扭转辊缝而产生堆钢停机事故。

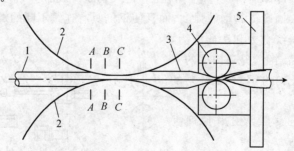

图 5-18　冷轧扭钢筋加工原理示意
1—圆钢筋;2—轧辊;3—冷轧扭钢筋;4—扭转辊;5—扭转盘

（3）钢筋冷轧扭机的使用要点

1）使用前要检查冷轧扭生产线所有设备的联动情况，并充分润滑各运动件，经空载试运转确认正常后，方可投入使用。

2）在控制台上的操作人员必须精神集中，发现钢筋出现乱盘或打结时，要立即停机，待处理完毕后，方可开机。

3）在轧扭过程中如有失稳堆钢现象发生，应立即停机，以免损坏轧辊。

4）运转过程中任何人不得靠近旋转部件。机器周围不可乱堆异物，以防意外。

5）作业后，应堆放好成品，清理场地，清除各部杂物，切断电源。

6）定期检查变速器油量，不足时添加，油质不良时更换。

8.钢筋切断机

钢筋切断机是把钢筋原材或已校直的钢筋按配料计算的长度要求进行切断的专用设备，广泛应用于施工现场和构件预制厂剪切 6～40 mm 的钢筋。更换相应刀片，还可作为各种型钢的下料机。

（1）钢筋切断机的分类

1）按结构型式可分为手持式、立式、卧式、颚剪式等四种，其中以卧式为基本型，使用最普遍。

2）按工作原理可分为凸轮式和曲柄式两种。

3）按传动方式可分为机械式和液压式两种。

（2）钢筋切断机的构造和工作原理

1）卧式钢筋切断机

卧式钢筋切断机属于机械传动，因其结构简单，使用方便，得到广泛采用。

①卧式钢筋切断机构造，如图 5-19 所示，主要由电动机、传动系统、减速机构、曲轴机构、机体及切断刀等组成。适用于切断直径 6～40 mm 普通碳素钢筋。

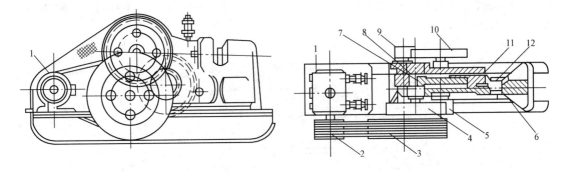

图 5-19　卧式钢筋切断机构造

1—电动机；2、3—V 带；4、5、9、10—减速齿化；
6—固定刀片；7—连杆；8—曲柄轴；11—滑块；12—活动刀片

②工作原理。如图 5-20 所示，它由电动机驱动，通过 V 带轮、圆柱齿轮减速带动偏心轴旋转。在偏心轴上装有连杆，连杆带动滑块和动刀片在机座的滑道中作往复运动，并和固定在机座上的定刀片相配合切断钢筋。切断机的刀片选用碳素工具钢并经热处理制成，一般前角度为 3°，后角度为 12°一般定刀片和动刀片之间的间隙为 0.5～1 mm。在刀口两侧机座上装有两个挡料架，以减少钢筋的摆动现象。

2)立式钢筋切断机

①立式钢筋切断机构造。立式钢筋切断机都用于构件预制厂的钢筋加工生产线上固定使用,其构造如图 5-21 所示。

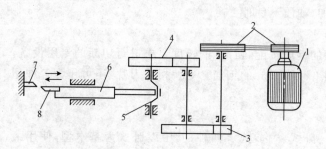

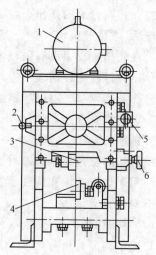

图 5-20　卧式钢筋切断机传动系统

1—电动机;2—带轮;3、4—减速齿轮;5—偏心轴;6—连杆;
7—固定刀片;8—活动刀片

图 5-21　立式钢筋切断机构造

1—电动机;2—离合器操纵杆;3—动刀片;
4—固定刀片;5—电气开关;6—压料机构

②工作原理。由电动机动力通过一对带轮驱动飞轮轴,再经三级齿轮减速后,通过滑键离合器驱动偏心轴,实现动刀片往返运动和动刀片配合切断钢筋。离合器是由手柄控制其结合和脱离,操纵动刀片的上下运动。压料装置是通过手轮旋转,带动一对具有内梯形螺纹的斜齿轮使螺杆上下移动,压紧不同直径的钢筋。

3)电动液压式钢筋切断机

①电动液压式钢筋切断机构造。如图 5-22 所示,它主要由电动机、液压传动系统、操纵装置、定动刀片等组成。

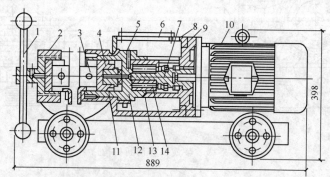

图 5-22　液压钢筋切断机构造(单位:mm)

1—手柄;2—支座;3—主刀片;4—活塞;
5—放油阀;6—观察玻璃;7—偏心轴;8—油箱;9—连接架;
10—电动机;11—皮碗;12—液压缸体;13—液压泵缸;14—柱塞

②工作原理。如图 5-23 所示,电动机带动偏心轴旋转,偏心轴的偏心面推动和它接触的柱塞作往返运动,使柱塞泵产生高压油压入液压缸体内,推动液压缸内的活塞,驱使动刀片前进和固定在支座上的定刀片相错而切断钢筋。

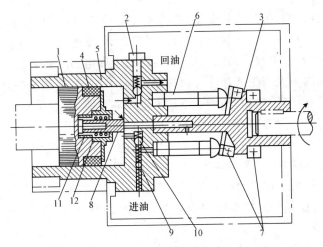

图 5-23　液压钢筋切断机工作原理

1—活塞;2—放油阀;3—偏心轴;4—皮碗;5—液压缸体;6—柱塞;

7—推力轴承;8—主阀;9—吸油球阀;10—进油球阀;

11—小回位弹簧;12—大回位弹簧

4)手动液压钢筋切断机

手动液压钢筋切断机体积小,使用轻便,但工作压力较小,只能切断直径 16 mm 以下的钢筋。

①手动液压钢筋切断机构造。如图 5-24 所示,液压系统由活塞、柱塞、液压缸、压杆、拔销、复位弹簧、贮油筒及放、吸油阀等元件组成。

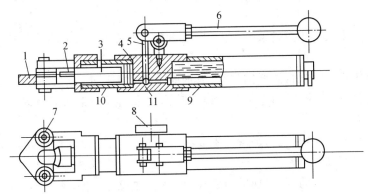

图 5-24　手动液压钢筋切断机构造

1—滑轨;2—刀片;3—活塞;4—缸体;5—柱塞;6—压杆;

7—拔销;8—放油阀;9—贮油筒;10—回位弹簧;11—吸油阀

②工作原理。先将放油阀按顺时针方向旋紧,撬动压杆,柱塞即提升,吸油阀被打开,液压油进入油室;提起压杆、液压油被压缩进入缸体内腔,从而推动活塞前进,安装在活塞前端的动切刀即可断料;断料后立即按逆时针方向旋开放油阀,在复位弹簧的作用下,压力油又流回油室,切刀便自动缩回缸内。如此周而复始,进行切筋。

(3)钢筋切断机的使用

1)使用前的准备工作

①钢筋切断机应选择坚实的地面安置平稳,机身铁轮用三角木楔好,接送料工作台面应和切刀的刀刃下部保持水平,工作台的长度可根据加工材料的长度决定,四周应有足够搬运钢筋的场地。

②使用前必须清除刀口处的铁锈及杂物,检查刀片应无裂纹,刀架螺栓应紧固,防护罩应完好,接地要牢固,然后用手扳动带轮,检查齿轮啮合间隙,调整好刀刃间隙,定刀片和动刀片的水平间隙以 0.5～1 mm 为宜。间隙的调整,通过增减固定刀片后面的垫块来实现。

③按规定向各润滑点及齿轮面加注和涂抹润滑油。液压式的还要补充液压油。

④启动后先空载试运转,整机运行应无卡滞和异常声响,离合器应接触平稳,分离彻底。若是液压式的,还应先排除油缸内空气,待各部确认正常后,方可作业。

2)操作使用要点

①新投入使用的切断机,应先切直径较细的钢筋,以利于设备磨合。

②被切钢筋应先调直。切料时必须使用刀刃的中下部位,并应在动刀片后退时,紧握钢筋对准刀口迅速送入,以防钢筋末端摆动或蹦出伤人。严禁在动刀片已开始向前推进时向刀口送料,否则易发生事故。

③严禁切断超出切断机规定范围的钢筋和材料。一次切断多根钢筋时,其总截面积应在规定范围以内。禁止切断中碳钢钢筋和烧红的钢筋。切断低合金钢等特种钢筋时,应更换相应的高硬度刀片。

④断料时,必须将被切钢筋握紧,以防钢筋末端摆动或弹出伤人。在切短料时,靠近刀片的手和刀片之间的距离应保持 150 mm 以上,如手握一端的长度小于 400 mm 时,应用套管或夹具将钢筋短头压住或夹牢,以防弹出伤人。

⑤在机械运转时,严禁用手去摸刀片或用手直接去清理刀片上的铁屑,也不可用嘴吹。钢筋摆动周围和刀片附近,非操作人员不可停留。切断长料时,也要注意钢筋摆动方向,防止伤人。

⑥运转中如发现机械不正常或有异响,以及出现刀片歪斜、间隙不合等现象时,应立即停机检修或调整。

⑦工作中操作者不可擅自离开岗位,取放钢筋时既要注意自己,又要注意周围的人。已切断的钢筋要堆放整齐,防止个别切口突出,误踢割伤。作业后用钢丝刷清除刀口处的杂物,并进行整机擦拭清洁。

⑧液压式切断机每切断一次,必须用手扳动钢筋,给动刀片以回程压力,才能继续正作。

9.钢筋调直切断机

钢筋混凝土使用的钢筋,不论规格和型式,都要经过调直工序,否则会影响构件的受力性能及切断钢筋长度的准确性。钢筋调直切断机能自动调直和定尺切断钢筋,并能清除钢筋表面的氧化皮和污迹,是常用的钢筋成形机械。

(1)钢筋调直切断机分类

1)按传动方式可分为机械式、液压式和数控式三类,国产调直切断机仍以机械式的较多。

2)按调直原理可分为孔模式、斜辊式(双曲线式)二类,以孔模式的居多。

3)按切断原理可分为锤击式、轮剪式二类。

(2)钢筋调直切断机的构造及工作原理

现以机械式 GT4/8 型、数控式 GTS3/8 型、斜辊式 GT6/12 型为例,简述其结构及工作原理。

1)GT4/8 型钢筋调直切断机

①GT4/8 型钢筋调直切断机构造。GT4/8 型调直切断机主要由放盘架、调直筒、传动箱、切断机构、承受架及机座等组成,如图 5-25 所示。

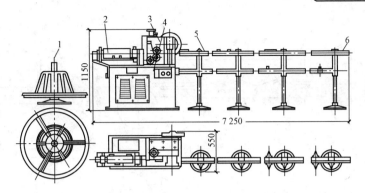

图 5-25 GT4/8 型钢筋调直切断机构造(单位:mm)

1—放盘架;2—调直筒;3—传动箱;4—机座;5—承受架;6—定尺板

②工作原理。如图 5-26 所示,电动机经 V 带轮驱动调直筒旋转,实现调直钢筋动作。另通过同一电动机上的另一胶带轮传动一对锥齿轮转动偏心轴,再经过两级齿轮减速后带动上辊和下压辊相对旋转,从而实现调直和曳引运动。偏心轴通过双滑块机构,带动锤头上下运动,当上切刀进入锤头下面时即受到锤头敲击,实现切断作业。上切刀依赖拉杆重力作用完成回程。

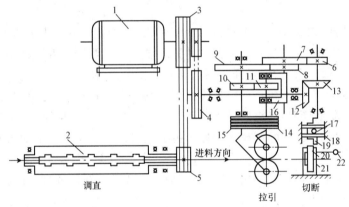

图 5-26 GT4/8 型钢筋调直切断机传动示意

1—电动机;2—调直筒;3、4、5—胶带轮;
6～11—齿轮;12、13—锥齿轮;14、15—上下压辊;16—框架;
17、18—双滑块;19—锤头;20—上切刀;21—方刀台;22—拉杆

在工作时,方刀台和承受架上的拉杆相连,拉杆上装有定尺板,当钢筋端部顶到定尺板时,即将方刀台拉到锤头下面,切断钢筋。定尺板在承受的位置,可按切断钢筋所需长度调整。

2)GTS3/8 型数控钢筋调直切断机

数控钢筋调直切断机的特点是利用光电脉冲及数字计数原理,在调直机上架装有光电测长、根数控制、光电置零等装置,从而能自动控制切断长度和切断根数以及自动停止运转。其工作原理,如图 5-27 所示。

①光电测长装置:如图 5-27 所示,由被动轮、摩擦轮、充电盘及光电管等组成。摩擦轮周长为 100 mm,光电盘等分 100 个小孔。当钢筋由牵引轮通过摩擦轮时,带动光电盘旋转并截取光束。光束通过充电盘小孔时被光电管接,收而产生脉冲信号,即钢筋长 1 mm 的转换信号。通过摩擦轮的钢筋长度应和摩擦轮周长成正比,并和光电管产生的脉冲信号次数相等。

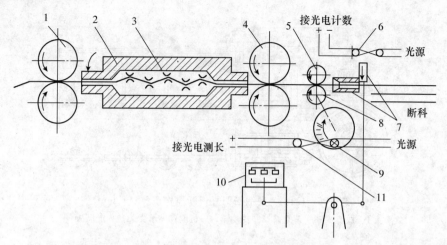

图 5-27 数控调直切断机工作原理示意

1—进料压辊；2—调直筒；3—调直块；4—牵引轮；5—从动轮；6—摩擦轮；7—光电盘；
8、9—光电管；10—电磁铁；11—切断刀片

由光电管产生的脉冲信号在长度十进位计数器中计数并显示出来。因此，只要按钢筋切断长度拨动长度开关，长度计数器即触发长度指令电路，使强电控制器驱动电磁铁拉动联杆，将钢筋切断。

②根数控制装置：在长度指令电路接收到切断钢筋脉冲信号的同时，发出根数脉冲信号，触发根数信号放大电路，并在根数计数器中计数和显示。只要按所需根数拨动根数开关，数满后，计数器即触发根数指令电路，经强电控制器使机械停止运转。

③光电置零装置：在切断机构的刀架中装有光电置零装置，其通光和截止原理与光电盘相同。当刀片向下切断钢筋时，光电管被光照射，触发光电置零装置电路，置长度计数器于零位，不使光电盘在切断钢筋的瞬间，因机械惯性产生的信号进入长度计数器而影响后面一根钢筋的长度。

此外，当设备发生故障或材料用完时，能自动发出故障电路信号，使机械停止运转。

（3）钢筋调直切断机的使用

1）使用前的准备工作

①调直切断机应安装在坚实的混凝土基础上，室外作业时应设置机棚，机棚的旁边应有足够的堆放原料、半成品的场地。

②承受架料槽应安装平直，其中心应对准导向筒、调直筒和下切刀孔的中心线。钢筋转盘架应安装在离调直机 5～8 m 处。

③按所调直钢筋的直径，选用适当的调直模，调直模的孔径应比钢筋直径大 2～5 mm。首尾两个调直模须放在调直筒的中心线上，中间三个可偏离中心线。一般先使钢筋有 3 mm 的偏移量，经过试调直后如发现钢筋仍有慢弯现象，则可逐步调整偏移量直至调直为止。

④根据钢筋直径选择适当的牵引辊槽宽，一般要求在钢筋夹紧后上下辊之间有 3 mm 左右的间隙。引辊夹紧程度应保证钢筋能顺利地被拉引前进，不会有明显转动，但在切断的瞬间，允许钢筋和牵引辊之间有滑动现象。

⑤根据活动切刀的位置调整固定切刀，上下切刀的刀刃间隙应小于等于 1 mm，侧向间隙应小于等于 0.1～0.15 mm。

⑥新安装的调直机要先检查电气系统和零件有无损坏，各部连接及连接件牢固可靠，各转

动部分运转灵活,传动和控制系统性能符合要求,方可进行试运转。

⑦空载运转 2 h,然后检查轴承温度(重点检查调直筒轴承),查看锤头、切刀或切断齿轮等工作是否正常,确认无异常状况后,方可送料并试验调直和切断能力。

2)操作要点

①作业前先用手扳动飞轮,检查传动机构和工作装置,调整间隙,紧固螺栓,确认无误后启动空运转,检查轴承应无异响,齿轮啮合应良好,待运转正常后方可作业。

②在调直模未固定、防护罩未盖好前不可穿入钢筋,以防开始后调直模甩出伤人。

③送料前应将不直的料头切去,在导向筒前部应安装一根 1 m 左右的钢管,钢筋必须先穿过钢管再穿入导向筒和调直筒,以防每盘钢筋接近调直完毕时甩出伤人。

④在钢筋上盘、穿丝和引头切断时应停机进行。当钢筋穿入后,手和牵引辊必须保持一定距离,以防手指卷入。

⑤开始切断几根钢筋后,应停机检查其长度是否合适。如有偏差,可调整限位开关或定尺板。

⑥作业时整机应运转平稳,各部轴承温升正常,滑动轴承最高不应超过 80℃,滚动轴承不应超过 70℃。

⑦机械运转中,严禁打开各部防护罩及调整间隙,如发现有异常情况,应立即停机检查,不可勉强使用。

⑧停机后,应松开调直筒的调直模回到原来位置,同时预压弹簧也必须回位。

⑨作业后,应将已调直切断的钢筋按规格、根数分成小捆堆放整齐,并清理现场,切断电源。

3)调直切断后的钢筋质量要求

①切断后的钢筋长度应一致,直径小于 10 mm 的钢筋误差不超过 ±1 mm;直径大于 10 mm的钢筋误差不超过 ±2 mm。

②调直后的钢筋表面不应有明显的擦伤,其伤痕不应使钢筋截面积减少 5% 以上。切断后的钢筋断口处应平直无撕裂现象。

③如采用卷扬机拉直钢筋时,必须注意冷拉率,对 HPB235 钢筋不宜大于 4%;HRB335～HRB400 级钢筋及 Q275 钢筋不宜大于 1%。

④数控钢筋调直切断机的最大切断量为 4 000 根/h 时,切断长度误差应小于 2 mm。

10. 钢筋弯曲机

钢筋弯曲机是利用工作盘的旋转,将已切断好的钢筋,按配筋图要求进行弯曲、弯钩、串箍、全箍等所需的形状和尺寸的专用设备,以满足钢筋混凝土结构中对各种钢筋形状的要求。

(1)钢筋弯曲机的分类

1)按传动方式可分为机械式、液压式和数控式三种,其中以机械式使用最广泛。

2)按工作原理可分为涡轮涡杆式和齿轮式两种。

3)按结构型式可分为台式和手持式两种,台式工作效率高而得到广泛应用。

在钢筋弯曲机的基础上改进而派生出钢筋弯箍机、螺旋绕制机及钢筋切断弯曲组合机等。

(2)钢筋弯曲机的构造和工作原理

1)涡轮涡杆式钢筋弯曲机

①涡轮涡杆式钢筋弯曲机构造。如图 5-28 所示,主要由机架、电动机、传动系统、工作机构(工作盘、插入座、夹持器、转轴等)及控制系统等组成。机架下装有行走轮,便于移动。

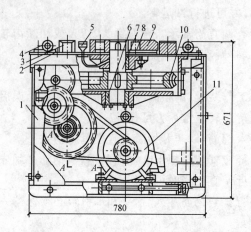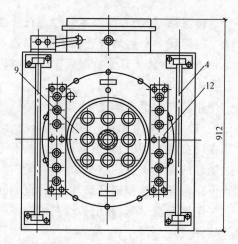

图 5-28　涡轮涡杆式钢筋弯曲机构造示意(单位:mm)

1—机架;2—工作台;3—插座;4—滚轴;5—油杯;6—涡轮箱;7—工作主轴;
8—立轴承;9—工作盘;10—涡轮;11—电动机;12—孔眼条板

②工作原理。电动机动力经 V 带轮、两对直齿轮及涡轮涡杆减速后,带动工作盘旋转。工作盘上一般有 9 个轴孔,中心孔用来插中心轴,周围的 8 个孔用来插成形轴和轴套。在工作盘外的两侧还有插入座,各有 6 个孔,用来插入挡铁轴。为了便于移动钢筋,各工作台的两边还设有送料辊。工作时,根据钢筋弯曲形状,将钢筋平放在工作盘中心轴和相应的成形轴之间,挡铁轴的内侧。当工作盘转动时,钢筋一端被挡铁轴阻止不能转动,中心轴位置不变,而成形轴则绕中心轴作圆弧转动,将钢筋推弯,钢筋弯曲过程如图 5-29 所示。

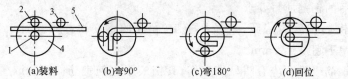

图 5-29　钢筋弯曲过程示意

1—中心轴;2—成形轴;3—挡铁轴;4—工作盘;5—钢筋

当作 180°弯钩时,钢筋的圆弧弯曲直径应大于等于钢筋直径的 25 倍。因此,中心轴也相应地制成 16~100 mm 共 9 种不同规格,以适应弯曲不同直径钢筋的需要。

2)齿轮式钢筋弯曲机

①齿轮式钢筋弯曲机构造。如图 5-30 所示,主要由机架、电动机、齿轮减速器、工作机构及电气控制系统等组成。它改变了传统的涡轮涡杆传动,并增加了角度自动控制机构及制动装置。

②工作原理。传动系统如图 5-31 所示,由一台带制动的电动机为动力,带动工作盘旋转。工作机构中左、右两个插入座可通过手轮无级调节,并和不同直径的成形辊及装料装置配合,能适应各种不同规格的钢筋弯曲成形。角度的控制是由角度预选机构和几个长短不一的限位销相互配合而实现的。当钢筋被弯曲到预选角度,限位销触及行程开关,使电动机停机并反转,恢复到原位,完成钢筋弯曲工序。此外,电气控制系统还具有点动、自动状态、双向控制、瞬时制动、事故急停及系统短路保护、电动机过热保护等特点。

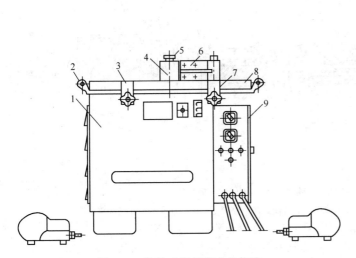 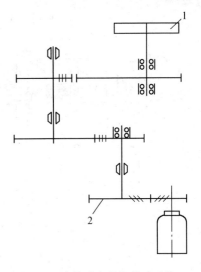

图 5-30 齿轮式钢筋弯曲机构造

1—机架；2—滚轴；3、7—紧固手柄；4—转轴；

5—调节手轮；6—夹持器；8—工作台；9—控制配电箱

图 5-31 齿轮式弯曲机传动系统

1—工作盘；2—减速器

3）钢筋弯箍机

①钢筋弯箍机构造。钢筋弯箍机是适合弯制箍筋的专用机械，弯曲角度可任意调节，其构造和弯曲机相似，如图 5-32 所示。

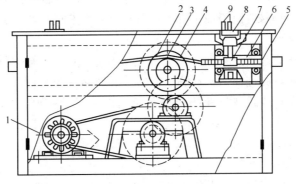

图 5-32 钢筋弯箍机构造

1—电动机；2—偏心圆盘；3—偏心铰；4—连杆；

5—齿条；6—滑道；7—正齿条；8—工作盘；9—心轴和成形轴

②工作原理。电动机动力通过一双带轮和两对直齿轮减速使偏心圆盘转动。偏心圆盘通过偏心铰带动两个连杆，每个连杆又绞接一根齿条，于是齿条沿滑道作往复直线运动。齿条又带动齿轮使工作盘在一定角度内作往复回转运动。工作盘上有两个轴孔，中心孔插中心轴，另一孔插成形轴。当工作盘转动时，中心轴和成形轴都随之转动，和钢筋弯曲机同一原理，能将钢筋弯曲成所需的箍筋。

4）液压式钢筋切断弯曲机

这是运用液压技术对钢筋进行切断和弯曲成形的两用机械，自动化程度高，操作方便。

①液压式钢筋切断弯曲机构造。主要由液压传动系统、切断机构、弯曲机构、电动机、机体等组成。其结构及工作原理如图 5-33 所示。

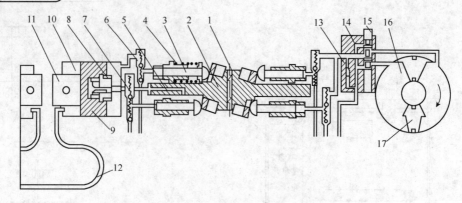

图 5-33　液压式钢筋切断弯曲机结构示意

1—双头电动机；2—轴向偏心泵轴；3—油泵柱塞；4—弹簧；5—中心油孔；6、7—进油阀；
8—中心阀柱；9—切断活塞；10—油缸；11—切刀；12—板弹簧；13—限压阀；14—分配阀体；
15—滑阀；16—回转油缸；17—回转叶片

②工作原理。由一台电动机带动两组柱塞式液压泵，一组推动切断用活塞；另一组驱动回转液压缸，带动弯曲工作盘旋转。

a. 切断机构的工作原理。在切断活塞中间装有中心阀柱及弹簧，当空转时，由于弹簧的作用，使中心阀柱离开液压缸的中间油孔，高压油则从此也经偏心轴油道流回油箱。在切断时，以人力推动活塞，使中心阀柱堵死液压缸的中心孔，此时由柱塞泵来的高压油经过油阀进入液压缸中，产生高压推动活塞运动，活塞带动切刀进行切筋。此时压力弹簧的反推力作用大于液压缸内压力，阀柱便退回原处，液压油又沿中心油孔的油路流回油箱。切断活塞的回程是依靠板弹簧的回弹力来实现。

b. 弯曲机构的工作原理。进入组合分配阀的高压油，由于滑阀的位置变换，可使油从回转液压缸的左腔进油或右腔进油而实现液压缸的左右回转。当油阀处于中间位置时，压力油流回油箱。当液压缸受阻或超载时，油压迅速增高，自动打开限压阀，压力油液回油箱，以确保安全。

（3）钢筋弯曲机的使用

1）使用前的准备工作

①钢筋弯曲机应在坚实的地面上放置平稳，铁轮应用三角木楔好，工作台面和弯曲机台面要保持水平和平整，送料辊转动灵活，工作盘稳固。当弯曲根数较多或较长的钢筋时，应设支架支持，周围还要有足够的工作场地。

②作业前检查机械零部件、附件应齐全完好，连接件无松动。电气线路正确牢固。接地良好。

③准备各种作业附件：

a. 根据弯曲钢筋的直径选择相应的中心轴和成形轴。弯曲细钢筋时，中心轴换成细直径的，成形轴换成粗直径的；弯曲粗钢筋时，中心轴换成粗直径的，成形轴换成较细直径的。一般中心轴直径应是钢筋直径的 2.5～3 倍，钢筋在中心轴和成形轴间的空隙不应超过 2 mm。

b. 为适应钢筋和中心轴直径的变化，应在成形轴上加一个偏心套，用以调节中心轴、钢筋和成形轴三者之间的间隙。

c. 根据弯曲钢筋的直径更换配套齿轮，以调整工作盘（主轴）转速。当钢筋直径 $d<18$ mm 时取高速；$d=18～32$ mm 时取中速；$d>32$ mm 时取低速。一般工作盘常放在慢速上，以便弯曲在允许范围内所有直径的钢筋。

d. 当弯曲钢筋直径在 20 mm 以下时,应在插入座上放置挡料架,并有轴套,以使被弯钢筋能正确成形。挡板要贴紧钢筋以保证弯曲质量。

④作业前先进行空载试运转,应无卡滞、异响,各操纵按钮灵活可靠;再进行负载试验,先弯小直径钢筋,再弯大直径钢筋,确认正常后,方可投入使用。

⑤为了减少度量时间,可在台面上设置标尺,在弯曲前先量好弯曲点位置,并先试弯一根,经检查无误后再正式作业。

2)操作要点

①操作时要集中精力,熟悉倒顺开关控制工作盘的旋转方向,钢筋放置要和工作盘旋转方向相适应。在变换旋转方向时,要从正转→停车→倒转,不可直接从正—倒或从倒—正,而不在"停车"停留,更不可频繁交换工作盘旋转方向。

②钢筋弯曲机应设专人操作,弯曲较长钢筋时,应有专人扶持。严禁在弯曲钢筋的作业半径内和机身不设固定销的一侧站人。弯曲好的半成品应及时堆放整齐,弯头不可朝上。

③作业中不可更换中心轴、成形轴和挡铁轴,也不可在运转中进行维护和清理作业。

④挡铁轴的直径和强度不可小于被弯钢筋的直径和强度。未经调直的钢筋禁止在弯曲机上弯曲。作业时,应注意放入钢筋的位置、长度和旋转方向,以保安全。

⑤作业完毕要先将倒顺开关扳到零位,切断电源,将加工后的钢筋堆放好。

二、施工技术

(一)钢筋加工

1. 钢筋除锈

工程中钢筋的表面应洁净,以保证钢筋与混凝土之间的握裹力。钢筋上的油漆、漆污和用锤敲击时能剥落的浮皮、铁锈等应在使用前清除干净。带有颗粒状或片状老锈的钢筋不得使用。

1)钢筋除锈一般有以下几种方法。

①手工除锈,即用钢丝刷、砂轮等工具除锈。

②机械方法除锈,如采用电动除锈机。

③钢筋冷拉或钢丝调直过程中除锈。

④喷砂或酸洗除锈等。

2)对大量的钢筋除锈,可通过钢筋冷拉或钢筋调直机调直过程中完成;少量的钢筋除锈可采用电动除锈机或喷砂方法;钢筋局部除锈可采取人工用钢丝刷或砂轮等方法进行。亦可将钢筋通过砂箱往返搓动除锈。

3)电动除锈的圆盘钢丝刷有成品供应(也可用废钢丝绳头拆开编成),其直径为 20～30 cm,厚度为 5～15 cm,电动机功率为 1.0～1.5 kW,转速为 1 000 r/min。

4)如除锈后钢筋表面有严重的麻坑、斑点等已伤蚀截面时,应降级使用或剔除不用,带有蜂窝状锈迹的钢丝不得使用。

2. 钢筋调直

钢筋调直分为人工调直和机械调直两类。人工调直可分为绞盘调直(多用于 12 mm 以下的钢筋、板柱)、铁柱调直(用于粗钢筋)、蛇形管调直(用于冷拔低碳钢丝)。机械调直常用的有钢筋调直机调直(用于冷拔低碳钢丝和细钢筋)、卷扬机调直(用于粗细钢筋)。

1)对局部曲折、弯曲或成盘的钢筋应加以调直。

2)钢筋调直普遍使用慢速卷扬机拉直和用调直机调直,在缺乏调直设备时,粗钢筋可采用弯曲机、平直锤或用卡盘、扳手、锤击矫直;细钢筋可用绞盘(磨)拉直或用导轮、蛇形管调直装置来调直(图5-34)。

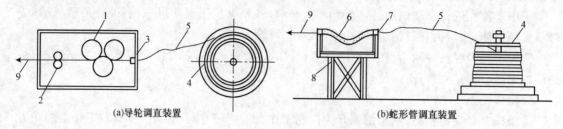

(a)导轮调直装置　　　　　　　　　　　(b)蛇形管调直装置

图 5-34　导轮和蛇形管调直装置

1—辊轮;2—导轮;3—旧拔丝模;4—盘条架;5—细钢筋或钢丝;
6—蛇形管;7—旧球轴承;8—支架;9—人力牵引

①对于直径为 12 mm 及以下的钢筋,可在钢筋调直台上用小锤敲直,或利用调直台上卡盘和钢筋扳手将钢筋扳直,如图 5-35 所示;也可利用绞磨车调直,如图 5-36 所示。

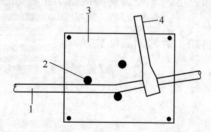

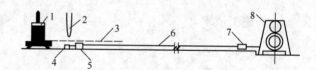

图 5-35　利用卡盘和钢筋扳手将钢筋扳直

1—钢筋;2—扳柱;3—卡盘;4—钢筋扳手

图 5-36　绞磨车调直钢筋

1—盘条架;2—钢筋剪;3—开盘钢筋;4—地锚;
5—钢筋夹;6—调直钢筋;7—钢筋夹;8—绞磨车

②对于直径大于 12 mm 的粗钢筋,如只出现一些缓弯,可利用人工在调直台上进行调直。当调直 32 mm 以下的钢筋时,应在扳柱上配钢套,以调整扳柱之间的净空距离。调直时,钢筋应放在钢套和扳柱之间,将有弯的地方对着扳柱,然后用手扳动钢筋就可把钢筋调直。

3)采用钢筋调直机调直冷拔低碳钢丝和细钢筋时,根据钢筋的直径选用调直模和传送辊,并要恰当掌握调直模的偏移量和压紧程度。

4)用卷扬机拉直钢筋时,应注意控制冷拉率。用调直机调直钢丝和用锤击法平直粗钢筋时,表面伤痕不应使截面面积减少 5% 以上。

5)调直后的钢筋应平直,无局部曲折;冷拔低碳钢丝表面不得有明显擦伤。

冷拔低碳钢丝经调直机调直后,其抗拉强度一般要降低 10%~15%,使用前要加强检查,按调直后的抗拉强度选用。

6)已调直的钢筋应按级别、直径、长短、根数分扎成若干小扎,分区堆放整齐。

3. 钢筋切断

钢筋切断分为机械切断和人工切断两种。机械切断常用钢筋切断机,操作时要保证断料正确,钢筋与切断机刃口要垂直,并严格执行操作规程,确保安全。在切断过程中,如发现钢筋有劈裂、缩头或严重的弯头,必须切除。手工切断常采用手动切断机(用于直径 16 mm 以下的钢筋)、克子(又称踏扣,用于直径 6~32 mm 的钢筋)、断线钳(用于钢丝)等几种工具。切断操作应注意以下几点。

1)钢筋切断应合理统筹配料,将相同规格钢筋根据不同长短搭配,统筹排料;一般先断长料,后断短料,以减少短头、接头和损耗。避免用短尺量长料,以免产生累积误差;切断操作时应在工作台上标出尺寸刻度并设置控制断料尺寸用的挡板。

2)向切断机送料时应将钢筋摆直,避免弯成弧形,操作者应将钢筋握紧,并应在冲动刀片向后退时送进钢筋,切断长 300 mm 以下钢筋时,应将钢筋套在钢管内送料,防止发生事故。

3)操作中,如发现钢筋硬度异常(过硬或过软)与钢筋级别不相称时,应考虑对该批钢筋进一步检验;热处理预应力钢筋切料时,只允许用切断机或氧乙炔割断,不得用电弧切割。

4)切断后的钢筋断口不得有马蹄形或起弯等现象;钢筋长度偏差不应小于±10 mm。

4.钢筋弯曲成形

钢筋的弯曲成形方法有手工弯曲和机械弯曲两种。钢筋弯曲均应在常温下进行,严禁将钢筋加热后弯曲。手工弯曲成形设备简单、成形正确,机械弯曲成形可减轻劳动强度、提高工效,但操作时要注意安全。

1)画线:钢筋弯曲前,根据钢筋标志牌上标明的尺寸,用石笔在钢筋上标示出各弯曲点的位置。

画线工作宜从钢筋中线开始向两边进行,两边不对称的钢筋,也可以从钢筋的一端开始划画,若划到另一端有出入时,则应重新调整。

2)机械弯曲成型:对受力钢筋的成型一般采用弯曲机机械成型。

首先安装芯轴、成型轴和挡轴。选择芯轴时,芯轴直径的选择跟钢筋的直径和弯曲角度有关。

成型轴的位置应根据成型钢筋的形状确定,成型轴宜加偏心轴套,以调节芯轴、钢筋和成型轴三者之间的间隙,使钢筋在芯轴与成型轴之间的空隙大于 2 mm。弯曲钢筋时,为了使弯弧一侧的钢筋保持平直,挡铁轴宜做成可变挡架。

操作时先将钢筋放在芯轴与成型轴之间,将弯曲点线约与芯轴内边缘齐,然后开动弯曲机使工作盘转动,当转动达到要求时,停止转动,用倒顺开关使工作盘反转,成型轴回到初始位置,再重新弯曲另一根钢筋。在放置钢筋时,若弯 180°时,弯曲点线距芯轴内边缘为 1.0～1.5 倍钢筋直径,如图 5-37 所示。

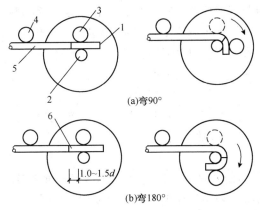

(a)弯90°

(b)弯180°

图 5-37 弯曲点线与芯轴关系示意

1—工作盘;2—芯轴;3—成型轴;4—固定挡铁;5—钢筋;6—弯曲点线

3)手工弯曲成型:对小直径的光圆钢筋、箍筋等的成型通常采用手工弯曲。对于$\phi 6 \sim \phi 10$的钢筋采用带有底座的手摇扳手进行弯曲成型,先将底座固定在操作平台上,将扳手直接套在底座上即可使用。

进行弯曲时,先在底座上划好常用的弯曲角度,然后将钢筋放在转轴和扳手挡板之间,将钢筋上的画线与转轴外缘对齐,转动扳手弯折钢筋到要求位置。

5. 钢筋冷拉

1)冷拉原理及时效强化

工程中将钢材于常温下进行冷拉使之产生塑性变形,从而提高钢材屈服强度,这个过程称为冷拉强化。产生冷拉强化的原理是:钢材在塑性变形中晶格的缺陷增多,而缺陷的晶格严重畸变对晶格进一步滑移起到阻碍作用,故钢材的屈服点提高,塑性和韧性降低。由于塑性变形中产生了内应力,故钢材的弹性模量降低。将经过冷拉的钢筋于常温下存放$15 \sim 20$ d或加热到$100\,℃ \sim 200\,℃$并保持一定时间,这个过程称为时效处理,前者称为自然时效,后者称为人工时效。冷拉以后再经时效处理的钢筋,其屈服点进一步提高,抗拉极限强度也有所增长,塑性继续降低。由于时效强化处理过程中内应力的消减,故弹性模量可基本恢复。工地或预制构件厂常利用这一原理,对钢筋或低碳钢盘条按一定程度进行冷拉或冷拔加工,以提高屈服强度节约钢材。

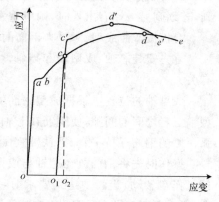

图 5-38　钢筋拉伸曲线

热轧钢筋的拉伸特性曲线(应力-应变图)如图 5-38 所示,当拉伸钢筋使其应力超过屈服点(例如图 5-38 中 c 点),然后卸去外力,由于钢筋已产生塑性变形,卸荷过程中应力-应变图沿着直径 co_1 变化。如再立即重新拉伸,新的应力-应变图将为 o_1cde,并在 c 点附近出现新的屈服点 c'。这个屈服点明显地高于冷拉前的屈服点。其原因是由于塑性变形后,钢筋内部晶格滑移,晶粒变形,因而钢筋的屈服点得以提高,弹性模量也有所降低。

2)钢筋冷拉参数及控制方法

①钢筋的冷拉应力和冷拉率是影响钢筋冷拉质量的两个主要参数。钢筋的冷拉率就是钢筋冷拉时包括其弹性和塑性变形的总伸长值与钢筋原长的比值(%)。在一定限度范围内,冷拉应力或冷拉率越大,则屈服强度提高越多,而塑性也越降低。但钢筋冷拉后仍有一定的塑性,其屈服强度与抗拉强度之比值(屈服比)不宜太大,以使钢筋有一定的强度储备。钢筋冷拉可采用通过控制应力来控制冷拉率的方法。用作预应力筋的钢筋,冷拉时宜采用控制应力的方法,或采用既控制应力,又控制冷拉率的方法。不能分清炉批号的热轧钢筋的冷拉不应采用控制冷拉率的方法。

②钢筋冷拉操作:钢筋冷拉主要工序有钢筋上盘、放圈、切断、夹紧夹具、冷拉开始、观察控制值、停止冷拉、放松夹具、捆扎堆放。

冷拉操作要点如下:

a. 对钢筋的炉号、原材料的质量进行检查,不同炉号的钢筋分别进行冷拉,不得混杂。

b. 冷拉前,应对设备,特别是测力计进行校验和复核,并做好记录以确保冷拉质量。

c. 钢筋应先拉直(约为冷拉应力的10%),然后量其长度再行冷拉。

d. 冷拉时,为使钢筋变形充分发展,冷拉速度不宜快,一般以$0.5 \sim 1$ m/min 为宜,当达到规定的控制应力(或冷拉长度)后,须稍停(1~2 min),待钢筋变形充分发展后,再放松钢筋,冷拉结束。钢筋在负温下进行冷拉时,其温度不宜低于−20℃,如采用控制应力方法时,冷拉控制应力应较常温提高30 MPa采用控制冷拉率方法时,冷拉率与常温相同。

e. 钢筋伸长的起点应以钢筋发生初应力时为准。如无仪表观测时,可观测钢筋表面的浮锈或氧化铁皮,以开始剥落时起计。

f. 预应力钢筋应先对焊后冷拉,以免焊因高温而使钢筋冷拉后的强度降低。如焊接接头被拉断,可切除该焊区总长为200~300 mm,重新焊接后再冷拉,但一般不超过两次。

g. 钢筋时效可采用自然时效,冷拉后宜在常温(15℃~20℃)下放置一段时间(一般为7~14 d)后使用。

h. 钢筋冷拉后应防止经常雨淋、水湿,因钢筋冷拉后性质尚未稳定,遇水易变脆,且易生锈。

3)冷拉钢筋质量要求

冷拉后,钢筋表面不得有裂纹或局部颈缩现象,并应按施工规范要求进行拉力试验和冷弯试验。冷弯试验后,钢筋不得有裂纹、起层等现象。

6. 钢筋冷拔

1)钢筋冷拔原理及应用

冷拔是使直径6~8 mm的HPB235级钢筋在常温下强力通过特制的直径逐渐减小的钨合金拔丝模孔,使钢筋产生塑性变形,以改变其物理力学性能。钢筋冷拔后横向压缩、纵向拉伸,内部晶格产生滑移,抗拉强度可提高50%~90%,塑性降低,硬度提高。这种经冷拔加工的钢丝称为冷拔低碳钢丝。与冷拉相比,冷拉是纯拉伸线应力,而冷拔既有拉伸应力又有压缩应力。冷拔后冷拔低碳钢丝没有明显的屈服现象,按其材质特性可分为甲乙两级,甲级钢丝适用于作预应力筋,乙级钢丝适用于作焊接网、焊接骨架、箍筋和构造钢筋。

2)钢筋冷拔工艺

冷拔工艺过程为:轧头→剥壳→通过润滑剂盒→进入拔丝模孔。

轧头在轧头机上进行,目的是将钢筋端头轧细,以便穿过拔丝模孔。剥壳是通过3~6个上下排列的辊子,以除去钢筋表面坚硬的渣壳,润滑剂常用石灰、动植物油、肥皂、白蜡和水按一定比例制成。剥壳和通过润滑剂能使铁渣不致进入拔丝模孔口,以提高拔丝模的使用寿命,并消除因拔丝模孔存在铁渣,使钢丝表面擦伤的现象。剥壳后,钢筋再通过润滑剂盒润滑,进入拔丝模进行冷拔。

3)钢筋冷拔操作

①冷拔前应对原材料进行必要的检验。对钢号不明或无出厂证明的钢材,应取样检验。遇截面不规整的扁圆,带刺、过硬、潮湿的钢筋,不得用于拔制,以免损坏拔丝模和影响质量。

②钢筋冷拔前必须经轧头和除锈处理。除锈装置可以利用拔丝机卷筒和盘条转架,其中设3~6个单向错开或上下交错排列的带槽剥壳轮,钢筋经上下左右反复弯曲,即可除锈。亦可使用与钢筋直径基本相同的废拔丝模以机械方法除锈。

③为方便钢筋穿过拔丝模,钢筋头要轧细一段(长150~200 mm),轧压至直径比拔丝模孔小0.5~0.8 mm,以便顺利穿过拔丝模孔。为减少轧头次数,可用对焊方法将钢筋连接,但应将焊缝处的凸缝用砂轮修平磨滑,以保护设备及拉丝模。

④在操作前,应按常规对设备进行检查和空载运转一次。安装拔丝模时,要分清正反面,安装后应将固定螺栓拧紧。

⑤为减少拔丝力和拔丝模孔损耗,抽拔时须涂以润滑剂,一般在拔丝模前安装一个润滑盒,使钢筋黏滞润滑剂进入拔丝模。润滑剂的配方为:动物油(羊油或牛油):肥皂:石蜡:生

石灰：水＝(0.15～0.20)∶(1.6～3.0)∶1∶2∶2。

⑥拔丝速度宜控制在50～70 m/min。钢筋连拔不宜超过三次，如需再拔，应对钢筋消除内应力，采用低温(600℃～800℃)退火处理使钢筋变软。加热后取出埋入砂中，使其缓冷，冷却速度应控制在150 ℃/h以内。

⑦拔丝的成品，应随时检查砂孔、沟痕、夹皮等缺陷，以便随时更换拔丝模或调整转速。

7. 钢筋冷拔质量控制与要求

影响钢筋冷拔质量的主要因素为原材料质量和冷拔总压缩率β。为了稳定冷拔低碳钢丝的质量，要求原材料按钢厂、钢号、直径分别堆放和使用。

影响冷拔质量的主要因素为原材料的质量和冷拔总压缩率。

总压缩率越大，抗拉强度提高越多，但塑性降低也越多，因此必须控制总压缩率。一般$\phi^b 5$钢丝由$\phi 8$盘条ϕ^b拔制而成，$\phi^b 3$和$\phi^b 4$钢丝由$\phi 6.5$盘条拔制而成。

冷拔低碳钢丝一般要经过多次冷拔才能达到预定的总压缩率。每次冷拔的压缩率不宜过大，否则易将钢丝拔断，并易损坏拔丝模。一般前、后道钢丝直径之比以1.15∶1为宜。

钢筋冷拔次数不宜过多，否则易使钢丝变脆。

冷拔低碳钢丝验收时，需逐盘作外观检查，钢丝表面不得有裂纹和机械损伤。外观检查合格后还需做力学性能检验，分别做拉伸和反复弯曲试验。冷拔低碳钢丝拉伸和反复弯曲试验的性能要求见表5-1。

表5-1 冷拔低碳钢丝拉伸和反复弯曲试验的性能要求

冷拔低碳钢丝直径 (mm)	抗拉强度R_m (N/mm²)	伸长率A (%)	180°反复 弯曲次数	弯曲半径 (mm)
3		≥2.0		7.5
4		≥2.5		10
5	≥550		≥4	15
6				15
7		≥3.0		20
8				20

注：1.抗拉强度试样应取未经机械调直的冷拔低碳钢丝。

2.冷拔低碳钢丝伸长率测量标距对直径3～6 mm的钢丝为100 mm，对直径7 mm、8 mm的钢丝为150 mm。

8. 钢筋冷轧扭

1)钢筋冷轧扭原理及应用

钢筋冷轧扭是用某些普通低碳钢筋(热轧盘圆条)通过钢筋冷轧扭机加工，在常温下一次轧制成横截面为矩形，外表为连续螺旋曲面的麻花状钢筋。冷轧扭钢筋具有冷拔低碳钢丝的某些特性，同时力学性能大大增高，塑性有所下降。由于冷轧扭钢筋具有连续不断的螺旋曲面，使钢筋与混凝土间产生较强的机械咬合力和法向应力，明显提高两者之间的黏结力。当构件承受荷载时，钢筋与混凝土互相制约，有效增加共同工作能力，改善构件弹塑性阶段性能，提高构件的强度和刚度，使钢筋强度得到充分发挥。冷轧扭钢筋加工工艺简单，设备可靠，集冷拉、冷轧、冷扭于一身，能大幅度提高钢筋的强度以及与混凝土之间的握裹力，使用时，末端不需弯钩。

冷轧扭钢筋的规格及力学性能应符合国家行业标准《冷轧扭钢筋》(JG 190—2006)的规定。

冷轧扭钢筋适用于作圆孔板(最大跨度为 4.5 m,厚度为 120 mm、180 mm)双向叠合楼板(最大跨度 6 m×5.4 m),加气混凝土复合大楼板(跨度 4.8 m×3.4 m)以及预制薄板等。

2)钢筋冷轧扭工艺

钢筋冷轧扭装置,由放盘架、调直机构、冷轧机构、冷却润滑装置、定尺切断机构、下料架、电动机、变速器等组成,如图 5-39 所示

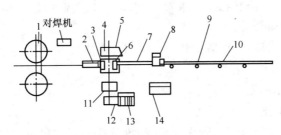

图 5-39　钢筋冷轧扭机构造

1—放盘架;2—调直机构;3、7—导向架;4—冷轧机构;5—冷却、润滑装置;

6—冷扭机构;8—定尺切断机构;9—下料架;10—定位开关;

11、12　变速器;13—电动机;14—操作控制台

冷轧机构是由机架、轧辊、螺母、轴向压板、调整螺钉等组成,如图 5-40 所示。扭转头的作用是把轧扁的钢筋扭成连续的螺旋状钢筋。它是由支承架、转盘、压盖、扭转辊、中心套、支承嘴等组成,其构造如图 5-41 所示。

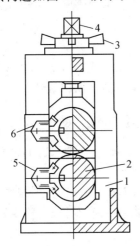

图 5-40　冷轧机构示意

1—机架;2—轧辊;3—螺母;4—压下螺钉;

5—轴向压板;6—调整螺钉

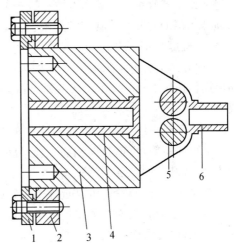

图 5-41　冷扭机构扭转头示意

1—压盖;2—支承架;3—转盘;

4—中心套;5—扭转辊;6—支承嘴

加工工艺程序为:圆盘钢筋从放盘架上引出后,经调直机构调直并清除氧化薄膜,再经冷轧机构将圆筋轧扁;在轧辊推动下,强迫钢筋通过扭转装置,从而形成表面为连续螺旋曲面的麻花状钢筋,再穿过切断机的圆切刀刀孔进入下料架的料槽,当钢筋触到定位开关后,切断机将钢筋切断落到架上。

钢筋长度的控制可调整定位开关在下料架上的位置获得。钢筋调直、扭转及输送的动力均来自轧辊在轧制钢筋时产生的摩擦力。

3)钢筋冷轧扭质量控制

为保证达到要求的抗拉强度和保证不小于3%的延伸率,加工时应严格控制以下几点。

①原材料必须经过检验,应符合《碳素结构钢》(GB/T 700—2006)及《低碳钢热轧圆盘条》(GB/T 701—2008)的规定。

②轧扁厚度对力学性能的影响很大,应控制在允许范围内,螺距亦应符合要求。

③轧制品的检验应按《冷轧扭钢筋混凝土构件技术规程》(JGJ 115—2006)的有关规定进行,严格检验成品,把好质量关。

④成品钢筋不宜露天堆放,以防止锈蚀。再储存不应过长,尽可能做到随轧制随使用。

(二)钢筋绑扎

1. 地下室钢筋绑扎工程

(1)钢筋绑扎准备工作

1)核对成品钢筋的钢号、直径、形状、尺寸和数量等是否与料单、料牌相符。如有错漏,应纠正增补。

2)准备绑扎用的钢丝、绑扎工具(如钢筋钩、带扳口的小撬棍)、绑扎架等。

3)准备控制混凝土保护层用的水泥砂浆垫块或塑料卡。

4)划出钢筋位置线。平板或墙板的钢筋,在模板上划线;柱的箍筋,在两根对角线主筋上划点;梁的箍筋,则在架立钢筋上划点;基础的钢筋,在两向各取一根钢筋划点或在垫层上划线。

钢筋接头的位置,应根据来料规格,结合有关接头位置、数量的规定,使其错开,在模板上划线。

5)绑扎形式复杂的结构部位时,应先研究逐根钢筋穿插就位的顺序,并与模板工联系讨论支模和绑扎钢筋的先后次序,以减少绑扎困难。

(2)基础底板钢筋绑扎

1)按图纸标明的钢筋间距,算出底板实际需用的钢筋根数,一般让靠近底板模板边的那根钢筋离模板边为50 mm,在底板上弹出钢筋位置线(包括基础梁钢筋位置线)和墙、柱插筋位置线。

2)先铺底板下层钢筋。根据设计和规范要求,决定下层钢筋哪个方向钢筋在下面,一般情况下先铺短向钢筋,再铺长向钢筋。如果底板有集水坑、设备基坑,在铺底板下层钢筋前,先铺集水坑、设备基坑的下层钢筋。

3)钢筋绑扎时,如单向板靠近外围两行的相交点每点都绑扎,中间部分的相交点可相隔交错绑扎,双向受力的钢筋必须将钢筋交叉点全部绑扎。如采用一面顺扣应交错变换方向,也可采用八字扣,但必须保证钢筋不产生位移。

4)检查底板下层钢筋施工合格后,放置底板混凝土保护层用砂浆垫块,垫块厚度等于保护层厚度,按每1 m左右距离梅花形摆放。如基础底板较厚或基础梁及底板用钢量较大,摆放距离可缩小。

5)底板如有基础梁,可事先预制或现场就地绑扎,对于短的基础梁、门洞口下地梁,可采用事先预制,施工时吊装就位即可,对于长的、大的基础梁采用现场绑扎。

6)基础底板采用双层钢筋时,绑完下层钢筋后,搭设钢管支撑架(绑基础梁)摆放钢筋马凳(间距以1 m左右一个为宜),在马凳上摆放纵横两个方向定位钢筋,钢筋上下次序及绑扣方法同底板下层钢筋。

7)底板钢筋如有绑扎接头时,钢筋搭接长度及搭接位置应错开,要求应按工程所列一览表绑扎施工,钢筋搭接处应用钢丝在中心及两端扎牢。如采用焊接接头或机械连接接头,除应按焊接或机械连接规程规定抽取试样外,接头位置和错开要求也应按设计及规范要求施工。

8)由于基础底板及基础梁受力的特殊性,上下层钢筋断筋位置应符合设计和规范要求。

9)根据在防水保护层上弹好的墙、柱插筋位置线和底板上网上固定的定位框,将墙、柱伸入基础的插筋绑扎牢固,并在主筋上(底板上约 500 mm)绑一道固定筋,墙插筋两边距暗柱50 mm,插入基础深度要符合设计和规范锚固长度要求,甩出长度和甩头错开百分比及错开长度应按设计及规范要求施工,其上端应采取措施保证甩筋垂直,不歪斜、倾倒、变位。同时要考虑搭接长度、相邻钢筋错开距离。

(3)墙体钢筋绑扎

1)在底板混凝土上弹出钢筋位置线、模板控制线、墙身及门窗洞口位置线,再次校正甩槎立筋,如有较大位移时,按设计洽商要求认真处理。

2)钢筋绑扎时如有暗柱,先绑扎暗柱(可以设暗柱皮数杆,绑扎箍筋)和门口过梁钢筋,再安装预制的竖向梯子筋(梯子筋如代替墙体竖向钢筋,应大于墙体竖向钢筋一个规格,梯子筋中上、中、下三道控制墙厚度的横档钢筋的长度比墙厚小 2 mm,端头用无齿锯锯平后刷防锈漆,根据不同墙厚画出梯子筋一览表),一道墙一般设置 2～3 个为宜,在顶部再绑水平梯子筋(根据不同墙厚度画出一览表),然后绑墙体竖向钢筋。第一根水平筋距地面 50 mm。

3)墙筋为双向受力钢筋,所有钢筋交叉点应逐点绑扎,其搭接长度及位置要符合设计及规范要求。

4)双排钢筋之间应绑间距支撑或拉筋,以固定双排钢筋的骨架间距。支撑可用 $\phi 10\sim\phi 14$ 钢筋制作,拉筋可用 $\phi 6$ 或 $\phi 8$ 钢筋制作,间距 1 m 左右,梅花形布置。

5)在墙筋外侧应绑上带有钢丝的砂浆垫块或塑料卡,以保证保护层的厚度。注意钢筋保护层垫块不要绑在钢筋十字交叉点上。

6)为保证门窗洞口高程位置正确,在洞口竖筋上划出高程线。门窗洞口要按设计和规范要求绑扎过梁钢筋,锚入墙内长度要符合设计及规范要求,过梁箍筋两端各进入暗柱一个,第一个过梁箍筋距暗柱边 50 mm,顶层时过梁入支座全部锚固长度范围内均要加设箍筋,间距为 150 mm。

7)各连接点的抗震构造钢筋及锚固长度,均应按设计要求进行绑扎,如首层柱的纵向受力筋伸入地下室墙体深度、墙端部、内外墙交接处的受力筋锚固长度等部位绑扎时,要特别注意设计图纸要求。

8)配合其他工种安装预埋管件、预留洞等,其位置、高程均应符合设计要求。

(4)地下室顶板钢筋绑扎

1)根据图纸设计的间距,在顶板模板上弹出钢筋位置线,一般让靠近模板边的那根钢筋距离板边为 50 mm。

2)按画好的间距,先摆受力主筋,再放公布筋。预埋件、电线管、预留孔等及时配合安装。

3)安置马凳和垫块,绑扎顶板负弯矩钢筋。

4)安放水平定距框,调整墙、柱预留钢筋的位置。

5)如果顶板为双层钢筋,下层钢筋绑扎完成后,放置马凳垫块,铺设上层下部钢筋,再铺设上层上部钢筋,绑扎上层钢筋,最后安放水平定距框调整墙、柱预留钢筋的位置。

6)钢筋搭接长度、位置的规定应符合规范要求。

7)除外围两根筋的交叉点全部绑扎外,其余各点可交错绑扎(双向板相交点须全部绑扎)。如板为双层钢筋,两层筋之间须加钢筋马凳,以确保上部钢筋的位置。

8)绑扎负弯矩钢筋,每个扣均要绑扎。

2.现浇框架结构钢筋绑扎工程

(1)柱子钢筋绑扎

1)弹柱位置线、模板控制线。

2)清理柱筋污渍、柱根浮浆清理用钢丝刷将柱预留筋上的污渍清刷干净。根据柱皮位置线向柱内偏移 5 mm 弹出控制线,将控制线内的柱根混凝土浮浆用剁斧清理到全部露出石子,用水冲洗干净,但不得留有明水。

3)修整底层伸出的柱预留钢筋根据柱外皮位置线和柱竖筋保护层厚度大小,检查柱预留钢筋位置是否符合设计要求及施工规范的规定,如柱筋位移过大,应按 1:6 的比例将其调整到位。

4)套柱箍筋。按图纸要求间距,计算好每根柱子箍筋数量(注意抗震加密和绑扎接头加密),先将箍筋套在下层伸出的搭接筋上。

5)绑扎(焊接或机械连接)柱子竖向钢筋。连接柱子竖向钢筋时,相邻钢筋的接头应相互错开。

采用绑扎形式立柱子钢筋,在搭接长度内,绑扣不少于 3 个,绑扣要向柱中心。如果柱子主筋采用光圆钢筋搭接时,角部弯钩应与模板成 45°,中间钢筋的弯钩应与模板成 90°。

①搭接绑扎竖向受力筋。柱子主筋立起之后,绑扎接头的搭接长度应符合规范要求。

②画箍筋间距线。在立好的柱子竖向钢筋上,按图纸要求用粉笔画箍筋间距线(或使用皮数杆控制箍筋间距);并注意抗震加密、接头加密、机械连接时尽量避开连接套筒。

③柱箍筋绑扎。按已画好的箍筋位置线,将已套好的箍筋往上移动,由上而下绑扎,宜采用缠扣绑扎,宜采用缠扣绑扎,如图 5-42 所示。

图 5-42 箍筋缠扣绑扎

④箍筋与主筋要垂直和密贴,箍筋转角处与主筋交点均要绑扎,主筋与箍筋非转角部分的相交点成梅花交错绑扎。

⑤箍筋的弯钩叠合处应沿柱子竖筋交错布置,并绑扎牢固,如图 5-43 所示。

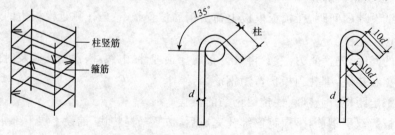

图 5-43 箍筋的弯钩叠合处应沿柱子竖筋交错布置

⑥有抗震要求的地区,柱箍筋端头弯成 135°。平直部分长度不小于 10d(d 为箍筋直径)。如箍筋采用 90° 搭接,搭接处应焊接,焊缝长度单面焊缝不小于 10d。

⑦柱基、柱顶和核心区(梁柱交接处)箍筋应加密,加密区长度及加密区内箍筋间距应符合设计图纸和抗震规范要求。如设计要求箍筋设拉筋时,拉筋应钩住箍筋,如图5-44所示。

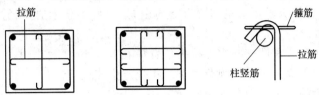

图5-44 拉筋与钩住箍筋连接

⑧凡绑扎接头,接头长度内箍筋应按5d;不大于100 mm(受拉),10d;不大于200 mm(受压)加密。当受压钢筋大于 φ25 时,应在搭接接头外100 mm范围内各绑两箍筋。

⑨柱子钢筋保护层厚度应符合设计及规范要求,主筋外皮一般为25 mm,箍筋外保护层一般为15 mm,垫块应绑扎在柱筋外皮上(或用塑料卡卡在外竖筋上),注意避开十字交叉处,间距一般为1 000 mm,以保证主筋保护层厚度准确。当柱子截面尺寸变化时,柱应在板内弯曲或在下层就搭接错位,弯后的尺寸要符合设计和规范要求。

⑩为控制柱子竖向主筋的位置,一般在柱子的中部、上部以及预留筋的上口设置三个定位箍筋(定位箍筋用高于柱子箍筋一个规格的钢筋焊制,呈"井"形定位箍筋,顶在模板内,比柱断面小2 mm)。

⑪下层柱的钢筋露出楼面部分,宜用工具式柱箍将其收进一个柱筋直径,以利上层柱的钢筋搭接。当柱截面有变化时,其下层柱钢筋的露出部分,必须在绑扎梁的钢筋之前,先行收缩准确。

⑫框架梁、牛腿及柱帽等钢筋,应放在柱的纵向钢筋内侧。

⑬柱钢筋的绑扎,应在模板安装前进行。

(2)梁钢筋的绑扎

1)在梁侧模板上画出箍筋位置线,摆放箍筋。箍筋的起始位置距柱边50 mm。

2)先穿主梁的下部纵向受力钢筋及弯起钢筋,将箍筋按已画好的间距逐个分开;穿次梁的下部纵向受力钢筋及弯起钢筋,并套好箍筋;放主次梁的架立筋;隔一定间距将架立筋与箍筋绑扎牢固;调整箍筋间距使间距符合设计和规范要求,绑架立筋,再绑主筋,主次梁同时配合进行。

3)框架梁上部纵向钢筋应贯穿中间节点,梁下部纵向钢筋伸入中间节点锚固长度及伸过中心线的长度要符合设计和规范要求。

4)绑梁上部纵向筋的箍筋,宜用套扣法绑扎,如图5-45所示。

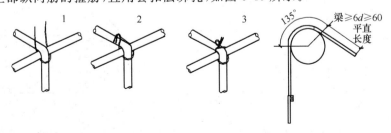

图5-45 套扣绑扎

5)箍筋在叠合处的弯钩,在梁中应交错绑扎,箍筋弯钩为135°,平直部分长度为10d,如做成封闭箍时,单面焊缝长度为10d。

6)梁端第一个箍筋应设置在距离柱节点边缘 50 mm 处。梁端与柱交接处箍筋应加密,其间距与加密区长度均要符合设计及规范要求。

7)在主、次梁所有接头末端与钢筋弯折处的距离,不得小于钢筋直径的 10 倍。接头不宜位于构件最大弯矩处,受拉区域内 HPB235 钢筋绑扎接头的末端应做弯钩(HRB335 钢筋可不做弯钩),搭接处应在中心和两端扎牢。接头位置应相互错开,当采用绑扎搭接接头时接头长度、错开百分比、错开长度按设计及规范要求。在规定搭接长度的任一区段内有接头的受力钢筋截面面积占受力钢筋总截面面积百分率,受拉区不大于 25%。

(3)板钢筋绑扎

1)在模板上弹线。清理模板上面的杂物,用粉笔在模板上划好主筋,分布筋位置线。

2)按划好的间距,先摆放受力主筋、后放分布筋。预埋件、电线管、预留孔等及时配合安装。

3)在现浇板中有板带梁时,应先绑板带梁钢筋,再摆放钢筋。

4)绑扎板筋时一般用顺扣(图 5-46)或八字扣,除外围两根筋的相交点应全部绑扎外,其余各点交错绑扎(双向板相交点需全部绑扎)。如板为双层钢筋,两层筋之间必须加钢筋马凳,以确保上部钢筋的位置。负弯矩钢筋每个相交点均要绑扎。

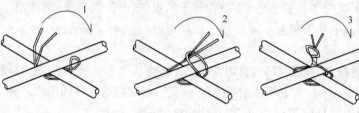

图 5-46 绑扎板

5)在钢筋的下面垫好砂浆垫块,间距 1 000 mm。垫块厚度等于保护层厚度,应满足设计及规范要求,如设计无要求时,板的保护层厚度应为 15 mm。

(4)梁柱节点钢筋绑扎

1)纵向受力钢筋采用双层排列时,两排钢筋之间应垫以直径不小于 25 mm 的短钢筋,以保持其设计距离。

应注意板上部的负筋,要防止被踩下;特别是雨篷、挑檐、阳台等悬臂板,要严格控制负筋位置,以免拆模后断裂。

2)板、次梁与主梁交叉处,板的钢筋在上,次梁的钢筋居中,主梁的钢筋在下(图 5-47);当有圈梁或垫梁时,主梁的钢筋在上(图 5-48)。

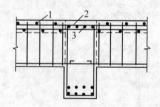

图 5-47 板、次梁与主梁交叉处钢筋
1—板的钢筋;2—次梁钢筋;3—主梁钢筋

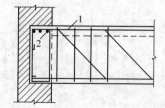

图 5-48 主梁与垫梁交叉处钢筋
1—主梁钢筋;2—垫梁钢筋

3)框架节点处钢筋穿插十分稠密时,应特别注意梁顶面主筋间的净距要有 30 mm,以利浇筑混凝土。

4)梁板钢筋绑扎时应防止水电管线将钢筋顶起或压下。

5)柱的纵向钢筋弯钩应朝向柱心。

6)箍筋的接头应交错布置在柱四个角的纵向钢筋上。箍筋转角与纵向钢筋交叉点均应绑扎牢固。

7)梁的钢筋应放在柱的纵向钢筋内侧。

8)柱梁箍筋按弯钩叠合处错开。

（5）剪力墙钢筋绑扎

1)校正预埋插筋，如有位移时，按洽商规定认真处理。墙模板宜采用"跳间中模"，以利于钢筋施工。

2)如有暗柱，先绑扎暗柱和门口过梁钢筋，再接长竖向墙筋，然后安装预制的水平梯子筋和竖向梯子筋(竖向梯子筋如代替墙体竖向钢筋，应大于墙体竖向钢筋一个规格，梯子筋中控制墙厚度的横档钢筋的长度比墙厚小 2 mm，端头用无齿锯锯平后刷防锈漆)，梯子筋的间距一般控制在 2 m 以内，绑竖向梯子筋时认真吊垂直然后绑墙体竖向钢筋，并按梯子筋的水平格绑横筋。第一根水平筋距地面 50 mm，横竖筋的间距就是梯子筋的分格距。

3)墙筋为双向受力钢筋，所有钢筋交叉点应逐点绑扎，其搭接长度及位置要符合设计及规范要求。

4)双排钢筋之间应绑间距支撑或拉筋，以固定双排钢筋的骨架间距。支撑如顶模板，要用无齿锯锯准并刷防锈漆。支撑或拉筋可用 $\phi 6$ 或 $\phi 8$ 钢筋制作，间距 1 m 左右，梅花形布置。拉筋外保护层宜不小于 10 mm。

5)在墙筋外侧应绑上带有钢丝的砂浆垫块或塑料卡，以保证保护层的厚度。砂浆垫块宜避开十字交叉点。

6)为保证门窗洞口高程位置正确，在洞口竖筋上划出高程线。门窗洞口要按设计要求绑扎过梁钢筋，锚入墙内长度要符合设计及规范要求，过梁箍筋两端各进入暗柱一个，第一个过梁箍筋距暗柱边 50 mm。顶层时，全部锚固长度绑箍筋，间距 150 mm。

7)各连接点的抗震构造钢筋及锚固长度，均应按设计和规范要求进行绑扎。如首层柱的纵向受力钢筋伸入地下室墙体深度；墙端部、内外墙交接处受力钢筋锚固长度等，绑扎时应注意。

8)配合其他工种安装预埋管件、预留洞等，其位置、高程均应符合设计要求。

（6）楼梯钢筋绑扎

楼梯钢筋骨架采用模内安装绑扎的方法，即现场绑扎。在绑扎前须仔细研究绑扎的顺序，即在绑扎前详细、具体地将穿筋顺序、绑扎次序作好安排。

1)在楼梯底板上划主筋和分布筋的位置线。

2)根据设计图纸中主筋、分布筋的方向，先绑扎主筋后绑扎分布筋，每个交点均应绑扎。如有楼梯梁时，先绑梁后绑板筋。板筋要锚固到梁内。

3)底板筋绑完，待踏步模板吊绑支好后，再绑扎踏步钢筋。主筋接头数量和位置均要符合施工质量验收规范的规定。

3.现浇剪力墙结构大模板墙体钢筋绑扎工程

（1）施工前的准备

在进行钢筋绑扎前，首先要整理好预留的搭接钢筋，把变形的钢筋调直，若下层预留的伸出钢筋位置偏差较大，应经设计单位签证同意，进行弯折调整。同时，应将松动的混凝土清除。

（2）墙体钢筋绑扎

1）先安装预制的竖向和水平梯子筋（梯子筋如代替墙体竖向钢筋，应大于墙体竖向钢筋一个规格，梯子筋中控制墙厚度的横档钢筋的长度比墙厚小 2 mm。端头用无齿锯锯平后刷防锈漆），并注意吊垂直，再绑扎暗柱和门口过梁钢筋，一道墙一般设置二三个竖向梯筋为宜，然后绑墙体水平钢筋。第一根水平筋距地面 50 mm。

2）墙筋为双向受力钢筋，所有钢筋交叉点应逐点绑扎牢固，绑扎时相邻绑扎点的铁螺纹成八字形，以免钢筋网歪斜变形。钢筋锚固长度搭接长度及错开要求要符合设计及规范的要求。

3）双排钢筋之间应绑间距支撑或拉筋，以固定双排钢筋的骨架间距；支撑可用 $\phi 10 \sim \phi 14$ 钢筋制作，支撑如顶模板，要按墙厚度减 2 mm，用无齿锯锯平并刷防锈漆。拉筋可用 $\phi 6$ 或 $\phi 8$ 钢筋制作，加工要准，不要顶模露筋，尽量满足 10 mm 保护层厚度，间距 1 m 左右，梅花形布置。

4）在墙筋外侧应绑上带有钢丝的砂浆垫块或塑料卡，以保证保护层的厚度。注意钢筋保护层垫块不要绑在钢筋十字交叉点上。

5）为保证门窗洞口高程位置正确，在洞口竖筋上划出高程线。门窗洞口要按设计和规范要求绑扎过梁钢筋，锚入墙内长度要符合设计要求，过梁箍筋两端各进入暗柱一个，第一个过梁箍筋距暗柱边 50 mm，顶层时过梁入支座全部锚固长度范围内均要加设箍筋，间距为 150 mm。

6）各连接点的抗震箍筋的加密范围和间距，弯钩和直钩要求及锚固长度，均应按设计及抗震规范要求进行绑扎。如首层柱的纵向受力钢筋伸入地下室墙体深度。墙端部、内外墙交接处受力钢筋锚固长度等，绑扎时应注意。

7）配合其他工种安装预埋管件、预留洞等，其位置、高程均应符合设计要求。

（3）剪力墙钢筋搭接

水平钢筋和竖向钢筋的搭接要相互错开。搭接要符合设计要求，如设计无明确要求须按规范规定。

（4）剪力墙钢筋的锚固

1）剪力墙的水平钢筋在端部应按设计和规范要求施工。做成暗柱或加 U 形钢筋，如图 5-49（a）、（b）所示。

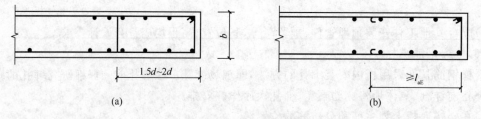

(a)   (b)

图 5-49　剪力墙的水平钢筋的端部收头

b—截面宽度；l_{aE}—抗震锚固长度

2）剪力墙的水平钢筋在"丁"字节点及转角节点的绑扎锚固，如图 5-50、图 5-51 所示。

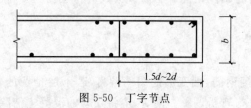

图 5-50　丁字节点

图 5-51　转角节点

3)剪力墙的连梁上下水平钢筋伸入墙内长度 e' 如图 5-52 所示。

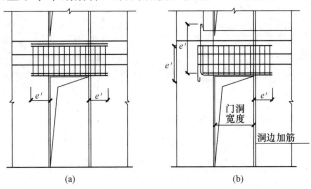

图 5-52 剪力墙的连梁上下水平钢筋伸入墙内长度 e'

4)剪力墙的连梁洞梁全长的箍筋构造要符合设计和规范要求,在建筑物的顶层连梁伸入墙体的全部锚固长度范围内,应设置间距不小于 150 mm 的构造箍筋,如图 5-53 所示。

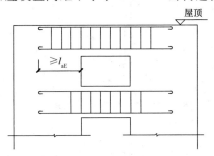

图 5-53 剪力墙的连梁沿梁全长的箍筋构造

5)剪力墙洞口周围应绑扎补强钢筋,其锚固长度要符合设计及规范要求。补强钢筋尽量不做成斜筋,而做成"十"字形加强筋。可不增加钢筋层数,有利于洞口抗裂,且有利于墙内下插混凝土振捣棒。

(5)预制点焊网片绑扎搭接

网片立起立后应用木方临时支撑,然后逐根绑扎根部搭接钢筋,搭接长度要符合规范规定。在钢筋搭接部分的中心和两端共绑三个扣。门窗洞口加固筋需同时绑扎,门口两侧钢筋位置应准确。

(6)与预制外墙板连接

外墙板安装就位后,将本层剪力墙边柱竖筋插入预制外墙板侧面钢筋套环内,竖筋插入外墙板套环内不得少于 3 个,并绑扎牢固。

(7)与外砖墙连接

剪力墙钢筋与外砖墙连接:先砌外墙,绑内墙钢筋时,先将外墙预留的 $\phi 6$ 拉结筋理顺,再与内墙钢筋搭接绑牢,如图 5-54 所示。

(8)全现浇内外墙钢筋连接绑扎构造(图 5-55)。

(9)修整

大模板合模之后,对伸出的墙体钢筋进行修整,并在距混凝土顶面约 150 mm 处设置水平梯子筋,固定伸出筋的间距(甩筋的间距),同时在模板上口加扁铁与水平梯子筋一起控制墙体竖向钢筋的保护层。墙体浇筑混凝土时,派专人看管钢筋,混凝土浇筑完后,立即对伸出的钢筋(甩筋)再进行整理。

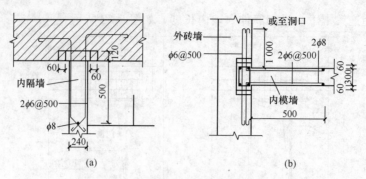

图 5-54　剪力墙钢筋与外砖墙连接(单位:mm)

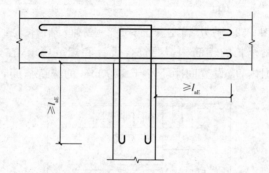

图 5-55　全现浇内外墙钢筋连接绑扎构造

第二节　钢筋电渣压力焊工程

一、施工机具

1.电渣压力焊机

(1)按整机组合方式分类

1)分体式焊机:包括焊接电源(包括电弧焊机)、焊接夹具、控制系统和辅件(焊剂盒、回收工具等几部分)。此外,还有控制电缆、焊接电缆等附件。其特点是便于充分利用现有电弧焊机,节省投资。

2)同体式焊机:将控制系统的电气元件组合在焊接电源内,另配焊接夹具、电缆等。其特点是可以一次投资到位,购入即可使用。

(2)按操作方式分类

1)手动式焊机:由焊工揿按钮,接通焊接电源,将钢筋上提或下送,引燃电弧,再缓缓地将上钢筋下送,至适当时候,根据预定时间所给予的信号(时间显示管显示、蜂鸣器响声等),加快下送速度,使电弧过程转变为电渣过程,最后加力向下预压,切断焊接电源,焊接结束。因有自动信号装置,故有的称半自动焊机。

手动钢筋电渣压力焊机的加压方式有杠杆式和摇臂式两种。前者利用杠杆原理,将上钢筋上、下移动,并加压。后者利用摇臂,通过伞齿轮,将上钢筋上、下移动,并加压。

2)自动式焊机:由焊工揿按钮,自动接通焊接电源,通过电动机使上钢筋移动,引燃电弧,接着自动完成电弧、电渣及顶压过程,并切断焊接电源。

由于钢筋电渣压力焊是在建筑施工现场进行,即使焊接过程是自动操作,但是钢筋安放、装卸焊剂等等,均需辅助工操作。这与工厂内机器人自动焊,还有很大差别。

这两种焊机各有特点,手动焊机比较结实、耐用,焊工操作熟练后,也很方便。

自动焊机可减轻焊工劳动强度,生产效率高,但电气线路稍为复杂。

自动电渣压力焊机的操作方式有两种:

①电动凸轮式。凸轮按上钢筋位移轨迹设计,采用直流微电机带动凸轮,使上钢筋向下移动,并利用自重加压。在电气线路上,调节可变电阻,改变晶闸管触发点和电动机转速,从而改变焊接通电时间,满足各不同直径钢筋焊接需要。

②电动丝杠式。采用直流电动机,利用弧电压、电渣电压、负反馈控制电动机转向和转速,通过丝杠将上钢筋向上、下移动并加压,电弧电压控制在 $35\sim45$ V,电渣电压控制在 $22\sim27$ V。根据钢筋直径选用合适的焊接电流和焊接通电时间。焊接开始后,全部过程自动完成。

目前生产的自动电渣压力焊机主要是电动丝杠式。

(3)焊接电源

可采用额定焊接电源 500 A 或 500 A 以上的弧焊电源(电弧焊机),作为焊接电源,交流或直流均可。

焊接电源的次级空载电压应较高,便于引弧。

焊机的容量,应根据所焊钢筋直径选定。常用的交流弧焊机有:BX3-500-2、BX3-650、BX2-700、BX2-1000 等,也可选用 JSD-600 型或 JSD-1000 型专用电源;直流弧焊电源,可用 ZX5-630 型晶闸管弧焊整流器或硅弧焊整流器。

2.焊剂罐

焊剂采用高锰、高硅、低氢型 HJ431 焊剂,其作用是使熔渣形成渣池,使钢筋接头良好的形成,并保护熔化金属和高温金属,避免氧化、氮化作用的发生。使用前必须经250℃烘烤 2 h。落地的焊剂可以回收,并经 5 mm 筛子熔渣,再经铜笼底筛一遍后烘烤 2 h,然后用铜笼底筛一遍,才能与新焊剂各掺半混合使用。

焊剂盒可做成合瓣圆柱体,下口为锥体如图 5-56 所示。

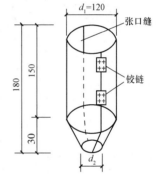

图 5-56 焊剂(药)盒
(单位:mm)

焊剂盒内装焊剂,其内径为 $90\sim100$ mm,应和所焊钢筋的直径相适应。焊剂可用 431 焊剂或其他性能相近的焊剂,使用前必须经250℃温度烘烤 2 h,以保证焊剂易熔化形成渣池。

二、施工技术

1.施工准备

(1)检查设备、电源

全面彻底的检查设备、电源,确保始终处于正常状态,严禁超负荷工作。

(2)钢筋端头制备

钢筋安装之前,应将钢筋焊接部位和电极钳口接触(150 mm 区段内)位置的锈斑、油污、杂物等清除干净,钢筋端部若有弯折、扭曲,应予以校直或切除,但不得用锤击校直。

(3)安装焊接夹具和钢筋

1)夹具的下钳口应夹紧于下钢筋端部的适当位置,一般为 1/2 焊剂罐高偏下 $5\sim10$ mm,以确保焊接处的焊剂有足够的淹埋深度。

2)上钢筋放入夹具钳口后,调准动夹头的起始点,使上下钢筋的焊接部位位于同轴状态,方可夹紧钢筋。注意常规应钢筋棱对棱,同时要考虑顶层钢筋拐尺的方向也能满足要求。不要到顶层时顾了拐尺,顾不了对棱。

3)钢筋一经夹紧,严防晃动,以免上下钢筋错位和夹具变形。

(4)安放焊剂罐、填装焊剂。

(5)试焊,做试件,确定焊接参数。

1)在正式进行钢筋电渣压力焊之前,参与施焊的焊工必须进行现场条件下的焊接工艺试验,以便确定合理的焊接参数。

2)试验合格后,方可正式生产。

3)当采用半自动、自动控制焊接设备时,应按照确定的参数设定好设备的各项控制数据,以确保焊接接头质量可靠。

2.施焊

电渣压力焊的工艺过程包括:引弧、电弧、电渣、顶压过程(图 5-57)。

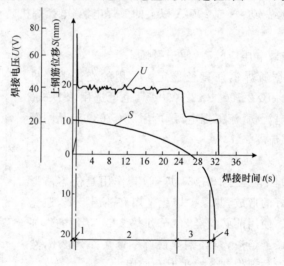

图 5-57   钢筋电渣压力焊焊接参数图解(ϕ 28 钢筋)

U—焊接电源;S—上钢筋位移;t—焊接时间

1—引弧过程;2—电弧过程;3—电渣过程;4—顶压过程

(1)引弧过程

宜采用钢丝圈引弧法,也可采用直接引弧法。

1)钢丝圈引弧法是将钢丝圈放在上、下钢筋端头之间,高约 10 mm,电流通过钢丝圈与上、下钢筋端面的接触点形成短路引弧。

2)直接引弧法是在通电后迅速将上钢筋提起,使两端头之间的距离为 2~4 mm 引弧。当钢筋端头夹杂不导电物质或过于平滑造成引弧困难时,可以多次把上钢筋移下与下钢筋短接后再提起,达到引弧目的。

(2)电弧过程

引燃电弧后,应控制电压值。借助操纵杆使上下钢筋端面之间保持一定的间距,进行电弧过程的延时,使焊剂不断熔化而形成一定深度的渣池。

(3)电渣过程

渣池形成一定深度后,将上钢筋缓缓插入渣池中,此时电弧熄灭,进入电渣过程。由于电流直接通过渣池,产生大量的电阻热,使渣池温度升到近 2 000℃,将钢筋端头迅速而均匀熔化。

(4)顶压过程

当钢筋端头达到全截面熔化时,迅速将上钢筋向下顶压,将熔化的金属、熔渣及氧化物等杂质全部挤出结合面,同时切断电源,焊接即告结束。

接头焊毕,应停歇后,方可回收焊剂和卸下焊接夹具,并敲去渣壳;四周焊包应均匀,凸出钢筋表面的高度应大于或等于 4 mm。

(5)接头位置要求

当受力钢筋采用机械连接接头或焊接接头时,设置在同一构件内的接头宜相互错开。

纵向受力钢筋机械连接接头及焊接接头连接区段的长度为 $35d$(d 为纵向受力钢筋的较大直径)且不小于 500 mm,凡接头中点位于该连接区段长度内的接头均属于同一连接区段。同一连接区段内,纵向受力钢筋机械连接及焊接的接头面积百分率为该区段内有接头的纵向受力钢筋截面面积与全部纵向受力钢筋截面面积的比值。

同一连接区段内,纵向受力钢筋的接头面积百分率应符合设计要求;当设计无具体要求时,应符合下列规定:

1)在受拉区不宜大于 50%;

2)接头不宜设置在有抗震设防要求的框架梁端、柱端的箍筋加密区;当无法避开时,对等强度高质量机械连接接头,不应大于 50%;

3)直接承受动力荷载的结构构件中,不宜采用焊接接头;当采用机械连接接头时,不应大于 50%。

(6)质量检查

在钢筋电渣压力焊的焊接生产中,焊工应认真进行自检,若发现偏心、弯折、烧伤、焊包不饱满等焊接缺陷,应切除接头重焊,并应查找原因,及时消除。切除接头时,应切除热影响区的钢筋,即离焊缝中心约为 1.1 倍钢筋直径的长度范围内部分应切除。

第三节　钢筋螺纹连接工程

一、施工机具

1.钢筋锥螺纹套丝机

锥螺纹套丝机分类:

(1)第 1 类。其切削头是利用靠模推动滑块拨动梳刀座,带动梳刀,进行切削加工钢筋锥螺纹的,如图 5-58 所示。

这种套丝机梳刀小巧,切削阻力小,转速快,内冲洗冷却润滑梳刀,铁屑冲洗得干净,但不能自动进刀和张刀,加工粗钢筋要多次切削成型,牙形不易饱满。

(2)第 2 类。其切削头是利用定位环和弹簧共同推动梳刀座,使梳刀张合,进行切削加工钢筋锥螺纹的,如图 5-59 所示。

这种套丝机梳刀长,切削阻力大,转速慢,能自动进给、自动张刀,一次成型,牙形饱满,但锥螺纹丝头的锥度不稳定,更换梳刀略麻烦。

(3)第 3 类。其切削头是用在四爪卡盘上装梳刀的办法使梳刀张合,进行切削加工钢筋锥螺纹的,如图 5-60 所示。

这种套丝机也能自动进刀和自动退刀一次成型,牙形饱满。但切削阻力大,每加工一次钢筋丝头就需对一次梳刀,效率低,外冷却冲洗,铁屑难以冲洗干净,降低了螺纹牙面光洁度。

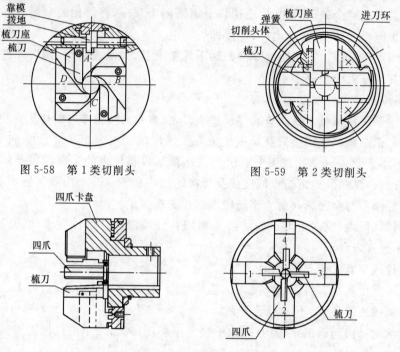

图 5-58　第 1 类切削头　　　　　图 5-59　第 2 类切削头

图 5-60　第 3 类切削头

2.力矩扳手

(1)力矩扳手是钢筋锥螺纹接头连接施工的必备量具。它可以根据所连钢筋直径大小预先设定力矩值。当力矩扳手的拧紧力达到设定的力矩值时,即可发出"咔嗒"声响。示值误差小,重复精度高,使用方便,标定、维修简单,可适用于 $\phi 16\sim\phi 40$ 范围九种规格钢筋的连接施工。

(2)力矩扳手检定标准为:《扭矩扳子检定规程》(JJG 707—2003);力矩扳手示值误差及示值重复误差小于等于±5%。

(3)力矩扳手应由具有生产计量器具许可证的单位加工制造;工程用的力矩扳手应有检定证书,确保其精度满足±5%;力矩扳手应由扭力仪检定,检定周期为半年。

(4)力矩扳手构造,如图 5-61 所示。

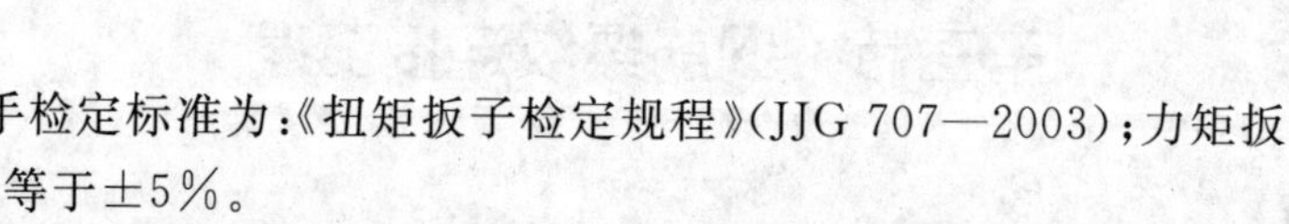

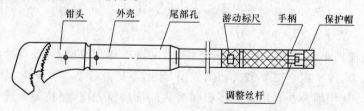

图 5-61　力矩扳手

(5)力矩扳手使用要点。

新力矩扳手的游动标尺一般设定在最低位置。使用时,要根据所连钢筋直径,用调整扳手旋转调整丝杆,将游动标尺上的钢筋直径刻度值对正手柄外壳上的刻线,然后将钳头垂直咬住所连钢筋,用手握住力矩扳手手柄,顺时针均匀加力。当力矩扳手发出"咔嗒"声响时,钢筋连接达到规定的力矩值。应停止加力,否则会损坏力矩扳手。力矩扳手反时针旋转只起棘轮作用,施加不上力。力矩扳手无声音信号发出时,应停止使用,进行修理;修理后的力矩扳手要进行标定方可使用。

(6)力矩扳手的检修和检定。

力矩扳手无"咔嗒"声响发出时,说明力矩扳手里边的滑块被卡住,应送到力矩扳手的销售部门进行检修,并用扭矩仪检定。

(7)力矩扳手使用注意事项:

1)防止水、泥、砂子等进入手柄内;

2)力矩扳手要端平,钳头应垂直钢筋均匀加力,不要过猛;

3)力矩扳手发出"咔嗒"响声时就不得继续加力,以免过载弄弯扳手;

4)不准用力矩扳手当锤子、撬棍使用,以防弄坏力矩扳手;

5)长期不使用力矩扳手时,应将力矩扳手游动标尺刻度值调到"0"位,以免手柄里的压簧长期受压,影响力矩扳手精度。

3.量规

(1)牙形规

检查钢筋锥螺纹丝头质量的量规有牙形规(图5-62)、卡规(图5-63)或环规(图5-64)。牙形规用于检查锥螺纹牙形质量。牙形规与钢筋锥螺纹牙形吻合的为合格牙形,如有间隙说明牙瘦或断牙、乱牙,则为不合格牙形。卡规或环规为检查锥螺纹小端直径大小用的量规,如钢筋锥螺纹小端直径在卡规或环规的允差范围时为合格丝头,否则为不合格丝头。

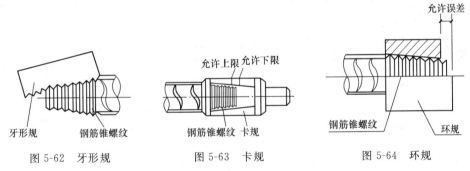

图 5-62 牙形规   图 5-63 卡规   图 5-64 环规

(2)卡规与环规

牙形规、卡规或环规应由钢筋连接技术提供单位成套提供。

二、施工技术

1.钢筋下料

钢筋下料时,可用钢筋切断机或砂轮锯,不得用气割下料,钢筋下料时,要求钢筋端面与钢筋轴线垂直,端头不得弯曲,不得出现马蹄形。

2.钢筋端头镦粗和预压

(1)钢筋端头镦粗

1)钢筋端部镦粗采用镦粗机进行。镦粗后的钢筋端头,经检验合格后,方可在套丝机上加工锥形螺纹。

2)丝头的加工利用专用套丝机进行。其加工和质量检验方法同普通锥螺纹连接技术。

（2）钢筋端头预压

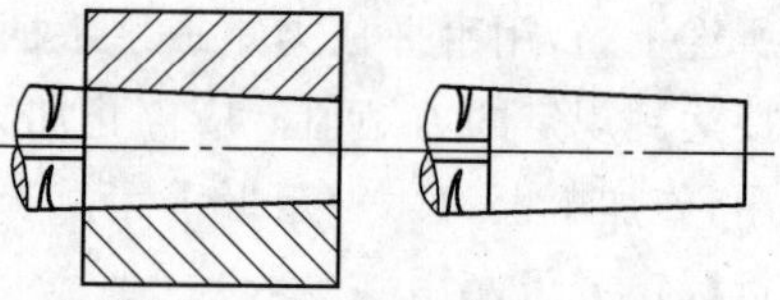

将钢筋端头插入预压机（GK40 型）的上下压模之间，在预压机的高压下，上、下两压模沿钢筋端径向合拢，使钢筋端头产生塑性变形，如图 5-65 所示。

(a)钢筋端头插入压模   (b)变形后的钢筋端头

图 5-65　钢筋端头预压示意

当压力达到设计规定值后，上、下两压模分离，这时钢筋端头受压区部位的所有纵、横肋均被压平，使钢筋端头成为一个圆锥体。

1）预压操作人员必须持证上岗。操作时采用的压力值、油压值应符合产品供应单位通过型式检验确定的技术参数要求。

2）预压操作时，钢筋端部完全插入预压机，直至前挡板处；钢筋摆放位置要求是：对于一次预压成形，钢筋纵肋沿竖向顺时针或逆时针旋转 $20°\sim40°$；对于两次预压成形，第一次预压钢筋纵肋向上，第二次预压钢筋顺时针或逆时针旋转 $90°$。

3. 钢筋套丝

（1）钢筋下料

钢筋应先调直再下料。钢筋下料可用钢筋切断机或砂轮锯，但不得用气割下料。下料时，要求切口端面与钢筋轴线垂直，端头不得挠曲或出现马蹄形。

（2）锥螺纹丝头检验

加工好的钢筋锥螺纹丝头的锥度、牙形、螺距等必须与连接套的锥度、牙形、螺距一致，并应进行质量检验。检验内容包括：

1）锥螺纹丝头牙形检验。

2）锥螺纹丝头锥度与小端直径检验。

3）锥螺纹的完整牙数。

4）为确保钢筋的套丝质量，操作人员必须坚持上岗证制度。操作前应先调整好定位尺，并按钢筋规格配置相对应的加工导向套。对于大直径钢筋要分次加工到规定的尺寸，以保证螺纹的精度和避免损坏梳刀。

5）钢筋套丝时，必须采用水溶性切削冷却润滑液，当气温低于 0℃时，应掺入 $15\%\sim20\%$ 亚硝酸钠，不得采用机油作冷却润滑液。

4. 接头工艺检验

钢筋连接工程开始前及施工过程中，应对每批进场钢筋进行接头工艺检验，工艺检验应符合下列要求。

（1）每种规格钢筋的接头试件不应少于 3 根。

（2）对接头试件的钢筋母材应进行抗拉强度试验。

（3）三根接头试件的抗拉强度均应满足现行国家标准《钢筋机械连接技术规程》（JGJ 107—2010）的规定。

（4）试件制作：施工作业前，从施工现场截取工程用的钢筋（长 300 mm）若干根，将其一头套锥螺纹，经外观检验合格后，用同规格的连接套筒连接两根钢筋，并按规定的力矩值将套筒拧紧，接头试件长度 600 mm 左右。

（5）每种规格 3 根试件的拉伸试验结果必须符合规范要求。如有 1 根试件达不到上述要求值，应再取双倍试件试验。当全部试件合格后，方可进行连接施工。如仍有 1 根试件不合格，则判定该批连接件不合格，不准使用。

（6）填写接头拉伸试验报告。

5.钢筋连接

(1)连接钢筋之前,先回收钢筋待连接端的保护帽和连接套上的密封盖,并检查钢筋规格是否与连接套规格相同,检查锥螺纹丝头是否完好无损、有无杂质。

(2)拧紧时要拧到规定扭矩值,待测力扳手发出指示响声时,才认为达到了规定的扭矩值。锥螺纹接头拧紧力矩值见表5-2,但不得加长扳手杆来拧紧。质量检验与施工安装使用的力矩扳手应分开使用,不得混用。

表5-2 连接钢筋拧紧力矩值

钢筋直径(mm)	≤16	18~20	22~25	28~32	36~40
扭紧力矩(N·m)	100	180	240	300	360

(3)在构件受拉区段内,同一截面连接接头数量不宜超过钢筋总数的50%;受压区不受限制。连接头的错开间距大于500 mm,保护层不得小于15 mm,钢筋间净距应大于50 mm。

(4)在正式安装前要做三个试件,进行基本性能试验。当有一个试件不合格,应取双倍试件进行试验,如仍有一个不合格,则该批加工的接头为不合格,严禁在工程中使用。

(5)对连接套应有出厂合格证及质保书。每批接头的基本试验应有试验报告。连接套与钢筋应配套一致。连接套应有钢印标记。

(6)安装完毕后,质量检测员应用自用的专用测力扳手对拧紧的扭矩值加以抽检。

第四节 钢筋滚轧直螺纹连接工程

一、施工机具

1.钢筋直螺纹连接设备

(1)钢筋直螺纹连接设备是完成钢筋直螺纹连接的设备;对应钢筋直螺纹连接工艺,钢筋直螺纹连接设备的种类有镦粗直螺纹连接设备和滚轧直螺纹连接设备。

(2)滚轧直螺纹连接设备是完成钢筋滚轧直螺纹连接的设备;主要由滚轧直螺纹机、量具、管钳和力矩扳手等组成,如图5-66所示为剥肋滚压直螺纹成型机构造组成图。

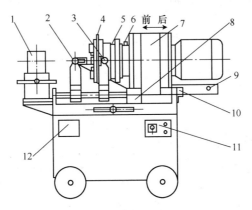

图5-66 剥肋滚轧直螺纹成型机

1—管钳;2—涨刀触头;3—收刀触头;4—剥肋机构;5—滚丝头;6—上水管;
7—减速机;8—进给手柄 9—行程挡块;10—行程开关;11—控制面板;12—机座

(3)滚轧直螺纹连接设备工作原理：钢筋夹持在管钳上，扳动进给手柄，减速机向前移动，剥肋机构对钢筋进行剥肋，到调定长度后，通过涨刀触头使剥肋机构停止剥肋，减速机继续向前进给，涨刀触头缩回，滚丝头开始滚压螺纹，滚到设定长度后，行程挡块与限位开关接触断电，设备自动停机并延时反转，将钢筋退出滚丝头，扳动进给手柄后退，通过收刀触头收刀复位，减速机退到极限位置后停机，松开管钳，取出钢筋，完成螺纹加工。

(4)钢筋螺纹连接设备的使用要点：

1)设备应有良好接地，防止漏电伤人。

2)在加工前，电器箱上的正反开关置于规定位置。加工标准螺纹开关置于"标准螺纹"位置，加工车左旋螺纹开关置于"左旋螺纹"位置。对剥肋滚压直螺纹成型机在加工左旋螺纹时，应更换左旋滚丝头及左剥肋机构。

3)钢筋端头弯曲时，应调直或切去后才能加工，严禁用气割下料。

4)出现紧急情况应立即停机，检查并排除故障后再行使用。

5)设备工作时不得检修、调整和加油。

6)整机应设有防雨棚，防止雨水从箱体进入水箱。

7)停止加工后，应关闭所有电源开关，并切断电源。

2.力矩扳手

参见第四章第二节钢筋锥螺纹连接工程的相关内容。

3.量规

(1)环规：丝头质量检验工具。每种丝头直螺纹的检验工具分为止端螺纹环规和通端螺纹环规两种。

(2)塞规：套筒质量检验工具。每种套筒直螺纹的检验工具分为止端螺纹塞规和通端螺纹塞规两种。

二、施工技术

1.钢筋下料

钢筋应先调直后下料，宜用切割机下料，不得用气割下料。钢筋下料时，要求钢筋端面与钢筋轴线垂直，端头不得弯曲，不得出现马蹄形。

2.钢筋套丝

(1)套丝机必须用水溶性切削冷却润滑液，当气温低于 0℃ 时，应掺入 15%～20% 的亚硝酸钠，不得用机油润滑。

(2)钢筋丝头的牙形、螺距必须与连接套的牙形、螺距规相吻合，有效螺纹内的秃牙部分累计长度小于一扣周长的 1/2，如图 5-67 所示。

(3)检查合格的丝头，应立即将其一端拧上塑料保护帽，另一端拧上连接套，并按规格分类堆放整齐待用。

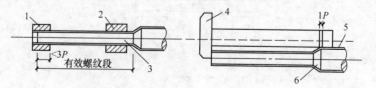

图 5-67　钢筋套丝要求

1—止环规；2—通环规；3—钢筋丝头；4—丝头卡扳；5—纵肋；6—第一小牙扣底

3.接头位置要求

当受力钢筋采用机械连接接头时，设置在同一构件内的接头宜相互错开。

纵向受力钢筋机械连接接头连接区段的长度为 $35d$（d 为纵向受力钢筋的较大直径）且不小于 500 mm，凡接头中点位于该连接区段长度内的接头均属于同一连接区段。同一连接区段内，纵向受力钢筋机械连接面积百分率为该区段内有接头的纵向受力钢筋截面面积与全部纵向受力钢筋截面面积的比值。

同一连接区段内，纵向受力钢筋的接头面积百分率应符合设计要求；当设计无具体要求时，应符合下列规定：

(1)在受拉区不宜大于 50%；

(2)接头不宜设置在有抗震设防要求的框架梁端、柱端的箍筋加密区；当无法避开时，对等强度高质量机械连接接头，不应大于 50%；

(3)直接承受动力荷载的结构构件中采用机械连接接头时，不应大于 50%。

4. 钢筋连接

(1)连接钢筋时，钢筋规格和套筒的规格必须一致，钢筋和套筒的螺纹应干净、完好无损。连接之前应检查钢筋螺纹及连接套螺纹是否完好无损，钢筋螺纹丝头上如发现杂物或锈蚀，可用钢丝刷清除。

(2)对于标准型和异型接头连接：首先用工作扳手将连接套与一端的钢筋拧到位，然后将另一端的钢筋拧到位，其操作方法如图 5-68(a)所示。

活连接型接头连接：先对两端钢筋向连接套方向加力，使连接套与两端钢筋丝头挂上扣，然后用工作扳手旋转连接套，并拧紧到位，其操作方法如图 5-68(b)所示。在水平钢筋连接时，一定要将钢筋托平对正后，再用工作扳手拧紧。

(3)采用预埋接头时，连接套筒的位置、规格和数量应符合设计要求。带连接套筒的钢筋应固定牢靠，连接套筒的外露端应有保护盖。

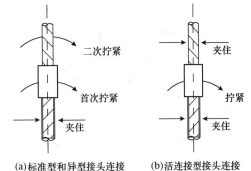

(a)标准型和异型接头连接　(b)活连接型接头连接

图 5-68　钢筋滚轧直螺纹连接示意图

(4)滚压直螺纹接头应使用扭力扳手或管钳进行施工，将两个钢筋丝头在套筒中间位置相互顶紧，扭力扳手的精度为±5%。

(5)经拧紧后的滚压直螺纹接头应作出标记，单边外露螺纹长度不应超过 $2P$。

(6)根据待接钢筋所在部位及转动难易情况，选用不同的套筒类型，采取不同的安装方法，如图 5-69～图 5-72 所示。

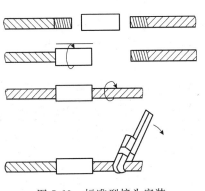

图 5-69　标准型接头安装

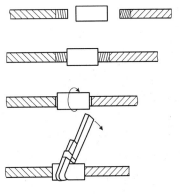

图 5-70　正反螺纹型接头安装

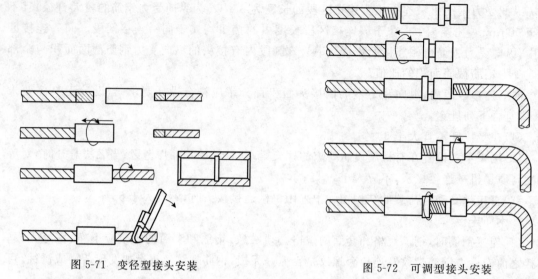

图 5-71　变径型接头安装　　　　　　　　图 5-72　可调型接头安装

5.质量检查

在钢筋连接生产中,操作人员应对所有接头逐个进行自检,然后由质量检查员随机抽取同规格接头数的 10% 进行外观质量检查。应满足钢筋与连接套的规格一致,外露螺纹不得超过 1 个完整扣。并填写检查记录。如发现外露螺纹超过 1 个完整扣,应重拧或查找原因及时消除。用工作扳手抽检接头的拧紧程度,并按表 5-3 中的拧紧力矩值检查,并加以标记。若有不合格品,应全数进行检查。

表 5-3　滚轧直螺纹钢筋接头拧紧力矩值

钢筋直径(mm)	≤16	18~20	22~25	28~32	36~40
拧紧力矩值(N·m)	80	160	230	300	360

注:当不同直径的钢筋连接时,拧紧力矩值按较小直径钢筋的相应值取用。

第五节　先张有黏结预应力工程

一、施工机具

1.液压千斤顶

(1)穿心式千斤顶

穿心式千斤顶是一种利用双液压缸张拉预应力筋和顶压锚具的双作用千斤顶。系列产品有 YC20D、YC60 和 YC120 型。

(2)大孔径穿心式千斤顶

大孔径穿心式千斤顶,又称群锚千斤顶,具有一个大口径穿心孔,利用单液压缸张拉预应力筋的单作用千斤顶。这种千斤顶广泛用于张拉杆式穿心千斤顶。根据千斤顶构造上的差异与生产厂不同,可分为三大系列产品,即 YCD 型、YCQ 型、YCW 型千斤顶;每一系列产品又有多种规格。

1) YCD 型千斤顶

YCD 型千斤顶的构造如图 5-73 所示。这类千斤顶具有大口径穿心孔,其前端安装顶压器,后端安装工具锚。张拉时活塞杆带动工具锚与钢绞线向左移。锚固时,采用液压顶压器或弹性顶压器。

2)YCQ 型千斤顶

YCQ 型千斤顶的构造如图 5-74 所示。这类千斤顶的特点是不顶锚,用限位板代替顶压器。限位板的作用是在钢绞线束张拉过程中限制工作锚固片的外伸长率,以保证在锚固时夹片有均匀一致和所期望的内缩值。这类千斤顶的构造简单、造价低、无须预锚、操作方便,但要求锚具的自锚性能可靠,在每次张拉到控制油压值或需要将钢绞线锚住时,只要打开截止阀,钢绞线即随之被锚固。另外,这类千斤顶配有专门的工具锚,以保证张拉锚固后退楔方便。

YCQ 型千斤顶的操作顺序如图 5-75 所示。

①张拉前的准备,如图 5-75(a)所示。

a.清理垫板及钢绞线表面的灰浆。

b.安装锚板。

c.装夹片。

d.安装限位板。

②张拉前的准备,如图 5-75(b)所示。

a.千斤顶就位。

b.工具锚夹片用"挡板"推紧。

③张拉,如图 5-75(c)所示。

a.向张拉缸供油,直到设计油压值。

b.测量伸长值。

④锚固,如图 5-75(d)所示。

a.打开截止阀将张拉缸油压降至零。

b.千斤顶活塞回程。

c.拆去工具锚与夹片。

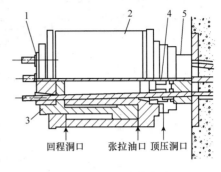

图 5-73　YCD 型千斤顶

1—工具锚;2—千斤顶缸体;

3—千斤顶活塞;4—顶压器;5—工作锚

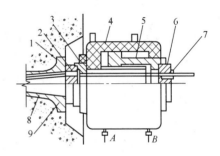

图 5-74　YCQ 型千斤顶

1—工作锚板;2—夹片;3—限位板;

4—缸体;5—活塞;6—工具锚板;

7—工具夹片;8—钢绞线;9—喇叭形铸铁垫板

A—张拉时进油嘴;B—回缩时进油嘴

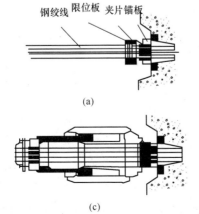

(a)

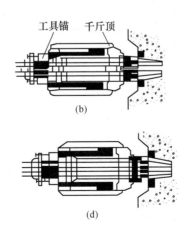

(b)

(c)

(d)

图 5-75　YCQ 型千斤顶的操作顺序

3）YCW 型千斤顶

YCW 型千斤顶是在 YCQ 型千斤顶的基础上发展起来的，其通用性强。YCW 型千斤顶加撑杆与拉杆后，可用于镦头锚具和冷铸镦头锚具，如图 5-76 所示。

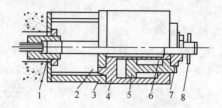

图 5-76　YCW 型千斤顶带撑脚的工作情况

1—锚具；2—支承环；3—撑脚；4—油缸；5—活塞；6—张拉杆；

7—张拉杆螺母；8—张拉杆手柄

（3）前置内卡式千斤顶

前置内卡式千斤顶是将工具锚安装在千斤顶前部的一种穿心式千斤顶。这种千斤顶的优点是节约预应力钢材，使用方便，效率高；广泛用于张拉单根钢绞线或 $7\phi^{s}5$ 钢丝束。

前置内卡式千斤顶由外缸、活塞、内缸、工具锚、顶压器等组成，如图 5-77 所示。在高压油作用下，顶压器与活塞杆不动，油缸后退，工具锚夹片即夹紧钢绞线。随着高压油不断作用，油缸继续后退，夹持钢绞线后退完成张拉工作。千斤顶张拉后，回油到底时工具锚夹片被顶开；千斤顶与工具锚一次退出。

（4）开口式双缸千斤顶

开口式双缸千斤顶是利用一对倒置的单活塞杆缸体将预应力筋卡在其间开口处的一种千斤顶。这种千斤顶主要用于单根超长钢绞线分段张拉。

开口式双缸千斤顶由活塞支架、油缸支架、活塞体、缸体、缸盖、夹片等组成，如图 5-78 所示。当油缸支架 A 油嘴进油、活塞支架 B 油嘴回油时，液压油分流到两侧缸体内，由于活塞支架不动，缸体支架后退带动预应力筋张拉。反之，B 油嘴进油，A 油嘴回油时，缸体支架复位。

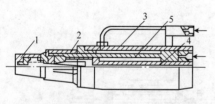

图 5-77　前置内卡式千斤顶

1—顶压器；2—工具锚；3—外缸；

4—活塞；5—内缸

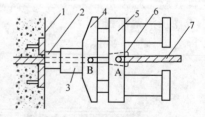

图 5-78　开口式双缸千斤顶

1—埋件；2—工作锚；3—顶压器；

4—活塞支架；5—油缸支架；6—夹片；

7—预应力筋；A、B—油嘴

开口式双缸千斤顶的公称张拉力为 180 kN，张拉行程为 150 mm，额定压力为 40 MPa，自重为 47 kg。

2.钢筋镦头机

钢筋镦粗是把钢筋或钢丝的端头加工成为灯笼形圆头，作为预应力钢筋的锚固头，镦头直径为（1.5～2）d，粗头厚度为（1～1.3）d（d 为钢筋直径）。钢筋镦粗锚固具有使用方便、锚固可靠、加工简单、成本低等优点,因而在钢筋预应力工艺中广泛采用。钢筋镦头机是用于镦头的专用设备。

(1)钢筋镦头机的类型

钢筋镦头机有冷镦和热镦两类:冷镦机按其动力的不同,可分为手动、电动和液压三种形式。液压式又可分为钢丝冷镦和钢筋冷镦两种。在热镦中有电热镦头机,也可利用对焊机进行热镦。按镦头机固定状态可分为移动式和固定式两种。现有镦头机的镦头力有100、120、160、200、450 kN 等多种。

(2)钢筋镦头机的构造及工作原理

1)手动镦头机。手动镦头机适用于镦冷拔低碳钢丝,它是利用手动压臂转动偏心轮,推动镦头模挤压钢丝头,使钢丝头成为铆钉状的圆头。当手动压臂返回时,弹簧张力将镦头模顶回原位。手动镦头的夹具由两夹块组成,两夹块之间装有撑开弹簧片。当扳动夹具手柄时,夹具沿锥形套后移,并依靠撑开弹簧片的张力而分开,此时可将钢丝送进夹口顶到镦头模;当放松夹具手柄时,由于弹簧的作用将钢丝夹紧,然后便可进行冷镦。冷镦后,再扳动夹具手柄,取出钢丝。

2)电动钢筋镦头机。电动钢筋镦头机可分为固定式和移动式两种。

①固定式电动镦头机主要由电动机、带轮、凸轮、滑块、压臂和机架等构成。其工作原理如图 5-79 所示,电动机动力经 V 带轮减速后,驱动主轴带动压紧凸轮,当凸缘部分和滚轮相接触,压杠杆左端沿竖向抬起,右端下压,上压模下落压住钢丝。与此同时,顶镦凸轮的凸缘和顶镦推杆左端的滚轮接触,使顶镦推杆沿水平方向向右推动,顶镦推杆右端附有一个短圆镦模,当顶镦推杆向右运动时,镦模挤压已被压模卡住的钢丝头,从而完成镦头工作。当压模、镦模由于凸轮作用向前动作一次后,因复位弹簧的作用将压模、镦模送回原处,周而复始。

②移动式电动镦头机是由电动机、镦头凸轮、镦头活塞、镦头模、夹具、切刀、涡轮减速器、弹簧、带轮等组成,如图 5-80 所示。使用时,开动电动机,冷镦机即进入不停的工作状态。待夹具张开时,将钢丝插入,冷镦机即自动地完成夹紧、镦头作用。夹具张开时取出包镦头的钢丝。当冷镦不同直径的钢丝时,应调整镦头模和夹具间的距离,使之有一定的镦锻预留长度。

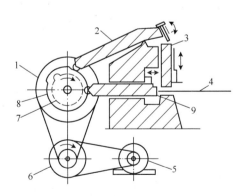

图 5-79 固定式电动镦头机
1、6—胶带轮;2—压臂;3—压模;4—钢筋;5—电动机;
7—顶镦凸轮;8—加压凸轮;9—顶镦滑块

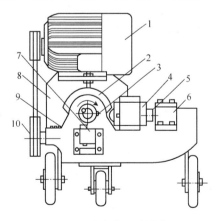

图 5-80 移动式电动镦头机
1—电动机;2—镦头凸轮;3—切断凸轮;
4—镦头活塞;5—镦头模;6—夹具;
7—切刀;8—涡轮减速器;9—弹簧;10—带轮

3）液压钢筋镦头机。液压钢筋镦头机本身没有动力，需要和液压泵配套使用。它主要由液压缸、夹紧活塞、镦头活塞、顺序阀、回油阀、镦头模、夹片及锚环等部件组成，如图5-81所示。

工作时，压力油经过油嘴进入液压缸，推动夹紧活塞向左运动，夹紧活塞推动三片夹具向左运动，将钢筋镦粗。回程时，夹紧活塞及镦头活塞在夹紧弹簧及镦头弹簧的作用下向右运动，夹具松开，即可取出已镦好的钢筋。

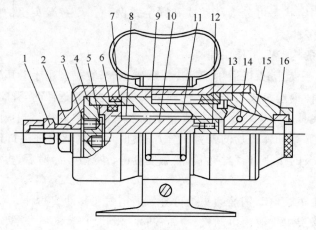

图5-81 液压钢筋镦头机

1—油嘴；2—缸体；3—顺序阀；4—O形密封圈；5—回油阀；6、7—YX形密封圈；
8—镦头活塞回程弹簧；9—夹紧活塞回程弹簧；10—镦头活塞；11—夹紧活塞；
12—镦头模；13—锚环；14—夹片张开弹簧；15—夹片；16—夹片回程弹簧

4）电热钢筋镦头机。电热钢筋镦头机主要由变压器、固定电极、移动电极、夹紧偏心轮、挤压偏心轮和带开关操作手柄等组成。工作时，先按钢筋的直径选择合适的夹钳槽口，将钢筋放入夹钳中，伸出15 mm左右，扳动手柄使夹紧偏心轮夹紧。再转动挤压操作手柄，使挤压镦模头和钢筋头紧密接触，按动手柄上的开关使电极通电，这时钢筋的伸出部分立即被电热烧红，然后继续转动挤压手柄，并通过挤压偏心轮加压，挤压镦头模顶锻软化的钢筋端头，使之挤压成一个灯笼形圆头，完成镦头工艺。

5）钢筋镦头机的操作要点见表5-4。

表5-4 钢筋镦头机的操作要点

项 目	内 容
电动钢筋镦头机	(1)凸轮和拖轮工作属强力摩擦，故必须保持表面润滑。 (2)压紧螺杆要随时注意调整，防止上下夹块滑动移动。 (3)工作前要注意电动机转动方向，行轮应顺指针方向转动。 (4)夹块的压紧槽要根据加工料的直径而定，压紧杆的调整要适当。 (5)调整时凸块与夹块的工作距离不得大于1.5 mm，安装位置调整按镦帽直径大小而定
液压镦头机	(1)应配用额定压力在40 MPa以上的液压泵。 (2)使用前必须将液压泵安全阀从零调定到保证镦头尺寸所需的压力，以免突然升压过高损坏机件。 (3)镦头部件(锚环)与外壳的螺纹连接，必须拧紧。应注意在锚环未装上时，不得承受高压，否则将损坏弹簧座与外壳连接螺纹。

续上表

项 目	内 容
液压镦头机	(4)工作油液在一般情况下,冬季宜选用 L-AN15 油,夏季则选用 L-AN32 油,在特殊严寒及酷热地区应适当调整。要注意保持油液清洁,并定期更换。 (5)新油管应用轻油清洗干净后再投入使用,油管接头部位应保持清洁。 (6)镦头部位各零件应经常保持清洁,定时拆洗除锈
电热镦头机	(1)根据钢筋的直径和粗头的形状大小要求控制钢筋的伸出留量。 (2)在钢筋端头 120～130 mm 长度内,必须校直和除锈。 (3)钢筋端面要磨平,以保持镦头的尺寸。 (4)钢筋的中心必须与模具的中心对准。 (5)操纵杆要缓慢扳动,用力均匀,防止加热过快和加压过猛。 (6)钢筋要夹紧,以免因接触不良而烧伤钢筋。 (7)钢筋头镦粗后,要经过拉力试验

3.预应力用高压油泵

(1)ZB4/500 型电动油泵。ZB4/500 型电动油泵如图 5-82 所示,主要与额定压力不大于 50 MPa 的中等吨位的预应力千斤顶配套使用。

(2)ZB10/320.4/800 型电动油泵。ZB10/320.4/800 型电动油泵是一种大流量、超高压的变量油泵,主要与张拉力在 1 000 kN 以上或工作压力在 50 MPa 以上的预应力液压千斤顶配套使用。

(3)ZBO.8.500 与 ZBO.6.630 型电动小油泵。ZBO.8.500 与 ZBO.6.630 型电动小油泵主要用于小吨位预应力千斤顶。如对张拉速度无特殊要求,也可用于中等吨位预应力千斤顶。该产品对现场预应力施工尤为适用。

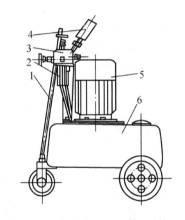

图 5-82 ZB4/50 型电动油泵外形
1—拉手;2—电源开关;3—控制阀;
4—压力表;5—电动机及油泵;6—油箱小车

二、施工技术

1.预应力筋制作

(1)钢绞线下料与编束。钢绞线的盘重大、盘卷小、弹力大,为了防止在下料过程中钢绞线紊乱并弹出伤人,事先应制作一个简易的铁笼。下料时,将钢绞线盘卷装在铁笼内,从盘卷中央逐步抽出,较为安全。

钢绞线下料宜用砂轮切割机切割,不得采用电弧切割。

钢绞线编束宜用 20 号钢丝绑扎,间距 2～3 m。编束时应先将钢绞线理顺,并尽量使各根钢绞线松紧一致。如钢绞线单根穿入孔道,则不编束。

(2)钢绞线固定端锚具组装

1)挤压锚具组装

挤压设备采用 YJ45 型挤压机。该机由液压千斤顶、机架和挤压模组成,如图 5-83 所示。其主要性能:额定油压 63 MPa,工作缸面积 7 000 mm²,额定顶推力 440 kN,额定顶推行程 160 mm,外形尺寸 730 mm×200 mm×200 mm。

挤压机的工作原理:千斤顶的活塞杆推动挤压套通过喇叭形模具,使挤压套直径变细,硬钢丝螺旋圈脆断并嵌入挤压套与钢绞线中,以形成牢固的挤压头。操作时应注意的事项:

①挤压模内腔要保持清洁,每次挤压后都要清理一次,并涂抹石墨油膏;

②使用硬钢丝螺旋圈时,各圈钢丝应并拢,其一端应与钢绞线端头平齐;

③挤压套装在钢绞线端头挤压时,钢绞线、挤压模与活塞杆应在同一中心线上,以免挤压套被卡住;

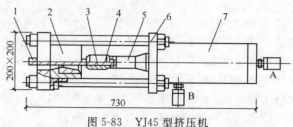

图 5-83 YJ45 型挤压机

1—钢绞线;2—挤压模;3—硬钢丝螺旋圈;4—挤压套;5—活塞杆;6—机架;7—千斤顶

A—进油嘴;B—回油嘴

④挤压时压力表读数宜为 40～45 MPa,个别达 50 MPa 时应不停顿挤过;

⑤挤压模磨损后,锚固头直径不宜超差 0.3 mm。

2)压花锚具成型

压花设备采用压花机,该机由液压千斤顶、机架和夹具组成,如图 5-84 所示。压花机的最大推力为 350 kN,行程为 70 mm。

(3)钢丝下料与编束

1)钢丝下料

消除应力钢丝放开后是直的,可直接下料。钢丝下料时如发现钢丝表面有电接头或机械损伤,应随时剔除。

采用镦头锚具时,钢丝的等长要求较严。为了达到这一要求,钢丝下料可用钢管限位法或用牵引索在拉紧状态下进行。钢管限位法下料如图 5-85 所示,钢管固定在木板上,钢管内径比钢丝直径大 3～5 mm,钢丝穿过钢管至另一端角铁限位器时,用 DL10 型冷镦器的切断装置切断。限位器与切断器切口间的距离,即为钢丝的下料长度。

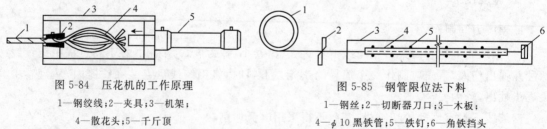

图 5-84 压花机的工作原理

1—钢绞线;2—夹具;3—机架;

4—散花头;5—千斤顶

图 5-85 钢管限位法下料

1—钢丝;2—切断器刀口;3—木板;

4—ϕ10 黑铁管;5—铁钉;6—角铁挡头

2)钢丝编束

为保证钢丝束两端钢丝的排列顺序一致,穿束与张拉时不致紊乱,每束钢丝都必须进行编束。随着所用锚具形式不同,编束方法也有差异。

采用镦头锚具时,根据钢丝分圈布置的特点,首先将内圈和外圈钢丝分别用钢丝顺序编扎,然后将内圈钢丝放在外圈钢丝内扎牢。为了简化钢丝编束,钢丝的一端可直接穿入锚杯,另一端距端部约 200 mm 处编束,以便穿锚板时钢丝不紊乱。钢丝束的中间部分可根据长度适当编扎几道。

采用钢质锥形锚具时,钢丝编束可分为空心束和实心束两种,但都需要圆盘梳丝板理顺钢丝,并在距钢丝端部 50～100 mm 处编扎一道,使张拉分丝时不致紊乱。采用空心束时,每隔 1.5 m 放一个弹簧衬圈。其优点是束内空心,灌浆时每根钢丝都被水泥浆包裹,钢丝束的握裹力好,但钢丝束外径大,穿束困难,钢丝受力也不匀。采用实心束可简化工艺,减少孔道摩擦损失。为了检查实心束的灌浆效果,在灌浆后凿开孔道,发现水泥浆较饱满,钢丝未裸露,同时试验结果表明实心束的握裹力也是足够的。

(4)钢丝镦头

钢丝镦粗的头型,通常有蘑菇型和平台型两种,如图 5-86 所示。前者受锚板的硬度影响大,如锚板较软,镦头易陷入锚孔而断于镦头处;后者由于有平台,受力性能较好。

(5)预应力筋制作或组装时,不得采用加热、焊接或电弧切割。在预应力筋近旁对其他部件进行气割或焊接时,应防止预应力筋受焊接火花或接地电流的影响。

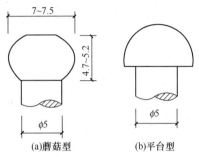

图 5-86　消除应力钢丝冷镦头型

(6)钢丝束预应力筋的编束、镦头锚板安装及钢丝镦头宜同时进行。钢丝的一端先穿入镦头锚板并镦头,另端按相同的顺序分别编扎内外圈钢丝,以保证同一束内钢丝平行排列且无扭绞情况。

2.预应力孔道成型

(1)预应力孔道曲线坐标位置应符合设计要求,波纹管束形的最高点、最低点、反弯点等为控制点,预应力孔道曲线应平滑过渡。

(2)曲线预应力束的曲率半径不宜小于 4 m。锚固区域承压板与曲线预应力束的连接应有大于等于 300 mm 的直线过渡段,直线过渡段与承压板相垂直。

(3)预埋金属波纹管安装前,应按设计要求确定预应力筋曲线坐标位置,点焊 $\phi 8$～$\phi 10$ 钢筋支托,支托间距为 1.0～1.2 m。波纹管安装后,应与钢筋支托可靠固定。

(4)金属波纹管的连接接长,可采用大一号同型号波纹管作为接头管。接头管的长度宜取管径的 3～4 倍。接头管的两端应采用热塑管或粘胶带密封。

(5)灌浆管、排气管或泌水管与波纹管的连接时,先在波纹管上开适当大小孔洞,覆盖海棉垫和塑料弧形压板并与波纹管扎牢,再采用增强塑料管与弧形压板的接口绑扎连接,增强塑料管伸出构件表面外 400～500 mm。图 5-87 为灌浆管、排气管节点图。

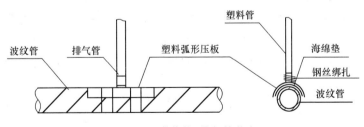

图 5-87　灌浆管、排气管节点

(6)竖向预应力结构采用钢管成孔时应采用定位支架固定,每段钢管的长度应根据施工分层浇筑高度确定。钢管接头处宜高于混凝土浇筑面 500～800 mm,并用堵头临时封口。

(7)混凝土浇筑使用振捣棒时,不得对波纹管和张拉与固定端组件直接冲击和持续接触振捣。

3.预应力孔道穿束

(1)预应力筋可在浇筑混凝土前(先穿束法)或浇筑混凝土后(后穿束法)穿入孔道,根据结构特点和施工条件等要求确定。固定端埋入混凝土中的预应力束采用先穿束法安装,波纹管端头设灌浆管或排气管,使用封堵材料可靠密封,如图 5-88 所示)。

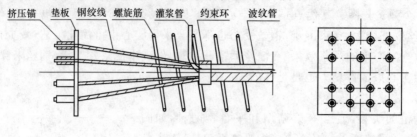

图 5-88　埋入混凝土中固定端构造

(2)混凝土浇筑后,对后穿束预应力孔道,应及时采用通孔器通孔或其他措施清理成孔管道。

(3)预应力筋穿束可采用人工、卷扬机或穿束机等动力牵引或推送穿束;依据具体情况可逐根穿入或编束后整束穿入。

(4)竖向孔道的穿束,宜采用整束由下向上牵引工艺,也可单根由上向下逐根穿入孔道。

(5)浇筑混凝土前先穿入孔道的预应力筋,应采用端部临时封堵与包裹外露预应力筋等防止腐蚀的措施。

4. 预应力筋张拉

(1)预应力筋的张拉顺序,应根据结构体系与受力特点、施工方便、操作安全等综合因素确定。在现浇预应力混凝土楼盖结构中,宜先张拉楼板、次梁,后张拉主梁。预应力构件中预应力筋的张拉顺序,应遵循对称与分级循环张拉原则。

(2)预应力筋的张拉方法,应根据设计和施工计算要求采取一端张拉或两端张拉。采用两端张拉时,宜两端同时张拉,也可一端先张拉,另一端补张拉。

(3)对同一束预应力筋,应采用相应吨位的千斤顶整束张拉。对直线束或平行排放的单波曲线束,如不具备整束张拉的条件,也可采用小型千斤顶逐根张拉。

(4)预应力筋的张拉步骤与实际张拉伸长值记录,应从零应力加载至初拉力开始,测量伸长值初读数,再以均匀速度分级加载分级测量伸长值至终拉力。达到终拉力后,对多根钢绞线束宜持荷 2min,对单根钢绞线可适当持荷后锚固。

(5)对特殊预应力构件或预应力筋,应根据设计和施工要求采取专门的张拉工艺,如采用分阶段张拉、分批张拉、分级张拉、分段张拉、变角张拉等。

(6)对多波曲线预应力筋,可采取超张拉回松技术来提高内支座处的张拉应力并减少锚具下口的张拉应力。

(7)预应力筋张拉过程中实际伸长值与计算伸长值的允许偏差为±6％,如超过允许偏差,应查明原因采取措施后方可继续张拉。

(8)预应力筋张拉时,应按要求对张拉力、压力表读数、张拉伸长值、异常现象等进行详细记录。

5. 孔道灌浆及锚具防护

(1)灌浆前应全面检查预应力筋孔道、灌浆管、排气管与泌水管等是否畅通,必要时可采用压缩空气清孔。

(2)灌浆前应对锚具夹片空隙和其他可能产生的漏浆处需采用高强度水泥浆或结构胶等

方法封堵。封堵材料的抗压强度大于 10 MPa 时方可灌浆。

（3）灌浆设备的配备必须保证连续工作和施工条件的要求。灌浆泵应配备计量校验合格的压力表。灌浆前应检查配套设备、灌浆管和阀门的可靠性。注入泵体的水泥浆应经过筛滤，滤网孔径不宜大于 2 mm。与输浆管连接的出浆孔孔径不宜小于 10 mm。

（4）掺入高性能外加剂拌制的水泥浆，其水胶比宜为 0.35～0.38 mm，外加剂掺量严格按试验配比执行。严禁掺入各种含氯盐或对预应力筋有腐蚀作用的外加剂。

（5）水泥浆的可灌性用流动度控制：采用流淌法测定时宜为 130～180 mm，采用流锥法测定时宜为 12～18 s。

（6）水泥浆宜采用机械拌制，应确保灌浆材料的拌和均匀。运输和间歇过长产生沉淀离折时，应进行二次搅拌。

（7）灌浆顺序宜先灌下层孔道，后灌上层孔道。灌浆工作应匀速连续进行，直至排气管排出浓浆为止。在灌满孔道封闭排气管后，应再继续加压至 0.5～0.7 MPa，稳压 1～2 min，之后封闭灌浆孔。

当发生孔道阻塞、串孔或中断灌浆时，应及时冲洗孔道或采取其他措施重新灌浆。

（8）当孔道直径较大且水泥浆不掺微膨胀剂或减水剂进行灌浆时，可采取下列措施：

1）二次压浆法，但二次压浆的间隙时间宜为 30～45 min；

2）重力补浆法，在孔道最高处连续不断地补充水泥浆。

（9）如遇灌浆不畅通，更换灌浆孔，应将第一次灌入的水泥浆排出，以免两次灌浆之间有空气存在。

（10）竖向孔道灌浆应自下而上进行，并应设置阀门，阻止水泥浆回流。为确保其灌浆密实性，除掺微膨胀剂和减水剂外，并应采用重力补浆。

（11）室外温度低于 +5℃ 时，孔道灌浆应采取抗冻保温措施，防止浆体冻胀使混凝土沿孔道产生裂缝。抗冻保温措施：采用早强型普通硅酸盐水泥，掺入一定量的防冻剂；水泥浆用温水拌和；灌浆后将构件保温，宜采用木模，待水泥浆强度上升后，再拆除模板。当室外温度高于 35℃ 时，宜在夜间进行灌浆。水泥浆灌入前的温度不应超过 35℃。

（12）采用真空辅助孔道灌浆时，在灌浆端先将灌浆阀、排气阀全部关闭，在排浆端启动真空泵，使孔道真空度达到 −0.08～−0.1 MPa 并保持稳定；然后启动灌浆泵开始灌浆。在灌浆过程中，真空泵保持连续工作，待抽真空端有浆体经过时关闭通向真空泵的阀门，同时打开位于排浆端上方的排浆阀门，派出少量浆体后关闭。灌浆工作继续按常规方法完成。

（13）预应力筋的外露部分宜采用机械方法切割。预应力筋的外露长度，不宜小于其直径的 1.5 倍，且不宜小于 30 mm。

（14）锚具封闭前应将周围混凝土凿毛并清理干净，对凸出式锚具应配置保护钢筋网片。

（15）锚具封闭防护宜采用与构件同强度等级的细石混凝土，也可采用膨胀混凝土、低收缩砂浆等材料。如图 5-89 为锚具封闭构造平面图（H 为锚板厚度）。

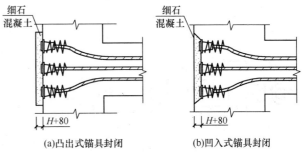

(a)凸出式锚具封闭　　(b)凹入式锚具封闭

图 5-89　锚具封堵构造平面图

第六节 后张无黏结预应力工程

一、施工机具

1.手提式超高压油泵

手提式超高压油泵主要供小吨位预应力液压千斤顶在高空张拉单根钢绞线使用。

2.灌浆设备

灌浆可采用电动或手动灌浆泵,不得使用压缩空气。灌浆用的设备包括:灰浆搅拌机、灌浆泵、储浆桶、过滤器、橡胶管和喷浆嘴。灌浆嘴(图 5-90)

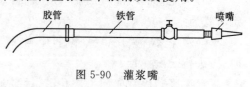

图 5-90　灌浆嘴

必须接上阀门,以保安全和节省灰浆。橡胶管宜用带 5～7 层帆布夹层的厚胶管。

3.张拉设备标定

(1)张拉设备标定要求

1)施加预应力用的机具设备及仪表,应由专人使用和管理,并应定期维护和标定(校验)。

2)张拉设备应配套标定,以确定张拉力与压力表读数的关系曲线。标定张拉设备用的试验机或测力计精度,不得低于±2%。压力表的精度不宜低于 1.5 级,最大量程不宜小于设备额定张拉力的 1.3 倍。标定时,千斤顶活塞的运行方向,应与实际张拉工作状态一致。

3)张拉设备的标定期限,不宜超过半年。当发生下列情况之一时,应对张拉设备重新标定。

①千斤顶经过拆卸修理;

②千斤顶久置后重新使用;

③压力表受过碰撞或出现失灵现象;

④更换压力表;

⑤张拉中预应力筋发生多根破断事故或张拉伸长值误差较大。

(2)液压千斤顶标定

千斤顶与压力表应配套标定,以减少累积误差,提高测力精度。

1)用标准测力计标定。用测力计标定千斤顶是一种简单可靠的方法,准确程度较高。常用的测力计有水银压力计、压力传感器或弹簧测力环等,标定装置如图 5-91 与图 5-92 所示。

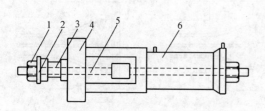

图 5-91　用穿心式压力传感器标定千斤顶
1—螺母;2—垫板;3—穿心式压力传感器;
4—横梁;5—拉杆;6—穿心式千斤顶

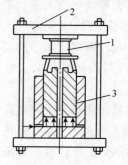

图 5-92　用压力传感器(或水银压力计)标定千斤顶
1—压力传感器(或水银压力计);
2—框架;3—千斤顶

标定时，千斤顶进油，当测力计达到一定分级荷载读数 N_1 时，读出千斤顶压力表上相应的读数 p_1；同样可得对应读数 N_2、p_2；N_3、p_3……。此时，N_1、N_2、N_3……即为对应于压力表读数 p_1、p_2、p_3……时的实际作用力。重复三次，取其平均值。将测得的各值绘成标定曲线。实际使用时，可由此标定曲线找出与要求的 N 值相对应的 p 值。

此外，也可采用两台千斤顶卧放对顶并在其连接处装标准测力计进行标定，如图 5-93 所示。千斤顶 A 进油，B 关闭时，读出两组数据：

①N-p_a 主动关系，供张拉预应力筋时确定张拉端拉力用。

②N-p_b 被动关系，供测试孔道摩擦损失时确定固定端拉力用。反之，可得 N-p_b 主动关系，N-p_a 被动关系。

图 5-94 示出千斤顶张拉力与压力表读数的关系曲线。如果需要测试孔道反摩擦损失，则还应求出千斤顶主动工作后回油时的标定曲线。

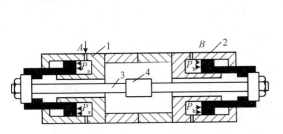

图 5-93　千斤顶卧放对顶标定

1—千斤顶 A；2—千斤顶 B；3—拉杆；4—测力计

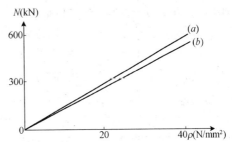

图 5-94　千斤顶张拉力与表读数的关系曲线

2）用试验机标定。穿心式、锥锚式和台座式千斤顶的标定，可在压力试验机上进行（图 5-95）。

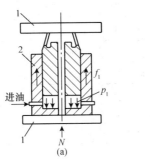
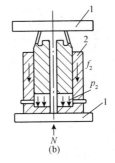

图 5-95　在压力试验机上标定穿心式千斤顶

1—压力机的上、下压板；2—穿心式千斤顶

标定时，将千斤顶放在试验机上并对准中心。开动油泵向千斤顶供油，使活塞运行至全部行程的 1/3 左右，开动试验机，使压板与千斤顶接触。当试验机处于工作状态时，再开动油泵，使千斤顶张拉或顶压试验机。此时，如同用测力计标定一样，分级记录试验机吨位数和对应的压力表读数，重复三次，取其平均值，即可绘出油压与吨位的标定曲线，供张拉时使用。如果需要测试孔道摩擦损失，则标定时将千斤顶进油嘴关闭，用试验机压千斤顶，得出千斤顶被动工作时油压与吨位的标定曲线。

根据液压千斤顶标定方法的试验研究得出：

①用油膜密封的试验机，其主动与被动工作时的吨位读数基本一致；因此，用千斤顶试验

机时,试验机的吨位读数不必修正。

②用密封圈密封的千斤顶,其正向与反向运行时内摩擦力不相等,并随着密封圈的做法、缸壁与活塞的表面状态、液压油的黏度等变化。

③千斤顶立放与卧放运行时的内摩擦力差异小。因此,千斤顶立放标定时的表读数用于卧放张拉时不必修正。

(3)弹簧测力计标定。当采用电动螺杆张拉机或电动卷扬机等张拉钢丝并用弹簧测力计测力时,弹簧测力计应在压力试验机上标定,重复三次后取其平均值,绘出弹簧压缩变形值与荷载对应关系的标定曲线,以供张拉时使用。

(4)张拉设备选用与张拉空间。施工时应根据所用预应力筋的种类及其张拉锚固工艺情况,选用张拉设备。预应力筋的张拉力不应大于设备额定张拉力,预应力筋的一次张拉伸长值不应超过设备的最大张拉行程。当一次张拉不足时,可采取分级重复张拉的方法,但所用的锚具与夹具应适应重复张拉的要求。千斤顶张拉所需空间,如图 5-96 和表 5-5 所示。

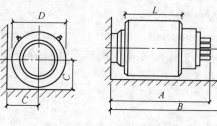

图 5-96　千斤顶张拉空间

表 5-5　千斤顶必需空间 　　　　　　　　　　　(单位:mm)

千斤顶型号	千斤顶外径 D	千斤顶长度 L	活塞行程	最小工作空间		钢绞线预留长度 A
				B	C	
YDC240Q	108	580	200	1000	70	200
YCW100B	214	370	200	1200	150	570
YCW150B	285	370	200	1250	190	570
YCW250B	344	380	200	1270	220	590
YCW350B	410	400	200	1320	255	620
YCW400B	432	400	200	1320	265	620

二、施工技术

1.无黏结预应力筋的制作

(1)无黏结预应力筋的制作采用挤塑成型工艺,由专业化工厂生产,涂料层的涂敷和护套的制作应连续一次完成,涂料层防腐油脂应完全填充预应力筋与护套之间的空间,外包层应松紧适度。

(2)无黏结预应力筋在工厂加工完成后,可按使用要求整盘包装并符合运输要求。

2.无黏结预应力筋下料组装

(1)挤塑成型后的无黏结预应力筋应按工程所需的长度和锚固形式进行下料和组装;并应采取局部清除油脂或加防护帽等措施防止防腐油脂从筋的端头溢出,玷污非预应力钢筋等。

(2)无黏结预应力筋下料长度,应综合考虑其曲率、锚固端保护层厚度、张拉伸长值及混凝土压缩变形等因素,并应根据不同的张拉工艺和锚固形式预留张拉长度。

(3)钢绞线挤压锚具挤压时,在挤压模内腔或挤压套外表面应涂专用润滑油,压力表读数应符合操作使用说明书的规定。挤压锚具组装后,采用紧楔机将其压入承压板锚座内固定。

（4）下料组装完成的无黏结预应力筋应编号、加设标记或标牌、分类存放以备使用。

3.无黏结预应力筋的铺放

（1）无黏结预应力筋铺放之前,应及时检查其规格尺寸和数量,逐根检查并确认其端部组装配件可靠无误后,方可在工程中使用。对护套轻微破损处,可采用外包防水聚乙烯胶带进行修补,每圈胶带搭接宽度不应小于胶带宽度的1/2,缠绕层数不少于2层,缠绕长度应超过破损长度30 mm,严重破损的应予以报废。

（2）在单向板中,无黏结预应力筋的铺设比较简单,与非预应力筋铺设基本相同。

（3）在双向板中,无黏结预应力筋需要配置成两个方向的悬垂曲线。无黏结筋相互穿插,施工操作较为困难,必须事先编出无黏结筋的铺设顺序。其方法是将各向无黏结筋各搭接点的高程标出,对各搭接点相应的两个高程分别进行比较,若一个方向某一无黏结筋的各点高程均分别低于与其相交的各筋相应点高程时,则此筋可先放置。按此规律编出全部无黏结筋的铺设顺序。

（4）无黏结预应力筋的铺设,通常是在底部钢筋铺设后进行。水电管线一般宜在无黏结筋铺设后进行,且不得将无黏结筋的竖向位置抬高或压低。支座处负弯矩钢筋通常是在最后铺设。

（5）就位固定

1）无黏结预应力筋应严格按设计要求的曲线形状就位并固定牢靠。

2）无黏结筋的垂直位置,宜用支撑钢筋或钢筋马凳控制,其间距为1～2 m。无黏结筋的水平位置应保持顺直。

3）在双向连续平板中,各无黏结筋曲线高度的控制点用铁马凳垫好并扎牢。在支座部位,无黏结筋可直接绑扎在梁或墙的顶部钢筋上;在跨中部位,无黏结筋可直接绑扎在板的底部钢筋上。

（6）张拉端固定

1）张拉端模板应按施工图中规定的无黏结预应力筋的位置钻孔。张拉端的承压板应采用钉子固定在端模板上或用点焊固定在钢筋上。

2）无黏结预应力曲线筋或折线筋末端的切线应与承压板相垂直,曲线段的起始点至张拉锚固点应有不小于300 mm的直线段。

3）当张拉端采用凹入式做法时,可采用塑料穴模或泡沫塑料、木块等形成凹凸,如图5-97所示。

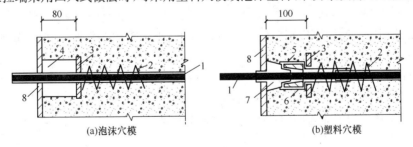

(a)泡沫穴模　　　　　　　　　　(b)塑料穴模

图5-97　无黏结筋张拉端凹口作法(单位:mm)

1—无黏结筋;2—螺旋筋;3—承压钢板;4—泡沫穴模;

5—锚环;6—带杯口的塑料套管;7—塑料穴模;8—模板

（7）无黏结预应力筋铺设固定完毕后,应进行隐蔽工程验收,当确认合格后,方可浇筑混凝土。

4. 浇筑混凝土

(1)浇筑混凝土时,除按有关规范的规定执行外,尚应遵守下列规定。

1)无黏结预应力筋铺放、安装完毕后,应进行隐蔽工程验收,当确认合格后方可浇筑混凝土。

2)混凝土浇筑时,严禁踏压撞碰无黏结预应力筋、支撑架以及端部预埋部件。

3)张拉端、固定端混凝土必须振捣密实。

(2)浇筑混凝土使用振捣棒时,不得对无黏结预应力筋、张拉与固定端组件直接冲击和持续接触振捣。

(3)为确定无黏结预应力筋张拉时混凝土的强度,可增加两组同条件养护试块。

5. 无黏结预应力筋张拉

(1)安装锚具前,应清理穴模与承压板端面的混凝土或杂物,清理外露预应力筋表面。检查锚固区域混凝土的密实性。

(2)锚具安装时,锚板应调整对中,夹片安装缝隙均匀并用套管打紧。

(3)预应力筋张拉时,对直线的无黏结预应力筋,应保证千斤顶的作用线与无黏结预应力筋中心线重合;对曲线的无黏结预应力筋,应保证千斤顶的作用线与无黏结预应力筋中心线末端的切线重合。

(4)无黏结预应力筋的张拉控制应力不宜超过 $0.75 f_{ptk}$,并应符合设计要求。如需提高张拉控制应力值时,不得大于 $0.8 f_{ptk}$。

(5)当采用超张拉方法减少无黏结预应力筋的松弛损失时,无黏结预应力筋的张拉程序宜为:从零开始张拉至 1.03 倍预应力筋的张拉控制应力 σ_{con} 锚固。

(6)预应力筋的张拉步骤与实际张拉伸长值记录,应从零应力加载至初拉力开始,测量伸长值初读数,再以均匀速度分级加载分级测量伸长值至终拉力。

(7)当采用应力控制方法张拉时,应校核无黏结预应力筋的伸长值,当实际伸长值与设计计算伸长值相对偏差超过 ±6% 时,应暂停张拉,查明原因并采取措施予以调整后,方可继续张拉。

(8)当无黏结预应力筋采取逐根或逐束张拉时,应保证各阶段不出现对结构不利的应力状态;同时宜考虑后批张拉的无黏结预应力筋产生的结构构件的弹性压缩对先批张拉预应力筋的影响,确定张拉力。

(9)无黏结预应力筋的张拉顺序应符合设计要求,如设计无要求时,可采用分批、分阶段对称或依次张拉。

(10)当无黏结预应力筋长度超过 30 m 时,宜采取两端张拉;当筋长超过 60 m 时,宜采取分段张拉和锚固。当有设计与施工实测依据时,无黏结预应力筋的长度可不受此限制。

(11)无黏结预应力筋张拉时,应按要求逐根对张拉力、张拉伸长值、异常现象等进行详细记录。

(12)夹片锚具张拉时,应符合下列要求。

1)锚固采用液压顶压器顶压时,千斤顶应在保持张拉力的情况下进行顶压,顶压压力应符合设计规定值。

2)锚固阶段张拉端无黏结预应力筋的内缩量应符合设计要求;当设计无具体要求时,其内缩量见表 5-6。为减少锚具变形的预应力筋内缩造成的预应力损失,可进行二次补拉并加垫片,二次补拉的张拉力为控制张拉力。

表 5-6　张拉端预应力筋的内缩量限量

锚固类别		内缩量限量（mm）
支承式锚具（墩头锚具等）	螺帽缝隙	
	每块后加垫板的缝隙	
锥塞式锚具		5
夹片式锚具	有预压	5
	无预压	6～8

（13）当无黏结预应力筋设计为纵向受力钢筋时，侧模可在张拉前拆除，但下部支撑体系应在张拉工作完成之后拆除，提前拆除部分支撑应根据计算确定。

（14）张拉后应采用砂轮锯或其他机械方法切割夹片外露部分的无黏结预应力筋，其切断后露出锚具夹片外的长度不得小于 30 mm。

6.锚具系统封闭

（1）无黏结预应力筋张拉完毕后，应及时对锚固区进行保护。当锚具采用凹进混凝土表面布置时，宜先切除外露无黏结预应力筋多余长度，在夹片及无黏结预应力筋端头外露部分应涂专用防腐油脂或环氧树脂，并罩帽盖进行封闭，该防护帽与锚具应可靠连接；然后应采用微膨胀混凝土或专用密封砂浆进行封闭。

（2）锚固区也可用后浇的外包钢筋混凝土圈梁进行封闭，但外包圈梁不宜突出在外墙面以外。当锚具凸出混凝土表面布置时，锚具的混凝土保护层厚度不应小于 50 mm；外露预应力筋的混凝土保护层厚度要求：处于一类室内正常环境时，不应小于 30 mm；处于二类、三类易受腐蚀环境时，不应小于 50 mm。

第六章 混凝土工程

第一节 地下室混凝土浇筑工程

一、施工机具

1.各类混凝土搅拌机

(1)锥形反转出料式

它的主要特点为搅拌筒轴线始终保持水平位置,筒内设有交叉布置的搅拌叶片,在出料端设有一对螺旋形出料叶片,正转搅拌时,物料一方面被叶片提升、落下,另一方面强迫物料作轴向窜动,搅拌运动比较强烈。反转时由出料叶片将拌和料卸出。这种结构运用于搅拌塑性较高的普通混凝土和半干硬性混凝土。

(2)锥形倾翻出料式

它的主要特点是搅拌机的进、出料为一个口,搅拌时锥形搅拌筒轴线具有15°仰角,出料时搅拌筒向下旋转50°~60°俯角。这种搅拌机卸料方便,速度快,生产率高,适用于混凝土搅拌站(楼)作主机使用。

(3)立轴强制式(又称涡桨式)

它是靠搅拌筒内的涡桨式叶片的旋转将物料挤压、翻转、抛出而进行强制搅拌的,具有搅拌均匀、时间短、密封性好的优点,适用于搅拌干硬混凝土和轻质混凝土。

(4)卧轴强制式

分单卧轴和双卧轴两种。它兼有自落式和强制式的优点,即搅拌质量好,生产率高,耗能少,能搅拌干硬性、塑性、轻集料等混凝土以及各种砂浆、灰浆和硅酸盐等混合物,是一种多功能的搅拌机械。

2.混凝土运输设备

(1)混凝土水平运输设备

1)手推车

手推车是施工工地上普遍使用的水平运输工具,手推车具有小巧、轻便等特点,不但适用于一般的地面水平运输,还能在脚手架、施工栈道上使用;也可与塔式起重机、井架等配合使用,解决垂直运输。

2)混凝土搅拌输送车

混凝土搅拌输送车是一种用于长距离输送混凝土的高效能机械,它是将运送混凝土的搅拌筒安装在汽车底盘上,而以混凝土搅拌站生产的混凝土拌和物灌装入搅拌筒内,直接运至施工现场,供浇筑作业需要。在运输途中,混凝土搅拌筒始终在不停地慢速转动,从而使筒内的混凝土拌和物可连续得到搅动,以保证混凝土通过长途运输后,仍不致产生离析现象。在运输距离很长时,也可将混凝土干料装入筒内,在运输途中加水搅拌,这样能减少由于长途运输而引起的混凝土坍落度损失。

（2）混凝土垂直运输设备

1）井架

井架主要用于高层建筑混凝土灌筑时的垂直运输机械，由井架、台灵拔杆、卷扬机、吊盘、自动倾卸吊斗及钢丝缆风绳等组成，具有一机多用、构造简单、装拆方便等优点。起重高度一般为 25～40 m，如图 6-1 所示。

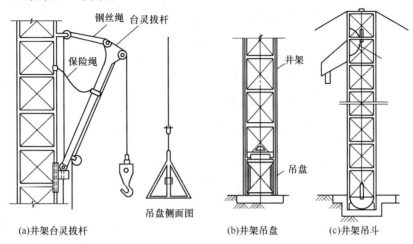

图 6-1 井架运输机

2）混凝土提升机

混凝土提升机是供快速输送大量混凝土的垂直提升设备。它是由钢井架、混凝土提升斗、高速卷扬机等组成，其提升速度可达 50～100 m/min。当混凝土提升到施工楼层后，卸入楼面受料斗，再采用其他楼面水平运输工具（如手推车等）运送到施工部位浇筑。一般每台容量为 0.5 m³×2 的双斗提升机，当其提升速度为 75 m/min，最高高度达 120 m，混凝土输送能力可达 20 m³/h。因此对于混凝土浇筑量较大的工程，特别是高层建筑，是很经济适用的混凝土垂直运输机具。

3）施工电梯

施工电梯按驱动形式，可分为钢索牵引、齿轮齿条曳引和星轮滚道曳引三种形式。其中钢索曳引的是早期产品，已很少使用。目前国内外大部分采用的是齿轮齿条曳引的形式，星轮滚道是最新发展起来的，传动形式先进，但目前其载重能力较小。

按施工电梯的动力装置又可分为电动和电动-液压两种。电力驱动的施工电梯，工作速度约 40 m/min，而电动-液压驱动的施工电梯其工作速度可达 96 m/min。

施工电梯的主要部件有基础、立柱导轨井架、带有底笼的平面主框架、梯笼和附墙支撑组成。

其主要特点是用途广泛，适应性强，安全可靠，运输速度高，提升高度最高可达 150～200 m 以上，如图 6-2 所示。

4）混凝土浇筑斗

①混凝土浇筑布料斗（图 6-3）为混凝土水平与垂直运输的一种转运工具。混凝土装进浇筑斗内，由起重机吊送至浇筑地点直接布料。浇筑斗是用钢板拼焊成畚箕式，容量一般为 1 m³。两边焊有耳环，便于挂钩起吊。上部开口、下部有门，门出口尺寸为 40 cm×40 cm，采用自动闸门，以便打开和关闭。

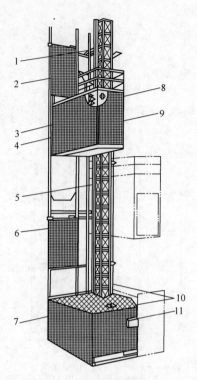

图 6-2 建筑施工电梯

1—附墙支撑；2—自装起重机；3—限速器；4—梯笼；5—立柱导轨架；6—楼层门；
7—底笼及平面主框架；8—驱动机构；9—电气箱；10—电缆及电缆箱；11—地面电气控制箱

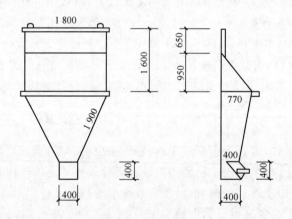

图 6-3 混凝土浇筑布料斗(单位:mm)

②混凝土吊斗。混凝土吊斗有圆锥形、高架方形、双向出料形等(图 6-4)，斗容量 0.7～
1.4 m³。混凝土由搅拌机直接装入后，用起重机吊至浇筑地点。

3.混凝土振动设备

(1)混凝土振动器的分类

混凝土振动器的种类繁多，可按照其作用方式、驱动方式和振动频率等进行分类。

1)按作用方式分类。按照对混凝土的作用方式，可分为插入式内部振动器、附着式外部振
动器和固定式振动台等三种。附着式振动器加装一块平板可改装为平板式振动器。

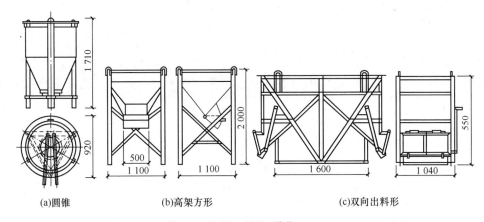

(a)圆锥　　　　(b)高架方形　　　　(c)双向出料形

图 6-4　混凝土吊斗(单位:mm)

2)按驱动方式分类。按照振动器的动力源可分为电动式、气动式、内燃式和液压式等。电动式结构简单,使用方便,成本低,一般情况都用电动式的。

3)按振动频率分类。按照振动器的振动频率,可分为高频式(133～350 Hz 或 8 000～20 000 次/min)、中频式(83～133 Hz 或 5 000～8 000 次/min)、低频式(33～83 Hz 或 2 000～5 000 次/min)三种。高频式振动器适用于干硬性混凝土和塑性混凝土的振捣,其结构形式多为行星滚锥插入式振动器;中频式振动器多为偏心振子振动器,一般用作外部振动器;低频振动器用于固定式振动台。

由于混凝土振动器的类型较多,施工中应根据混凝土的集料粒径、级配、水胶比、稠度及混凝土构筑物的形状、断面尺寸、钢筋的疏密程度以及现场动力源等具体情况进行选用。

同时,要考虑振动器的结构特点、使用、维修及能耗等技术经济指标选用。

(2)各类混凝土振动器适用范围

1)插入式振动器。其形式又分为行星式、偏心式、软轴式、直联式等。利用振动棒产生的振动波捣实混凝土,由于振动棒直接插入混凝土内振捣,效率高,质量好。适用于大面积、大体积的混凝土基础和构件,如柱、梁、墙、板以及预制构件的捣实。

2)附着式振动器。其形式为用螺栓紧固在模板上,当振动器固定在模板外侧,借助模板或其他物件将振动力传递到混凝土中,其振动作用深度为 25 cm。适用于振动钢筋较密、厚度较小及不宜使用插入式振动器的混凝土结构或构件。

3)平板式振动器。振动器安装在钢平板或木平板上为平板式,平板式振动器的振动力通过平板传递给混凝土,振动作用的深度较小。适用于面积大而平整的混凝土结构物,如平板、地面、屋面等构件。

4)振动台,为固定式。其动力大、体积大,需要有牢固的基础,适用于混凝土制品厂振实批量生产的预制构件。

二、施工技术

1.混凝土配合比设计

(1)混凝土配合比设计一般要求

混凝土配合比应根据原材料性能及对混凝土的技术要求进行计算并经试验室试配,调整后确定,同时应满足如下要求。

1)混凝土配合比设计应满足混凝土配制强度及其他力学性能、拌和物性能、长期性能和耐久性能的设计要求；

2)混凝土拌和物性能、力学性能、长期性能和耐久性能的试验方法应分别符合现行国家标准《普通混凝土拌和物性能试验方法标准》(GB/T 50080—2002)、《普通混凝土力学性能试验方法标准》(GB/T 50081—2002)和《普通混凝土长期性能和耐久性能试验方法标准》(GB/T 50082—2009)的规定。

(2)混凝土配合比设计的步骤

1)确定混凝土的配制强度

①当混凝土的设计强度等级小于 C60 时，配制强度应按下式确定：

$$f_{cu,0} \geqslant f_{cu,k} + 1.645\sigma \tag{6-1}$$

式中　$f_{cu,0}$——混凝土配制强度，MPa；

　　　　$f_{cu,k}$——混凝土立方体抗压强度标准值，这里取混凝土的设计强度等级值，MPa；

　　　　σ——混凝土强度标准差，MPa。

②当设计强度等级不小于 C60 时，配制强度应按下式确定：

$$f_{cu,0} \geqslant 1.15 f_{cu,k} \tag{6-2}$$

2)混凝土强度标准差应按下列规定确定

①当具有近 1~3 个月的同一品种、同一强度等级混凝土的强度资料，且试件组数不小于 30 时，其混凝土强度标准差 σ 应按下式计算。

$$\sigma = \sqrt{\frac{\sum\limits_{i=1}^{n} f_{cu,i}^2 - n m_{fcu}^2}{n-1}} \tag{6-3}$$

式中　σ——混凝土强度标准差；

　　　　$f_{cu,i}$——第 i 组的试件强度，MPa；

　　　　m_{fcu}——n 组试件的强度平均值，MPa；

　　　　n——试件组数。

对于强度等级不大于 C30 的混凝土，当混凝土强度标准差计算值不小于 3.0 MPa 时，应按式(4-4)计算结果取值；当混凝土强度标准差计算值小于 3.0 MPa 时，应取 3.0 MPa。

对于强度等级大于 C30 且小于 C60 的混凝土，当混凝土强度标准差计算值不小于 4.0 MPa 时，应按式(4-3)计算结果取值；当混凝土强度标准差计算值小于 4.0 MPa 时，应取 4.0 MPa。

②当没有近期的同一品种、同一强度等级混凝土强度资料时，其强度标准差 σ 可按表 6-1 取值。

表 6-1　强度标准差　　　　　　　　　　　　　　　　　　　　　（单位：MPa）

混凝土强度标准值	≤C20	C25~C45	C50~C55
$\sum$	4.0	5.0	6.0

3)计算出相应的水胶比

混凝土强度等级小于 C60 级时，混凝土水胶比宜按下式计算：

$$W/B = \frac{\alpha_a f_b}{f_{cu,0} + \alpha_a \alpha_b f_b} \tag{6-4}$$

式中　W/B——混凝土水胶比；

α_a、α_b——回归系数,其取值宜按下列规定确定:

　　①根据工程所使用的原材料,通过试验建立的水胶比与混凝土强度关系式来确定。

　　②当不具备上述试验统计资料时,其取值可按以下采用:

采用碎石时,$\alpha_a=0.53$,$\alpha_b=0.20$;

采用卵石时,$\alpha_a=0.49$,$\alpha_b=0.13$;

f_b——胶凝材料 28 d 胶砂抗压强度,MPa,可实测,且试验方法应按现行国家标准《水泥胶砂强度检验方法(ISO 法)》(GB/T 17671—1999)执行;也可按下列规定确定。

当胶凝材料 28 d 胶砂抗压强度值无实测值时,可按下式计算:

$$f_b = \gamma_f \gamma_s f_{ce} \qquad (6-5)$$

式中　γ_f、γ_s——粉煤灰影响系数和粒化高炉矿渣粉影响系数,可按表 6-2 选用;

f_{ce}——水泥 28 d 胶砂抗压强度,MPa,可实测,也可按式(6-6)确定。

$$f_{ce} = \gamma_c f_{ce,g} \qquad (6-6)$$

式中　γ_c——水泥强度等级值的富余系数,可按实际统计资料确定;当缺乏实际统计资料时,也可按表 6-3 选用;

$f_{ce,g}$——水泥强度等级值,MPa。

表 6-2　粉煤灰影响系数和粒化高炉矿渣粉影响系数

种类 掺量(%)	粉煤灰影响系数 γ_f	粒化高炉矿渣粉影响系数 γ_s
0	1.00	1.00
10	0.85～0.95	1.00
20	0.75～0.85	0.95～1.00
30	0.65～0.75	0.90～1.00
40	0.55～0.65	0.80～0.90
50	—	0.70～0.85

注:1. 采用Ⅰ级、Ⅱ级粉煤灰宜取上限值;

　　2. 采用 S75 级粒化高炉矿渣粉宜取下限值,采用 S95 级粒化高炉矿渣粉宜取上限值,采用 S105 级粒化高炉矿渣粉可取上限值加 0.05;

　　3. 当超出表中的掺量时,粉煤灰和粒化高炉矿渣粉影响系数应经试验确定。

表 6-3　水泥强度等级值的富余系数(γ_c)

水泥强度等级值	32.5	42.5	52.5
富余系数	1.12	1.16	1.10

4)用水量和外加剂用量

①用水量

a. 每立方米干硬性或塑性混凝土的用水量(m_{w0})应符合下列规定。

混凝土水胶比在 0.40～0.80 范围时,可按表 6-4 和表 6-5 选取;混凝土水胶比小于 0.40 时,可通过试验确定。

表 6-4 干硬性混凝土的用水量 （单位：kg/m³）

拌和物稠度		卵石最大公称粒径(mm)			碎石最大公称粒径(mm)		
项目	指标	10.0	20.0	40.0	16.0	20.0	40.0
维勃稠度（s）	16~20	175	160	145	180	170	155
	11~15	180	165	150	185	175	160
	5~10	185	170	155	190	180	165

表 6-5 塑性混凝土的用水量 （单位：kg/m³）

拌和物稠度		卵石最大公称粒径(mm)				碎石最大公称粒径(mm)			
项目	指标	10.0	20.0	31.5	40.0	16.0	20.0	31.5	40.0
坍落度（mm）	10~30	190	170	160	150	200	185	175	165
	35~50	200	180	170	160	210	195	185	175
	55~70	210	190	180	170	220	205	195	185
	75~90	215	195	185	175	230	215	205	195

注：1. 本表用水量系采用中砂时的取值。采用细砂时，每立方米混凝土用水量可增加 5~10 kg；采用粗砂时，可减少 5~10 kg。

2. 掺用矿物掺合料和外加剂时，用水量应相应调整。

b. 掺外加剂时，每立方米流动性或大流动性混凝土的用水量（m_{w0}）可按式（6-7）计算。

$$m_{w0} = m'_{w0}(1-\beta) \tag{6-7}$$

式中 m_{w0}——计算配合比每立方米混凝土的用水量，kg/m³；

m'_{w0}——未掺外加剂时推定的满足实际坍落度要求的每立方米混凝土用水量，kg/m³；以表 6-5 中 90 mm 坍落度的用水量为基础，按每增大 20 mm 坍落度相应增加 5 kg/m³ 用水量来计算，当坍落度增加到 180 mm 以上时，随坍落度相应增加的用水量可减少；

β——外加剂的减水率，%；应经混凝土试验确定。

②每立方米混凝土中外加剂用量（m_{a0}）应按式（6-8）确定。

$$m_{a0} = m_{b0}\beta_a \tag{6-8}$$

式中 m_{a0}——计算配合比每立方米混凝土的用水量，kg/m³；

m_{b0}——计算配合比每立方米混凝土中胶凝材料用量，kg/m³；

β_a——外加剂掺量，%，应经混凝土试验确定。

5）胶凝材料和水泥用量

①每立方米混凝土的胶凝材料用量（m_{b0}）应按式（6-9）计算，并应进行试拌调整，在拌和物性能满足的情况下，取经济合理的胶凝材料用量。

$$m_{b0} = \frac{m_{w0}}{W/B} \tag{6-9}$$

式中 m_{b0}——计算配合比每立方米混凝土中胶凝材料用量，kg/m³；

m_{w0}——计算配合比每立方米混凝土的用水量，kg/m³；

W/B——混凝土水胶比。

②每立方米混凝土的水泥用量(m_{c0})应按式(6-10)计算。

$$m_{c0}=m_{b0}-m_{f0}$$ (6-10)

式中　m_{c0}——计算配合比每立方米混凝土中水泥用量,kg/m³。

6)砂率

①砂率(β_s)应根据集料的技术指标、混凝土拌和物性能和施工要求,参考既有历史资料确定。

②当缺乏砂率的历史资料时,混凝土砂率的确定应符合下列规定:

a.坍落度小于 10 mm 的混凝土,其砂率应经试验确定;

b.坍落度为 10～60 mm 的混凝土,其砂率可根据粗集料品种、最大公称粒径及水胶比按规定选取;

c.坍落度大于 60 mm 的混凝土,其砂率可经试验确定,也可在表 6-6 的基础上,按坍落度每增大 20 mm、砂率增大 1% 的幅度予以调整。

表 6-6　混凝土的砂率　　　　　　　(%)

水胶比	卵石最大公称粒径(mm)			碎石头最大公称粒径(mm)		
	10.0	20.0	40.0	16.0	20.0	40.0
0.40	26～32	25～31	24～30	30～35	29～34	27～32
0.50	30～35	29～34	28～33	33～38	32～37	30～35
0.60	33～38	32～37	31～36	36～41	35～40	33～38
0.70	36～41	35～40	34～39	39～44	38～43	36～41

注:1.本表数值系中砂的选用砂率,对细砂或粗砂,可相应地减少或增大砂率;

　　2.采用机械砂配制混凝土时,砂率可适当增大;

　　3.只用一个单粒级粗集料配制混凝土时,砂率应适当增大。

7)粗、细集料用量

①当采用质量法计算混凝土配合比时,粗、细集料用量应按式(6-11)计算;砂率应按式(6-12)计算。

$$m_{f0}+m_{c0}+m_{g0}+m_{s0}+m_{w0}=m_{cp}$$ (6-11)

$$\beta_s=\frac{m_{s0}}{m_{g0}+m_{s0}}\times100\%$$ (6-12)

式中　m_{g0}——计算配合比每立方米混凝土的粗集料用量,kg/m³;

　　　m_{s0}——计算配合比每立方米混凝土的细集料用量,kg/m³;

　　　β_s——砂率,%;

　　　m_{cp}——每立方米混凝土拌和物的假定质量,kg,可取 2 350～2 450 kg/m³。

②当采用体积法计算混凝土配合比时,砂率应按公式(6-12)计算,粗、细集料用量应按公式(6-13)计算。

$$\frac{m_{c0}}{\rho_c}+\frac{m_{f0}}{\rho_f}+\frac{m_{g0}}{\rho_g}+\frac{m_{s0}}{\rho_s}+\frac{m_{w0}}{\rho_w}+0.01\alpha=1$$ (6-13)

式中　ρ_c——水泥密度,kg/m³,可按现行国家标准《水泥密度测定方法》(GB/T 208—1994)测定,也可取 2 900～3 100 kg/m³;

　　　ρ_f——矿物掺合料密度,kg/m³,可按现行国家标准《水泥密度测定方法》(GB/T 208—1994)测定;

　　　ρ_g——粗集料的表观密度,kg/m³,应按现行行业标准《普通混凝土用砂、石质量及检验

方法标准》(JGJ 52—2006)测定;

ρ_s——细集料的表观密度,kg/m³,应按现行行业标准《普通混凝土用砂、石质量及检验方法标准》(JGJ 52—2006)测定;

ρ_w——水的密度,kg/m³;可取 1 000 kg/m³;

α——混凝土的含气量百分数,在不使用引气剂或引气型外加剂时,α 可取 1。

8)混凝土配合比的试配、调整与确定

①试配

a.混凝土试配应采用强制式搅拌机进行搅拌,并应符合现行行业标准《混凝土试验用搅拌机》(JG 24—2009)的规定,搅拌方法宜与施工采用的方法相同。

b.试验室成型条件应符合现行国家标准《普通混凝土拌和物性能试验方法标准》(GB/T 50080—2002)的规定。

c.每盘混凝土试配的最小搅拌量应符合表 6-7 的规定,并不应小于搅拌机公称容量的1/4且不应大于搅拌机公称容量。

表 6-7 混凝土试配的最小搅拌量

粗集料最大公称粒径(mm)	拌和物数量(L)
≤31.5	20
40.0	25

d.在计算配合比的基础上应进行试拌。计算水胶比宜保持不变,并应通过调整配合比其他参数使混凝土拌和物性能符合设计和施工要求,然后修正计算配合比,提出试拌配合比。

e.在试拌配合比的基础上应进行混凝土强度试验,并应符合下列规定:

应采用三个不同的配合比,其中一个应为根据(d)的规定确定的试拌配合比,另外两个配合比的水胶比宜较试拌配合比分别增加和减少 0.05,用水量应与试拌配合比相同,砂率可分别增加和减少 1%;进行混凝土强度试验时,拌和物性能应符合设计和施工要求;进行混凝土强度试验时,每个配合比应至少制作一组试件,并应标准养护到 28 d 或设计规定龄期时试压。

②配合比的调整与确定

a.配合比调整应符合下列规定。

根据(e)中混凝土强度试验结果,宜绘制强度和胶水比的线性关系图或插值法确定略大于配制强度对应的胶水比;在试拌配合比的基础上,用水量(m_w)和外加剂用量(m_a)应根据确定的水胶比作调整;胶凝材料用量(m_b)应以用水量乘以确定的胶水比计算得出;粗集料和细集料用量(m_g 和 m_s)应根据用水量和胶凝材料用量进行调整。

b.混凝土拌和物表观密度和配合比校正系数的计算应符合下列规定。

配合比调整后的混凝土拌和物的表观密度应按下式计算:

$$\rho_{c,c} = m_c + m_f + m_g + m_s + m_w \tag{6-14}$$

式中 $\rho_{c,c}$——混凝土拌和物的表观密度计算值,kg/m³;

m_c——每立方米混凝土的水泥用量,kg/m³;

m_f——每立方米混凝土的矿物掺合料用量,kg/m³;

m_g——每立方米混凝土的粗集料用量,kg/m³;

m_s——每立方米混凝土的细集料用量,kg/m³;

m_w——每立方米混凝土的用水量,kg/m³。

混凝土配合比校正系数应按式(6-15)计算。

$$\delta = \frac{\rho_{c,t}}{\rho_{c,c}} \qquad (6\text{-}15)$$

式中　δ——混凝土配合比校正系数；

$\rho_{c,t}$——混凝土拌和物的表观密度实测值，kg/m³。

c. 当混凝土拌和物表观密度实测值与计算值之差的绝对值不超过计算值的 2% 时，按(b)中规定调整的配合比可维持不变；当二者之差超过 2% 时，应将配合比中每项材料用量均乘以校正系数(δ)。

d. 配合比调整后，应测定拌和物水溶性氯离子含量，试验结果应符合表 6-8 的规定。

e. 对耐久性有设计要求的混凝土应进行相关耐久性试验验证。

f. 生产单位可根据常用材料设计出常用的混凝土配合比备用，并应在启用过程中予以验证或调整。遇有下列情况之一时，应重新进行配合比设计：

对混凝土性能有特殊要求时；水泥、外加剂或矿物掺合料等原材料品种、质量有显著变化时。

表 6-8　混凝土拌和物中水溶性氯离子最大含量

环境条件	水溶性氯离子最大含量 （%，水泥用量的质量百分比）		
	钢筋混凝土	预应力混凝土	素混凝土
干燥环境	0.30	0.06	1.00
潮湿但不含氯离子的环境	0.20		
潮湿且含有氯离子的环境、盐渍土环境	0.10		
除冰盐等侵蚀性物质的腐蚀环境	0.60		

2. 混凝土搅拌

(1)混凝土配合比

1)混凝土施工中控制材料配合比是保证混凝土质量的重要环节之一。施工配料时影响混凝土质量的因素主要有两方面：一是称量不准；二是未按砂、石集料实际含水率的变化进行施工配合比的换算，这样必然会改变原理论配合比的水胶比、砂石比(含砂率)及浆集比。这些都将直接影响混凝土的黏聚性、流动性、密实性以及强度等级。

混凝土试验室配合比是根据完全干燥的砂、石集料制定的，但实际使用的砂、石集料都含有一定的水分，而且含水率又会随气候条件发生变化，特别是雨期变化更大，所以施工时应及时测定砂、石集料的含水率，并将混凝土试验室配合比换算成集料在实际含水率情况下的施工配合比。

水泥、砂、石子、混合料等干料的配合比，应采用质量法计算，严禁采用容积法代替质量法。混凝土原材料按质量计的允许偏差，不得超过下列规定：水泥、外掺混合料±2%；粗细集料±3%；水、外掺剂溶液±2%。

各种衡器应定时校验，保持准确。

2)在施工现场，取一定质量的有代表性的湿砂、湿石(石子干燥时可不测)，测其含水率，则施工配合比中，每方混凝土的材料用量如下：

①湿砂重为：理论配合比中的干砂重×(1+砂子含水率)；

②湿石子重为：理论配合比中的干石子重×(1+石子含水率)；

③水重为:理论配合比中的水重－干砂×砂含水率－千石重×石子含水率;

④水泥、掺合料(粉煤灰、膨胀剂)、外加剂质量同于理论配合比中的质量。

3)结合现场混凝土搅拌机的容量,计算出每盘混凝土的材料用量,供施工时执行。

4)有特殊要求的混凝土配合比设计。

①抗渗混凝土配合比

a.抗渗混凝土的原材料应符合的规定

水泥宜采用普通硅酸盐水泥;粗集料宜采用连续级配,其最大公称粒径不宜大于40.0 mm,含泥量不得大于1.0%,泥块含量不得大于0.5%;细集料宜采用中砂,含泥量不得大于3.0%,泥块含量不得大于1.0%;抗渗混凝土宜掺用外加剂和矿物掺合料,粉煤灰等级应为Ⅰ级或Ⅱ级。

b.抗渗混凝土配合比

每立方米混凝土中的胶凝材料用量不宜小于320 kg,砂率宜为35%～45%,最大水胶比应符合表6-9的规定。

表 6-9　抗渗混凝土最大水胶比

设计抗渗等级	最大水胶比	
	C20～C30	C30 以上
P6	0.60	0.55
P8～P12	0.55	0.50
＞P12	0.50	0.45

c.配合比设计中混凝土抗渗技术要求

配制抗渗混凝土要求的抗渗水压值应比设计值提高0.2 MPa,抗渗试验结果应满足下式要求:

$$P_t \geqslant \frac{P}{10} + 0.2 \tag{6-16}$$

式中　P_t——6 个试件中不少于 4 个未出现渗水时的最大水压值,MPa;

P——设计要求的抗渗等级值。

d.掺用引气剂或引气型外加剂的抗渗混凝土,应进行含气量试验,含气量宜控制在3.0%～5.0%。

②泵送混凝土

a.泵送混凝土所采用的原材料应符合的规定

水泥宜选用硅酸盐水泥、普通硅酸盐水泥、矿渣硅酸盐水泥和粉煤灰硅酸盐水泥。粗集料宜采用连续级配,其针片状颗粒含量不宜大于10%。粗集料的最大公称粒径与输送管径之比宜符合表6-10的规定;

表 6-10　粗集料的最大公称粒径与输送管径之比

粗骨料品种	泵送高度(m)	粗骨粒最大公称粒径与输送管径之比
碎　石	＜50	≤1∶3.0
	50～100	≤1∶4.0

续上表

粗骨料品种	泵送高度(m)	粗骨粒最大公称粒径 与输送管径之比
碎 石	>100	≤1∶5.0
卵 石	<50	≤1∶2.5
	50～100	≤1∶3.0
	>100	≤1∶4.0

细集料宜采用中砂,其通过公称直径为 315 μm 筛孔的颗粒含量不宜少于 15%;

泵送混凝土应掺用泵送剂或减水剂,并宜掺用矿物掺合料。

b.泵送混凝土配合比

胶凝材料用量不宜小于 300 kg/m³,砂率宜为 35%～45%。

c.泵送混凝土试配时应考虑坍落度经时损失。

(2)计量

各种计量用器具应定期校验,每次使用前应进行零点校核,保持计量准确。当遇雨天或含水率有显著变化时,应增加含水率检测次数,并及时调整混凝土中所用的砂、石、水用量。

1)砂石计量:用手推车上料,磅秤计量时,必须车车过磅;有贮料斗及配套的计量设备,采用自动或半自动上料时,需调整好斗门关闭的提前量,以保证计量准确。

2)水泥计量:采用袋装水泥时,应对每批进场水泥进行抽检 10 袋的质量,实际质量的平均值少于标定质量的要开袋补足;采用散装水泥时,应每盘精确计量。

3)外加剂及掺合料计量:对于粉状的外加剂和掺合料,应按施工配合比计量每盘的用料,预先在外加剂和掺合料存放的仓库中进行计量,并以小包装运到搅拌地点备用;液态外加剂要随用随搅拌,并用比重计检查其浓度,用量筒计量。

4)水计量:水必须每盘计量。

5)混凝土原材料每盘计量的允许偏差应符合表 6-11 的规定。

表 6-11 混凝土原材料每盘计量的允许偏差

检查项目	允许偏差(%)	检验方法	检查数量
水泥、掺合料	±2	复称	每工作班抽检不少于一次
粗、细集料	±3		
水、外加剂	±2		

(3)投料顺序

1)一次投料法

向搅拌机加料时应先装砂子,然后装入水泥,使水泥不直接与料斗接触,避免水泥粘附在料斗上,最后装入石子。提起料斗将全部材料倒入拌桶中进行搅拌,同时开启水阀,使定量的水均匀洒布于拌和料中。

2)二次投料法

混凝土搅拌二次投料法,为先搅拌水泥、砂、水,制成水泥砂浆,再投入石子,然后进行搅拌。二次投料法搅拌出的混凝土比一次投料法搅拌出的混凝土强度可提高10%～15%左右。

二次投料法是在不增加原料(主要是水泥)的情况下,通过投料程序的改变,使水泥颗粒充分分散并包裹在砂子表面,避免小水泥团的产生,因而可以提高强度。

据实验资料表明:采用二次投料法搅拌混凝土,在减少水泥用量15%时,仍比一次投料法(不减水泥)28 d强度高9%。

向料斗中装料顺序应先装石子,再装水泥,最后装砂子。这样把水泥夹在砂、石中间,上料时水泥灰不致到处飞扬,也不会过多地粘附在搅拌机鼓筒上,加水后可避免水泥吸水成团。上料时水泥和砂很快形成水泥砂浆,这样可以缩短包裹石子的时间。

装料前还要根据施工现场使用的搅拌机型号规格,计算每盘投料总质量即施工配料。国产混凝土搅拌机的工作容量一般为进料容量,即干料容量,是指该型号搅拌机可装入的各种材料体积之总和,以此来标定搅拌机的规格。如J1-400A搅拌机,其工作容量(即干料容量)为400 L。

搅拌机每次搅拌出混凝土的体积称为出料容量。出料容量与进料容量之比称为出料系数,一般取0.65。根据施工配合比及所用搅拌机型号计算施工配料,确定搅拌时一次投料量。投料量要根据出料容量来确定。

①第一盘混凝土拌制的操作:每次拌制第一盘混凝土时,先加水使搅拌筒空转数分钟,搅拌筒被充分湿润后,将剩余积水倒净。搅拌第一盘时,由于砂浆粘筒壁而损失。因此,石子的用量应按配合比减10%。

②从第二盘开始,按给定的混凝土配合比投料。

(4)搅拌时间

搅拌时间是指将全部材料投入搅拌筒开始搅拌起至开始卸料止所经历的时间。它与混凝土的和易性要求、搅拌机的类型、搅拌容量、集料的品种及粒径有关。搅拌时间的长短直接影响混凝土的质量,一般为1～2 min。搅拌时间过短,混凝土拌和物不匀,且中度和和易性降低;搅拌时间过长,不仅会影响搅拌机的生产效率,而且会降低混凝土的和易性或使不竖硬的粗集料在大用量搅拌机中脱角、破碎等,影响混凝土的质量。混凝土全部原材料投入搅拌筒在开始卸料止的最短搅拌时间应符合表6-12的规定。

表6-12　混凝土搅拌的最短时间

公称容量(L)	50～500		750～1 000		1 250～2 000		2 500～6 000	
搅拌方式	自落式	强制式	自落式	强制式	自落式	强制式	自落式	强制式
搅拌时间(s)	≤45	≤35	≤60	≤40	≤80	≤45	≤100	≤45

搅拌时间系按一般常用搅拌机的回转速度确定的,施工中不允许用超过搅拌机说明书规定的回转速度进行搅拌以缩短搅拌延续时间。因为当自落式搅拌机搅拌筒的转速达到某一极限时,筒内物料所受的离心力等于其重力,物料就贴在筒壁上不会下落,不能产生搅拌效果。

①出料:出料时,先少许出料,目测拌和物的外观质量,如目测合格方可出料。每盘混凝土拌和物必须出尽。

②检查拌制混凝土所用原材料的品种、规格和用量,每一工作班至少两次。

③检查混凝土的坍落度及和易性,每一工作班至少两次。混凝土拌和物应搅拌均匀,颜色一致,具有良好的流动性、黏聚性、保水性、不泌水,不离析。不符合要求时,应检查原因,及时调整。

3.混凝土运输

从搅拌机鼓筒卸出来的混凝土拌和料,是介于固体与液体之间的弹塑性物体,极易产生分层离析;且受初凝时间限制和施工和易性要求,对混凝土在运输过程中应予以重视。为保持混凝土拌和料的均质性,做到不分层、不离析、不漏浆,且具有施工规定的坍落度,必须满足下列要求。

(1)运输混凝土的容器应严密、不漏浆,容器内壁应平整光洁,不吸水,粘附于容器上的砂浆应经常清除。

(2)混凝土要以最少的转运次数,最短的运输时间,从搅拌地点运至浇筑地点。

(3)混凝土运至浇筑地点,如出现离析或初凝现象,必须在浇筑前进行二次搅拌后,方可入模。

(4)同时运输两种以上强度等级的混凝土时,应在运输设备上设置标志,以免混淆。

(5)混凝土在装入容器前应先用水将容器湿润,气候炎热时须覆盖,以防水分蒸发。冬期施工时,在寒冷地区应采取保温措施,以防在运输途中冻结。

(6)混凝土运输必须保证其浇筑工程能够连续进行。若因故停歇过久,混凝土发现初凝时,应作废料处理,不得再用于工程中。

(7)混凝土在运输后如出现离析,必须进行二次搅拌。当坍落度损失后没有满足施工要求时,应加入原水胶比的水泥砂浆或二次掺加减水剂进行搅拌,事先应经实验室验证,严禁直接加水。

(8)混凝土垂直运输自由落差高度以不大于 2 m 为宜,超过 2 m 时应采取缓降措施,或用皮带机运输。

4.混凝土浇筑

(1)浇筑前,砌体表面应浇水湿润,构造柱根部施工缝在浇筑前宜先铺 50 mm 左右与混凝土配合比相同的水泥砂浆或减石子混凝土。

(2)浇灌方法:用塔吊吊斗供料时,应先将吊斗降至距铁盘 500~600 mm 处,将混凝土卸在铁盘上,再用铁锹灌入模内,不得用吊斗直接将混凝土卸入模内。

(3)在浇筑工序中,应控制混凝土的均匀性和密实性。混凝土拌和物运至浇筑地点后,应立即浇筑入模。在浇筑过程中,如发现混凝土拌和物的均匀性和稠度发生较大的变化,应及时处理。

(4)浇筑混凝土构造柱时,应分层浇筑振捣,每层厚度宜控制在 500 mm 左右,边下料边振捣,连续作业浇筑到顶。

(5)浇筑混凝土时,应注意防止混凝土的分层离析。混凝土由料斗、漏斗内卸出进行浇筑时,其自由倾落高度一般不宜超过 2 m,在竖向结构中浇筑混凝土的高度不得超过 3 m,否则应采用串筒、斜槽、溜管等下料。

(6)浇筑竖向结构混凝土前,底部应先填以 50~100 mm 厚与混凝土成分相同的水泥砂浆。

(7)浇筑混凝土时,应经常观察模板、支架、钢筋、预埋件和预留孔洞的情况,当发现有变形、移位时,应立即停止浇筑,并应在已浇筑的混凝土凝结前修整完好。

(8)混凝土在浇筑及静置过程中,应采取措施防止产生裂缝。混凝土因沉降及干缩产生的非结构性的表面裂缝,应在混凝土终凝前予以修整。在浇筑与柱和墙连成整体的梁和板时,应在柱和墙浇筑完毕后停歇 1~1.5 h,使混凝土获得初步沉实后,再继续浇筑,以防止接缝处出现裂缝。

(9)梁和板应同时浇筑混凝土。较大尺寸的梁(梁的高度大于 1 m)、拱和类似的结构,可单独浇筑。但施工缝的设置应符合有关规定。

5.施工缝

(1)施工缝的设置

由于施工技术和施工组织上的原因,不能连续将结构整体浇筑完成,并且间歇的时间预计将超出表 6-12 规定的时间时,应预先选定适当的部位设置施工缝。设置施工缝应该严格按照规定认真对待。如果位置不当或处理不好,会引起质量事故,轻则开裂渗漏,影响寿命;重则危及结构安全,影响使用。因此,不能不给予高度重视。

施工缝的位置应设置在结构受剪力较小且便于施工的部位。留缝应符合下列规定。

1)柱子留置在基础的顶面、梁或吊车梁牛腿的下面、吊车梁的上面、无梁楼板柱帽的下面(图 6-5)。

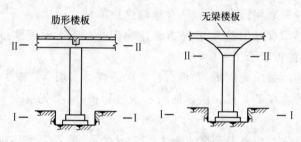

图 6-5 浇筑柱的施工缝位置

Ⅰ-Ⅰ、Ⅱ-Ⅱ—施工缝位置

2)和板连成整体的大断面梁,留置在板底面以下 20~30 mm 处。当板下有梁托时,留在梁托下部。

3)单向板留置在平行于板的短边的任何位置。

4)墙,留置在门洞口过梁跨中 1/3 范围内,也可留在纵横墙的交接处。

5)双向受力楼板、大体积混凝土结构、拱、穹拱、薄壳、蓄水池、斗仓、多层刚架及其他结构复杂的工程,施工缝的位置应按设计要求留置,下列情况可作参考。

①斗仓施工缝可留在漏斗根部及上部,或漏斗斜板与漏斗主壁交接处(图 6-6)。

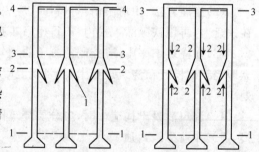

图 6-6 斗仓施工缝位置

1-1、2-2、3-3、4-4—施工缝位置;1—漏斗板

②一般设备地坑及水池,施工缝可留在坑壁上,距坑(池)底混凝土面 30~50 cm 的范围内。

承受动力作用的设备基础,不应留施工缝;如必须留施工缝时,应征得设计单位同意。一般可按下列要求留置:基础上的机组在担负互不相依的工作时,可在其间留置垂直施工缝;输送辊道支架基础之间,可留垂直施工缝。

③在设备基础的地脚螺栓范围内留置施工缝时,应符合下列要求:水平施工缝的留置,必须低于地脚螺栓底端,其与地脚螺栓底端距离应大于 150 mm;直径小于 30 mm 的地脚螺栓,水平施工缝可以留在不小于地脚螺栓埋入混凝土部分总长度的四分之三处;垂直施工缝的留置,其地脚螺栓中心线间的距离不得小于 250 mm,并不小于 5 倍螺栓直径。

6)施工缝的混凝土表面应凿毛,在继续浇筑混凝土前,应用水冲洗干净,湿润后在表面上抹 10～15 mm 厚与混凝土内成分相同的一层水泥砂浆。

(2)施工缝的处理

在施工缝处继续浇筑混凝土时,已浇筑的混凝土抗压强度不应小于 1.2 N/mm²。混凝土达到 1.2 N/mm² 的时间,可通过试验决定,同时,必须对施工缝进行必要的处理。

1)在已硬化的混凝土表面上继续浇筑混凝土前,应清除垃圾、水泥薄膜、表面上松动砂石和软弱混凝土层,同时还应加以凿毛,用水冲洗干净并充分湿润,一般不宜少于 24 h,残留在混凝土表面的积水应予清除。

2)注意施工缝位置附近回弯钢筋时,要做到钢筋周围的混凝土不受松动和损坏。钢筋上的油污、水泥砂浆及浮锈等杂物也应清除。

3)在浇筑前,水平施工缝宜先铺上 10～15 mm 厚的水泥砂浆一层,其配合比与混凝土内的砂浆成分相同。

4)从施工缝处开始继续浇筑时,要注意避免直接靠近缝边下料。机械振捣前,宜向施工缝处逐渐推进,并距 80～100 cm 处停止振捣,但应加强对施工缝接缝的捣实工作,使其紧密结合。

5)承受动力作用的设备基础的施工缝处理,应遵守下列规定:

①高程不同的两个水平施工缝,其高低接合处应留成台阶形,台阶的高度比不得大于 1;

②在水平施工缝上继续浇筑混凝土前,应对地脚螺栓进行一次观测校正;

③垂直施工缝处应加插钢筋,其直径为 12～16 mm,长度为 50～60 cm,间距为 50 cm。在台阶式施工缝的垂直面上亦应补插钢筋。

6. 后浇带的设置

后浇带是为在现浇钢筋混凝土结构施工过程中,克服由于温度、收缩而可能产生有害裂缝而设置的临时施工缝。该缝需根据设计要求保留一段时间后再浇筑,将整个结构连成整体。

后浇带的设置距离,应考虑在有效降低温差和收缩应力的条件下,通过计算来获得。在正常的施工条件下,有关规范对此的规定是:如混凝土置于室内和土中,则为 30 m;如在露天,则为 20 m。

后浇带的保留时间应根据设计确定,若设计无要求时,一般至少保留 28 d 以上。

后浇带的宽度应考虑施工简便,避免应力集中。一般其宽度为 70～100 cm。后浇带内的钢筋应完好保存。后浇带的构造如图 6-7 所示。

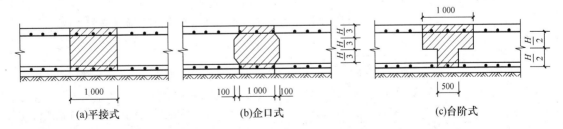

(a)平接式　　　　(b)企口式　　　　(c)台阶式

图 6-7　后浇带构造图(单位:mm)

后浇带在浇筑混凝土前,必须将整个混凝土表面按照施工缝的要求进行处理。填充后浇带混凝土可采用微膨胀或无收缩水泥,也可采用普通水泥加入相应的外加剂拌制,但必须要求填筑混凝土的强度等级比原结构强度提高一级,并保持至少15 d的湿润养护。

7.混凝土的振捣

(1)振捣混凝土时,振捣棒应快插慢拔。振捣圈梁混凝土时,振捣棒与混凝土面应成斜角,斜向振捣。

(2)圈梁混凝土每振捣完一段,应随即用木抹子压实、抹平。

(3)振捣的原因。在现浇钢筋混凝土结构的施工中,混凝土浇入模板以后,由于集料间内摩擦力和水泥浆的黏结力的作用,不能自动充满模板,其内部是疏松的,有一定体积的空洞和气泡,不能达到要求的密实度,这将影响其强度、抗渗性和耐久性。所以在混凝土入模之后,必须进行捣实,以保证混凝土的密实性,并充满模板,达到设计要求的形状和尺寸。

混凝土捣实的方法有人工捣实和机械振捣。机械振捣是使用振动器对混凝土施以强迫振动。在振动力作用下,各颗粒因振动而互相碰撞,产生瞬时的往复运动,混凝土的内摩擦也会削弱或消失。使有内摩擦的混凝土,形成悬浮液而获得流动性,使混凝土内部颗粒互相填充密实,并充满模板各个角落。振动停止后,混凝土又重新恢复其凝聚状态,逐渐凝结硬化。

机械振捣比人工捣实效果好,混凝土强度可以提高,水胶比可以减小。

(4)振捣的目的和要求。混凝土入模后,处于松散状态,内部存在很多空隙,不经振捣而硬化的混凝土,不仅不能很好填满模具,而且其强度和对钢筋的握裹力都不能达到设计和使用要求。只有通过很好的振捣,才能使混凝土充满模板的各个边角,并把混凝土内部的气泡和部分游离水排挤出来,使混凝土密实,表面平整,从而使强度等各种性能符合设计要求。

一般来说,振捣时间越长,力量越大,混凝土越密实,质量越好,但对流动性大的混凝土,振捣时间过长,会使混凝土产生泌水、离析现象。振捣时间长短应根据混凝土流动性大小而定,一般振捣到水泥浆使混凝土表面平整为止。

混凝土浇灌后应立即进行振捣。振捣的混凝土初凝后,不允许再振捣。因初凝后混凝土中水泥已硬化,内部结晶结构已形成,并已丧失可塑性,再振捣就会破坏内部结构,降低强度和钢筋间的握裹力。

(5)常用的振捣工艺见表6-13。

表6-13 常用的振捣工艺

项 目	内 容
机械振捣	混凝土的振捣机械按其工作方式不同,可分为内部振捣器、表面振捣器、附着式振捣器和振动台
人工振捣	混凝土的人工捣实,只有在缺少振动机械和工程量很小的情况下才采用。人工捣实多用于流动性较大的塑性混凝土。它是用插钎、捣棒或铁铲分层依次进行捣实。常用的是赶浆捣实法:即人站在混凝土的前进方向,面对混凝土用插钎或铁铲四面拦挡石子,不让石子向前滚,而让砂浆先流向前面和底下,使砂浆包裹住石子达到密实。人工捣实注意事项: (1)应随混凝土的浇筑分层进行,随浇随捣; (2)插捣应依次往复进行,防止漏插; (3)用力要均匀,模板拐角、钢筋密集处以及施工缝接合处,应特别加强捣实

8.混凝土养护

(1)养护工艺

1)覆盖浇水养护。利用平均气温高于+5℃的自然条件,用适当的材料对混凝土表面加以覆盖并浇水,使混凝土在一定的时间内保持水泥水化作用所需要的适当温度和湿度条件。

覆盖浇水养护应符合下列规定。

①覆盖浇水养护应在混凝土浇筑完毕后的 12 h 内进行。

②混凝土的浇水养护时间,对采用硅酸盐水泥、普通硅酸盐水泥或矿渣硅酸盐水泥拌制的混凝土,不得少于 7 d,对掺用缓凝型外加剂、矿物掺合料或有抗渗性要求的混凝土,不得少于14 d。当采用其他品种水泥时,混凝土的养护应根据所采用水泥的技术性能确定。

③浇水次数应根据能保持混凝土处于湿润的状态来决定。

④混凝土的养护用水宜与拌制水相同。

⑤当日平均气温低于 5℃时,不得浇水。

大面积结构如地坪、楼板、屋面等可采用蓄水养护。贮水池一类工程可于拆除内模混凝土达到一定强度后注水养护。

2)薄膜布养护。在有条件的情况下,可采用不透水、气的薄膜布(如塑料薄膜布)养护。用薄膜布把混凝土表面敞露的部分全部严密地覆盖起来,保证混凝土在不失水的情况下得到充足的养护。这种养护方法的优点是不必浇水,操作方便,能重复使用,能提高混凝土的早期强度,加速模具的周转,但应该保持薄膜布内有凝结水。

3)薄膜养生液养护。混凝土的表面不便浇水或使用塑料薄膜布养护时,可采用涂刷薄膜养生液,防止混凝土内部水分蒸发的方法进行养护。

薄膜养生液养护是将可成膜的溶液喷洒在混凝土表面上,溶液挥发后在混凝土表面凝结成一层薄膜,使混凝土表面与空气隔绝,封闭混凝土中的水分不再被蒸发,而完成水化作用。这种养护方法一般适用于表面积大的混凝土施工和缺水地区,但应注意薄膜的保护。

(2)养护条件。在自然气温条件(高于5℃),对于一般塑性混凝土应在浇筑后10~12 h 内(炎夏时可缩短至 2~3 h),对高强混凝土应在浇筑后 1~2 h 内,即用麻袋、草帘、锯末或砂进行覆盖,并及时浇水养护,以保持混凝土具有足够润湿状态。混凝土浇水养护时间如下。

1)当拌制混凝土的水泥品种为硅酸盐水泥、普通硅酸盐水泥、矿渣硅酸盐水泥时,浇水养护时间不少于 7 d。

2)抗渗混凝土、混凝土中掺缓凝型外加剂时,浇水养护时间不少于 14 d。

3)如平均气温低于 5℃时,不得浇水。

4)采用其他品种水泥时,混凝土的养护应根据水泥技术性能确定。

混凝土在养护过程中,如发现遮盖不好,浇水不足,以致表面泛白或出现干缩细小裂缝时,要立即仔细加以遮盖,加强养护工作,充分浇水,并延长浇水日期,加以补救。

在已浇筑的混凝土强度达到 1.2 N/mm² 以后,始准在其上来往行人和安装模板及支架等。荷重超过时应通过计算,并采取相宜的措施。

9.季节性施工要点

(1)炎热暑期、雨期施工

1)混凝土拌和物出机温度不宜高于 30℃,运至浇筑地点时的温度最高不宜超过 35℃。

2)炎热暑期,现场搅拌混凝土用的粗细集料堆放处应遮阳覆盖。水泥、外加剂、掺合料等均应入库存放,避免烈日直晒或雨淋。拌和用水宜采取措施降低水温。

3）雨期期间，应做好防雨、防潮、防雷电等措施。及时排队搅拌地点的积水。

4）雨期施工应根据砂、石含水率调整配合比，中到大雨不宜露天浇筑混凝土，若遇雨时，应对刚浇筑的混凝土进行覆盖。

（2）冬期施工

1）混凝土所用集料必须清洁，不得含有冰、雪等冻结物及易冻裂矿物质。

2）冬期拌制混凝土应优先采用加热水的方法，水及集料的加热温度应根据热工计算确定。水泥不得直接加热，宜存放在暖棚内。当集料不加热时，水可加热到 100℃，但水泥不应与 80℃ 以上的水直接接触，投料顺序为先投入集料和加热的水，再入水泥。

3）混凝土拌制前，应用热水或蒸汽冲洗搅拌机，拌制时间应取常温的 1.5 倍。混凝土拌和物的出机温度应符合混凝土浇筑方案的要求不宜低于 10℃，入模温度不得低于 5℃。

4）冬期混凝土拌制的质量除遵守常温情况下混凝土拌制规定外，尚应进行以下检查。

①检查外加剂的掺量。

②测量水和外加剂溶液以及集料的温度。

③测量混凝土自搅拌机中卸出时的温度和浇筑时的温度。

以上检查每一工作班至少应测量检查 4 次。

④混凝土试块的留置除应符合常温情况下的规定外，尚应增设不少于两组与结构同条件养护的试件分别用于检验受冻前的混凝土强度、转入常温养护 28 d 的混凝土强度。

5）水和砂应根据冬期施工方案规定加热，应保证混凝土入模温度不低于 5℃。

6）宜根据工程具体特点选择综合蓄热法、蓄热法或暖棚法养护，并应保持混凝土表面湿润，防止混凝土早期受冻和脱水。更要防止覆盖保温材料时，踩坏混凝土顶面。

7）冬期施工掺入的防冻剂应选用经认证的产品。拆模时混凝土表面温度应小于 5℃，且混凝土的强度大于 4 MPa。

8）雪后浇筑混凝土，应清除模板和钢筋上的积雪。运输和浇筑混凝土用的容器应有保温措施。

9）冬期浇筑混凝土，一般采取综合蓄热法，对原材料的加热、搅拌、运输、浇筑和养护进行热工计算，并采取有效的保温覆盖措施，保证混凝土受冻前达到抗冻临界强度。拆模后的混凝土表面，应临时覆盖，使其缓慢冷却。

10）混凝土试块除按正常规定组数制作外，还应增设不少于两组与结构同条件养护的试块，一组用以检验混凝土受冻临界强度，另一组用以检验转入常温养护 28 d 的强度。

第二节 框架结构混凝土浇筑工程

一、施工机具

参见第六章第一节地下室混凝土浇筑工程的相关内容。

二、施工技术

1. 施工准备

浇筑前应将模板内的垃圾、泥土等杂物及钢筋上的油污清除干净，并检查钢筋的水泥砂浆垫块是否垫好，如使用木模板时应浇水使模板润湿（竹胶板、多合板模可拼严缝，不用浇水）。柱子模板的扫除口应在清除杂物及积水后再封闭。接槎部位松散混凝土和浮浆已全部剔除到露石子冲洗干净,不留明水。

2.混凝土配合比设计、混凝土搅拌和运输

参见第六章第一节地下室混凝土浇筑工程的相关内容。

3.混凝土浇筑

(1)一般要求

1)混凝土自吊斗口下落的自由倾落高度不超过 2 m,浇筑高度如超过 2 m 时必须采取措施,用串筒或溜管等。

2)浇筑混凝土时应分段分层连续进行,浇筑高度应根据结构特点、钢筋疏密决定,一般为振捣器作用部分长度的 1.25 倍,常规 ϕ50 棒是 400~480 mm。

3)使用插入式振捣器应快插慢拔,插点要均匀排列,逐点移动,顺序进行,不得遗漏,振到该层混凝土表面浆以出齐,不冒泡,不下沉为止(注意配充电电筒观察)达到均匀振实。移动间距不大于振捣作用半径的 1.5 倍(一般为 300~400 mm,应现场实测)。振捣上一层时应插入下层不小于 50 mm,以使两层接缝处混凝土均匀融合。使用平板振动器,应保证振动器的平板覆盖已振实部分的边缘。

4)浇筑混凝土应连续进行。如必须间歇,其间歇时间应尽量缩短,并应在前层混凝土凝结之前,将次层混凝土浇筑完毕。超过初凝时间应按施工缝处理。

5)浇筑混凝土时应经常观察模板、钢筋、预留孔洞、预埋件和插筋等有无移动、变形或堵塞情况,发现问题应立即处理,并应在已浇筑的混凝土初凝前修正完好。

(2)柱混凝土浇筑

柱子特点是截面尺寸小,高宽比大,浇筑工作面窄,混凝土自由降落距离高,模板密封,观察困难。因而混凝土浇捣容易产生离析现象,振捣密实度难,以掌握。

1)开始浇筑混凝土时,应先在底部浇一层厚度为 5~10 cm 的与混凝土内成分相同的水泥砂浆。如果混凝土浇筑高度较大,坍落度较小,柱断面小,钢筋密集,又是人工捣实时,砂浆应铺厚些,反之则铺薄些。

2)浇筑一排柱的顺序应从两端同时开始向中间推进,不得从一端向另一端推进。这是因为浇捣柱子时,由于模板吸水膨胀、断面增大,产生横向推力,如逐渐积累到另一端,则会使这一端的柱子发生弯曲变形。

3)柱子混凝土浇捣宜在梁模板安装后,钢筋尚未绑扎前进行,以便利用梁模板稳定柱模板和作为浇捣柱子混凝土时的操作平台用。

4)凡是柱断面在 40 cm×40 cm 以内并有交叉钢筋时,应在柱模侧面开洞安装溜槽,分段浇筑,每段高度不宜超过 2 m,每段浇完后将洞封死,并用柱箍箍牢。

5)当柱断面在 40 cm×40 cm 以上时,又无交叉钢筋,且柱高不超过 3 m,则混凝土可从柱模板顶部直接倒入。当柱高超过 3 m 时,须分段浇筑,每段的浇筑高度不得超过 3 m。

6)在浇筑断面尺寸较小、柱高度较大时,为防止混凝土在一定高度后,粗集料下沉,水泥浆上浮,使面上出现浆多石少,致使混凝土强度不均。此时应适量减少配合比的用水量。在顶部出现此现象可将浆水舀出。

7)在浇筑混凝土的过程中,要保证钢筋位置的正确性和保护层厚度。不得踩踏钢筋,不得移动预埋件的位置,如发现位移和偏差,应及时校正。

8)为掌握混凝土的铺设厚度,减少对钢筋的冲击以及产生位移,宜采用铁锹下料。一般是用拌板承接卸下的混凝土拌和料。当高度大、断面小时,锹背向上往钢筋中间扣锹,这样石子多在下边,并可使砂浆充满模板四壁和混凝土面上。当高度小、断面大时,锹背靠模板下料,并沿柱模板一边一锹。当浇筑高度在1.5 m以内时,可将料斗或手推车直接向柱模板内下料,但要掌握好分层厚度。

9)当柱子浇满分层厚度以后,即用插入式振动器从柱顶伸入进行振捣。为了方便,软管长度应比柱高长0.5~1.0m。如若振动器软管短于柱高时,应从柱模板侧面门子洞插入。当软管使用长度在3 m以上时,振动过程中软管容易左右摇摆碰撞钢筋,所以在振动棒插入混凝土之前要先找好需要振捣的部位,让振动棒先就位,后合闸振捣。当混凝土不再塌陷全部见浆,从上往下看有光亮后,即抽出振动棒,并拉闸断电,停止振动,再缓慢地取出。

10)在振动棒插进门子洞时,掌握振动器者,应一手伸入洞内,让软管垂直,另一手紧握软管尽量上提并靠近柱模,使软管在转折处不致折成硬弯。

11)在没有振动器时也可用人工捣实。具体方法是用竹竿从柱顶插入柱中心,上下捣实,竹竿长度应比柱高长1 m左右。同时,另一人用长竹片专门在钢筋与四周插捣提浆,或用木槌在柱模板外敲打。

12)人工捣实可从柱顶下料也可从柱侧下料。当柱断面较小、钢筋较密时,可将柱模一侧全配成横向门子板,从上到下,每浇捣一节,模板封闭一节,这样竹片可从柱侧插入,而掌握竹竿的人仍在柱顶上捣实。

13)当柱高超过3.5 m而又无法从柱侧下料时,可用串筒从柱顶往柱模中下料,插入竹片或竹竿进行捣实。

(3)梁板混凝土浇筑

1)施工场所如设有路桥和工作平台,应待安装好后才开始工作。工作中严禁踩踏钢筋,要保护好楼板的上层钢筋。

2)为保证工程整体性,楼板、主梁和次梁应同时浇筑。只有在梁高大于800 mm或混凝土量过多时,可先浇筑主、次梁,但间隔时间不能大于规定值。

3)应保证钢筋网和钢筋骨架保护层垫块的数量和完好性。不允许采用先布料后提钢筋网的办法代替留置保护层的做法。

4)如用人工布料和捣固时,可先用赶浆捣固法浇筑梁,再用带浆捣固法浇筑楼板并应分层浇筑,第一层浇至一定距离后再回头浇筑第二层,成阶梯状前进,如图6-8所示。

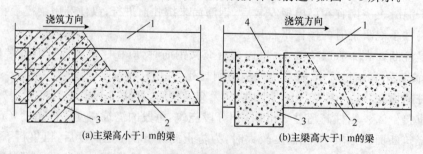

(a)主梁高小于1 m的梁　　　　(b)主梁高大于1 m的梁

图6-8　梁的分层浇筑

1—楼板;2—次梁;3—主梁;4—施工缝

5)用小车或料斗布料时,混凝土宜卸在主梁或少筋的楼板上,不应卸在边角或有负筋的楼板上。避免因卸料或摊平料堆而致使钢筋位移。

6)用小车或料斗布料时,因在运输途中振动,拌和物中的集料可能下沉、砂浆上浮;或由于搅拌运输车卸料不均,可能使拌和物造成"这车浆多、那车浆少"的现象。此时,操作员应注意调节,卸料时不应叠高,而是用一车压半车,或一斗压半斗。

7)堆放的拌和物可先用插入式振动器振捣将之摊平,再用平板振动器或人工进行捣固。

8)用平板振动器振捣楼板时要注意:电动机功率不宜过大;平板尺寸应稍大;要有专人检查模板支撑系统的安全性。

9)用平板振动器振捣楼板,适于来料较频、楼板面积较大、模板支撑系统较牢固等条件下使用。

10)梁柱交接部位或梁的端部属钢筋密集区,其浇筑操作较困难,通常采用下列办法。

①在钢筋稀疏的部位用振捣棒斜插振捣。

②在振捣棒端部焊上厚 8 mm、长 200～300 mm 的扁钢片,做成剑式振动棒进行振捣。但剑式振动棒的作用半径较小,振点应加密。

③在模板外部用木锤轻轻敲打。

11)斜梁、斜向构件和斜向层面的浇筑,可根据构件的斜度和工作量采用下述技巧。

①一般小构件或板厚不超过 100 mm 的,采用人工布料和捣固时,混凝土的坍落度宜不大于 50 mm,可以不必覆盖上部模板,但必须注意保湿养护。

②当工作量较大,且混凝土坍落度又大于 50 mm 时,操作时可按图 6-9 所示的方法,边布料、边捣固、边铺装上模板,则可保质量。如先行铺装上模板,后浇筑混凝土,往往因掌握不到模内情况,可能会出现空腔或裂缝。

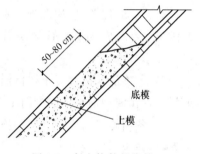

图 6-9 斜向构件的浇筑

(4)剪力墙混凝土浇筑

1)混凝土墙的浇筑

①墙体混凝土灌注时应遵循先边角后中部,先外部后内部的顺序,以保证外部墙体的垂直度。

②高度在 3 m 以内且截面尺寸较大的外墙与隔墙,可从墙顶向模板内卸料。卸料时须安装料斗缓冲,以防止混凝土离析。对于截面尺寸狭小且钢筋较密集的墙体,以及高度大于 3 m 的任何截面墙体混凝土的灌注,均应沿墙高度每 2 m 开设门子洞口、装上斜溜槽卸料。

③灌注截面较狭且深的墙体混凝土时,为避免混凝土浇筑至一定高度后,由于积聚大量的浆水,而可能造成混凝土强度不匀的现象,宜在灌至适当高度时,适量减少混凝土用水量。

④墙壁上有门、窗及工艺孔洞时,宜在门、窗及工艺孔洞两侧同时对称下料,以防止将孔洞模板挤扁。

⑤墙模板灌注混凝土时,应先在模底铺一层厚度 50～80 mm 的与混凝土内成分相同的水泥砂浆,再分层灌注混凝土,分层的厚度应符合有关规定。

2)混凝土墙的振捣

①对于截面尺寸厚大的混凝土墙,可使用插入式振动器振捣。而一般钢筋较密集的墙体,可采用附着式振动器振捣,其振捣深度约为 25 cm 左右。当墙体截面尺寸较厚时,也可在两侧悬挂附着式振动器振捣。

②墙体混凝土应分层灌注、分层振捣。上层混凝土的振捣需在下层混凝土初凝前进行,同一层段的混凝土应连续浇筑,不宜停歇。

③使用插入式振动器,如遇门、窗洞口时,应两边同时对称振捣,避免将门、窗洞口挤偏。

同时不得用振动器的棒头猛击预留孔洞、预埋件和接线盒等。

④对于设计有方形孔洞的整体，为防止孔洞底模下出现空鼓，通常浇至孔洞底高程后，再安装模板，继续向上浇筑混凝土。

⑤墙体混凝土使用插入式振动器振捣时，如振动器软轴较墙高长时，待下料达到分层厚度后，可将振动器从墙顶伸入墙内振捣。如振动器软轴较墙高短时，应从门子洞伸入墙内振捣。为避免振动器棒头撞击钢筋，宜先将振动棒插到振捣位置后，再合闸振捣。使用附着式振动器振捣时，可分层灌注、分层振捣，也可边灌注、边振捣。

⑥外墙角、墙垛、结构节点处因钢筋密集，可用带刀片的插入式振动器振捣，或用人工捣固配合，在模板外面用木槌轻轻敲打的办法，保证混凝土的密实。

(5)楼梯混凝土浇筑

1)楼梯段混凝土自下而上浇筑，先振实底板混凝土达到踏步位置时再与踏步混凝土一起浇筑，不断连续向上推进，并随时用木抹子(或塑料抹子)将踏步上表面抹平。

2)施工缝位置：楼梯混凝土宜连续浇筑完，多层楼梯的施工缝应留置在楼梯段1/3的部位或休息平台跨中1/3范围内，并注意1/2梁及梁端、板端应塞泡沫，以便清出支座搭头宽度。

4. 季节施工

(1)冬施浇筑的混凝土掺负温复合外加剂时，应根据温度情况的不同，使用不同的负温外加剂。且在使用前必须经专门试验及有关单位技术鉴定。柱、墙养护宜涂刷养护液。

(2)冬期施工前应制订冬期施工方案，对原材料的加热、搅拌、运输、浇筑和养护等进行热工计算，并应据此施工。

(3)混凝土在浇筑前，应清除模板和钢筋上的冰雪污垢。运输和浇筑混凝土用的容器应有保温措施。

(4)运输浇筑过程中，温度应符合热工计算所确定的数据，如不符合时，应采取措施进行调整。采用加热养护时，混凝土养护前后的温度不得低于2℃。

(5)整体式结构加热养护时，浇筑程序和施工缝位置，应能防止发生较大的温度应力，如加热温度超过40℃时，应征求设计单位意见后确定。混凝土升、降温不得超过规范规定。

(6)冬期施工平均气温在-5℃以内，一般采用综合蓄热法施工，所用的早强抗冻型外加剂应有出厂证明，并要经试验室试块对比试验后再正式使用。综合蓄热法宜用普通硅酸盐水泥或R型早强水泥。外加剂应选用能明显提高早期强度，并能降低抗冻临界强度的粉状复合外加剂，与集料同时加入，保证搅拌均匀。

(7)冬期养护：模板及保温层，应在混凝土冷却到5℃后方可拆除。混凝土与外界温差大于15℃时，拆模后的混凝土表面，应临时覆盖，使其缓慢冷却。

(8)混凝土试块除正常规定组数制作外，还应增设二组与结构同条件养护的试块，一组用以检验混凝土受冻前的强度，另一组用以检验转入常温养护28 d的强度。

(9)为拆模应准备同条件养护试块。每次2组，1组备用。墙柱常温一般以1.2 MPa拆模为宜(保证不损混凝土棱角)。天气无骤变时，每次试块可代表40 d。冬期以4 MPa取代。外墙柱子，架子等取7.5 MPa拆模。梁柱拆模按规范，结合相应工程，事先列出一览表，配平面图，署名哪些部位按百分比拆模。另外根据规范要求，还要增加结构子分部600 ℃·d的同条件养护试块。工程开工就和监理商定在哪些结构部位要留此类试块。

第三节 剪力墙结构普通混凝土工程

一、施工机具

参见第六章第一节地下室混凝土浇筑工程的相关内容。

二、施工技术

1. 混凝土配合比设计、混凝土搅拌和运输

参见第六章第一节地下室混凝土浇筑工程的相关内容。

2. 混凝土浇筑

(1)墙体浇筑混凝土前,在底部接槎处先浇筑 $50\sim100$ mm 厚与墙体混凝土成分相同的石子水泥砂浆。用铁锹均匀入模,不应用吊斗直接灌入模内。混凝土分层浇筑的高度应为振捣棒作用部分长度的 1.25 倍。实测现场振捣棒后,制作分层尺竿发给混凝土班组,并配以充电电筒。振捣棒移动间距不大于振捣棒作用半径的 1.5 倍。实测作用半径后,作出插距交底。分层浇筑、振捣。混凝土下料应分散均匀布料。墙体连续浇筑,应保证混凝土初凝后,下层混凝土上覆盖完上层混凝土,并振捣完。墙体混凝土的施工缝宜设在门洞上覆盖完上层混凝土,并振捣密实。墙体混凝土的施工缝宜设在门洞过梁跨中 1/3 区段。当采用平模时或留在内纵横墙的交界处,墙应留垂直缝,支齿形模。接槎处应振捣密实。浇筑时随时清理落地灰。

(2)洞口浇筑时,使洞口两侧浇筑高度对称均匀,振捣棒距洞边满足振捣棒作用半径,尽量远一些。宜从两侧同时振捣,防止洞口变形。洞口下部模板开排气孔,洞外下部可用附着式振动器辅助两侧插入式振捣。对大洞口下部模板应开口,直接下混凝土及振捣。

(3)外砖内模、外板内模大角及山墙构造柱应分层浇筑,每层厚度应按分层尺竿下混凝土。内外墙交界处加强振捣,保证密实。

(4)振捣。插入式振捣器移动,间距不宜大于振捣器作用半径的 1.5 倍,应实测作用半径,确定插距,门洞口两侧构造柱要振捣密实,不得漏振,以表面呈现浮浆和不再沉落不再冒汽泡为达到要求。避免碰撞钢筋、模板、预埋件、预埋管、外墙板空腔防水构造等,发现有变形、移位等情况,各关工种相互配合进行处理。

(5)墙上口找平,混凝土浇筑振捣完毕,将上口甩出的钢筋按钢筋水平定位距离加以整理,用木抹子按预定高程线,将表面找平,墙体混凝土浇筑高度控制在高出楼板底面浮浆厚度加 5 mm。

3. 季节施工

(1)室外日平均气温连续 5 d 稳定低于 $+5$℃,即进入冬期施工。

(2)原材料的加热、搅拌、运输、浇筑和养护等,应根据冬施方案施工。掺防冻剂混凝土出机温度不得低于 $+10$℃,入模温度不得低于 $+5$℃。

(3)冬施注意检查外加剂掺量,测量水及集料的加热温度,尽量以加热水为主(不大于 80℃),且不得直接与水泥接触,应先拌砂石再加水泥。以及混凝土的出机温度、入模温度,平时砂、石料场应加覆盖,集料必须清洁,不含有冰雪等冻结物。混凝土搅拌时间比常温延长 50%。

(4)混凝土养护做好测温记录,初期养护温度不得低于防冻剂的规定温度,当温度降低到防冻剂的规定温度以下时,强度不应小于 4 MPa。

(5)拆除模板及保温层,应在混凝土冷却至 $+5$℃以后,拆模后混凝土表面温度与环境温度差大于 15℃时,表面应覆盖养护,使其缓慢冷却。

第四节　预拌混凝土工程

一、施工机具

1. 混凝土搅拌站（楼）

（1）混凝土搅拌站（楼）的分类

1）按其结构不同可分为移动式的搅拌站和固定式的搅拌楼。建筑施工现场适用移动式的搅拌站。

2）按其作业形式不同可分为周期式和连续式两类。周期式的进料和出料系统按一定周期循环进行。连续式的进料和出料则为连续进行的。当前普遍使用的是周期式。

3）按其工艺布置形式不同可分为单阶式和双阶式两类。其工艺流程如图 6-10、图 6-11 所示。

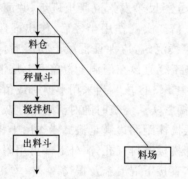

图 6-10　单阶式搅拌楼工艺流程示意

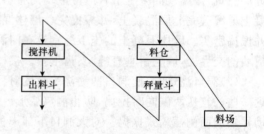

图 6-11　双阶式搅拌站工艺流程示意

①单阶式。把砂、石、水泥等物料一次提升到楼顶料仓，各种物料按工艺流程经称量、配料、搅拌，直到制成混凝土拌和料装车外运。搅拌楼自上而下分成料仓层、称量层、搅拌层和底层。单阶式工艺流程合理，生产率高，但要求厂房高，因而投资较大，一般搅拌楼多采用这种形式。

②双阶式。物料的贮料仓和搅拌设备大体上是在同一水平上。集料经提升送至储料仓，在储料仓下进行累计称量和分别称量，然后用提升斗或带式输送机送到搅拌机内进行搅拌。由于物料需经两次提升，生产率较低，但能使全套设备的高度降低，拆装方便，并可减少投资，一般搅拌站多采用这种形式。

（2）混凝土搅拌站（楼）的组成

混凝土搅拌站和搅拌楼的主要区别在于物料提升方式的不同（即一阶式和二阶式）。近年来，由于建筑工程混凝土量的增加和施工机械化程度的提高，搅拌站得到迅速发展，尤其是引进国外技术或中外合作生产的、具有当代先进水平的搅拌站研制并批量生产，型号、规格也不断增多，原使用较广的 H220 型已属小型，新产品一般都在 50 m^3/h 以上，最大达 120 m^3/h。生产率的提高加上拆装方便等优点，促使搅拌站已取代搅拌楼成为使用面广的搅拌设备。以下简述早期使用较广，现仍在使用的 H225 型和近年来使用较广的 HZS75 型两种搅拌站的组成。

1）H225 型搅拌站是一种移动式、自动化的混凝土搅拌设备，它将砂、石、水泥等的贮存、配料、称量、投料、搅拌及出料等装置全部组装在一个整体机架上，可用一台 8 t 载重汽车装载,具有结构紧凑、质量轻、占地面积小、移动方便等特点。其外形结构如图 6-12 所示。

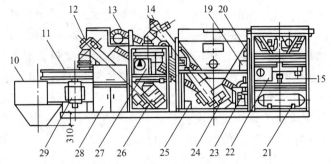

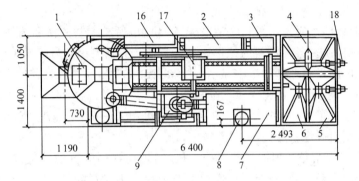

图 6-12　H225 型搅拌站外形结构(单位:mm)

1—搅拌机观察口;2—水箱;3—添加剂箱;4—砂贮存斗;5—石贮存斗(1);6—石贮存斗(2);

7—水泥贮存斗;8—水泥进料口;9—水泥称量斗;10—混凝土出料口;11—搅拌机;

12—螺旋输送机;13—裙边胶带输送机;14—水泥称量螺旋输送机;15—砂、石称量斗;

16—电气控制箱;17—裙边胶带输送机电动机;18—料位指示器;19—电磁阀箱;20—接线盒 JX3;

21—贮气筒;22—计量表头箱(砂、石);23—空气压缩机;24—水泥计量螺旋输送机电动机;

25—接线盒 JX2;26—水泥投料螺旋输送机电动机;27—计量表头箱;28—电气操作箱;29—搅拌机电动机

①搅拌主机:搅拌主机采用 JW500 型立轴涡浆强制式搅拌机。

②物料供给系统:水泥由贮存斗至称量计的输送采用螺旋输送机,输送能力为 30 t/h;称量斗中的水泥向搅拌筒内投料也采用螺旋输送机,输送能力为 30 t/h;集料[(砂、石(1)、石(2)]经过累计计量后通过带式输送机向搅拌筒投料。带式运输机采用一种新型的带有裙边输送带,并具有横档条,提高了倾斜角度和运输能力(250 t/h),如图 6-13 所示。

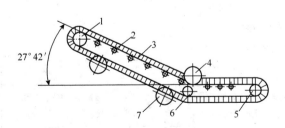

图 6-13　胶带运输机简图

1—主动滚筒;2—小托辊;3—裙边胶带;4—上压轮;

5—从动滚筒;6—下压轮;7—大托辊

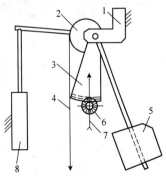

图 6-14　杠杆称表盘结构简图

1—中心架;2—卷筒;3—扇形齿轮;4—钢带;

5—配重;6—小齿轮;7—指针;8—阻尼装置

③配水系统:配水系统由水箱、外加剂箱、滤网、水泵、外加剂泵、涡轮精密流量计、气动衬胶隔膜阀、布水管等组成。水(外加剂)流经流量计时冲动流量计的叶轮旋转,发出脉冲信号,递给控制电器,从而达到计量目的。并根据配合比的要求,定时、定量向搅拌筒内供水和添加外加剂。

④计量系统:该机装有两个杠杆称,分别用于水泥称量和集料称量。其工作原理是称量料斗通过三级杠杆将物料质量传递到杠杆表盘(图 6-14)的钢带上,拉动凸轮旋转,使扇形齿轮带动小齿轮转动,固定在小齿轮上的指针也随着有规律地转动,在刻盘上指示出称量数值。表盘中设置油阻尼器,以防止由于集料或水泥流动而产生的指针摆动。为达到自动称量的目的,小齿轮装置在电位器轴端上,小齿轮的转动带动电位器旋转,通过运算放大器电路对电位器输出电压和操作盘给定数值的电压进行比较,当操作盘给定电压大于秤上电位器输出电压时,斗门打开,开始称量;当电压平衡时,称量结束。

⑤电气控制系统:本系统由外接电源(380 V)供电,所有控制按钮和选择开关都安装在操作盘上,以便集中控制。各种物料的计量通过各自的传感器发出信号给操纵台,由操纵台内部模拟电路和数字电路进行处理和数字显示,并发出控制信号,通过计量控制箱对全机运行进行控制,并通过电磁阀控制斗门气缸和气缸衬胶隔膜阀等执行机构的开闭,达到自动计量的目的。气路中设有排气量为 0.3 m³/min 的空气压缩机和贮气罐、电磁阀、气缸等。气缸的动作直接受电磁阀控制而操纵各斗门的开闭。

2)HZS75 型搅拌站是采用加强型工控微机,实现搅拌站的自动计量、混凝土配比的自动选择和生产现场的自动化管理;能搅拌各种类型的混凝土,搅拌时间短,搅拌质量优异。适用于中等规模以上的建筑施工、水电、公路、桥梁、港口等工程建设及大中型预制厂及商品混凝土生产基地。该机拆装方便,便于运输转移。

①HZS75 型搅拌站由物料供应、计量、搅拌及电气控制系统等组成。其外形组成如图6-15 所示。

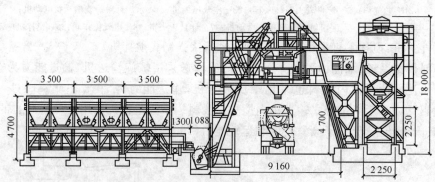

图 6-15　HZS75 型搅拌站外形组成示意(单位:mm)

② HZS70 型搅拌站的主要结构简述,具体内容见表 6-14。

表 6-14　HZS70 型搅拌站的主要结构简述

项　目	内　　容
搅拌主机	采用 JS1500 双卧轴强制式搅拌机作为主机,该机适用范围广,不仅能搅拌塑性和干性混凝土,还可搅拌轻集料混凝土及各种砂浆等
称量系统	搅拌站称量系统由砂石胶带秤、水泥秤、粉煤灰秤、水秤和附加剂秤等组成。砂石秤为胶带配料秤,能可靠地长期运转,胶带两边采用挡板,使胶带承重量大为增加,不撒料,提高称量精度。水泥秤、粉煤灰秤、水秤、附加剂秤为拉杆平衡形式。称量系统的支

续上表

项 目	内 容
称量系统	承框架和称量斗通过连杆紧固在一起,横向稳定通过两组拉杆平衡,不受振动及风力的影响,精度高,稳定性好。水泥称量斗、粉煤灰称量斗、水称置斗、附加剂称斗均各采用一个传感器。附加剂秤斗位于水秤斗上方,液体排放时先进入水中和水混合后一起进入主机,它有两个称量斗,可进行两种附加剂的累计计量
供料系统	由砂石料仓、砂石配料秤、水泥筒仓、螺旋输送机、水泵和附加剂泵及相应管路等组成。 (1)砂石料仓由轮式装载机上料,料仓下部设有料斗门,通过气缸等动力装置控制料斗门的启动,通过微机控制,可实现砂石的粗精称,粗称之后,料斗门可以作连续几次的启闭动作(脉冲),实现集料精称。 (2)水泥仓为圆筒形钢结构,水泥贮存量为 100 t,一般配用两个水泥仓。水泥仓的底仓锥体上装有气吹式破模装置,利用压缩空气进行水泥破模,可以自动控制,也可以手动控制。水泥仓顶部装有电动除尘器,通过操纵控制台上的按钮,启动除尘器振动电动机,将积尘抖落。 (3)在水泥仓和水泥称量计之间,配有大倾角螺旋输送机,其进料口和出料口之间轴线距离为 9 m。为提高其输送效率,螺旋叶片为变螺距叶片。整个螺旋输送机由两节组装,以便于运输。 (4)供水系统由水泵、大小电磁阀、水仓及相应管路等组成。来自水泵的水经过水仓进水管进入水仓称量,当达到供水量值的 80% 时大阀关闭,小阀继续供水;当达到供水量时,小阀关闭,系统停止供水。水仓下部的出水管上装有气动衬胶蝶阀,通过电磁阀控制,蝶阀打开后,水仓里的水通过放水管进入搅拌筒。 (5)附加剂系统采用双泵结构,附加剂分别由两个耐酸泵从贮料仓泵入附加剂计量筒计量,计量后和水一起进入搅拌筒。料仓为圆柱筒仓,可贮存两种附加剂,通过管道形成两套各自独立的附加剂系统
提升机构	由提升料斗、导轨、卷扬装置及上下限位组成。卷扬装置由两台锥形转子制动电动机和两台摆线针轮减速器组成。制动电动机系双出轴,风扇端出轴加工成花键,两台制动电动机之间通过联轴器连接以保证左右卷筒同步运行。胶带称量并输送完成后,提升料斗开始提升,当料斗进入圆弧导轨后料斗倾翻并打开搅拌机罩盖上的料口盖板向搅拌筒内卸料;当料口盖板完全打开后,上限位行程开关动作,卷扬机停转。若上限位行程开关失灵,尚有极限位行程开关进行第二道保护,并通过微机进行报警,提醒维修人员及时修复。料斗卸料完毕,即沿轨道下降至配料称量位置时,钢丝绳松弛,下限位行程开关在重锤作用下动作,卷扬电动机停转,开始下一个配料循环
控制系统	由上位管理计算机、下位控制计算机及通信连接部分组成。上位机系统包括工控微机、键盘、彩色显示器和打印机;下位系统选用进口原装可编程序控制器及其扩展模块。 (1)上位机主要实现工作过程的实时动态数据监测,使操作人员能及时了解整个系统的状态,对每个用户的工作参数分别保存,可存储 60 多种配方组合,同时分别统计各用户的混凝土需求量及已供量,逐日统计搅拌站的产量及物料消耗量,实时提供系统生产过程中的报警声响和画面以及各种数据的输入修改等。除屏幕显示上述功能外,还可以打印出各种表格数据。 (2)下位机的主要功能为: 1)根据生产流程的时序要求,从"称量—投料—搅拌—出料"等过程实现全自动控制; 2)各秤设有调零输入,能自动去除皮重,自动修正落差,有效控制称量精度(落差是指仓门关闭瞬间称量斗中料量和最后稳定时称量斗中料重的差值);

项　目	内　容
控制系统	3)可根据设定的容量系数(是指一次搅拌量为额定值1.5 m³ 的倍数); 4)可任意设定集料仓开门顺序及选用螺旋输送机; 5)具备完整的自锁、互锁功能,以保证系统准确无误地运行,并备有各种需要报警及停机功能

2.混凝土搅拌运输车

(1)混凝土搅拌运输车在运输混凝土时应能保持混凝土拌和物的均匀性,不应产生分层离析现象。

(2)混凝土搅拌运输车应符合《混凝土搅拌运输车》(JG/T 5094—1997)标准的规定。翻斗车仅限于运送坍落度小于80 mm的混凝土拌和物,并应保证运送容器不漏水,内壁光滑平整,具有覆盖设施。

(3)应定期通过混凝土的均质性检查混凝土运输车的叶片磨损情况。

(4)搅拌运输车出车前,须清洗接料斗和车身,避免污染环境,工作完毕后应将所有接触混凝土的机械设备彻底清洗干净。

(5)混凝土搅拌运输车在运输过程中,拌筒应保持3~6 r/min的慢速转动。

二、施工技术

1.混凝土搅拌

(1)混凝土搅拌楼操作人员开盘前应根据当日生产配合比和任务单,检查原材料的品种、规格、数量及设备的运转情况,并做好记录。

(2)搅拌楼应实行配合比挂牌制,按工程名称、部位分别注明每盘材料配料质量。

(3)试验人员每天班前应测定砂石含水率,雨后立即补测,根据砂石含水率随时调整每盘砂石及加水量,并做好调整记录。

(4)搅拌楼操作人员应严格按配合比计量,投料顺序先倒砂石,再装水泥,搅拌均匀,最后加水搅拌。根据实践证明此种做法混凝土可提高强度15%以上。粉煤灰宜与水泥同步,外加剂宜滞后于水泥。外加剂的配制应用小台秤提前一天称好,装入塑料袋,并作抽查(掺合料如由人工添加,也同样抽查)和投放工作,生产单位应指定专人负责配制与投放。

(5)混凝土的搅拌时间可参照搅拌机使用说明,经试验调整确定。搅拌时间与搅拌机类型、坍落度大小、斗容量大小有关。掺入外加剂或掺合料时,搅拌时间还应延长20~30 s。

(6)预拌混凝土生产单位应负责按规定制作混凝土试块。施工现场则应在浇筑地点(即混凝土入模处取样,制作试块)。

(7)搅拌楼操作人员应随时观察搅拌设备的工作状况和坍落度的变化情况,坍落度应满足浇筑地点的要求。发现异常应及时向主管负责人或主管部门反映,严禁随意更改配合比。

(8)检验人员应每台班抽查每一配合比的执行情况,做好记录。并跟踪抽查原材料、搅拌、运输质量,核查施工现场有关技术文件。

2.混凝土运输

(1)预先确定混凝土搅拌运输车的行驶线路及混凝土运输时间,保证混凝土的连续供应。

(2)搅拌运输车装运混凝土时,筒体内不得有积水。

（3）混凝土搅拌运输车在运输途中，拌筒应保持 3～6 r/min 的慢速转动。

（4）生产单位在运送混凝土时，应随车签发"预拌混凝土运输单"。

（5）混凝土运输、浇筑及间歇的全部时间不应超过混凝土的初凝时间。

（6）冬期施工的混凝土工程，在混凝土运输过程中，运输设备应有保温、防风措施；夏期施工的混凝土工程，在混凝土运输过程中，运输设备应有保温、防雨措施。

3.现场交货检验

（1）预拌混凝土生产单位与使用单位之间，应建立对混凝土质量和数量的交接验收手续。交接验收工作应在交货地点进行，生产单位和使用单位均应委派专人负责，并根据施工单位与预拌混凝土单位签定的技术合同及"预拌混凝土运输单"交接验收并签章，对于符合技术合同的混凝土，方可在工程中使用。

（2）混凝土运至浇筑地点后，应在交货地点车车测定混凝土坍落度，其检测结果不合格时，不得在工程中使用。

4.混凝土浇筑

（1）大体积混凝土工程、冬期施工混凝土工程及其他有特殊入模温度要求的混凝土工程，应提前进行热工计算，确保混凝土到场温度和混凝土入模温度。

（2）混凝土浇筑前，应根据不同部位混凝土浇筑量，确定混凝土供应速度和初凝时间，保证混凝土浇筑的连续性。

（3）对于现场需分层浇筑的大体积混凝土工程，应在合同中明确混凝土初凝时间，在下层混凝土初凝前，完成上层混凝土浇筑。当底层混凝土初凝后浇筑上一层混凝土时，应按施工缝处理。

（4）使用单位应在混凝土运送到浇筑地点 15 min 内制作试块。

第五节　现浇框架结构混凝土浇筑工程

一、施工机具

1.塔式起重机

参见第三章第二节中混凝土小型空心砌块砌体工程的相关内容。

2.混凝土搅拌机

参见第六章第一节地下室混凝土浇筑工程的相关内容。

二、施工技术

1.混凝土运输及进场检验

（1）采用混凝土罐车进行场外运输，要求每辆罐车的运输、浇筑和间歇的时间不得超过初凝时间，混凝土从搅拌机卸出到浇筑完毕的时间不宜超过 1.5 h，空泵间隔时间不得超过 45 min。

（2）预拌混凝土运输车应有运输途中和现场等候时间内的二次搅拌功能。混凝土运输车到达现场后，进行现场坍落度测试，一般每个工作班不少于 4 次，坍落度异常或有怀疑时，及时增加测试。从搅拌车卸运的混凝土中，分别在卸料 1/4 和 3/4 处取试样进行坍落度试验，两个试样的坍落度之差不得超过 30 mm。当实测坍落度不能满足要求时，应及时通知搅拌站。严禁私自加水搅拌。

（3）运输车给混凝土泵喂料前，应中、高速旋转拌筒，使混凝土拌和均匀。

（4）根据实际施工情况及时通知混凝土搅拌站调整混凝土运输车的数量，以确保混凝土的均匀供应。

（5）冬期混凝土运输车罐体要进行保温。夏季混凝土运输车罐体要覆盖防晒。

2.混凝土浇筑与振捣

（1）混凝土浇筑与振捣的一般要求

1）为防止混凝土散落、浪费，应在模板上口侧面设置斜向挡灰板。混凝土自吊斗口下落的自由倾落高度不得超过 2 m，浇筑高度如超过 2 m 时必须采取措施，用串桶或溜管等。

2）浇筑混凝土时应分层进行，浇筑层高度应根据结构特点、钢筋疏密决定，一般为振捣器作用部分长度的 1.25 倍，常规 ϕ 50 振捣棒是 400～480 mm。

3）使用插入式振捣器应快插慢拔，插点要均匀排列，逐点移动，顺序进行，不得遗漏，做到均匀振实。移动间距小于等于振捣作用半径的 1.5 倍（一般为 300～400 mm）。振捣上一层时应插入下层大于或等于 50 mm，以消除两层间的接缝。表面振动器（或称平板振动器）的移动间距，应保证振动器的平板覆盖已振实部分的边缘。

4）浇筑混凝土应在前层混凝土凝结之前，将次层混凝土浇筑完毕。间歇的最长时间应按所用水泥品种、气温及混凝土凝结条件确定，超过初凝时间应按施工缝处理。

5）浇筑混凝土时应经常观察模板、钢筋、预留孔洞、预埋件和插筋等有无移动、变形或堵塞情况，发现问题应立即处理，并应在已浇筑的混凝土凝结前修正完好。

（2）柱的混凝土浇筑

1）柱浇筑前底部应先填以 30～50 mm 厚与混凝土配合比相同减石子砂浆，柱混凝土应分层振捣，使用插入式振捣器时每层厚度小于等于 500 mm，振捣棒不得触动钢筋和预埋件。除上面振捣外，下面要有人随时敲打模板。如图 6-16 所示。

2）柱高在 3 m 之内，可在柱顶直接下灰浇筑，超过 3 m 时，应采取措施（用串桶）或在模板侧面开洞安装斜溜槽分段浇筑。每段高度不得超过 2 m。每段混凝土浇筑后将洞模板封闭严实，并用柱箍箍牢。

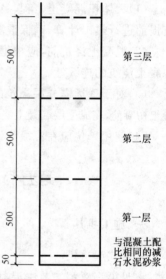

图 6-16　柱底部处理（单位:mm）

3）柱子的浇筑高度控制在梁底向上 15～30 mm（含 10～25 mm 的软弱层），待剔除软弱层后，施工缝处于梁底向上 5 mm 处。

4）柱与梁板整体浇筑时，为避免裂缝，注意在墙柱浇筑完毕后，必须停歇 1～1.5 h，使柱子混凝土沉实达到稳定后再浇筑梁板混凝土。

5）浇筑完后，应随时将伸出的搭接钢筋整理到位。

（3）梁、板混凝土浇筑

1）梁、板应同时浇筑，浇筑方法应由一端开始用"赶浆法"，即先浇筑梁，根据梁高分层浇筑成阶梯形，当达到板底位置时再与板的混凝土一起浇筑，随着阶梯形不断延伸，梁板混凝土浇筑连续向前进行。

2）与板连成整体高度大于 1 m 的梁，允许单独浇筑，其施工缝应留在板底以上 15～30 mm 处。浇捣时，浇筑与振捣必须紧密配合，第一层下料慢些，梁底充分振实后再下二层料，每层均应振实后再下料，梁底及梁帮部位要注意振实，振捣时不得触动钢筋及预埋件。

3)梁柱节点钢筋较密时,浇筑此处混凝土时宜用小直径振捣棒振捣,采用小直径振捣棒应另计分层厚度。

4)梁柱节点核心区处混凝土强度等级相差2个及2个以上时,混凝土浇筑留槎按设计要求执行或按图 6-17 进行浇筑。该处混凝土坍落度宜控制在 80~100 mm。

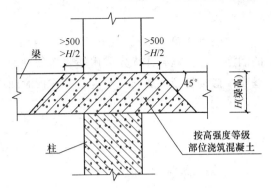

图 6-17 梁柱节点处理(单位:mm)

5)浇筑楼板混凝土的虚铺厚度应略大于板厚,用振捣器顺浇筑方向及时振捣,不允许用振捣棒铺摊混凝土。在钢筋上挂控制线,保证混凝土浇筑高程一致。顶板混凝土浇筑完毕后,在混凝土初凝前,用 3 m 长杠刮平,再用木抹子抹平,压实刮平遍数不少于两遍,初凝时加强二次压面,保证大面平整、减少收缩裂缝。浇筑大面积楼板混凝土时,提倡使用激光铅直、扫平仪控制板面高程和平整。

6)施工缝位置:宜沿次梁方向浇筑楼板,施工缝应留置在次梁跨度的中间 1/3 范围内。施工缝表面应与梁轴线或板面垂直,不得留斜槎。复杂结构施工缝留置位置应征得设计人员同意。施工缝宜用齿形模板挡牢或采用钢板网挡支牢固。也可采用快易收口网,直接进行下段混凝土的施工。

7)施工缝处应待已浇筑混凝土的抗压强度大于等于 1.2 MPa 时,才允许继续浇筑。在继续浇筑混凝土前,施工缝混凝土表面应凿毛,剔除浮动石子,并用水冲洗干净。模板留置清扫口,用空压机将碎渣吹净。水平施工缝可先浇筑一层 30~50 mm 厚与混凝土同配比减石子砂浆,然后继续浇筑混凝土,应细致操作振实,使新旧混凝土紧密结合。

(4)剪力墙混凝土浇筑

1)如柱、墙的混凝土强度等级相同时,可以同时浇筑,反之宜先浇筑柱混凝土,预埋剪力墙锚固筋,待拆柱模后,再绑剪力墙钢筋、支模、浇筑混凝土。

2)剪力墙浇筑混凝土前,先在底部均匀浇筑 30~50 mm 厚与墙体混凝土同配比的减石子砂浆,并用铁锹入模,不应用料斗直接灌入模内。

3)浇筑墙体混凝土应连续进行,间隔时间不应超过混凝土初凝时间,每层浇筑厚度严格按混凝土分层尺杆控制,因此必须预先安排好混凝土下料点位置和振捣器操作人员数量。

4)振捣棒移动间距应小于等于振捣作用半径的 1.5 倍,每一振点的延续时间以表面呈现浮浆为度,为使上下层混凝土结合成整体,振捣器应插入下层混凝土 50 mm。振捣时注意钢筋密集及洞口部位。为防止出现漏振,须在洞口两侧同时振捣,下灰高度也要大体一致。大洞口的洞底模板应开口,并在此处浇筑振捣。竖向构件最底层第一步混凝土容易出现烂根现象,应适当提高第一步下灰高度、振捣棒间隔加密。

5)混凝土墙体浇筑完毕之后,将上口甩出的钢筋加以整理,用木抹子按高程线将墙上表面混凝土找平,墙顶高宜为楼板底高程加 30 mm(预留 25 mm 的浮浆层剔凿量)。

(5)楼梯混凝土浇筑

1)楼梯段混凝土自下而上浇筑,先振实底板混凝土,达到踏步位置时再与踏步混凝土一起浇捣,不断连续向上推进,并随时用木抹子(或塑料抹子)将踏步上表面抹平。

2)施工缝位置:框架结构两侧无剪力墙的楼梯施工缝宜留在楼梯段自休息平台往上 1/3 的地方,约 3~4 踏步。框架结构两侧有剪力墙的楼梯施工缝宜留在休息平台自踏步往外 1/3 的地方,楼梯梁应有入墙不小于 1/2 墙厚的梁窝。

3. 养护

混凝土浇筑完毕后，应在 12 h 以内加以覆盖和浇水，浇水次数应能保持混凝土保持足够的润湿状态。框架柱优先采用塑料薄膜包裹、在柱顶淋水的养护方法。养护期一般不少于 7 昼夜。掺缓凝型外加剂的混凝土其养护时间不得少于 14 d。

第六节　现浇混凝土空心楼盖工程

一、施工机具(内部振动器)

(1)内部振动器又称为"插入式振动器"，主要用来振实各种深度或厚度尺寸较大的混凝土结构和构件(如梁、柱、墙、桩等)，对塑性和干硬性混凝土均适用。作业时，将振动棒插入将要成型的混凝土中，一般只需 10～20 s 的振动时间，即可把振动棒周围十倍于振动棒直径的混凝土振实。

(2)内部振动器按振动棒激振原理不同，又分为偏心轴式(简称"偏心式")和行星滚锥式(简称"行星式")两种，如图 6-18 所示。

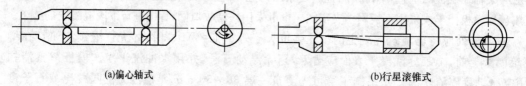

(a)偏心轴式　　　　　　　　　　　　　　(b)行星滚锥式

图 6-18　振动棒激振原理

1)偏心式振动器的振动棒由具有偏心质量的转轴、振动棒壳体和轴承等组成。工作时，电动机驱动偏心轴在振动棒壳体内旋转，偏心轴产生的惯性离心力经轴承传给棒体，使振动棒产生圆振动。振动棒偏心轴的转速就是电动机的转速。由于对内部振动器振动频率的要求一般在 10 000 次/min 以上，就需要增设齿轮升速机构以提高偏心轴转速；这不但使机构复杂，质量增加，而且实际上如此高的转速钢丝软轴也难以适应，因此，偏心式内部振动器逐渐为行星式内部振动器所取代，应用很少。

2)行星式内部振动器用一根一端为圆锥体的转轴(称为"滚锥轴")取代了偏心式振动器中的偏心轴。该滚锥轴后端支承在轴承上，前端(有圆锥体一端)悬置，在振动棒壳体与滚锥轴圆锥体相应部位是一个稍大圆锥孔，锥度与圆锥体相同。当电动机通过软轴带动滚锥轴转动时，滚锥除了本身自转外，还绕着由锥孔形成的"滚道"公转，构成行星运动。滚动体的行星运动驱动振动棒体产生圆振动。行星式振动器的振动频率高(可达 11 000～15 000 次/min)，较好地满足了对不同混凝土振实的要求，结构紧凑、轻便灵活，应用极广。

(3)内部振动器传递驱动力的钢丝软轴是由多股钢丝捻制而成，因而传递动力只能朝钢丝外层捻紧方向单向传动，为此，振动器上设有限向器防止逆转。钢丝软轴外面包有橡胶夹编织钢丝组成的套筒，是钢丝软轴的保护层，也方便手持作业。滚锥轴后端的支承轴承是一个大间隙轴承，实际上起着一个球铰的作用。轴承处的密封很重要，它防止油液渗入滚锥和滚道，造成打滑，影响滚锥正常公转，甚至不产生振动。振动棒有时未能产生振动，是由于滚锥未能紧压在滚道上，这时只要对棒体轻轻敲击即可起振。

(4)内部振动器的构造一般由电动机、软轴和振动棒三部分组成。交流异步电动机通过软轴驱动振动棒产生振动；混凝土振动器多以电动机为动力，仅在缺乏电源的情况下以小型汽油机驱动。常用电动偏心插入式混凝土振动器和电动软轴行星插入式混凝土振动器的构造如下。

电动偏心插入式混凝土振动器是由电动机通过软轴驱动偏心式振动子,在振动棒体内旋转,产生惯性离心力以振动捣实混凝土;主要由棒头、振动棒壳体、电动机、减振器等部分组成,如图 6-19 所示。

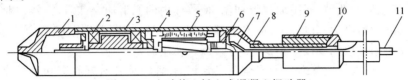

图 6-19　电动偏心插入式混凝土振动器

1—棒头;2—轴承;3—振动棒壳体;4—中间壳体;5—电动机;6—轴承;

7—接线盖;8—端盖;9—减振器;10—连接管;11—引出电缆线

电动软轴行星插入式混凝土振动器一般采用高频、外滚、软轴连接方式,主要由振动棒、软轴套、防逆装置、电动机、电器开关、电动机座支座等部分组成,如图 6-20 所示。

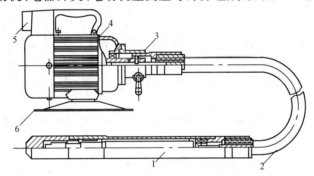

图 6-20　电动软轴行星插入式混凝土振动器

1—振动棒;2—软轴套;3—防逆装置;4—电动机;5—电器开关;6—电动机座支座

(5)内部振动器的使用要点

1)振动棒的直径、频率和振幅是直接影响生产率的主要因素,所以在工作前应选择合适的振动棒。在振动器使用之前,首先应检查电动机的绝缘情况是否良好;长期闲置的振动器启用时必须测试电动机的绝缘电阻,检查合格后方可接通电源进行试运转。

2)振动器的电动机旋转时,若软轴不转,振动棒不起振是电动机旋转方向不对,调换任意两相电源线即可;若软轴转动,振动棒不起振,可摇晃棒头或将棒头轻磕地面,即可起振。当试运转正常后,方可投入作业。作业时,要使振动棒自然沉入混凝土,不可用猛力往下推。一般应垂直插入,并插到尚未初凝层中 50~100 mm,以促使上下层相互结合。

3)振捣时,要做到"快插慢拔"。快插是为了防止将表层混凝土先振实,与下层混凝土发生分层、离析现象;慢拔是为了使混凝土能来得及填满振动棒抽出时所形成的空间。

4)振动棒各插点间距应均匀,一般间距不应超过振动棒有效作用半径的1.5倍。

5)振动棒在混凝土内振密的时间,一般每插点振密 10~30 s,直到混凝土不再显著下沉,不再出现气泡,表面泛出水泥浆和外观均匀为止。如振密时间过长,有效作用半径虽然能适当增加,但总的生产率反而降低,而且还可能使振动棒附近混凝土产生离析。这对塑性混凝土更为重要。此外,振动棒下部振幅要比上部大,故在振密时,应将振动棒上下抽动 5~10 cm,使混凝土振密均匀。

6)作业中要避免将振动棒触及钢筋、芯管及预埋件等;更不得采取通过振动棒振动钢筋的方法来促使混凝土振密。否则,就会因振动而使钢筋位置变动,还会降低钢筋与混凝土之间的黏结力,甚至会相互脱离,这对预应力钢筋影响更大。

7)作业时,振动棒插入混凝土的深度不应超过棒长的 2/3~3/4。否则,振动棒将不易拔出而导致软管损坏;更不得将软管插入混凝土中,以防砂浆浸蚀、渗入软管而损坏机件。

8)振动器在使用中,如遇温度过高,应立即停机冷却检查,如机件故障,要及时进行修理;冬季低温下,振动器作业前,要采取缓慢加温,使棒体内的润滑油解冻后,方能作业。

9)插入式振动器电动机电源上,应安装漏电保护装置,熔断器选配应符合要求,接地应安全可靠。电动机未接地线或接地不良者,严禁开机使用。

10)振动器操作人员应掌握一般安全用电知识,作业时应穿戴好胶鞋和绝缘橡胶手套。工作停止移动振动器时,应立即停止电动机转动;搬动振动器时,应切断电源。不得用软管、电缆线,拖拉、扯动电动机。电缆上不得有裸露之处,电缆线必须放置在干燥、明亮处;不允许在电缆线上堆放物品、车辆在其上面直接通过,更不能用电缆线吊挂振动器等物品。

二、施工技术

1.施工准备

现浇空心楼盖施工的关健在于内模管的安装、固定和抗浮处理,为防止薄壁管在混凝土浇筑过程中出现上浮和侧移,施工前应根据内模管的直径和管间净距,制作卡具,卡具可分为一次性卡具和周转性卡具两类。卡具长度不宜超过 2 m,芯管下部不需要做支承。(因为管重量轻且在底网钢筋上面)

一次性卡具制作方法如图 6-21 所示(以 ϕ 120 mm 筒芯管为例,顺筒、模筒肋宽均为 50 mm,板顶和板底厚度为 40 mm)。

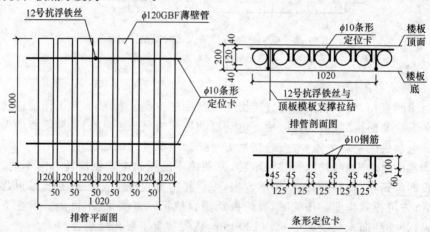

图 6-21　一次性卡具制作示意(单位:mm)

周转性卡具制作方法如图 6-22 所示(图示以 ϕ 120 mm 空心管为例)。

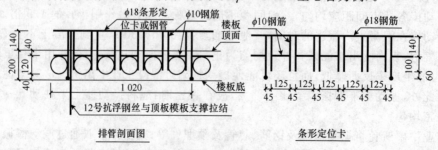

图 6-22　周期性卡具制作示意(单位:mm)

2．弹线（钢筋线及肋筋位置）

在顶板模板上弹出板底钢筋位置线和管缝间肋筋位置线。

3．绑扎板底钢筋和安装电气管线（盒）

(1)绑扎板底钢筋：按照弹线的位置顺序绑扎板底钢筋。

(2)安装电气管线（盒）：线盒安装操作工艺见安装工艺标准。铺设电气管线（盒）时，尽量设置在内模管顺向和横向管肋处，预埋线盒与内模管无法错开时，可将内模管断开或用短管让出线盒位置，内模管断口处应用聚苯板填塞后用胶带封口，并用细铁丝绑牢，防止混凝土流入管腔内。

4．绑扎内模管肋筋

按设计要求绑扎肋间网片钢筋。绑扎时分纵横向顺序进行绑扎，并每隔 2 m 左右绑几道钢筋对其位置进行临时固定。

5．放置内模管

(1)按设计要求的铺管方向和细化的排管图摆放薄壁内模芯管，管与管之间，管端与管端之间均大于等于设计的肋宽，并且要求每排管应对正、顺直。与梁边或墙边内皮应保持大于等于 50 mm 净距。

(2)对于柱支承板楼盖结构须严格按照图纸大样设计或有关标准施工。

(3)内模芯管摆放时应从楼层一端开始，顺序进行。注意轻拿轻放，有损坏时，应及时进行更换。初步摆放好的内模管位置应基本正确，以便于过后调整。

6．绑扎板上层钢筋

(1)内模芯管放置完毕，应对其位置进行初步调整并经检查没有破损后，方能绑扎上层钢筋。

(2)绑扎上层钢筋时，要注意楼板支座负筋的长度，施工前应根据排管图适当调整支座负筋的长度，以确保负筋的拐尺正好在内模管管肋处。

(3)安装定位卡固定内模管。上层钢筋绑扎完成后，可进行定位卡的安装。卡具设置应从一头开始，顺序进行，两人一组，一手扶住卡具，一手拨动空心管，将卡具放入管缝间，注意卡具插入时不要刺破薄壁管。卡具放置完毕后，拉小线从楼板一侧开始调整薄壁管的位置，应做到横平竖直，管缝间距正确。

7．用铁丝将定位卡与模板拉固

卡具安装完成后，应及时对其进行固定，用手电钻在顶板模板上钻孔，用铁丝将卡具与模板下面的龙骨绑牢固定，使管顶的上表面高程符合设计要求，每平米至少设一个拉结点。

8．隐蔽工程验收

对顶板的钢筋安装和内模管安装进行隐蔽工程验收，合格后进行楼板混凝土浇筑。

9．浇捣混凝土

(1)内模管吸水性强，浇筑前应浇水充分湿润芯管，使芯管始终保持湿润，确保芯管不会吸收混凝土中的水分，造成混凝土强度降低或失水、漏振。

(2)空心楼板采用混凝土的粒径宜小不宜大，根据管间净距可选择 5～12 mm 或 10～20 mm碎石。

(3)混凝土应采用泵送混凝土，一次浇筑成型。混凝土坍落度不宜小于 160 mm，根据天气情况可适当加大混凝土坍落度，最好掺加一定数量的减水剂，使其具有较好流动性，以避免芯管管底出现蜂窝、孔洞等。

（4）混凝土应顺芯管方向浇筑，并应做到集中浇筑，按梁板跨度一间一间顺序浇筑，一次成型，不宜普遍铺开浇筑，施工间隙的预留时间不宜过长。

（5）振捣混凝土时宜采用 30 mm 小直径插入式振捣器，也可根据芯管的大小采用平板振捣器配合仔细振捣。必须保证底层不漏振。对管间净距较小的，可在振捣棒端部加焊短筋，插入板底振捣，振捣时不能直接振捣薄壁管管壁，且振幅不要过大，严禁集中一点长时间振捣，否则会振破薄壁管。

（6）振捣时应顺筒方向顺序振捣，振捣间距不宜大于 300 mm。

（7）空心楼板振捣时比实心板慢，因此铺灰不能太快，以便于振捣能跟上。

10. 取出定位卡

在浇筑混凝土时，待混凝土振捣完成并初步找平后，用钳子剪断拉结铁丝，将卡具取出运走。抽取卡具的时间不能太早，也不能太迟，必须在混凝土初凝之前拔出，并应及时将取走卡具后留下的孔洞抹压密实，当采用粗钢筋制作卡具时，留下的孔洞应用高强砂浆填实。定位卡取出后应及时清理干净，以备重复使用。

第七章 防水工程

第一节 屋面防水工程

一、高聚物改性沥青卷材屋面防水层施工

(一)施工机具(热熔卷材)

(1)喷灯

用于热熔卷材。一般要求喷灯口距加热面30 cm左右,因此当采用喷灯施工时,操作工人必须蹲下或弯腰,劳动强度大。目前,用于热熔卷材施工的专用加热器具已基本定型。喷灯以其携带方便的特点仅用于复杂部位及小面积的施工。喷灯使用时的安全注意事项见说明书。

(2)热熔卷材专用加热器

热熔卷材专用加热器的燃料有汽油和液化气两种。

1)用汽油作燃料的加热器,外形如图7-1所示。

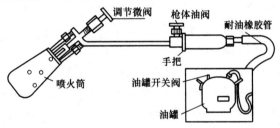

图7-1 用汽油作燃料的加热器

2)用液化气作燃料的加热器,外形如图7-2所示。

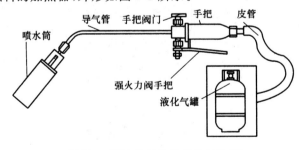

图7-2 用液化气作燃料的加热器

(二)施工技术

1.基层处理

施工前必须对基层(找平层)进行全面检查。找平层强度、顺水坡度、表面压实抹光程度必须符合要求,找平层与突出屋面结构的连接及转角处都应做成圆弧。基层应干燥,干燥程度的

简易检验方法是将 1 m² 卷材平铺在找平层上,静置 3～4 h 后掀开检查,找平层覆盖部位与卷材上未见水印即可。排汽屋面已按要求设置排汽孔并将排汽管安装牢固,保持畅通,具备排汽功能。施工前将基层浮浆、杂物彻底清扫干净。

2.涂刷基层处理剂

(1)基层处理剂一般为沥青基层防水涂料,将基层处理剂在屋面基层满刷一遍。大面用长把滚刷涂刷,细部构造部位如管根、水落口等处可用油漆刷涂刷。要求涂刷均匀,不得见白露底。

(2)基层处理剂的品种要与卷材相实,不可错用。施工时除应掌握其产品说明书的技术要求,还应注意下列问题。

1)施工时应将已配制好的或分桶包装的各组分按配合比搅拌均匀。

2)基层处理剂可采取喷涂法或涂刷法施工。喷、涂应均匀一致。

3)一次喷、涂的面积,根据基层处理剂干燥时间的长短和施工进度的快慢确定。面积过大,来不及铺贴卷材,时间过长易被风沙尘土污染或露水打湿;面积过小,影响下道工序的进行,拖延工期。

4)基层处理剂涂刷后宜在当天铺完防水层,但也要根据情况灵活确定。如多雨季节、工期紧张的情况下,可先涂好全部基层处理剂后再铺贴卷材,这样可防止雨水渗入找平层,而且基层处理剂干燥后的表面水分蒸发较快。

5)当喷、涂两遍基层处理剂时,第二遍喷、涂应在第一遍干燥后进行。等最后一遍基层处理剂干燥后,才能铺贴卷材。一般气候条件下基层处理剂干燥时间为 1 h 左右。

3.确定铺贴方向、顺序及搭接方法

(1)卷材防水层施工时,应先进行细部构造处理,然后由屋面最低高程向上铺贴。

(2)檐钩、天沟卷材施工时,宜顺檐沟、天沟方向铺贴,搭接缝应顺流水方向。

(3)卷材宜平行屋脊铺贴,上下层卷材不得相互垂直铺贴。

(4)当卷材平行于屋脊铺贴时,其长边应顺流水方向搭接(顺水接槎),铺贴时要从排水口、檐口、天沟等屋面最低高程处向上铺贴至屋脊最高高程处,如图 7-3 所示。

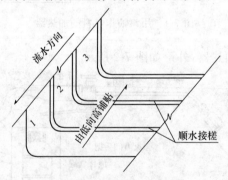

图 7-3 平行屋脊铺贴卷材的搭接方法和铺贴顺序

(5)当卷材垂直于屋脊铺贴时,其长边顺当地年最大频率风向搭接(顺风接槎),将卷材从左至右或从右至左的由排水口、檐口、天沟等屋面最低高程处向上铺贴至屋脊最高高程处,以防止雨水在风力作用下吹入接缝内的细小裂缝面造成渗漏,其短边应顺水接槎,并作嵌缝处理。

卷材垂直于屋脊铺贴时,每幅卷材都应盖过屋脊至少 200 mm,不允许一幅卷材从檐口越过屋脊一直铺到另一檐口,以防止两侧的卷材因自重将屋脊处的卷材拉断,在屋脊处可采用搭接进行处理,增加防水层的厚度,增强强度,防止卷材拉断。坡面的卷材要尽量减少接头,上下两层卷材的搭接缝要错开 1/3～1/2 幅宽,相邻两幅卷材短边的搭接缝要错开一定距离,一般在 1.5 m 以上,如图 7-4 所示。垂直于屋脊铺设的单层外露防水层的施工搭接顺序如图 7-5 所示。

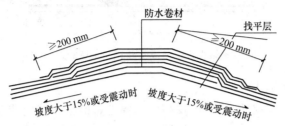

图 7-4 卷材垂直于屋脊铺贴做法

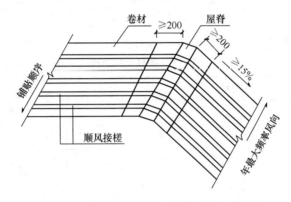

图 7-5 厚度 4 mm 以上高原物改性沥青卷材
垂直于屋脊铺贴做法

(6)大面积屋面施工时,为提高工效和加强管理,可根据面积大小、屋面形状、施工工艺顺序、人员数量等因素划分流水施工段。施工段的界线宜设在屋脊、天沟、变形缝等处。

1)铺贴大面积卷材前,先在已铺卷材的长、短边按卷材的搭接宽度弹出基准线,再将成捆卷材抬至铺贴起始位置,拆掉外包装,置卷材短边与短边基准线重合,长边对长边基准线,如图 7-6 所示。

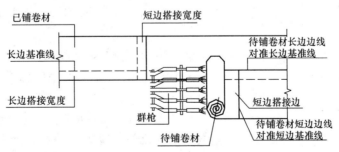

图 7-6 待铺卷材铺贴位置

2)按弹好标准线的位置,在卷材的一端用煤气焊枪或汽油喷灯火焰将卷材涂盖层熔融,随即固定在基层表面,用焊枪或喷灯火焰对准卷材卷和基层表面的夹角,喷灯距离交界处 30 cm 左右,边熔融涂盖层边跟随熔融范围缓慢滚铺卷材,将卷材与基层黏结牢固,如图 7-7 所示。

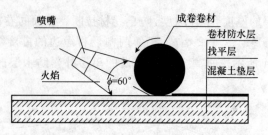

图 7-7　熔焊火焰与成卷卷材和基层的相对位置

3）搭接方法及宽度要求

①铺贴卷材应采用搭接法，上下层及相邻两幅卷材的搭接缝应错开。平行于屋脊的搭接缝应顺流水方向搭接；垂直于屋脊的搭接缝应顺年最大频率风向（主导风向）搭接。

②叠层铺设的各层卷材，在天沟与屋面的连接处应采用叉接法搭接，搭接缝应错开；接缝宜留在屋面或天沟侧面，不宜留在沟底。

③卷材搭接缝宽度应符合表 7-1。

表 7-1　卷材搭接宽度　　　　　　　　　　（单位：mm）

卷材类型		搭接宽度
高聚物改性沥青防水卷材	胶黏剂	100
	自粘	80
合成高分子防水卷材	胶黏剂	80
	胶黏剂	50
	单缝焊	60，有效焊接宽度不小于 25
	双缝焊	80，有效焊接宽度 10×2＋空腔宽

4）卷材与基层的粘贴方法。卷材与基层的黏结方法可分为满粘法、条粘法、点粘法和空铺法等形式。通常都采用满粘法，而条粘、点粘和空铺法更适合于防水层上有重物覆盖或基层变形较大的场合，是一种克服基层变形拉裂卷材防水层的有效措施，设计中应明确规定，选择适用的工艺方法。

①空铺法。铺贴卷材防水层时，卷材与基层仅在四周一定宽度内黏结，其余部分采取不黏结的施工方法。

②条粘法。铺贴卷材时，卷材与基层黏结面不少于两条，每条宽度不小于 150 mm。

③点粘法。铺贴卷材时，卷材或打孔卷材与基层采用点状黏结的施工方法。每平方米黏结不少于 5 点，每点面积为 100 mm×100 mm。

无论采用空铺、条粘还是点粘法，施工时都必须注意距屋面周边 800 mm 内的防水层应满粘，保证防水层四周与基层黏结牢固；卷材与卷材之间应满粘，保证搭接严密。

4. 屋面细部处理

(1)水落口应牢固地固定在承重结构上。当采用金属制品时，所有零件均应作防锈处理。

(2)屋面防水卷材搭接缝施工

1)平行于屋脊的搭接缝顺流水方向搭接。

2)垂直于屋脊的搭接缝顺年最大频率风向搭接。

3)高聚物改性沥青防水卷材的搭接缝选用材性相容的密封材料封严,或加粘 80~ 100 mm 同质材料的盖口条。

4)叠层铺贴时,上下层卷材间的搭接缝错开不小于 1/3 幅宽。

5)在铺贴卷材时,不得污染檐口的外侧和墙面。

(3)至混凝土檐口或立面的卷材收头应裁齐后压入凹槽,并用压条或带热片钉子固定,最大钉距不应大于 900 mm,凹槽内用密封材料嵌填封严。

(4)伸出屋面管道与排气孔构造及处理

1)为确保屋面工程的防水质量,对伸出屋面的管道应做好防水处理,应在距管道外径 100 mm 范围内,以 30% 找坡组成高 30 mm 的圆锥台,在管四周留 20 mm × 20 mm 凹槽嵌填密封材料,并增加卷材附加层,做到管道上方 250 mm 处收头,用金属箍或铁丝紧固,密封材料封严,做法如图 7-8 所示。

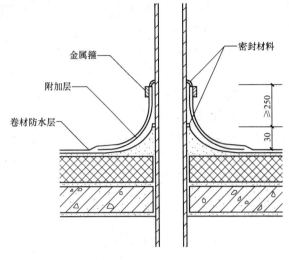

图 7-8 伸出屋面管道(单位:mm)

2)应根据屋面的构造情况,一般每 36 m² 应设一个排气孔。找平层的分格缝兼做排气道时;分格缝加宽至 30 mm,并纵横贯通。排气管设在交叉位置,排气孔与屋面交角处卷材的铺贴方法和立墙与屋面转角处相似,所不同的是流水方向不应有逆槎,排气孔阴角处卷材应作附加增强层,上部剪口交叉贴实或者涂刷涂料增强。

常见的排气孔做法有钢管、塑料管、薄钢板(白铁皮)等数种,钢管或塑料管的管径一般为 φ25,上部揻 90°半圆弯,以便既能排气又能防止雨水进入管内,下部焊以带孔方板,以便于与找平层固定,在与保温层接触部分,应打成花孔,以便使潮气进入排气孔排入大气中,如图 7-9 所示。

薄钢板排气孔一般做成 φ550 的圆管,上部设挡雨帽,下部将薄钢板剪口弯成 90°,在找平层上固定,如图 7-10 所示。

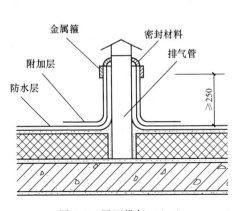

图 7-9 屋面排气口(一)

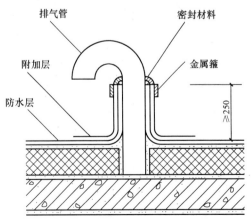

图 7-10 屋面排气口(二)

5.热熔铺贴大面防水卷材

先在基层弹好基准线,将卷材定位后,重新卷好。点燃火焰喷枪(喷灯)。烘烤卷材底面与基层交界处,使卷材底边的改性沥青熔化。要沿卷材宽度往返加热,边加热,边沿卷材长边向前滚铺,用压辊排除空气,使卷材与其层黏结牢固。

在卷材热熔施工时,火焰加热要均匀,过分加热会烧穿卷材;温度不够会使卷材黏结不牢。因此施工时要注意调节火焰大小及移动速度。火焰喷枪与卷材底面的距离应控制 0.3～0.5 m。卷材接缝处必须溢出熔化的改性沥青,溢出的改性沥青宽度以 8 mm 左右并均匀顺直为宜。

(1)滚铺法。这是一种不展开卷材而边加热烘烤边滚动卷材铺贴的方法。

1)起始端卷材的铺贴。将卷材置于起始位置,对好长、短方向搭接缝,滚展卷材 1 000 mm 左右,掀开已展开的部分,开启喷枪点火,喷枪头与卷材保持 50～100 mm 距离,与基层成 39°～45°角,将火焰对准卷材与基层变接处,同时加热卷材底面热熔胶面和基层,至热熔胶层出现黑色光泽、发亮至稍有微泡出现,慢慢放下卷材平铺基层,然后进行排气辊压使卷材与基层黏结牢固,如图 7-11 所示。当铺贴至剩下 300 mm 左右长度时,将其翻放在隔热板上,用火焰加热余下起始端基层后,再加热卷材起始端余下部分,然后将其粘贴于基层,如图 7-12 所示。

图 7-11　热熔卷材端部粘贴

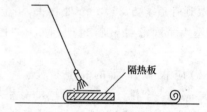

图 7-12　加热卷材末端

2)滚铺。卷材起始端铺贴完成后即可进行大面积滚铺。持枪人位于卷材滚铺的前方。按上述方法同时加热卷材和基层,条粘时只需加热两侧边,加热宽度各为 150 mm 左右。推滚卷材人蹲在已铺好的卷材起始端上面,等卷材充分加热后缓缓推压卷材,并随时注意卷材的平整顺直和搭接缝宽度。其后紧跟一人用辊子从中间向两边抹压卷材,赶出气泡,并用刮刀将溢出的热熔胶刮压接缝边。另一人用辊子压实卷材,使之与基层粘贴密实,如图 7-13 所示。

图 7-13　滚铺法铺贴热熔卷材
1—加热;2—滚铺;3—排气、收边;4—压实

(2)展铺法。展铺法是先将卷材平铺于基层,再沿边掀起卷材予以加热粘贴。此方法主要适用于条粘法铺贴卷材,其施工方法如下:

1)先将卷材展铺在基层上,对好搭接缝,按滚铺法的要求先铺贴好起始端卷材。

2)接直整幅卷材,使其无皱折、无波纹,能平坦地与基层相贴,并对准长边搭接缝,然后对末端作临时固定,防止卷材回缩,可采用站人等方法。

3)由起始端开始熔贴卷材,掀起卷材边缘约 200 mm 高,将喷枪头伸入侧边卷材底下,加热卷材边宽约 200 mm 的底面热熔胶和基层,边加热边后退,然后另一人用辊子由卷材中间向两边辊压赶出气泡,并辊压平整,典型示范由紧随的操作人员持辊压实两侧边卷材,并用刮刀将溢出的热熔胶刮压平整。

4)铺贴到距末端 100 mm 左右长度时,撤去临时固定,按前述滚铺法铺贴末端卷材。

(3)搭接缝法。热熔卷材表面一般有一层防粘隔离纸,因此在热熔黏结接缝之前,应先将下层卷材表面的隔离纸烧掉,以利搭接牢固严密。

操作时,由持枪人手持烫板(隔火板)柄,将烫板沿搭接粉线后退,喷枪火焰随烫板移动,喷枪应离开卷材 50~100 mm,贴靠烫板,如图 7-14 所示。移动速度要控制合适,以刚好熔去隔离纸为宜。烫板和喷枪要密切配合,以免浇损卷材。排气和辊压方法与前述相同。

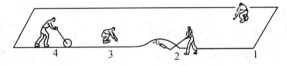

图 7-14　展铺法铺贴热熔卷材
1—临时固定;2—加热;3—排除气泡;4—滚压收边

对于卷材短边搭接缝,还可用抹灰刀挑开,同时用汽油喷灯烘烤卷材搭接处,如图 7-15 所示,待加热至适当温度后,随即用抹灰刀将接缝处溢出的热熔胶刮平、封严,如图 7-16 所示,这同样会取得很好的效果。

图 7-15　熔烧搭接缝隔离层
1—铁板或其他金属板;2—手柄

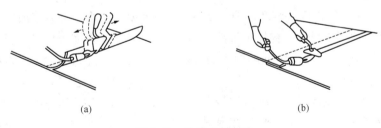

(a)　　　　　　　　　　　　　　(b)

图 7-16　热熔卷材封边

另外,当整个防水层熔贴完成后,所有搭接缝边还应用密封材料予以涂封严密。密封材料可用聚氯乙烯建筑防水接缝材料或建筑防水沥青嵌缝油膏,也可采用封口胶或冷玛琋脂。密封材料在接缝口封严抹平宽度不应小于 10 mm。使其形成有明显的沥青条带。

6.蓄水试验

屋面防水层完工后,应做蓄水或淋水试验。有女儿墙的平屋面做蓄水试验,蓄水 24 h 无渗漏为合格。坡层面可做淋水试验,一般淋水 2 h 无渗漏为合格。

7.保护层施工

(1)浅色、彩色涂料保护层。适用于非上人屋面,涂刷前用柔软、干净的棉布清除防水层表面的浮灰,涂刷时要均匀,避免漏涂,二遍涂刷时,第二遍涂刷的方向要与第一遍垂直。

(2)粒料保护层。粒料保护层是指细砂、石渣及绿豆砂,适用于非上人屋面。

1)细砂用于涂膜和冷玛琋脂面层的保护层,在最后一次涂刷涂料或冷玛琋脂时应随铺随撒均匀。

2)石渣保护层一般在生产改性沥青卷材时直接覆于面层。

3)绿豆砂是涂刷油毡面层热玛琋脂时边涂玛琋脂边铺撒,铺撒的绿豆砂要经过筛选、颗粒均匀,并用水冲洗干净,使用时在铁板上预先加热,以便与沥青玛琋脂牢固的结合在一起。铺撒绿豆砂要沿屋脊方向顺着卷材的接缝全面向前推进,绿豆砂铺撒均匀,不得堆积,并与沥青玛琋脂黏结牢固,不得残留未黏结的绿豆砂。

(3)碎石片粘贴。此种做法适用于卷材防水上人屋面。首先将防水层表面清擦干净,并要保证表面干燥,均匀涂刷透明胶黏剂,将用水冲洗过且晾干后的碎石片均匀撒在防水层表面,并进行适当压实,待碎石片和防水层完全黏结牢固后,将表面未黏结的碎石片清扫干净,有露出防水层处进行补粘。要求施工完毕后,保护层表面粘接牢固,厚度均匀一致,无透底、漏粘、浮石。

(4)块体保护层:块体保护层主要是指以水泥砂浆或混凝土预制块、缸砖、黏土薄砖、泡沫塑料板等块材,适用于上人屋面。

块体铺砌前应根据排水坡度要求挂线,以满足排水要求,保证铺砌的块体横平竖直。块体保护层结合层采用1:2水泥砂浆,块体要先浸水湿润并阴干,当块体尺寸较大时,可采用铺灰法铺砌,即先在隔离层上将水泥砂浆摊开环节,然后摆放块体;当块体尺寸较小时,可将水泥砂浆刮在块材的黏结面上再进行摆铺,每块块体摆铺完后立即进行挤压密实、平整、使块体与结合层之间不留空隙。铺砌工作要在水泥砂浆凝结前完成,块体间预留10 mm的缝隙,铺砌1~2 d后用1:2水泥砂浆勾成凹槽。

为防止因热胀冷缩造成块体起拱或开裂,块体保护层每100 m² 以内要预留分格缝,缝宽20 mm,缝内嵌填密封材料。

(5)水泥砂浆保护层。水泥砂浆保护层是采用水泥砂浆直接铺抹于防水层上作为保护层,配合比为1:2.5~3(体积比),厚度为15~25 mm,上人屋面砂浆层可适当加厚。

铺抹水泥砂浆时,要根据结构情况每隔4~6 m用木模设置纵横分格缝,并随铺抹随拍实,并用刮尺刮平,随即用 $\phi 8$~$\phi 10$ mm 的钢筋或麻绳压出表面分格缝,间距不大于1 m,终凝前用铁抹子压光。

为保证立面水泥砂浆保护层黏结牢固,在立面防水层施工时,先在防水层表面接毛粘上砂粒或小豆石。若防水层为防水涂料,要在最后一道涂料涂刷时,边涂刷边撒布细砂,同时用软质胶辊轻轻辊压使砂粒牢固的黏结在涂层上。若防水层为沥青或改性沥青防水卷材,可用喷灯将防水层表面烤热发软后,将细砂或绿豆砂粘贴在防水层表面,再用压辊轻轻辊压,使之黏结牢固。对于高分子卷材防水层,可在其表面涂刷一道胶黏剂粘上细砂,并轻轻压实。防水层养护完毕后,即可进行立面保护层的施工。

(6)细石混凝土保护层。细石混凝土整体保护层是在防水层上铺设隔离层后直接浇筑细石混凝土,厚度为25~60 mm,有的还配以钢筋作为使用面层。

细石混凝土保护层应留置分格缝,每格面积不大于36 m²,分格缝宽度为20 mm。一个分格内的混凝土要尽可能的连续浇筑,不留施工缝。振捣宜采用铁辊辊压或人工拍实,不宜采用机械振捣,以免破坏防水层。振实后随即用刮尺按排水坡度刮平,并在初凝前用木抹子提浆抹平,初凝后及时取出分格缝木模,终凝前用铁抹子压光。抹光压光时不宜在表面掺加水泥砂浆或干灰,否则表面砂浆易产生裂缝与剥落现象。

若采用配筋细石混凝土保护层时,钢筋网片的位置设置在保护层中间偏上部位,在铺设钢筋网片时用砂浆垫块支垫。

细石混凝土保护层浇筑完后要及时进行养护,养护时间不少于 7 d。养护完后,将分格缝清理干净,嵌填密封材料。

二、合成高分子卷材屋面防水层施工

(一)施工机具

小平铲、扫帚、钢丝刷、抹布、搅拌器、容器桶、卷尺、盒尺(用于度量尺寸)、壁纸刀、剪刀(剪裁卷材)、线盒、粉笔(弹基准线作标记)、油漆刷、滚刷、手压辊、嵌缝枪、带凹槽的刮板等。

(二)施工技术

1. 基层处理

(1)检查基层

施工防水层前,将已验收合格的基层表面清扫干净,不得有浮尘、杂物,以免影响防水层施工质量,基层应干燥。

(2)涂刷基层处理剂

基层处理剂一般是用低黏度聚氨酯涂膜防水材料,基配合比为甲料:乙料:二甲苯＝1:1.5:3,用电动搅拌器搅拌均匀,再用长把滚刷蘸满后均匀涂刷于基层表面,不得见白露底。经干燥 4 h 以上,即可进行下一工序的施工;也可以用喷浆机喷涂含固量为 40%、pH 值为 4、黏度为 0.01 Pa·s 的阳离子氯丁胶乳,喷涂时要求厚薄均匀,经干燥 12 h 左右(视温度与湿度而定),才能进行下道工序施工。

2. 确定铺贴方向、顺序及搭接方法

参见第五章第一节高聚物改性沥青卷材屋面防水层施工的相关内容。

大面积屋面施工时。为提高工效和加强管理,可根据面积大小、屋面形状、施工工艺顺序、人员数量等因素划分流水施工段。施工段的界线宜设在屋脊、天沟、变形缝等处。

3. 三元乙丙橡胶防水卷材细部构造

(1)三维阴阳角部位处理。在大面卷材防水层完成后,用配套清洗剂彻底清洁卷材在阴阳角处的“裁口”表面并晾干;以卷材“裁口”处为中心 100 mm 范围内的表面和自硫化三元乙丙泛水片材表面上涂刷搭接胶黏剂,晾胶至表面指触不粘后,即可黏结,并用压辊压实、粘牢;最后在自硫化三元乙丙泛水片材外边缘连续不断地挤涂外密封膏,同时用带凹槽的专用刮板沿接缝中心线以 45°角刮涂压实外密封膏,使之定型,并确保自硫化三元乙丙泛水片材的外边缘被完全包裹在外密封膏内,如图 7-17 所示。

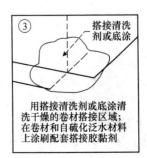

图　7-17

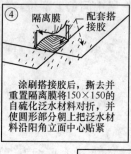

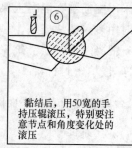

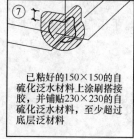

图 7-17　三维阳角处理示意

注:在低温时应使用加热风枪加热自硫化泛水材料。

（2）女儿墙收头处理。三元乙丙橡胶防水卷材防水层的收头方式应根据结构形式来确定，典型的收头做法有以下几种。

1）金属收头压条构造,在固定前先在压条位置的卷材背后嵌涂止水玛琋脂膏,要确保止水玛琋脂膏连续、不间断,然后采用专用收头压条对卷材收头进行机械固定,最后用外密封膏封严金属压条上外沿,如图 7-18 所示。

2）凹槽收头密封构造,如图 7-19 所示。

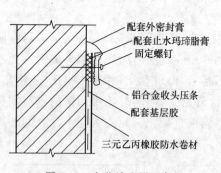

图 7-18　女儿墙金属压条

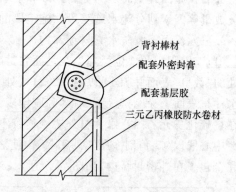

图 7-19　女儿墙凹槽收头密封卷材

3）女儿墙采用金属压顶时的密封构造,如图 7-20 所示。

（3）变形缝。变形缝内采用泡沫塑料圆棒或预制支撑件作为背衬材料,之后粘贴卷材附加层,在支撑部位卷材不需黏结,如图 7-21 所示。

（4）伸出屋面管道密封构造。打磨管道表面以除去锈斑等影响黏结的杂物,在卷材、管道和自硫化泛水材料表面涂刷搭接胶,晾胶后直接将自硫化泛水材料粘贴在管道上,最后用外密封膏密封,如图 7-22 所示。

（5）管束部位的密封处理。很多管道集中在一起形成管束,需用配套圆形箍槽将管束部位围起,然后向箍槽内灌注配套密封膏密封,为防止积水,密封膏应灌满,如图7-23所示。

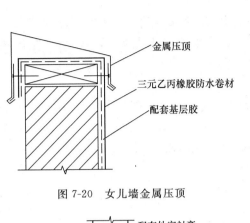

图7-20　女儿墙金属压顶

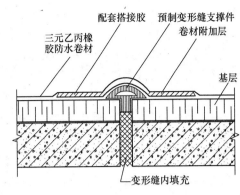

图7-21　变形缝

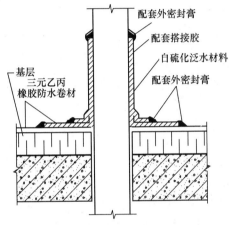

图7-22　伸出屋面管道密封构造

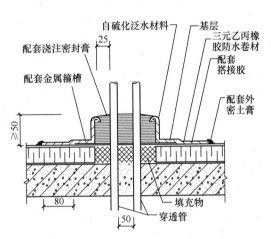

图7-23　管束部位密封处理(单位:mm)

(6)机械固定法构造示意,如图7-24所示。

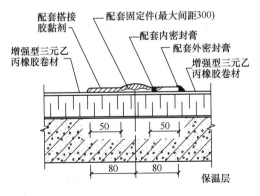

图7-24　机械固定法示意(单位:mm)

4.粘贴法铺贴卷材施工

(1)胶黏剂的调配与搅拌及胶黏带准备

胶黏剂一般由厂家配套供应,对单组分胶黏剂只需开桶搅拌均匀后即可使用;而双组分胶黏剂则必须严格按厂家提供的配合比和配制方法进行计算、掺和、搅拌均匀后才能使用。同时有些卷材的基层胶黏剂和卷材接缝胶黏剂为不同品种,使用时不得混用,以免影响粘贴效果。

搭接缝采用胶黏带时,应选择与卷材匹配的胶黏带,并按需要量备足。

(2)涂刷胶黏剂

1)卷材表面的涂刷。某些卷材要求底面和基层表面均涂胶黏剂。卷材表面涂刷基层胶黏剂时,先将卷材展开摊铺在旁边平整干净的基层上,用长柄滚刷蘸胶黏剂,均匀涂刷在卷材的背面,不得涂刷得太薄而露底,也不得涂刷过多而产生聚胶。还应注意在搭接部位不得涂刷胶黏剂,此部位留作涂刷接缝胶黏剂,或粘贴胶黏带。留置宽度即卷材搭接宽度。

2)基层表面的涂刷。涂刷基层胶黏剂的重点和难点与基层处理剂相同。即阴阳角、平立面转角处、卷材收头处、排水口、伸出屋面管道根部等节点部位,这些部位有附加增强层时应用接缝胶黏剂或配套涂料处理。涂刷工具宜用油漆刷。涂刷时,切忌在一处来回涂滚,以免将底胶"咬起",形成凝胶而影响质量。条粘法、点粘法应按规定的位置和面积涂刷胶黏剂,如图7-25所示。

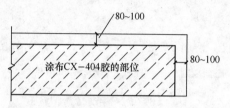

图7-25 涂刷基层胶黏剂部位(单位:mm)

(空白处留作涂刷接缝胶黏剂)

(3)卷材的铺贴

各种胶黏剂的性能和施工环境不同,有的可以在涂刷后立即粘贴卷材,有的得待溶剂挥发一部分后才能粘贴卷材,以后者居多,因此要控制好胶黏剂涂刷与卷材铺贴的间隔时间。一般要求基层及卷材上涂刷的胶黏剂达到表干程度,其间隔时间与胶黏剂性能及气温、湿度、风力等因素有关,通常为10～30 min,施工时可凭经验确定。用指触不粘手时即可开始粘贴卷材。间隔时间的控制是冷粘贴施工的难点,这对黏结力和黏结的可靠性影响甚大。卷材铺贴时应对准已弹好的粉线,并且在铺贴好的卷材上弹出搭接宽度线,以便第二幅卷材铺贴时,能以此为准进行铺贴。

平面上铺贴卷材时,一般可采用以下两种方法进行。

一种是抬铺法,在涂布好胶黏剂的卷材两端各安排1人,拉直卷材,中间根据卷材的长度安排1～4人,同时将卷材沿长向对折,使涂布胶黏剂的一面向外,抬起卷材,将一边对准搭接缝处的粉线,再翻开上半部卷材铺在基层上,同时拉开卷材使之平服。操作过程中,对折、抬起卷材、对粉线、翻平卷材等工序,均应同时进行。

另一种是滚铺法,将涂布完胶黏剂并达到要求干燥度的卷材用$\phi 50$～$\phi 100$ mm的塑料管或原来用来装运卷材的筒芯重新成卷,使涂布胶黏剂的一面朝外,成卷时两端要平整,不应出现笋状,以保证铺贴时能对齐粉线,并要注意防止砂子、灰尘等杂物粘在卷材表面。成卷后用1根$\phi 30$ mm×$\phi 1 500$ mm的钢管穿入中心的塑料管或筒芯内,由两人分别持钢管两端,抬起卷材的端头,对准粉线,固定在已铺好的卷材顶端搭接部位或基层面上。抬卷材两人同时匀速向前,展开卷材,并随时注意将卷材边缘对准粉线,同时应使卷材铺贴平整,直到铺完一幅卷材。铺贴合成高分子卷材要尽量保持其松顺卷材横向顺序滚压一遍,彻底排除卷材黏结层间的空气。排除空气后,平面部位卷材可用外包橡胶的大压辊滚压(一般重30～40 kg),使其粘贴牢固。滚压应、从中间向两侧边移动,做到排气彻底。

平面立面交接处。则先粘贴好平面,经过转角,由下往上粘贴卷材,粘贴时切勿拉紧,要轻轻沿转角压紧压实,再往上粘贴,同时排出空气,最后甩手持压辊滚压密、实。滚压时要从上往下进行。

(4)搭接缝的粘贴

搭接缝是卷材防水工程的薄弱环节,必须精心施工。施工时,首先在搭接部位的上表面,顺边每隔 0.5~1 m 处涂刷少量接缝胶黏剂,待其基本干燥后,将搭接部位的卷材翻开,先做临时固定,如图 7-26 所示。然后将配制好的接缝胶黏剂用油漆刷均匀涂刷在翻开的卷材搭接缝的两个黏结面上,涂胶量一般以 0.5~0.8 kg/m² 为宜。干燥 20~30 min 指触手感不粘时,即可进行粘贴。粘贴时应从一端开始,一边粘贴一边驱除空气,粘贴后要及时用手持压辊按顺序认真地辊压一遍,接缝处不允许有气泡或皱折存在。遇到三层重叠的接缝处,必须填充密封膏进行封闭,否则将成为渗水路线,如图 7-27 所示。

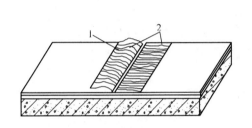

图 7-26 接缝胶黏剂的涂刷
1—临时点粘固定;2—涂刷接缝胶、粘剂部位

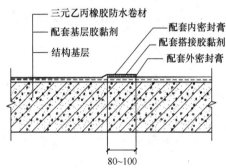

图 7-27 卷材接缝配套胶黏剂搭接

搭接缝采用密封胶黏带时,应对搭接部位的结合面清除干净,掀开隔离纸,先将一端粘住,平顺地边掀隔离纸边粘胶带于一个搭接面上,然后用手持压辊顺边认真仔细滚压一遍,使其黏结牢固。

搭接缝全部粘贴后。缝口要用密封材料封严,密封时用刮刀沿缝刮涂,不能留有缺口,密封宽度不应小于 10 mm。用单面胶黏带封口时,可直接顺接缝粘压密封。

5.机械固定法铺贴卷材施工

将增强型三元乙丙橡胶防水卷材空铺在基层上,卷材搭接区使用配套机械固定件固定。固定件间距为 150~300 mm,卷材接缝使用配套搭接胶或胶黏带黏结。机械固定法适用于挤塑聚苯乙烯泡沫保温板或发泡聚氨酯保温板作为防水基层的屋面工程。

(1)基层处理

采用胶粘或机械固定方法将保温板材铺设于屋面板上,作为卷材的基层。基层应平整、干净、无明水。排水坡度应符合国家标准和设计要求。

(2)阴阳角粘贴附加层

同"粘贴法铺贴卷材施工"。

(3)铺设卷材防水层

定位、弹基准线方法同满粘法。

(4)机械固定卷材搭接缝

用配套螺钉和垫片固定卷材搭接缝。根据工程实际要求,固定件中心间距为 150~300 mm。卷材长边搭接宽度至少为 150 mm,卷材短边搭接宽度至少为 80 mm。

1)使用搭接胶黏结卷材搭接缝

①若卷材搭接缝区域有尘土,可使用配套搭接清洗剂清洁搭接区域。

②涂刷搭接胶并晾胶后,沿固定垫片外边缘挤涂直径为 3～6 mm 内密封膏,内密封膏不得间断。

③黏结卷材接缝,并用 50 mm 宽钢压辊压实。

④搭接作业完成 2 h 后,可用搭接清洗剂和底涂清洁搭接边,再挤涂膏条直径为 8 mm 的外密封膏覆盖搭接缝外边缘。

2)使用搭接胶黏带黏结卷材搭接缝

①沿卷材的长边放置固定垫片,涂刷配套底涂,并铺贴配套搭接胶黏带覆盖固定垫片。保留隔离纸,进行压实。

②撕去隔离纸,完成搭接缝黏结并用 50 mm 宽的钢压辊压实。

③胶黏带的搭接部位和剪裁的增强型卷材外边缘必须使用外密封膏,其他部位可不使用外密封膏。

6.蓄水试验

屋面防水层完工后,应做蓄水或淋水试验。有女儿墙的平屋面做蓄水试验,蓄水 24 h 无渗漏为合格。坡层面可做淋水试验,一般淋水 2 h 无渗漏为合格。

7.保护层施工

参见第七章第一节高聚物改性沥青卷材屋面防水层施工的相关内容。

三、涂膜屋面防水层施工

(一)施工机具

电动搅拌机、吸(吹)尘机、滚筒、橡胶刮板、油漆刷、铲刀、抹子等。

(二)施工技术

1.高聚物改性沥青防水涂膜施工

(1)检查找平层

1)检查找平层质量是否符合规定和设计要求,并进行清理、清扫。若存在凹凸不平、起砂、起皮、裂缝、预埋件固定不牢等缺陷,应及时进行修补,修补方法按表 7-2 要求进行。

表 7-2 找平层缺陷的修补方法

缺陷种类	修补方法
凹凸不平	铲除凸起部位,低凹处应用 1∶2.5 水泥砂浆掺 10%～15% 的 108 胶补抹,较浅时可用素水泥掺胶涂刷;对沥青砂浆找平层可用沥青胶结材料或沥青砂浆填补
起砂、起皮	要求防水层与基层牢固黏结时必须修补。起皮处应将表面清除,用水泥素浆掺胶涂刷一层,并抹平压光
裂缝	(1)当裂缝宽度小于 1 mm 时,可用密封材料刮封;其表面用涂料粘贴一条宽为 50～80 mm 的胎体增强材料如图 7-28 所示。 (2)裂缝宽度较大时,可将裂缝稍微凿宽,清扫干净(缝内尘土要吹尽),再嵌填橡胶改性沥青嵌缝膏或聚乙烯塑料油膏或其他填缝材料,然后在其表面用涂料粘贴一条宽为 80～100 mm 的胎体增强材料,如图 7-29 所示
预埋件固定不牢	凿开重新灌注掺 108 胶或膨胀剂的细石混凝土,四周按要求做好坡度

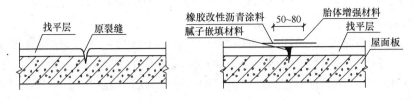

图 7-28　宽度小于 1 mm 的裂缝处理构造

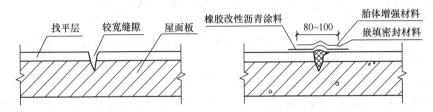

图 7-29　较宽裂缝嵌缝处理构造

2)检查找平层干燥度是否符合所用防水涂料的要求。基层的干燥程度根据涂料的特性决定,对溶剂形涂料,基层必须干燥,检查找平层含水率可将 1 m² 塑料膜(或卷材)在太阳(白天)下铺放于找平层上,3～4 h 后,掀起塑料膜(卷材)无水印,即可进行防水涂料的施工。部分水乳型涂料允许在潮湿基层上施工,但基层必须无明水,基层的具体干燥程度要求,可根据材料生产厂家的要求而定。

3)合格后方可进行下步工序。

(2)配料和搅拌

1)采用双组分涂料时,每个组分涂料在配料前必须先搅拌均匀。配料应根据生产厂家提供的配合比现场配制,严禁任意改变配合比。配料时要求计量准确(过秤),主剂和固化剂的混合偏差不得大于±5%。

2)涂料混合时,应先将主剂放入搅拌容器或电动搅拌器内,然后放入固化剂,并立即开始搅拌。搅拌桶应选用圆的铁桶或塑料桶,以便搅拌均匀。采用人工搅拌时,应注意将材料上下、前后、左右及各个角落都充分搅匀,搅拌时间一般在 3～5 min。

3)搅拌的混合料以颜色均匀一致为标准,如涂料稠度太大涂布困难时,可根据厂家提供的品种和数量掺加稀释剂,切忌任意使用稀释剂稀释,否则会影响涂料性能。

4)双组分涂料每次配制数量应根据每次涂刷面积计算确定,混合后的涂料存放时间不得超过规定的可使用时间,无规定时以能涂刷为准,不得一次搅拌过多,以免因涂料发生凝聚或固化而无法使用,夏天施工时尤需注意。

5)单组分涂料一般用铁桶或塑料桶密闭包装,打开桶盖后即可施工。但由于桶装量大,且防水涂料中均含有填充料,容易沉淀而产生不均匀现象,故使用前还应进行搅拌。

6)单组分涂料还有一种较简便的搅拌方法是:在使用前将铁桶或塑料桶反复滚动,使桶内涂料混合均匀,达到浓度一致。最理想的方法是将桶装涂料倒入开口的大容器中,用机械搅拌均匀后使用。没有用完的涂料,应加盖封严,桶内如有少量结膜现象,应清除或过滤后使用。

(3)涂层厚度控制试验

涂层厚度是影响涂膜防水层质量的一个关键问题,但要通过手工准确控制涂层厚度是比较困难的,而且涂刷时每个涂层要涂刷几遍才能完成,而每遍涂膜不能太厚,如果涂膜太厚,就会出现涂膜表面已干燥成膜,而内部涂料的水分或溶剂却不能蒸发或挥发的现象,使涂膜难以实干,无法形成具有一定强度和防水能力的防水涂层。当然,涂刷时涂膜也不能过薄,否则就要增加涂刷遍数,增加劳动力,拖延施工工期。

因此,涂膜防水层施工前,必须根据设计要求的每平方米涂料用量、涂膜厚度及涂料材性事先试验确定每道涂料涂刷的厚度以及每个涂层需要涂刷的遍数,如一布二涂,即先涂底层,再加胎体增强材料,然后涂面层,施工时按试验的要求,每涂层涂刷几遍,而且面层至少应涂刷两遍以上。合成高分子涂料还要求底涂层有 1 mm 厚才可铺设胎体增强材料,这样才能较准确地控制涂层厚度,并使每遍涂刷的涂料都能实干,从而保证施工质量。

(4)涂刷间隔时间试验

在涂刷厚度及用量试验的同时,可测定每遍涂层的间隔时间。

各种防水涂料都有不同的干燥时间(表干和实干),因此涂刷前应根据气候条件经试验确定每遍涂刷的涂料用量和间隔时间。

薄质涂料施工时,每遍涂刷必须待前遍涂膜实干后才能进行,否则单组分涂料的底层水分或溶剂被封固在上层涂膜下不能及时挥发,而双组分则尚未完全固化,从而形不成有一定强度的防水膜,后一遍涂料涂刷时容易将前一遍涂膜刷皱起皮而破坏。一旦遇雨,雨水渗入易冲刷或溶解涂膜层,破坏涂膜的整体性。

薄质涂料每遍涂层表干时实际上已基本达到实干,因此可用表干时间来控制涂刷间隔时间。涂膜的干燥快慢与气候有较大关系,气温高,干燥就快,空气干燥、湿度小,且有风时干燥也快。一般在北方常温下 2~4 h 即可干燥,而在南方湿度较大的季节,两三天也不一定干燥,因此涂刷的间隔时间应根据气候条件来确定。

(5)涂刷基层处理剂

1)水乳型防水涂料可用掺 0.2%~0.5%乳化剂的水溶液或软化水将涂料稀释,其用量比例一般为,防水涂料∶乳化剂水溶液(或软水)=1∶(0.5~1)。如无软水可用冷开水代替,切忌加入一般天然水或自来水。

2)若为溶剂型防水涂料,由于其渗透能力比水乳型防水涂料强,可直接用涂料薄涂作基层处理,如涂料较稠,可用相应的溶剂稀释后使用。

3)高聚物改性沥青或沥青基防水涂料也可用沥青溶液(即冷底子油)作为基层处理剂,或在现场以煤油∶30 号沥青=60∶40 的比例配制而成的溶液作为基层处理剂。

基层处理剂涂刷时应用刷子用力薄涂,使涂料尽量刷进基层表面的毛细孔中,并将基层可能留下来的少量灰尘等无机杂质,像填充料一样混入基层处理剂中,使之与基层结合,这样即使屋面上灰尘不能完全清扫干净,也不会影响涂层与基层的黏结。特别在较为干燥的屋面上进行溶剂型防水涂料施工时,使用基层处理剂打底后再进行防水涂料涂刷,效果相当明显。

(6)刷第一遍涂料

涂料涂布应分条或按顺序进行,分条进行时,每条宽度与胎体增强材料宽度相一致,以避免操作人员踩踏刚涂好的涂层。流平性差的涂料,为便于抹压,加快施工进度,可以采用分条间隔施工的方法,如图 7-30 所示,待阴影处涂层干燥后,再抹空白处。

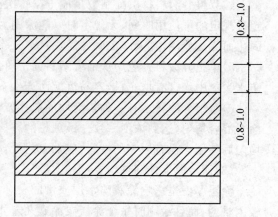

图 7-30　涂料分条间隔施工(单位:m)

立面部位涂层应在平面涂布前进行,涂布次数应根据涂料的流平性好坏确定,流平性好的涂料应薄而多次进行,以不产生流坠现象为度,以免涂层因流坠使上部涂层变薄,下部涂层变厚,影响防水性能。

(7)铺贴第一层胎体布,刷第二遍涂料

1)第一遍涂料经2～4 h表干(不粘手)后即可铺贴第一层胎体布,同时刷第二遍涂料。

2)需铺设胎体增强材料时,如坡度小于15％可平行屋脊铺设;坡度大于15％应垂直屋脊铺设,并由屋面最低高程处开始向上铺设。胎体增强材料长边搭接宽度不应小于50 mm,短边搭接宽度不应小于70 mm。

3)涂料和卷材同时使用时,卷材和涂膜的接缝应顺水流方向,搭接宽度不得小于100 mm。

4)铺设胎体增强材料

在涂刷第2遍涂料时,或第3遍涂料涂刷前,即可加铺胎体增强材料。胎体增强材料可采用湿铺法或干铺法铺贴。

①湿铺法就是在第2遍涂料涂刷时,边倒料、边涂布、边铺贴的操作方法。施工时,先在已干燥的涂层上,用刷子或刮板将涂料仔细涂布均匀,然后将成卷的胎体增强材料平放在屋面上,逐渐推滚铺贴与刚刷上涂料的屋面上,用滚刷滚压1遍,务必使全部布眼浸满涂料,使上下两层涂料能良好结合,确保其防水效果。为防止胎体增强材料产生皱折现象,可在布幅两边每隔1.5～2 m间距各剪15 mm的小口,以利铺贴平整。铺贴好的胎体增强材料不得有皱折、翘边、空鼓、露白等现象。如发现露白,说明涂料用量不足,应下次再在上面蘸料涂刷,使之均匀一致。

由于胎体增强材料质地柔软、容易变形,铺贴时不易展开,经常出现皱折、翘边或空鼓现象,影响防水层质量。为了避免这种现象,在无大风的情况下,可采用干铺法铺贴。

②干铺法就是在上道涂层干燥后,边干铺胎体增强材料,边在已展平的表面上用刮板均匀满刮一道涂料;也可将胎体增强材料按要求在已干燥的涂层上展平后,用涂料将边缘部位点粘固定,然后再在上面满刮一道涂料,使涂料浸入网眼渗透到已固化的涂膜上。如采用干铺法铺贴的胎体增强材料表面有露白现象,即表明涂料用量不足,应立即补刷。由于干铺法施工时,上涂层的涂料是从胎体增强材料的网眼中渗透到已固化的涂膜上而形成整体,因此当渗透性较差的涂料与比较密实的胎体增强材料配套使用时不宜采用干铺法施工。

③胎体增强材料可以是单一品种的,也可以采用玻璃纤维布和聚酯纤维布混合使用。混合使用时,一般下层采用聚酯纤维布,上层采用玻璃纤维布。铺布时切忌拉伸过紧,因为胎体增强材料和防水涂膜干燥后都会有较大的收缩,否则涂膜防水层会出现转角处受拉脱开、布面错动、翘边或拉裂等现象。铺布也不能太松,过松会使布面出现皱折,网眼中的涂膜极易破碎而失去防水能力。

④胎体增强材料铺设后,应严格检查表面是否有缺陷或搭接不足等现象,如发现上述情况,应及时修补完整,使其形成一个完整的防水层,然后才能在其上继续涂布涂料,面层涂料应至少涂刷2道以上,以增加涂膜的耐久性。如面层做粒料保护层,可在涂刷最后1遍涂料时,随涂随撒铺覆盖粒料。

(8)刷第三遍涂料。上遍涂料实干后(约12～14 h)即可涂刷第三遍涂料,要求及做法同涂刷第一遍涂料。

(9)刷第四遍涂料,同时铺第二层胎体布。上遍涂料表干后即可刷第四遍涂胶料,同时铺第二层胎体布。铺第二层胎体布时,上下层不得相互垂直铺设,搭接缝应错开,其间距不应小于幅宽的 1/3。

(10)涂刷第五遍涂料。上遍胶料实干后,即可涂刷第五遍涂料。

(11)淋水或蓄水检验。第五遍涂料实干后,厚度达到设计要求,可进行蓄水试验。方法是临时封闭水落口,然后蓄水,蓄水深度按设计要求,时间不少于 24 h。无女儿墙的屋面可做淋水试验,试验时间不少于 2 h,如无渗漏,即认为合格,如发现渗漏,应及时修补,再做蓄水或淋水试验,直至不漏为止。

(12)涂第六遍涂料。经蓄水试验不漏后,可打开水落口放水。干燥后再刷第六遍涂料。

(13)收头处理。为了防止收头部位出现翘边现象,所有收头均应用密封材料压边,压边宽度不得小于10 mm。收头处的胎体增强材料应裁剪整齐,如有凹槽时应压入凹槽内,不得出现翘边、皱折、露白等现象。否则应进行处理后再涂封密封材料。

(14)涂膜保护层施工

涂膜防水层的保护层材料应根据设计图纸要求选用。保护层施工前,应将防水层上的杂物清理干净,并对防水层质量进行严格检查,有条件的应做蓄水试验,合格后才能铺设保护层。如采用刚性保护层,保护层与女儿墙之间预留 30 mm 以上空隙并嵌填密封材料,防水层和刚性保护层之间还应做隔离层。

为避免损坏防水层,保护层施工时应做好防水层的防护工作。施工人员应穿软底鞋,运输材料时必须在通道上铺设垫板、防护毡等保护,小推车往外倾倒砂浆或混凝土时,应在其前面放上垫木或木板进行保护,以免小推车前端损坏防水层,在防水层上架设梯子、立杆时,应在底端铺设垫板或橡胶板等;防水层上需堆放保护层材料或施工机具时,也应铺垫木板、铁板等,以防戳破防水层;保护层施工前还应准备好所需的施工机具,备足保护层材料。

1)浅色、反射涂料保护层施工

浅色反射涂料目前常用的有铝基沥青悬浊液、丙烯酸浅色涂料或在涂料中掺入铝粉的反射涂料,反射涂料可在现场就地配制。

涂刷浅色反射涂料应待防水层养护完毕后进行,一般涂膜防水层应养护一周以上。涂刷前,应清除防水层表面的浮灰,浮灰用柔软、干净的棉布擦干净。材料用量须根据材料说明书的规定使用,涂刷工具、操作方法和要求与防水涂料施工相同。涂刷应均匀,避免漏涂。二遍涂刷时,第 2 遍涂刷的方向应与第 1 遍垂直。由于浅色反射涂料具有良好的阳光反射性,施工人员在阳光下操作时,应配戴墨镜,以免强烈的反射光线刺伤眼睛。

2)粒料保护层施工

细砂、云母或蛭石主要用于非上人屋面的涂膜防水屋面的保护层,使用前应先筛去粉料。用砂作保护层时,应采用天然水成砂,砂粒粒径不得大于涂层厚度 1/4;使用云母或蛭石时不受此限制,因为这些材料是片状的,质地较软。

当涂刷最后一道涂料时,边涂料边撒布细砂(或云母、蛭石),同时用软质的胶辊在保护层上反复轻轻滚压,务必使保护层牢固地黏结在涂层上。涂层干燥后,应及时扫除未黏结的材料以回收利用。如不清扫,日后雨水冲刷就会堵塞水落口,造成排水不畅。

3)水泥砂浆保护层施工

水泥砂浆保护层与防水层之间也应设置隔离层,保护层用的水泥砂浆的配合比一般为水泥∶砂=1∶(2.5~3)(体积比)。保护层施工前,应根据结构情况每隔 4~6 m 用木模设置纵横分格缝。铺设水泥砂浆时,应随铺随拍实,并用刮尺找平,随即用直径为 8~10 mm 的钢筋或麻绳压出表面分格缝,间距为 1~1.5 m,终凝前用铁抹子压光保护层。保护层应表面平整,不能出现抹子压的痕迹和凹凸不平的现象。排水坡度应符合设计要求。

为保证立面水泥砂浆保护层黏结牢固、不空鼓,在立面防水层涂刷最后一遍涂料时,边涂布边撒细砂,同时用软质胶辊轻轻滚压使砂粒牢固地黏结在涂层上。

4)板块保护层施工

预制板块保护层的结合层可采用砂或水泥砂浆。板块铺砌前应根据排水坡度挂线,以满足排水要求,保证铺砌的块体横平竖直。

在砂结合层上铺砌块体时,砂结合层应洒水压实,并用刮尺刮平,以满足块体铺设的平整度要求。块体应对接铺砌,缝隙宽度一般为10 mm左右。块体铺砌完成后,应适当洒水并轻轻拍平压实,以免产生翘角现象。板缝先用砂填至一半的高度,然后用1:2水泥砂浆勾成凹缝。为防止砂子流失,在保护层四周500 mm范围内,应改用低强度等级水泥砂浆做结合层。

5)细石混凝土保护层施工

细石混凝土整体浇保护层施工前,也应在防水层上铺设一层隔离层,并按设计要求支设好分格缝的木模或聚苯泡沫条,设计无要求时。每格面积不大于36 m²,分格缝宽度为20 mm。一个分格内的混凝土应尽可能连续浇筑,不留施工缝。振捣宜采用铁辊滚压或人工拍实。不宜采用机械振捣,以免破坏防水层。

振实后随即用刮尺按排水坡度刮平,在初凝前用木抹子提浆抹平,初凝后及时取出分格缝木模(泡沫条可不取出),终凝前用铁抹子压光。抹平压光时不宜在表面掺加水泥浆或干灰,否则表层砂浆易产生裂缝与剥落现象。若采用配筋细石混凝土、保护层时,钢筋网片的位置设置在保护层中间偏上部位。在铺设钢筋网片时用砂浆垫块支垫。细石混凝土保护层浇筑完后应及时进行养护,养护时间不应少于7 d。养护完后,将分格缝清理干净(割去泡沫条上部10 mm),嵌填密封材料。

2.聚氨酯防水涂膜

(1)基层处理

1)清理基层表面的尘土、砂粒、砂浆硬块等杂物,并吹(扫)净浮尘。凹凸不平处,应修补。

2)涂刷基层处理剂:大面积涂刷防水膜前,应做基层处理剂。

(2)甲乙组分混合

其配料方法是将聚氨酯甲、乙组分和二甲苯按产品说明书配比及投料顺序配合、搅拌至均匀,配制量视需要确定,用多少配制多少。附加层施工时的涂料也是用此法配制的。

(3)大面防水层涂布

1)第一遍涂膜施工:在基层处理剂基本干燥固化后(即为表干不粘手),用塑料刮板或橡皮刮板均匀涂刷第一遍涂膜,厚度为0.8~1.0 mm,涂量约为1 kg/m²。涂刷应厚薄均匀一致,不得有漏刷、起泡等缺陷,若遇起泡,采用针刺消泡。

2)第二遍涂膜施工:待第一遍涂膜固化,实于时间约为24 h涂刷第二遍涂膜。涂刷方向与第一遍垂直,涂刷量略少于第一遍,厚度为0.5~0.8 mm,用量约为0.7 kg/m²,要求涂刷均匀,不得漏涂、起泡。

3)待第二遍涂膜实干后,涂刷第三遍涂膜,直至达到设计规定的厚度。

(4)淋水或蓄水检验

第五遍涂料实干后,进行淋水或蓄水检验。

（5）保护层、隔离层施工

1）采用撒布材料保护层时，筛去粉料、杂质等，在涂刷最后一层涂料时，边涂边撒布，撒布均匀、不露底、不堆积。待涂膜干燥后，将多余的或黏结不牢的粒料清扫干净。

2）采用浅色涂料保护层时，涂膜固化后进行，均匀涂刷，使保护层与防水层黏结牢固，不得损伤防水层。

3）采用水泥砂浆、细石混凝土或板块保护层时，最后一遍涂层固化实干后，做淋水或蓄水检验。合格后，设置隔离层，隔离层可采用干铺塑料膜、土工布或卷材，也可采用铺抹低强度等级的砂浆。在隔离层上施工水泥砂浆、细石混凝土或板块保护层，厚度 20 mm 以上。操作时要轻推慢抹，防止损伤防水层。保护层的施工应符合第一章的相关规定。

四、屋面防水细部构造

（一）施工机具

参见第七章第一节一～三的相应内容。

（二）施工技术

1. 檐口

（1）卷材防水屋面檐口

无组织排水檐口 800 mm 范围内的卷材应采用满粘法，将铺贴到檐口端头的卷材裁齐后压入凹槽内，然后将凹槽用密封材料嵌填密实。如用压条（20 mm 宽薄钢板等）或用带垫片钉子固定时，钉子应敲入凹槽内，钉帽及卷材端头用密封材料封严，如图 7-31 所示。檐口下端应做鹰嘴和滴水槽。

（2）涂膜防水屋面檐口

檐口处涂膜防水层的收头、应用该涂料多遍涂刷，或用密封材料封严，如图 7-32 所示。

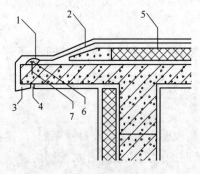

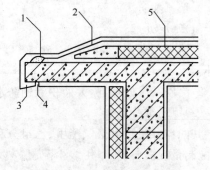

图 7-31　卷材防水屋面檐口
1—密封材料；2—卷材防水层；3—鹰嘴；
4—滴水槽；5—保温层；6—金属压条；7—水泥钉

图 7-32　涂膜防水屋面檐口
1—涂料多遍涂刷；2—涂膜防水层；3—鹰嘴；
4—滴水槽；5—保温层

（3）刚性防水屋面檐口（图 7-33）

2. 天沟、檐沟

（1）卷材或涂膜防水屋面檐沟（图 7-34）和天沟的防水构造，应符合下列规定。

1）檐沟和天沟的防水层下应增设附加层，附加层伸入屋面的宽度不应小于 250 mm。

2）檐沟防水层和附加层应由沟底翻上至外侧顶部，卷材收头应用金属压条钉压，并应用密封材料封严，涂膜收头应用防水涂料多遍涂刷。

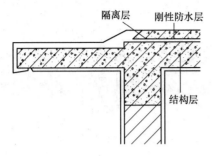

图 7-33　无组织排水檐口

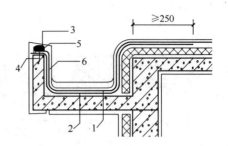

图 7-34　卷材、涂膜防水屋面檐沟

1—防水层；2—附加层；3—密封材料；

4—水泥钉；5—金属压条；6—保护层

3）檐沟外侧下端应做鹰嘴或滴水槽。

4）檐沟外侧高于屋面结构板时，应设置溢水口。

5）高低跨内排水天沟与立墙交接处，应采用能适应变形的密封处理，如图 7-35 所示。

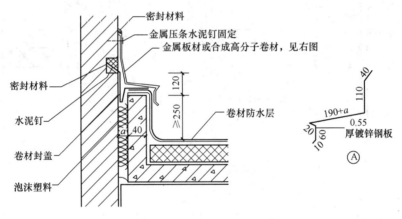

图 7-35　高低屋面变形缝（单位：mm）

（2）刚性防水屋面檐沟如图 7-36 所示。带混凝土斜板的檐沟如图 7-37 所示。细石混凝土防水层檐沟如图 7-38、图 7-39 所示。

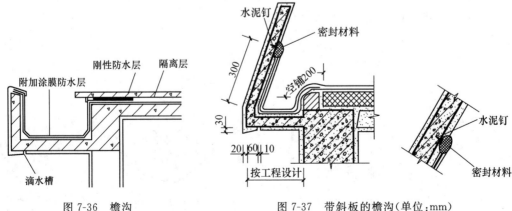

图 7-36　檐沟　　　　　图 7-37　带斜板的檐沟（单位：mm）

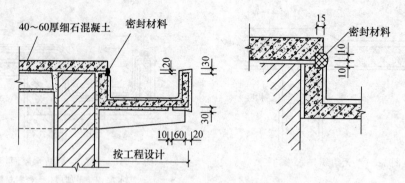

图 7-38　细石混凝土屋面檐沟(一)(单位:mm)

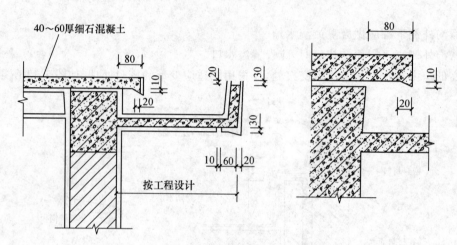

图 7-39　细石混凝土屋面檐沟(二)(单位:mm)

3.泛水

(1)卷材防水屋面泛水

女儿墙阴阳角部位按规定做成圆角,女儿墙泛水(阴角)均应做防水附加层,当砖砌女儿墙卷材收头在女儿墙压顶下时,在墙顶(圆角)也做附加增强层。附加增强层的做法是先用防水涂料或密封材料涂封,距角每边 100 mm,干燥后进行防水附加层铺贴。铺贴方法在阴角处常以全粘实铺为主,阳角处常采用空铺。在阴阳角处卷材应按放样图进行剪切后铺贴,如图 7-40和图 7-41 所示。铺贴后剪缝处用密封材料封固。

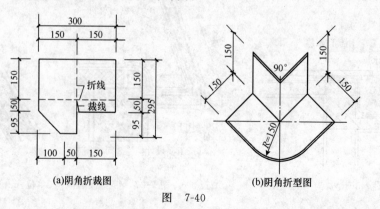

(a)阴角折裁图　　　(b)阴角折型图

图　7-40

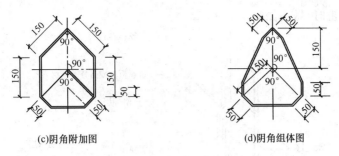

(c)阴角附加图　　　　　　　　　　　(d)阴角组体图

图 7-40　阴角配件(单位:mm)

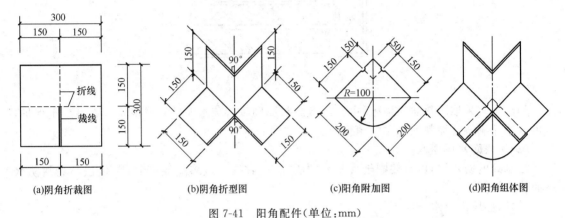

(a)阴角折裁图　　　(b)阴角折型图　　　(c)阳角附加图　　　(d)阳角组体图

图 7-41　阳角配件(单位:mm)

　　铺贴泛水处的卷材应采用满粘法。泛水收头应根据泛水高度和泛水墙体材料确定其密封形式。

　　1)墙体为砖墙时,卷材收头可直接铺至女儿墙压顶下,用 20 mm 宽的薄钢板材衬条与水泥钉钉牢并用密封材料封闭严密,压顶应作防水处理,如图 7-42 所示;卷材收头也可压入砖墙凹槽内固定密封,凹槽高 60 mm,深 40 mm,距屋面找平层高度不应小于 250 mm,沿女儿墙周围设置。凹槽上部的墙体应作防水处理,如图 7-43 所示。

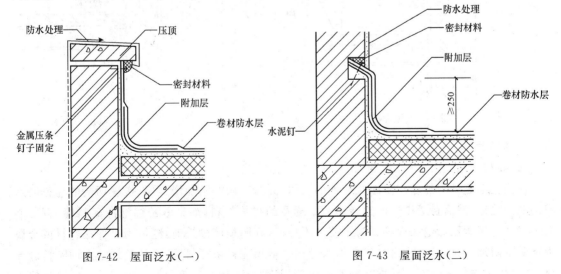

图 7-42　屋面泛水(一)　　　　　　　　　　图 7-43　屋面泛水(二)

2)墙体为混凝土时,做法如图 7-44 所示。

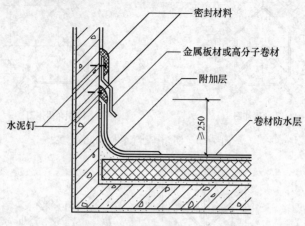

图 7-44 屋面泛水(三)

3)泛水宜采取隔热防晒措施,可在泛水卷材面砌砖后抹水泥砂浆或浇筑细石混凝土保护,也可采用涂刷浅色涂料或粘贴铝箔保护。

(2)涂膜防水屋泛水

泛水处的防水层,可直接刷至女儿墙的压顶下,收头处应多遍涂刷封严,做法与卷材防水屋面檐口相同。

(3)刚性屋面泛水

刚性防水层与山墙、女儿墙交接处,应留宽度为 30 mm 的缝隙,并应用密封材料嵌填;泛水处应铺设卷材或涂膜附加层如图 7-45 和图 7-46 所示。

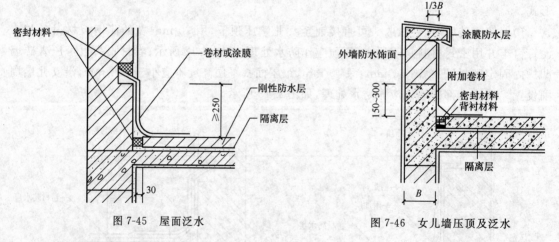

图 7-45 屋面泛水   图 7-46 女儿墙压顶及泛水

4.变形缝

(1)卷材和涂膜防水屋面变形缝

屋面变形缝处附加墙与屋面交接处的泛水部位,应做好附加增强层;接缝两侧的卷材防水层铺贴至缝边;然后在缝中填嵌直径略大于缝宽的衬垫材料,如聚苯乙烯泡沫塑料棒(直径略大于缝宽)、聚苯乙烯泡沫板等。为了使其不掉落,在附加墙砌筑前,缝口用可伸缩卷材或金属板覆盖。附加墙砌好后,将衬垫材料填入缝内。嵌填完衬垫材料后,再在变形缝上铺贴益缝卷材,并延伸至附加墙立面。卷材在立面上应采用满粘法,铺贴宽度不小于 100 mm。卷材施工完后,在变形缝顶部加盖预制钢筋混凝土盖板或 0.55 mm 厚镀锌钢板。预制钢筋混凝土盖板采用 20 mm 厚 1∶3 水泥砂浆坐垫。镀锌钢板在侧面采用水泥钉固定。为提高卷材适应变形的能力,卷材与附加墙顶面上宜黏结,如图 7-47 和图 7-48 所示。

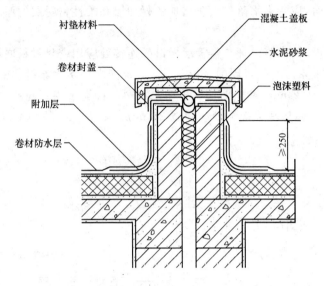

图 7-47 屋面变形缝

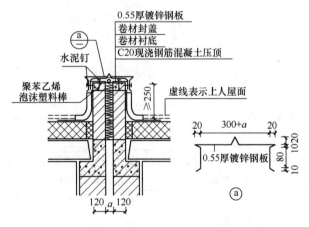

图 7-48 变形缝构造(单位:mm)

(2)刚性防水屋面分格缝

普通细石混凝土和补偿收缩混凝土防水层,分格缝的宽度宜为 5～30 mm,分格缝内应嵌填密封材料,上部应设置保护层如图 7-49 所示。

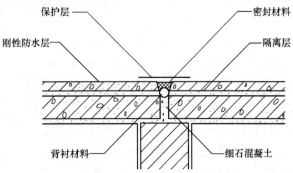

图 7-49 刚性防水屋面分格缝

5．水落口

（1）卷材防水屋面水落口

在水落口埋设时，应考虑水落口设防增加的附加层和柔性密封层的厚度、天沟和沟檐排水坡度的加大尺寸。

在水落口杯埋设时，水落口杯与竖管承桶口的连接处应用密封材料嵌填密实，防止该部位在暴雨时产生倒水现象。水落口周围直径 500 mm 范围内用防水涂料或密封材料涂封作为附加增强层，厚度不少于 2 mm，涂刷时应根据防水材料的种类采用不同的涂刷遍数来满足涂层的厚度要求。水落口杯与基层接触处应留宽 20 mm、深 20 mm 的凹槽，嵌填密封材料，如图7-50和图 7-51 所示。

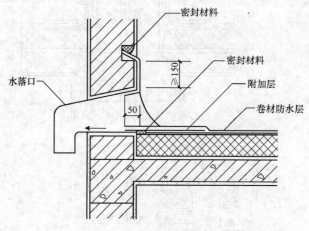

图 7-50　屋面横式水落口

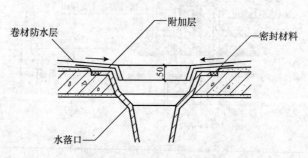

图 7-51　屋面直式水落口

由于天沟、檐沟部位水流量较大，防水层经常受雨水冲刷或浸泡，因此在天沟或檐沟转角处应先用密封材料涂封，每边宽度不少于 30 mm，干燥后再增铺一层卷材或涂刷涂料作为附加增强层。

天沟或檐沟铺贴卷材应从沟底开始，顺天沟从水落口向分水岭方向铺贴，边铺边用刮板从沟底中心向两侧刮压，赶出气泡使卷材铺贴平整、粘贴密实。如沟底过宽时，会有纵向搭接缝，搭接缝处必须用密封材料封口。

铺至水落口的各层卷材和附加增强层，均应粘贴在杯口上，用雨水罩的低盘将其压紧，底盘与卷材间应满涂胶结材料予以黏结，底盘周围用密封材料填封。水落口处卷材裁剪方法如图 7-52 所示。

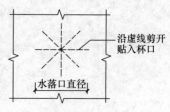

图 7-52　水落口处
卷材剪贴方法

（2）涂膜防水屋面水落口

水落口周围直径 500 mm 范围内。坡度不应小于 5%，并应用该涂料或密封材料密封，其厚度不应小于 2 mm，水落口杯与基层接触处，应留宽 20 mm、深 20 mm 凹槽，并嵌填密封材料，如图 7-53 和图 7-54 所示。

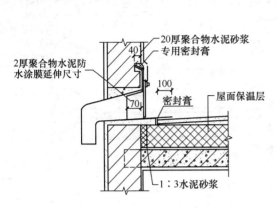

图 7-53　横式水落口（单位：mm）

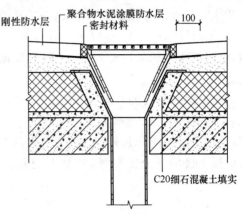

图 7-54　直式水落口

6. 出入口

屋面出入口分为垂直出入口和水平出入口，是防水设防的重要节点。

屋面垂直出入口防水层收头，应压在混凝土压顶圈下如图 7-55 所示；水平出入口防水层收头，应压在混凝土踏步下，防水层的泛水应设护墙如图 7-56 所示。

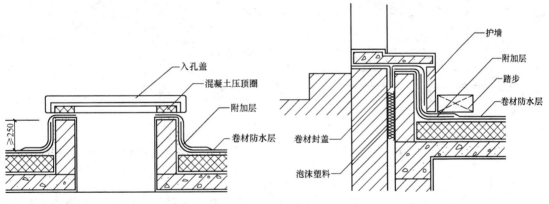

图 7-55　屋面垂直出入口　　　　　　图 7-56　屋面水平出入口

（1）屋面垂直出入口均为方井，应注意以下几点：

1）出入口应高出层面 250 mm 以上；

2）出入口外侧四周应增设附加层；

3）卷材收头应用混凝土压圈压实；

4）井圈高度和井盖要挑出做好滴水。

（2）水平出入口为开门的水平出入口，设计设防主要是收头埋压，应注意以下几点：

1）在高层与低层之间应加 U 形卷材连接封闭；

2）低层屋面与护墙间增设附加层；

3）在门口处用钢筋混凝土板挑出做踏步，板下与砌体间应留出一定空隙，以适应沉降的需要；

4）防水层立面应用砖砌做护墙。

7. 反梁过水孔

大挑檐、大雨棚、内天沟有反梁时，反梁下部应预留过水孔，作为排水通道。过水孔留置时首先要按排水坡度和找平层厚度来测定过水孔底高程，如果孔底高程留置不准，必然会造成孔中积水。过水孔防水施工难度大，由于孔小工作面狭小，卷材铺贴剪口多，所以必须精心施工，铺贴平服，密封严密。如采用预埋管道，两端须用密封材料封严。

应根据结构层加找坡找平层的高度留设过水孔，孔高不小于 150 mm，孔宽不小于 250 mm，如采用预留管时，管径不小于 75 mm。管道的两端周围与混凝土接触处应留凹槽，用密封材料嵌严如图7-57所示。

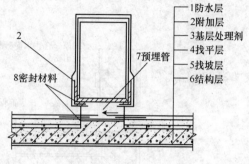

图 7-57　反梁过水孔

8. 瓦屋面细部构造

（1）平瓦屋面

1）檐口

平瓦屋面的瓦头挑出封檐的长度宜为 50～70mm，如图 7-58 和图 7-59 所示。

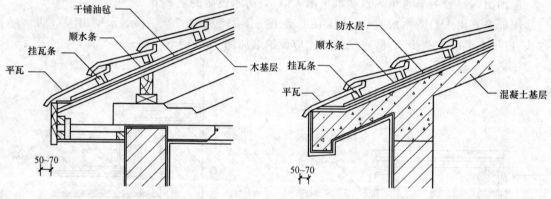

图 7-58　平瓦屋面檐口（木基层）　　图 7-59　平瓦屋面檐口（混凝土基层）

2）泛水

①挑檐泛水。在檐口处砌一皮砖，再用水泥麻刀石灰砂浆分层抹出檐头，水泥麻刀灰配合比宜为 1∶1∶4，并掺入 1.5% 麻刀，如图 7-60 所示。

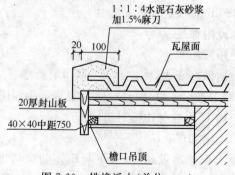

图 7-60　挑檐泛水（单位：mm）

②山墙边泛水。山墙挑出 1/4 砖,再用水泥麻刀石灰砂浆分层抹出泛水,水泥麻刀灰配合比宜为 1:1:4,并掺入 1.5% 麻刀,如图 7-61 和图 7-62 所示。

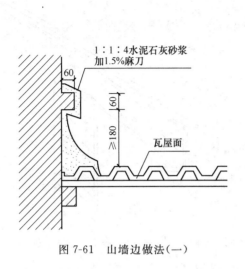

图 7-61 山墙边做法(一)

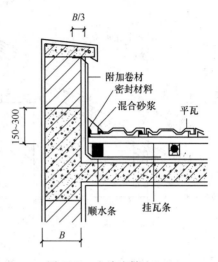

图 7-62 山墙边做法(二)

③烟囱与屋面的交接处,在迎水面中部应抹出分水线,并应高出两侧各 30 mm,如图 7-63 所示。

④天沟、檐沟:平瓦伸入天沟、檐沟的长度宜为 50~70 mm,天沟、檐沟的防水层宜采用 1.2 mm 厚的合成高分子防水卷材、3 mm 厚的高聚物改性沥青防水卷材或三毡中油的沥青防水卷材铺设,亦可用镀锌薄钢板铺设,如图 7-64 所示。

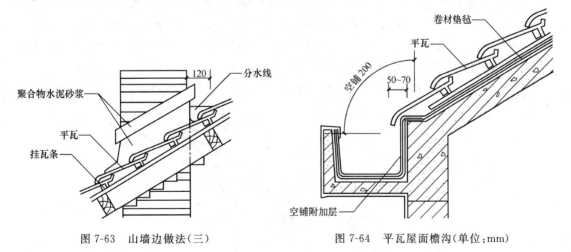

图 7-63 山墙边做法(三)　　　　　　　图 7-64 平瓦屋面檐沟(单位:mm)

(2)油毡瓦屋面

1)檐口做法:油毡瓦屋面的檐口应设金属滴水板,如图 7-65 和图 7-66 所示。

2)脊瓦的铺设:铺设脊瓦要考虑当地常年风向,以顺年最大频率风向搭接,背瓦与两坡面沥青瓦的搭接宽度每边不得小于 150 mm。脊瓦与脊瓦的压盖面不应小于脊瓦面积的 1/2。

脊瓦既可以采用成品,也可采用沥青瓦沿槽裁剪成 4 块作为脊瓦使用,每片脊瓦用两个钢钉固定。

铺钉脊瓦时,从屋脊的背风一端起,以脊的中心线为准,固定第一块脊瓦,然后在屋脊的另一端以脊的中心线为准固定另一块脊瓦,并沿两端瓦的侧边弹出一条线,待铺钉后将脊瓦的多余部分裁剪掉,使脊瓦顺直、美观。

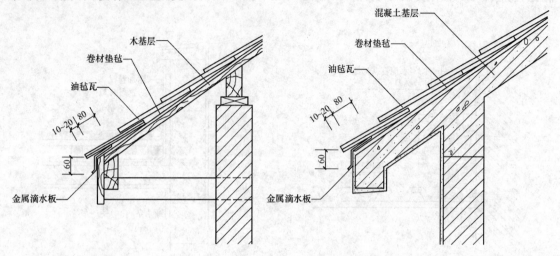

图 7-65 油毡瓦屋面檐口(木基层)(单位:mm)   图 7-66 油毡瓦屋面檐口(混凝土基层)(单位:mm)

3)天沟檐沟铺设

①天沟铺设沥青瓦的做法有三种:敞开式、编织式、搭接式(切割式),其中以搭接式较为常用。

在天沟铺设沥青瓦之前,应先在天沟铺贴一层高聚物改性沥青防水卷材附加层,宽度不应小于 1 m。

在铺贴完防水卷材后,先沿一坡屋面铺设沥青瓦伸过天沟并延伸到相邻屋面 300 mm 处,用钢钉固定,钢钉应固定在排水天沟中心线外侧 250 mm 处,并用密封胶黏结牢固。用同样方法继续铺设另一坡沥青瓦,延伸到相邻的坡屋面上。距天沟中心线 50 mm 处弹线,将多余的沥青瓦沿线裁剪掉,用密封膏固定好,并嵌封严密。

②檐沟。檐口油毡瓦与卷材之间,应采用满粘法铺贴,如图 7-67 所示。

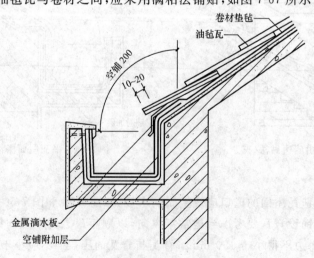

图 7-67 油毡瓦屋面檐沟(单位:mm)

4)烟囱、排气管做法。在铺设沥青瓦之前,应先用高聚物改性沥青防水卷材做好附加层的增强处理,然后待沥青瓦铺钉后再用同等颜色的高聚物改性沥青防水卷材粘贴,其泛水高度应在 250 mm 以上,收头应用金属箍箍紧,并用密封膏封严。

5)屋面与突出屋面结构的交接处,沥青瓦应铺钉在立面上,其高度不应小于 250 mm。

6)泛水做法

①在女儿墙泛水处,沥青瓦可沿女儿墙的八字坡铺设,并用镀锌薄钢板覆盖,钉入墙内预埋木砖上,泛水上口与墙间的缝隙应用密封膏封严。

②油毡瓦屋面和金属板材屋面的泛水板,与突出屋面的墙体搭接高度不应小于 250 mm,如图 7-68 和图 7-69 所示。

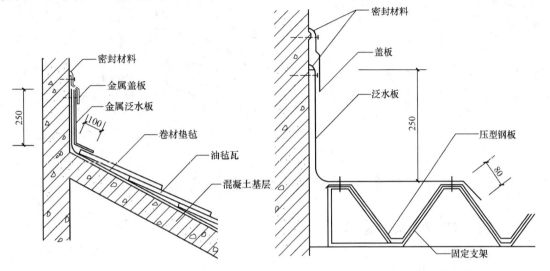

图 7-68 油毡瓦屋面泛水(单位:mm) 　　图 7-69 压型钢板屋面泛水(单位:mm)

7)屋顶窗。平瓦、油毡瓦屋面与屋顶窗交接处,应采用金属排水板、窗框固定铁角、窗口防水卷材、支瓦条等连接,如图 7-70 和图 7-71 所示。

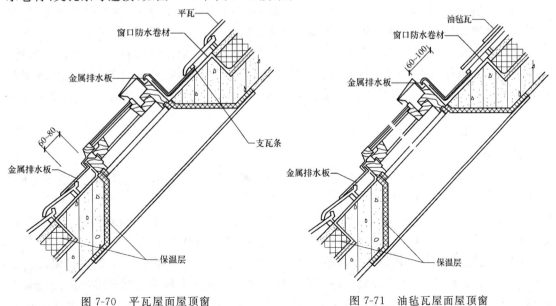

图 7-70 平瓦屋面屋顶窗 　　　图 7-71 油毡瓦屋面屋顶窗

(3)金属夹芯板屋面

1)檐口铺设,沿夹芯板端头,铺设封檐板并固定,构造如图 7-72 所示。

2)屋面板与山墙相接处沿墙采用通长轻质聚氨酯泡沫或现浇聚氨酯发泡密封,屋面板外侧与山墙顶部用包角板统一封包,包角板顶部向屋面一侧设2%坡度,如图7-73所示。

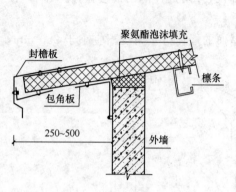

图 7-72　檐口铺设示意

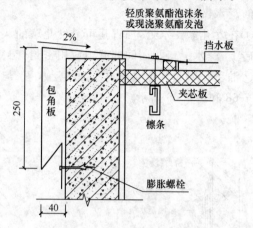

图 7-73　屋面板与山墙相接处示意(单位:mm)

第二节　地下建筑防水工程

一、地下工程防水混凝土施工

(一)施工机具

1.混凝土搅拌输送车

混凝土搅拌输送车是在载重汽车底盘上安装一套能慢速旋转的混凝土搅拌装置。

2.混凝土泵及混凝土泵车

(1)国产混凝土泵较多的是中、小排量,中等距离的双缸液压活塞式,主要由泵送机构、料斗及搅拌装置、混凝土分配阀、传动和液压系统等组成。

(2)混凝土泵车是在汽车底盘上加装一台混凝土泵,其构造除动力由汽车发动机驱动外,一般与混凝土泵基本相同,不同处是混凝土输送管是由Z形三段折叠式臂架作为支撑组成布料杆,能作360°全回转,作业范围大。输送管径为125 mm时,可对垂直距离110 m、水平距离520 m的远处进行泵送浇筑。

(二)施工技术

1.模板支设

(1)模板应平整、拼缝严密,并应有足够的刚度、强度,吸水性要小,要支撑牢固、装拆方便,以钢模、木模或塑料模板为宜。

(2)固定模板应尽量避免采用螺栓或钢丝贯穿混凝土墙的方法,以避免水沿缝隙渗入。在条件适宜的情况下,可采用滑模施工或采取在模板外侧进行加固的方法。

(3)固定模板时,严禁用钢丝穿过防水混凝土结构,混凝土结构内部设置的各种钢筋或绑扎钢丝不得接触模板,以防在混凝土内部形成渗水通道。固定模板用的螺栓必须穿过混凝土结构时,可采用工具式螺栓或螺栓加堵头,螺栓上应加焊止水环,止水环边缘距螺栓不小于3 cm。拆模后采取加强防水措施,将留下的凹槽封堵密实,并在迎水面涂刷防水涂料。管道、套管等穿墙时,应加焊止水环并焊满,如图7-74所示。

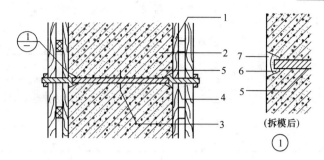

图 7-74　固定模板用螺栓的防水做法
1—模板；2—结构混凝土；3—止水环；4—工具式螺栓；
5—固定模板用螺栓；6—嵌缝材料；7—聚合物水泥砂浆

2.钢筋施工

（1）钢筋下料及绑扎

钢筋的规格、型号、形状、尺寸等应符合设计要求。钢筋下料要准确，避免下料过长触及模板；钢筋相互间要绑扎牢固，以防浇捣混凝土时，因碰撞、振动使绑丝松扣、钢筋位移，造成露筋。绑扎时要注意使绑丝头弯向里侧。

（2）钢筋保护层控制

1）钢筋保护层厚度要符合设计要求，避免出现误差。迎水面钢筋保护层厚度不得小于50 mm。

2）控制钢筋保护层，可采用相同配合比的细石混凝土、水泥砂浆或塑料垫块按设计要求尺寸将钢筋垫起，严禁以钢筋垫钢筋，或将钢筋用铁钉、钢丝直接固定在模板上。

3）当采用铁马凳架设钢筋时，在不能取掉的情况下，要在铁马凳上加焊止水环，或在铁马凳下加混凝土垫块。

（3）浇筑混凝土时，要有专人负责看管钢筋，发现有钢筋移位或松扣的要及时将钢筋调整归位并绑扎牢固。

3.防水混凝土配合比

防水混凝土的配合比，应符合下列规定。

（1）胶凝材料用量应根据混凝土的抗渗等级和强度等级等选用，其总用量不宜小于320 kg/m³；当强度要求较高或地下水有腐蚀性时，胶凝材料用量可通过试验调整。

（2）在满足混凝土抗渗等级、强度等级和耐久性条件下，水泥用量不宜小于 260 kg/m³。

（3）砂率宜为 35%～40%，泵送时可增至 45%。

（4）灰砂比宜为 1∶1.5～1∶2.5。

（5）水胶比不得大于 0.50，有侵蚀性介质时水胶比不宜大于 0.45。

（6）防水混凝土采用预拌混凝土时，入泵坍落度宜控制在 120～160 mm，坍落度每小时损失值不应大于 20 mm，坍落度总损失值不应大于 40 mm。

（7）掺加引气剂或引气型减水剂时，混凝土含气量应控制在 3%～5%。

（8）预拌混凝土的初凝时间宜为 6～8 h。

4.防水混凝土搅拌

（1）准确计算、称量投料量

混凝土应严格按照选定的施工配合比配制，根据当天的测定集料含水率，计算出施工配合比各材料实际用量,各种材料用量见表 7-3。

表 7-3 防水混凝土配料计量允许偏差

混凝土组成材料	每盘计量(%)	累计计量(%)
水泥、掺合料	±2	±1
粗、细骨料	±3	±2
水、外加剂	±2	±1

外加剂的掺加方法遵从所选外加剂的使用要求,使用减水剂时,减水剂应预溶成一定浓度的溶液。

现场搅拌投料顺序为:石子→砂→水泥→掺合料→水→外加剂。

投料先干拌 0.5～1 min 再加水,水分 3 次加入。选购商品混凝土应遵照《预拌混凝土》(GB/T 14902—2012)执行。

(2)控制搅拌时间

防水混凝土应采用机械搅拌,搅拌时间不应小于 2 min,掺入引气型外加剂,则搅拌时间为 2～3 min,掺其他外加剂时,应根据外加剂的技术要求确定搅拌时间。

5.防水混凝土运输

(1)混凝土运输应保持连续均衡,间隔时间不应超过 1.5 h,在初凝前浇筑完毕。运送距离远或气温较高时,可加入缓凝型减水剂。

(2)混凝土运送道路必须保持平整、畅通,尽量减少运输的中转环节,以防止混凝土拌和物产生分层、离析及水泥浆流失等现象。

(3)防水混凝土拌和物在运输后如出现离析,必须进行二次搅拌。当坍落度损失后不能满足施工要求时,应加入原水胶比的水泥浆或二次掺加减水剂进行搅拌,严禁直接加水。

6.混凝土浇灌

(1)浇筑前,应将模板内部清理干净,木模用水湿润模板。浇筑时,若入模自由高度超过 1.5 m,则必须用串筒、溜槽或溜管等辅助工具将混凝土送入,以防离析和造成石子滚落堆积,影响质量。

(2)在防水混凝土结构中有密集管群穿过处、预埋件或钢筋稠密处、浇筑混凝土有困难时,应采用相同抗渗等级的细石混凝土浇筑;预埋大管径的套管或面积较大的金属板时,应在其底部开设浇筑振捣孔,以利排汽、浇筑和振捣,如图 7-75 所示。

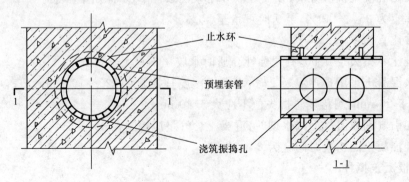

图 7-75 浇筑振捣孔示意

（3）当混凝土入模自落高度大于 2 m 时应采用串筒、溜槽、溜管等工具进行浇灌，以防止混凝土拌和物分层离析。

（4）混凝土应分层连续浇灌，分层厚度为振动棒有效作用长度（实测）1.25 倍，一般 50 棒作用长度为 350～385 mm，分层厚度则为 400～480 mm。

（5）分层浇灌时，第二层防水混凝土浇灌时间应在第一层初凝以前，将振捣器垂直插入下层混凝土中不小于 50 mm，插入要迅速，拔出要缓慢，振捣时间以混凝土表面浆出齐、不冒泡、不下沉为宜，严防过振、漏振和欠振而导致混凝土离析或振捣不透。

（6）底板混凝土浇筑。底板混凝土应连续浇筑，不宜设置施工缝，如确需留置施工缝时，应按照设计要求，采取有效的止水措施。底板混凝土要分层浇筑，每次浇筑厚度为 400～500 mm。浇筑上层混凝土必须在下一层混凝土初凝前完成。

（7）墙体混凝土浇筑。首先在墙底均匀浇筑 50 mm 厚与墙体混凝土同配比的水泥砂浆，再正式浇筑墙体混凝土。

（8）当混凝土入模自落高度大于 2 m 时应采用串筒、溜槽、溜管等工具进行浇筑，也可在混凝土泵管的末端加橡胶软管，先将软管放入墙内，然后分层浇筑、分层振捣，以防混凝土分层离析。

（9）混凝土振捣

1）防水混凝土必须采用机械振捣，以保证混凝土密实，一般墙体、厚板采用插入式和附着式振捣器，薄板采用平板式振捣器。对于掺加气剂和引气型减水剂的防水混凝土应采用高频振捣器（频率在万次/min 以上）振捣，可以有效地排除大气泡，使小气泡分布更均匀，有利于提高混凝土强度和抗渗性。振捣时间一般 10～30 s 为宜，避免漏振、欠振、超振。振捣延续时间应使混凝土表面泛浆、无气泡、不下沉为止。应选择对称位置铺灰和振捣，防止模板移动；结构断面较小，钢筋密集的部位应严格按分层浇筑、分层振捣的要求操作，浇筑到最上层表面，必须用木抹找平，使表面密实平整。

2）使用振捣棒时，混凝土振捣由两人配合，一人负责振捣，一人负责移动电缆线。振捣方式采取梅花形振捣，快插慢拔。上层混凝土振捣时，插入下层混凝土 50mm。在现场由操作人员依据结构浇灌部位确定混凝土的有效浇筑半径，但相邻两振捣有效半径的重叠位置应不少于振捣半径的 1/3，且不少于 200 mm。

3）变形缝处的止水带要定位准确，止水带两侧的混凝土要对称浇筑，施工过程中应有专人看护，严防振捣棒撞击止水带，确保位置准确。

（10）施工缝

防水混凝土应连续浇灌。宜不留或少留施工缝。当必须留设施工缝时，应符合下列规定。

1）施工缝留设的位置

①顶板、底板混凝土应连续浇筑，不应留置施工缝。

②墙体水平施工缝不应留在剪力最大处或底板与侧墙的交接处，应留在高出底板表面不小于 300 mm 的墙体上。拱（板）墙结合的水平施工缝，宜留在拱（板）墙接缝以下 150～300 mm处。墙体有预留孔洞时，施工缝距孔洞边缘不应小于 300 mm。

③垂直施工缝应避开地下水和裂隙水较多的地段，并宜与变形缝相结合，按变形缝进行防水处理。

2）施工缝防水的构造形式

施工缝应为平缝，采用多道防水措施，其构造形式如图 7-76～图 7-79 所示。

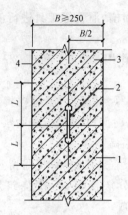

图 7-76 施工缝防水构造(一)

钢板止水带 $L \geqslant 150$；橡胶止水带 $L \geqslant 200$；

钢边橡胶止水带 $L \geqslant 120$

1—先浇混凝土；2—中埋止水带；

3—后浇混凝土；4—结构迎水面

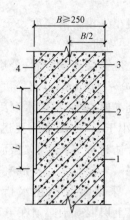

图 7-77 施工缝防水构造(二)

外贴止水带 $L \geqslant 150$；外涂防水涂料 $L = 200$；

外抹防水砂浆 $L = 200$

1—先浇混凝土；2—外贴止水带；

3—后浇混凝土；4—结构迎水面

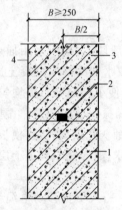

图 7-78 施工缝防水构造(三)

1—先浇混凝土；2—遇水膨胀止水条(胶)；

3—后浇混凝土；4—结构迎水面

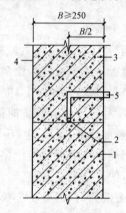

图 7-79 施工缝防水构造(四)

1—先浇混凝土；2—预埋注浆管；3—后浇混凝土；

4—结构迎水面；5—注浆导管

3)施工缝新旧混凝土接缝处理

①水平施工缝浇灌混凝土前,应清除表面浮浆和杂物,先铺一道净浆,再铺设 30~50 mm 厚的 1:1 水泥砂浆或涂刷界面处理剂或涂刷水泥基渗透结晶型防水涂料等,并及时浇灌混凝土。

②垂直施工缝浇灌混凝土前,应将其表面清理干净,涂刷一道水泥净浆或混凝土界面处理剂或水泥基渗透结晶型防水涂料,并及时浇灌混凝土。

③施工缝采用遇水膨胀止水条时,止水条应牢固地安装在接缝表面或预留槽内,遇水膨胀止水条应具有缓胀性能,7 d 膨胀率不应大于最终膨胀率的 60%,最终膨胀率大于 220%。

④采用中埋式止水带时,应确保位置准确,固定牢靠,严防混凝土施工时错位。

⑤混凝土结构施工缝处理如图 7-80 所示。

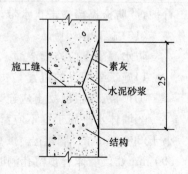

图 7-80 混凝土结构
施工缝的处理

7.螺栓做法

(1)工具式螺栓做法

用工具式螺栓将防水螺栓固定并拉紧,以压紧固定模板。拆模时,将工具式螺栓取下,再以嵌缝材料及聚合物水泥砂浆将螺栓凹槽封堵严密,如图7-81所示。

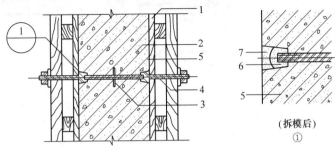

图7-81 工具式螺栓的防水做法示意
1—模板;2—结构混凝土;3—止水环;4—工具式螺栓;
5—固定模板用螺栓;6—嵌缝材料;7—聚合物水泥砂浆

(2)螺栓加堵头做法

在结构两边螺栓周围做凹槽,拆模后将螺栓沿平凹底割去,再用膨胀水泥砂浆将凹槽封堵,如图7-82所示。

(3)螺栓加焊止水环做法

在对拉螺栓中部加焊止水环,止水环与螺栓必须满焊严密。拆模后应沿混凝土结构边缘将螺栓割断。此法将消耗所用螺栓,如图7-83所示。

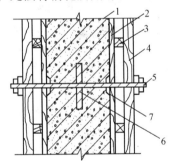

图7-82 螺栓加堵头作法示意
1—围护结构;2—模板;3—小龙骨;4—大龙骨;5—螺栓;
6—止水环;7—堵头
(拆模后将螺栓沿平凹底割去,再用膨胀水泥砂浆封堵)

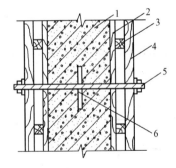

图7-83 螺栓加焊止水环
1—围护结构;2—模板;3—小龙骨;
4—大龙骨;5—螺栓;6—止水环

(4)预埋套管加焊止水环做法

套管采用钢管,其长度等于墙厚(或其长度加上两端垫木的厚度之和等于墙厚),兼具撑头作用,以保持模板之间的设计尺寸。止水环在套管上满焊严密。支模时在预埋套管中穿入对拉螺栓拉紧固定模板。拆模后将螺栓抽出,套管内以膨胀水泥砂浆封堵密实。套管两端有垫木的,拆模时连同垫木一并拆除,除密实封堵套管外,还应将两端垫木留下的凹坑用同样方法封实。此法可用于抗渗要求一般的结构如图7-84所示。

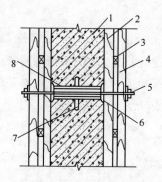

图 7-84　预埋套管支撑示意
1—防水结构;2—模板;3—小龙骨;4—大龙骨;5—螺栓;
6—垫木(与模板一并拆除后,连同套管一起用膨胀水泥砂浆封堵);
7—止水环;8—预埋套管

(5)对拉螺栓穿塑料管堵孔做法

这种做法适用于组装竹胶模板或钢制大模板。具体做法是:对拉螺栓穿过塑料套管(长度相当于结构厚度)将模板固定压紧,浇筑混凝土后,拆模时将螺栓及塑料套管均拔出,再用膨胀水泥砂浆将螺栓孔封堵严密,然后涂刷养护剂养护。此做法可节约螺栓、加快施工进度、降低工程成本。需要注意的是,在模板上应按螺栓间距设置螺栓孔,如图 7-85 所示。用于填孔料的膨胀水泥砂浆应经试配确定配合比,稠度不能大,以防砂浆干缩。用于结构复合防水则效果更佳,如图 7-86 所示。

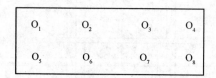

图 7-85　螺栓孔布置示意

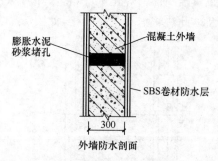

图 7-86　堵孔后的地下室外墙复合防水示意

钢筋不得用铁丝或铁钉固定在模板上,必须采用与防水混凝土同强度等级的细石混凝土或砂浆块作垫块,并确保钢筋保护层的厚度不小于 30 mm,绝不允许出现负误差。如果内部设置的钢筋确须用铁丝绑扎时,均不得接触模板。

8. 养护

(1)防水混凝土浇灌完成后,必须及时养护,并在一定的温度和湿度条件下进行。

(2)防水混凝土的养护对其抗渗性能影响极大,因此,混凝土初凝后应立即在其表面覆盖草袋、塑料薄膜或喷涂混凝土养护剂等进行养护,炎热季节或刮风天气应随浇灌随覆盖,但要保护表面不被压坏。浇捣后 4~6 h 即浇水或蓄水养护,3 d 内每天浇水 4~6 次,3 d 后每天浇水 2~3 次,养护时间不得少于 14 d。墙体混凝土浇灌 3 d 后,可采取撬松侧模,在侧模与混凝土表面缝隙中浇水养护的作法保持混凝土表面湿润。

(3)防水混凝土不宜采用蒸汽养护,冬期施工时可采用保温措施。

9.拆模

(1)防水混凝土拆模时间一律以同条件养护试块强度为依据,不宜过早拆除模板,宜在混凝土强度达到或超过设计强度等级的75％时拆模。

(2)拆模时结构混凝土表面温度与周围环境温度差应不得大于15℃。

(3)炎热季节拆模时间以早、晚间为宜,应避开中午或温度最高的时段。

(4)防水混凝土工程的地下室结构部分,拆模后应及时回填土,以利于混凝土后期强度的增长并获得预期的抗渗性能。回填土前,亦可在结构混凝土外侧铺贴一道柔性防水附加层或抹一道刚性防水砂浆附加防水层。当为柔性防水附加层时,防水层的外侧应粘贴一层 5～6 mm厚的聚乙烯泡沫塑料片材(花粘固定即可)作软保护层,然后分步回填三七灰土,分步夯实。同时做好基坑周围的散水坡,以避免地面水入浸,一般散水坡宽度大于 800 mm,横向坡度大于5％。

10.大体积防水混凝土施工

(1)对于大体积混凝土工程,可采取分区浇筑,采用低热或中热水泥,掺加粉煤灰、磨细矿渣粉等掺合料及减水剂、缓凝剂等外加剂,以降低水泥用量,减少水化热、推迟水化热峰出现,还可采用增大粗集料粒径,降低水胶比等措施减少水化热,减少温度裂缝。

(2)在炎热季节施工时,采取降低水温,避免砂、石曝晒等措施降低原材料温度及混凝土内部预埋管道进行水冷散热等降温措施。

(3)混凝土采取保温、保湿养护,混凝土中心温度与表面温度的差值不应大于 25℃,混凝土表面温度与大气温度的差值不应大于 25℃。

11.季节施工

(1)冬期施工宜采用掺化学外加剂法、暖棚法、综合蓄热法等养护方法,不可采用电热法或蒸汽直接加热法。

(2)蓄热法一般用于室外平均气温不低于－15℃的地下工程或者结构表面系数不大于 5 m^{-1}。对原材料加热时,应控制水温不得超过80℃。且不得将水直接与水泥接触,而应先将加热后的水、砂、石搅拌一定时间后再加入水泥,防止出现"假凝"。

(3)采用化学外加剂方法施工时,应采取保温、保湿措施。

(4)冬期施工时,水和砂、石应根据冬期施工方案规定加热,应保证混凝土入模温度不低于5℃。当采用综合蓄热法时,应采取有效的保温保湿措施,严禁混凝土受冻、脱水。冬期施工掺入的防冻剂应选用复合型外加剂,并经检验合格的产品。拆模时混凝土表面温度与环境度差不大于20℃。

(5)下雨时不宜浇筑混凝土,雨期浇筑的混凝土应及时覆盖防雨。

二、地下工程水泥砂浆防水层施工

(一)施工机具

砂浆搅拌机、水泵等。

(二)施工技术

1.基层处理

基层处理一般包括清理(将基层油污、残渣清除干净,光滑表面凿毛)、浇水(基层浇水湿润)和补平(将基层凹处补平)等工序,使基层表面达到清洁、平整、潮湿和坚实粗糙,以保证砂浆防水层与基层黏结牢固,不产生空鼓和透水现象。

(1)混凝土基层处理

1)混凝土表面用钢丝刷打毛,表面光滑时,用剁斧凿毛,每 10 mm 剁三道,有油污严重时要剥皮凿毛,然后充分浇水湿润。

2)混凝土表面有蜂窝、麻面、孔洞时,先用凿子将松散不牢的石子剔除,若深度小于10 mm时,用凿子打平或剔成斜坡,表面凿毛;若深度大于 10 mm 时,先剔成斜坡,用钢丝刷清扫干净,浇水湿润,再抹素灰 2 mm,水泥砂浆 10 mm,抹完后将砂浆表面横向扫毛;若深度较深时,等水泥砂浆凝固后,再抹素灰和水泥砂浆各一道,直至与基层表面平直,最后将水泥砂浆表面横向扫毛。

3)当混凝土表面有凹凸不平时,应将凸出的混凝土块凿平,凹坑先剔成斜坡并将表面打毛后,浇水湿润,再用素灰与水泥砂浆交替抹压,直至与基层表面平直,最后将水泥砂浆横向扫毛。

4)混凝土结构的施工缝,要沿缝剔成八字形凹槽,用水冲洗干净后,用素灰打底,水泥砂浆嵌实抹平。

(2)砌体基层处理

1)将砖墙面残留的灰浆、污物清除干净,充分浇水湿润。

2)对于用石灰砂浆和混合砂浆砌筑的新砌体,需将砌体灰缝剔进 10 mm 深,缝内呈直角(图7-87)以增强防水层与砌体的黏结力;对水泥砂浆砌筑的砌体,灰缝可不剔除,但已勾缝的需将勾缝砂浆剔除。

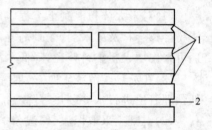

图 7-87 砖砌体的剔缝
1—剔缝不合格;2—剔缝合格

3)对于旧砌体,需用钢丝刷或剁斧将松酥表面和残渣清除干净,直至露出坚硬砖面,并浇水冲洗干净。

(3)料石或毛石砌体基层处理

这种砌体基层处理与混凝土和砖砌体基层处理基本相同。对于石灰砂浆或混合砂浆砌筑的石砌体,其灰缝应剔进 10 mm,缝内呈直角;对于表面凹凸的石砌体,清理完毕后,在基层表面要做找平层。找平层做法是先在砌体表面刷水胶比 0.5 左右的水泥浆一道,厚约 1 mm,再抹 10~15 mm 厚的 1:2.5 水泥砂浆,并将表面扫成毛面,一次找不平时,隔 2 d 再分次找平。

2.防水层

(1)防水层构造做法

水泥砂浆防水层构造做法如图 7-88 所示。

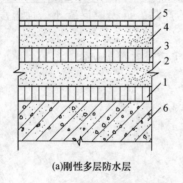
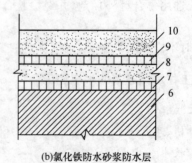

(a)刚性多层防水层　　　　(b)氯化铁防水砂浆防水层

图 7-88　水泥砂浆防水层构造做法
1、3—素灰层;2、4—水泥砂浆层;5、7、9—水泥浆;6—结构基层;
8—防水砂浆垫层;10—防水砂浆面层

　　防水层的施工顺序,一般是顶板—墙面—地面。当工程量较大需分段施工时,应由里向外按上述顺序进行。

　　(2)防水层设置

　　防水层分为内抹面防水和外抹面防水。地下结构物除考虑地下水渗透外,还应考虑地表水的渗透,为此,防水层的设置高度应高出室外地坪 150 mm 以上,如图 7-89 所示。

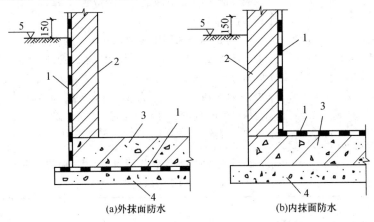

(a)外抹面防水　　　　　　　　　　　(b)内抹面防水

图 7-89　防水层的设置(单位:mm)

1—水泥砂浆刚性防水层;2—立墙;3—钢筋混凝土底板;4—混凝土垫层;5—室外地坪面

　　(3)混凝土顶板与墙面防水层施工

　　混凝土顶板与墙面的防水层施工,一般迎水面采用“五层抹面法”,具体操作方法见表7-4。背水面采用“四层抹面法”,四层抹面做法与五层抹面做法相同,去掉第五层水泥浆层即可。

表 7-4　五层抹面法

层次	水胶比	厚度 (mm)	操作要点	作用
第一层素 灰层	0.4~0.5	2	(1)分二次抹压。基层浇水湿润后,先抹 1 mm 厚结合层,用铁抹子往返抹压 5~6 遍,使素灰填 实基层表面空隙其上再抹 1 mm 厚素灰找平。 (2)抹完后用湿毛刷按横向轻轻刷一遍,以便 打乱毛细孔通路,增强与第二层的结合	防水层第一 道防线
第二层水泥 砂浆层	0.4~0.45	4~5	(1)待第一层素灰稍干,用手指按能进入素灰 层 1/4~1/2 深时,再抹水泥砂浆层,抹时用力要 适当,既避免破坏素灰层,又要使砂浆层压入素 灰层内 1/4 左右,以使一二层紧密结合。 (2)在水泥砂浆初凝前后,用扫帚将砂浆层表 面扫成横向条纹	起骨架和保 护素灰作用
第三层 素灰层	0.37~0.4	2	(1)待第二层水泥砂浆凝固并有一定强度后 (一般需 24 h),适当浇水湿润,即可进行第三层, 操作方法同第一层。 (2)若第二层水泥砂浆层在硬化过程中析出游 离的氢氧化钙形成白色薄膜时,应刷洗干净	防水作用

续上表

层次	水胶比	厚度（mm）	操作要点	作用
第四层水泥砂浆层	0.4～0.45	4～5	（1）操作方法同第二层，但抹后不扫条纹，在砂浆凝固前后，分次用铁抹子抹压五六遍，以增加密实性，最后压光。 （2）每次抹压间隔时间应视现场湿度大小、气温高低及通风条件而定，一般抹压前三遍的间隔时间为1～2 h，最后从抹压到压光，夏季10～12 h内完成，冬期14 h内完成，以免因砂浆凝固后反复抹压而破坏表面的水泥结晶，使强度降低，产生起砂现象	保护第三层素灰层和防水作用
第五层水泥浆层	0.55～0.6	1	在第四层水泥砂浆抹压两遍后，用毛刷均匀涂刷水泥浆一道，随第四层压光	防水作用

(4)混凝土地面防水层施工

混凝土地面防水层施工及顶板与墙面施工的不同，主要是素灰层（一、三层）不是用刮抹的方法，而是将搅拌好的素灰倒在地面上，用刷子往返用力涂刷均匀。第二层和第四层是在素灰层初凝前后，将拌好的水泥砂浆均匀铺在素灰层上，按顶板和墙面操作要求抹压，各层厚度也与顶板和墙面相同。施工时由里向外，避免施工时踩踏防水层。

(5)砖墙面防水层施工

砖墙面防水层做法，除第一层外，其余各层操作方法与混凝土墙面操作相同。首先将墙面充分浇水湿润，然后在墙面上涂刷水泥浆一道，厚度约1 mm，涂刷时沿水平方向往返涂刷五六遍，涂刷要均匀，灰缝处不得遗漏。涂刷后，趁水泥浆呈浆糊状时即抹第二层防水层。

(6)石墙面和拱顶防水层施工

先做找平层（一层素灰、一层砂浆），找平层充分干燥后，在其表面浇水湿润，即可进行防水层施工，防水层操作方法与混凝土基层防水层相同。

(7)施工注意事项

1)素灰抹面要薄而均匀，不宜太厚，太厚易形成堆积，反而黏结不牢，且容易起壳、脱落。素灰在桶中应经常搅拌，以免产生分层离析和初凝。抹面不要干撒水泥，否则造成厚薄不匀，影响黏结。

2)抹水泥砂浆时要注意揉浆。揉浆的作用主要是使水泥砂浆和素灰紧密结合。揉浆时首先薄抹一层水泥砂浆，然后用铁抹子用力揉压，使水泥砂浆渗入素灰层（但注意不能压透素灰层）。揉压不够，会影响两层的黏结，揉压时严禁加水，加水不一容易开裂。

3)水泥砂浆初凝前，待收水70%（用手指按上去，砂浆不粘手，有少许水印）时，要进行收压工作。收压是用铁抹子平光压实，一般做两遍。第一遍收压表面要粗毛，第二遍收压表面要细毛，使砂浆密实、强度高、不易起砂。收压一定要在砂浆初凝前完成，避免在砂浆凝固后再反复抹压，否则容易破坏表面水泥结晶和扰动底层而起壳。

4)水泥砂浆防水层各层应紧密结合，连续施工不留施工缝，如确因施工困难需留施工缝时，留槎应采用阶梯坡形槎，接槎要依层次顺序操作，层层搭接紧密。留槎位置一般应留在地面上,亦可留在墙面上,但需离开阴阳角处 200 mm 以上,如图 7-90 所示。在接槎部位继续施工时,需在阶梯形槎面上涂刷水泥浆或抹素灰一道,使接头密实不漏水。

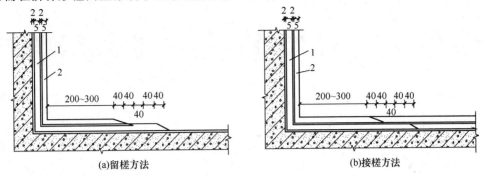

图 7-90　防水层接槎处理(单位:mm)
1—素灰层;2—水泥砂浆层

5)结构阴阳角处的防水层均需抹成圆角,阴角直径 50 mm,阳角直径 10 mm。遇有穿墙管、预埋螺栓等部位,应在周围嵌实素灰后再做防水层,如图 7-91 所示。

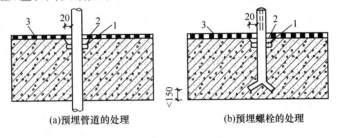

图 7-91　预埋件、管等的处理(单位:mm)
1—素灰嵌槽捻实;2—砂浆层;3—防水层

(8)水泥砂浆防水层的养护

水泥砂浆防水层凝结后,应及时用草袋覆盖进行浇水养护。

1)防水层施工完,砂浆终凝后,表面呈灰白色时,就可覆盖浇水养护。养护时先用喷壶慢慢喷水,养护一段时间后再用水管浇水。

2)养护温度不宜低于 5℃,养护时间不少于 14 d。夏天应增加浇水次数,但避免在中午最热时浇水养护。养护期间要防止踩踏,其他工程施工应在防水层养护完毕后进行,以免破坏防水层。

3)防水层施工后,要防止践踏,其他工程施工应在防水层养护完毕后进行,以免破坏防水层。

三、地下工程高聚物改性沥青卷材防水层施工

(一)施工机具(热熔卷材施工机具)

参见第七章第一节高聚物改性沥青卷材屋面防水层施工的相关内容。

(二)施工技术

1.确定卷材铺贴方法

(1)高聚物改性沥青防水卷材应铺贴在地下室结构主体底板垫层至墙体顶端基面上,在外围形成封闭的防水层,通称为全外包法施工,它又分为外防外贴法和外防内贴法两种。一般在

施工场地允许下,宜采用外防外贴的施工方法。

(2)高聚物改性沥青防水卷材与基层连接的方法有热熔法、自粘法、冷粘法和空铺法四种,一般多以热熔法施工为宜。

热熔法是采用汽油喷灯或火焰加热器烘烤熔化防水卷材底层的热熔胶进行黏结,边烘烤边向前滚铺卷材,随后用铁压辊滚压,使卷材与基层的气体和热熔沥青挤出,并黏结牢固的施工方法。

2.施工技术要求

(1)铺贴卷材,应符合下列规定。

1)底板垫层混凝土平面部位的卷材宜采用空铺法或点粘法,其他与混凝土结构相接触的部位应采用满粘法。

2)采用热熔法施工高聚物改性沥青卷材时,幅宽内卷材底表面加热应均匀,不得过分加热或烧穿卷材。

3)铺贴时应展平压实,卷材与基面和各层卷材间必须黏结紧密。

4)铺贴立面卷材防水层时,应采取防止卷材下滑的措施。

5)采用双层卷材时,上下两层和相邻两幅卷材的接缝应错开1/3~1/2幅宽,且两层卷材不得互相垂直铺贴。

6)卷材接缝必须粘贴封严。接缝口应用材性相容的密封材料封严,宽度不应小于10 mm。

(2)采用外防外贴法铺贴卷材防水层时,应符合下列规定。

1)铺贴卷材应先铺平面,后铺立面,交接处应交叉搭接。

2)临时性保护墙应用石灰砂浆砌筑,内表面应用石灰砂浆做找平层。

3)当不设保护墙时,从底面折向立面的卷材的接槎部位应采取可靠的保护措施。

4)主体结构完成后,铺贴立面卷材时,应先将接槎部位的各层卷材揭开,并将其表面清理干净,如卷材有局部损伤,应及时进行修补。卷材接槎的搭接长度,高聚物改性沥青卷材为150 mm,合成高分子卷材为100 mm。当使用两层卷材时,卷材应错槎接缝,上层卷材应盖过下层卷材。

(3)当施工条件受到限制时,可采用外防内贴法铺贴卷材防水层,并应符合下列规定。

1)混凝土结构的保护墙内表面应抹厚度为20 mm的1:3水泥砂浆找平层,然后铺贴卷材,并根据卷材选用保护层。

2)卷材宜先铺立面,后铺平面。铺贴立面时,应先铺转角,后铺大面。

3.清理基层

清理基层时要有专人负责,在涂刷基层处理剂之前,将基层表面的砂浆疙瘩、杂物、尘土等彻底铲除并清扫干净。清除一切杂物,棱角处的尘土用吹尘器吹净,并随时保持清洁。

4.涂刷基层处理剂

在打扫干净的基层上涂刷基层处理剂,要求薄厚均匀一致,小面积或阴阳角等细部不易滚刷的部位,要用毛刷蘸基层处理剂认真涂刷,不得有麻点、漏刷等缺陷,切勿反复涂刷。

5.铺贴卷材附加层

在大面防水卷材铺贴前,防水基层面上所有的阴阳角、管根、后浇带及设计有要求的特殊部位等均先铺贴一道防水卷材附加层,其附加层卷材宽度为:阴阳转角部位不小于500 mm;管根部位不小于管直径加300 mm并平分于转角处;后浇带和变形缝部位每侧外加300 mm,

其具体铺贴方法为阴阳角、管根部位应采用满粘铺贴法,后浇带、变形缝的水平面宜采用空铺法。如设计另有具体做法要求时,均以设计要求为准。

具体方法是先按细部形状将卷材剪好,不要加热,在细部贴一下,视尺寸、形状合适后,再将卷材的底面(有热熔胶的一面),用手持汽油喷灯烘烤,待其底面呈熔融状态,即可立即粘贴在已涂刷一道密封材料的基层上,并压实铺牢。

6.弹控制线

在已处理好并干燥的基层表面,按照所选卷材的宽度留出搭接缝尺寸,将铺贴卷材的基准线弹好,以便按此基准线进行卷材铺贴施工。

7.铺贴防水卷材

(1)满粘法防水卷材铺贴

大面积满粘以"滚铺法"为佳,先铺粘大面,后黏结搭接缝,这种方法可以保证卷材铺贴质量,用于卷材与基层及卷材搭接缝一次熔铺。

1)熔粘端部卷材。将整卷卷材(勿打开)置于铺贴起始端,对准基层上已弹好的粉线滚展卷材约1 m,由一人站在卷材正面将这1 m卷材拉起,另一人站在卷材底面(有热熔胶)手持液化气火焰喷枪,慢旋开关、点燃火焰,调呈蓝色,使火焰对准卷材与基面交接处同时加热卷材底面与基层面,如图7-92(a)所示,待卷材底面胶呈熔融状即进行粘铺,再由一人以手持压辊对铺贴的卷材进行排气压实,这样铺到卷材端头剩下约30 cm时,将卷材端头翻放在隔热板上,如图7-92(b)所示,再行熔烤,最后将端部卷材铺牢压实。

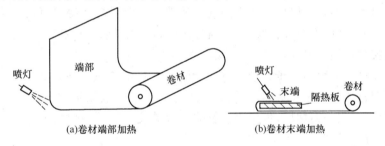

(a)卷材端部加热　　　　　　(b)卷材末端加热

图 7-92　热熔卷材端部铺贴示意

2)滚粘大面卷材。起始端卷材粘牢后,持火焰喷枪的人应站在滚铺前方,对着待铺的整卷卷材,点燃喷枪使火焰对准卷材与基层面的夹角,如图7-93所示,喷枪距卷材及基层加热处0.3~0.5 m,施行往复移动烘烤(不得将火焰停留在一处直火烧烤时间过长,否则易产生胎基外露或胎体与改性沥青基料瞬间分离),至卷材底面胶层呈,黑色光泽并伴有微泡(不得出现大量大泡),即及时推滚卷材进行粘铺,后随一人施行排气压实工序。

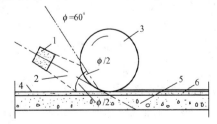

图 7-93　熔焊火焰与卷材和基层表面的相对位置

1—喷嘴;2—火焰;3—改性沥青卷材;4—水泥砂浆找平层;

5—混凝土层;6—卷材防水层

3)粘贴立面卷材。采用外防外贴法从底面转到立面铺贴的卷材,恰为有热熔胶的底面背对立墙基面,因此这部分卷材应使用氯丁橡胶改性沥青胶黏剂(SBS改性沥青卷材配套材料)以冷粘法粘铺在立墙上,与这部分卷材衔接继续向上铺贴的热熔卷材仍用热熔法铺贴,且上层卷材盖过下层卷材应不小于150 mm。铺贴借助梯子或架子进行,操作应精心仔细将卷材粘贴牢固,否则立面卷材(特别是低温情况下)易产生滑坠。

4)卷材搭接缝施工。卷材搭接缝以及卷材收头的铺粘是影响铺贴质量的关键之一,不随大面一次粘铺,而做专门处理是为保证地下工程热熔型卷材防水层的铺贴质量。

①搭接要求

a.防水卷材短边和长边(横缝和纵缝),其搭接宽度均不应小于100 mm。采用双层卷材时,上下两层和相邻两幅卷材的接缝应错开1/3~1/2幅宽,且两层卷材不得相互垂直铺贴。

b.也可采用对接。方法是在接缝处下面垫300 mm宽的卷材条,两边卷材横向对接,接缝处用密封材料处理。

c.同一层相邻两幅卷材的横向接缝,应彼此错开1 500 mm以上,避免接缝部位集中。搭接缝及收头的卷材必须100%烘烤,粘铺时必须有熔融沥青从边端挤出,用刮刀将挤出的热熔胶刮平,沿边端封严。

②施工方法

a.为搭接缝黏结牢固,先将下层卷材(已铺好)表面的防黏隔离层熔掉,为防止烘烤到搭接缝以外的卷材,应使用烫板沿搭接粉线移动,火焰喷枪随烫板移动,由于烫板的挡火作用,则火焰喷枪只将搭接卷材的隔离层熔掉而不影响其他卷材。带页岩片卷材短边搭接时,需要去掉页岩片层,方法是用烫板沿搭接粉线移动,喷灯或火焰喷枪随着烫板移动,烘烤卷材表面后,用铁抹子刮去搭接部位的页岩片,然后再搭接牢固。

b.粘贴搭接缝。一手用抹子或刮刀将搭接缝卷材掀起,另一手持火焰喷枪(或汽油喷灯)从搭接缝外斜向里喷火烘烤卷材面,随烘烤熔融随粘贴,并须将熔融的沥青挤出,以抹子(或刮刀)刮平。搭接缝或收头粘贴后,可用火焰及抹子沿搭接缝边缘再行均匀加热抹压封严,或以密封材料沿缝封严,宽度不小于10 mm。

(2)热熔法施工

热熔法的施工方法是用火焰喷枪喷出的火焰烘烤卷材表面和基层,待卷材表面熔融至光亮黑色,基层得到预热,立即滚铺卷材。边熔融卷材表面,边滚铺卷材,使卷材与基层、卷材与卷材之间紧密黏结,其操作要点如下所述。

1)喷枪加热器喷出的火焰,距卷材面的距离应适中;幅宽内加热应均匀,不得过分加热或烧穿卷材,以卷材表面熔融至光亮黑色为宜。

2)卷材表面热熔后,应立即滚铺卷材,并用压辊滚压卷材,排除卷材下面的空气,使卷材黏结牢固、平整,无褶、扭曲等现象。

3)卷材接缝处,用溢出的热熔改性沥青随即刮平封口。

(3)空铺法

依据控制基准线,先把卷材展开铺设在预定的部位,调整后分别掀起相邻卷材的每个搭接边,用火焰加热器对准卷材搭接面均匀加热烘烤至卷材表面热熔胶开始熔化时(胶面发黑并呈光亮),即可将卷材搭接面全部合贴黏结,卷材的搭接缝部位挤溢出热熔胶并随即刮平。

(4)点粘铺贴法

卷材与基层表面粘接点150 mm×150 mm,间距1 000 mm,相邻搭接头部位必须全部满粘贴在一起,其操作要点参见满粘铺贴法、空铺法。

(5)条粘铺贴法

每幅卷材长向与基层面黏结不少于两条,条宽150 mm,相邻卷材的搭接头部位必须全部满粘贴在一起,可采用"展铺法",即将热熔型卷材展开平铺在基层上,然后沿卷材周边掀起加热熔融进行粘铺。其操作要点参见满粘铺贴法、空铺法。

(6)外防外贴法

外防外贴法的施工方法:在混凝土底板和结构墙体施工缝以下部分浇筑前,先在墙体或基梁外侧的垫层上砌筑永久性保护墙(同时作为混凝土底板外模)。平面部位的防水层铺贴在垫层上,立面部位的防水层先铺贴在永久性保护墙上,待结构墙体浇筑后,再将上部的卷材直接铺贴在结构墙体的外表面上。

1)先浇筑需防水结构的底面混凝土垫层,垫层宜宽出永久性保护墙50~100 mm。

2)在底板(或墙、基梁)外侧,用M5水泥砂浆砌筑宽度不小于120 mm厚的永久性保护墙,墙的高度不小于结构底板厚度+120 mm。注意在砌永久性保护墙时,要留出找平层、防水层和保护层的厚度。

3)在永久性保护墙上用石灰砂浆直接砌临时保护墙,墙高为150 mm×(卷材层数+1)。

4)在垫层和永久性保护墙上抹1:3水泥砂浆找平层,转角处抹成圆弧形。在临时保护墙上用石灰砂浆抹找平层。

5)找平层干燥并清扫干净后,按照所用的不同卷材种类,涂刷相应的基层处理剂,如采用空铺法,可不涂基层处理剂。

6)在贴铺防水层前,阴阳角、转角、预埋管道和突出物周边应用相同的卷材增贴1~2层,进行附加增强处理,附加层宽度不宜小于500 mm。

7)在永性保护墙上卷材防水层采用空铺法施工;在临时保护墙(或维护结构模板)上将卷材防水层临时贴附,并分层临时固定在保护墙最上端;卷材甩槎做法如图7-94所示。

8)防水层施工完毕并经检查验收合格后,宜在平面卷材防水层上干铺一层油毡做保护隔离层,在其上做水泥砂浆或细石混凝土保护层;在立面卷材上涂布一层胶后撒砂,将砂粘牢后,在永久性保护墙区段抹20 mm厚1:3水泥砂浆,在临时保护墙区段抹石灰砂浆,作为卷材防水层的保护层。卷材防水层施工完毕,并经过检查验收合格后,即应及时做

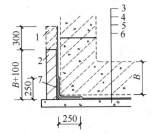

图7-94 卷材防水层甩槎做法(单位:mm)
1—临时保护墙;2—永久保护墙;
3—细石混凝土保护层;4—卷材防水层;
5—水泥砂浆找平层;6—混凝土垫层;
7—卷材加强层

好卷材防水层的保护结构。保护结构的几种做法如下所述。

①砌筑永久保护墙,并每隔5~6 m及在转角处断开,断开的缝中填以卷材条或沥青麻丝;保护墙与卷材防水层之间的空隙应随砌随以砌筑砂浆填实,保护墙完工后方可回填土。注意在砌保护墙的过程中切勿损坏防水层。砌体保护层应注意以下问题。

a.砌块装料运输时要轻拿轻放,严禁直接往料斗中抛掷装料,运到砌筑地点也要禁止直接倾倒在地面上,避免扬尘污染大气和砌体损坏产生的废弃物污染环境。

b.需要砍砖的地方宜采用锯的办法,不宜用砌刀砍,避免过多损坏砌块而导致多产生废弃物污染环境。

c.落地的水泥砂浆要及时回收利用,不可回收的垃圾每班下班时均应归堆装入垃圾袋及时运到垃圾堆场,集足一定数量后由环卫部门清运,清运时要加盖,防止遗洒。

②抹水泥砂浆。在涂抹卷材防水层最后一道沥青胶结材料时,趁热撒上干净的热砂或散麻丝,冷却后随即抹一层10～20 mm的1:3水泥砂浆,水泥砂浆经养护达到强度后,即可回填土。

a.水泥砂浆保护层用的水泥砂浆配合比(体积比)一般为水泥:砂＝1:(2.5～3),细石混凝土保护层强度等级一般不低于C20,配制时要严格控制配合比,避免强度不合要求,引起保护层过早破坏或起砂,造成返修时产生废弃物污染环境,并且浪费材料,加大能源的损耗。

b.为了保证立面水泥砂浆保护层黏结牢固,在立面防水层施工时,预先在防水层表面粘上砂粒或小豆石,避免立面保护层空鼓、碎裂,引起修补浪费材料。

c.水泥砂浆、细石混凝土保护层施工时要在初凝前用抹子提浆抹平、压光,禁止在表面掺加水泥砂浆或干灰,防止表层砂浆产生裂缝与剥落,浪费材料。

③贴塑料板。在卷材防水层外侧直接用氯丁系胶黏剂花粘固定5～6 mm厚的聚乙烯泡沫塑料板,完工后即可回填土。

a.聚乙烯泡沫边角余料、报废的涂刷胶黏剂毛刷、胶黏剂包装物及报废的胶黏剂不得随意丢弃,应及时回收,集中存放在指定场所,交有资质的单位进行处理。

b.胶黏剂应随用随密封,防止胶黏剂的挥发。

c.清洗毛刷的废液不得随意倾倒,应及时收集交有资质的单位进行处理。上述做法亦可用聚酯酸乙烯乳液粘贴40 mm厚的聚苯泡沫塑料板代替。

9)浇筑混凝土底板或墙体。此时保护墙可作为混凝土底板一侧的模板。

10)施工底板以上混凝土墙体,并在需防水结构外表面抹1:3水泥砂浆找平层。

11)拆除临时保护墙,清除石灰砂浆,并将卷材上的浮灰和污物清洗干净,再将此区段的需防水结构外墙外表面上补抹水泥砂浆找平层,将卷材分层错槎搭接向上铺贴,上层卷材应盖过下层卷材,卷材接槎如图7-95所示。

12)外墙防水层经检查验收合格,确认无渗漏隐患后,做外墙防水层的保护层,并及时进行槽边回填施工。

(7)外防内贴法施工

外防内贴法的施工方法是浇筑混凝土垫层后,其做法如图7-96所示。在垫层上将永久保护墙全部砌好,将卷材防水层铺贴在永久保护墙和基层上。

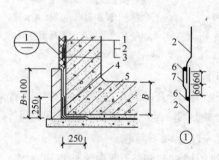 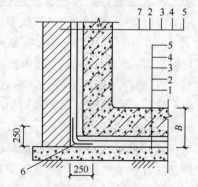

图7-95 卷材防水接槎做法(单位:mm)　　图7-96 外防内贴法防水构造(单位:mm)

1—结构墙体;2—卷材防水层;3—卷材保护层;　　1—混凝土垫层;2—砂浆找平层;3—卷材防水层;

4—卷材加强层;5—结构底板;　　4—防水层的保护层;5—混凝土结构;

6—密封材料;7—盖缝条　　6—卷材附加层;7—永久性保护墙

1)在已施工好的混凝土垫层上砌筑永久保护墙,并抹好水泥砂浆找平层。

2)找平层干燥后,施工卷材防水层铺贴时应先铺立面,后铺平面,先铺转角,后铺大面。

3)卷材防水层铺完即应按设计要求做好保护层。

4)施工完防水结构,并将防水层压紧。

5)槽边回填土施工。

8.细部做法

(1)大面积的卷材铺贴完,要对卷材的横竖接缝处进行封边处理,用喷灯按缝烘烤边缘,将流出的热沥青用铁抹子轻轻抹平,使其形成明显的沥青条。

(2)穿墙管根部卷材热熔包裹应随大面防水卷材层层包裹,其每层卷材收头应后铺卷材收头盖过先铺的附加层收头,如图 7-97 所示。

(3)卷材防水层为单层防水时,应在搭接缝处进行补强处理,其主要方法是以搭接缝为中线,骑缝热熔满粘铺贴一条 120 mm 宽的防水卷材盖缝条,条的两边应有密封处理,如图 7-98 所示。

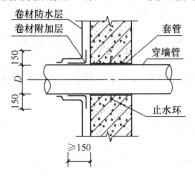

图 7-97　穿墙管根部防水做法(单位:mm)　　　图 7-98　单层防水卷材搭接缝做法(单位:mm)

(4)外墙面防水卷材甩头部位搭接前,应先拆除临时保护墙,清理卷材甩头表面的砂浆及杂物,再将卷材甩头合贴于结构墙面上,搭接时以甩头卷材表面无损伤处顺水搭接 150 mm 长,卷材搭接缝上满粘盖缝条。如双层及双层以上卷材搭接时,每层卷材甩头的搭接部位应相互错槎,不应小于 150 mm,其防水卷材盖缝条设在表层卷材搭接缝上。

9.做保护层

卷材防水层经检查合格后,应及时做保护层,保护层应符合以下规定。

(1)顶板卷材防水层上的细石混凝土保护层厚度不应小于 70 mm,防水层为单层卷材时,在防水层与保护层之间应设置隔离层。

(2)底板卷材防水层上的细石混凝土保护层厚度不应小于 50 mm。

(3)侧墙卷材防水层宜采用软保护或铺抹 20 mm 厚的 1:2.5 水泥砂浆。

四、地下工程自粘橡胶沥青防水层施工

(一)施工机具

铁锹、扫帚、墩布、棉丝、吹尘器、手锤、凿子、拖布、剪刀、盒尺、壁纸刀、弹线盒、刮板、压辊、锤子、钳子、射钉枪、刮板、毛刷等。

(二)施工技术

1.确定施工方法

自粘法施工可以分为满粘法或条粘法。条粘法施工只需将卷材与基层脱离部分采取隔离

措施即可,工艺较为简单。

自粘卷材应粘贴在地下室结构主体底板垫层上经地下外墙面到顶板的上基面,在外围形成封闭的防水层,通称为全外包法施工。它又分为外防外贴法和外防内贴法。一般在施工现场允许下,宜采用外防外贴的施工方法。

2.清理基层

清理防水基层应有专人负责,在涂刷基层处理剂之前,必须将防水基层彻底打扫干净,它是黏结质量的关键工序。要清除基层的一切杂物、油污等,棱角处的尘土要用吹尘器吹净,必要时用抹布擦拭,并随时保持清洁。

3.涂刷基层处理剂

找平层干燥后,将配套的基层处理剂开桶搅拌均匀后用滚刷均匀涂刷在基层表面上。要求涂层薄厚均匀一致,不得有麻面、堆积、漏刷等缺陷,切勿反复涂刷。当基面较潮湿时,应涂刷湿固化型胶黏剂或潮湿界面隔离剂。

4.粘铺附加层

地下室底板的积水坑、电梯井等的阴阳角、管子根、变形缝等薄弱部位要粘贴与卷材相同的附加层,宽度不小于 500 mm,大面积卷材施工时,与附加层之间均采用满粘施工。

(1)附加层下料剪裁方法如图 7-99~图 7-101 所示(图中实线为裁剪线,虚线为折叠线)。

1)阳角做法如图 7-99 所示。

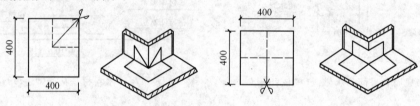

图 7-99 阳角卷材下料(单位:mm)

2)阴角做法如图 7-100 所示。

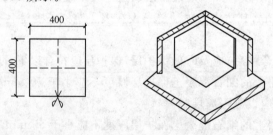

图 7-100 阴角卷材下料(单位:mm)

3)穿墙管道做法如图 7-101 所示。

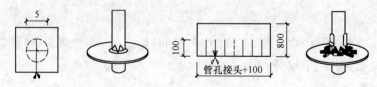

图 7-101 穿墙管卷材下料(单位:mm)

(2)附加层铺贴要点

附加层满粘施工采用抬铺法,该法适用于复杂部位或节点处,也适用于小面积铺贴。特点是先剥隔离纸,后铺贴卷材。

1)根据待铺部位的基层形状进行丈量,按量测尺寸裁剪卷材(注意留出搭接长度)。

2)掀剥隔离纸。将剪裁好的卷材隔离纸朝上平铺,认真地掀剥隔离纸,使起的隔离纸与卷材黏结面呈(45°~60°)锐角,这样不易拉断隔离纸。注意勿使剥去的隔离纸粘在卷材粘贴面上。如遇小片隔离纸无法剥去,可用密封黏结材料涂盖。要注意不应因隔离纸难剥而损伤卷材黏结层。

3)对折卷材。隔离纸全部剥离后,拉起卷材两端,胶结面朝外对好两角,将卷材抬起并翻转沿长向对折,然后将卷材抬到待铺位置胶结面朝下对准基层上弹好的长短向粉线放铺卷材,再拎住对折的另半幅卷材缓缓放铺,最后以压辊将卷材排气压实贴牢。

5.定位、弹线

在涂好基层处理剂的基层上,按卷材宽度弹好基准线,要严格按基准线粘贴卷材,确保长边的搭接宽度,自粘卷材应先试铺就位,按需要形状正确剪裁后,方可开始实际粘铺。

6.大面积粘铺卷材

可采用滚铺法,该法适用于平面、立面大面积铺贴。特点是剥开隔离纸与滚铺卷材同时进行。

(1)用一根 ϕ 30 mm×1 500 mm 的钢管穿过整卷卷材中心的纸芯筒,由两个人各持钢管一端将整卷卷材抬到待铺处起始端,并对准在基层上弹好的粉线。

(2)将卷材沿铺贴前进方向滚展 50 cm 左右,将展开的 50 cm 卷材掀起并剥开隔离纸折成条状从整卷卷材下面拉出来卷到用过的纸芯筒上,同时对准粉线将起始端 50 cm 卷材粘铺牢固,如图 7-102 所示。

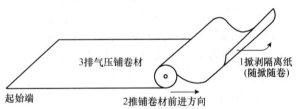

图 7-102 自粘型卷材滚铺法施工示意

(3)起始端卷材铺牢后,由一人站在卷材前面对着卷材掀剥隔离纸,边掀剥边往纸芯筒上卷,两个人分别站在卷材两侧手持穿过卷材筒芯的钢管对准弹好的粉线向前滚铺卷材,由一人在卷材后面用压辊将滚铺的卷材予以排气、压实、贴牢。

(4)上述做法亦可改为分段铺贴法。即 50 cm 起始端卷材铺牢后,边剥隔离纸边展开一段卷材(约 1~2 m)、对准粉线进行粘铺,粘铺后再展开约 1~2 m 进行粘铺,直至整幅卷材铺完。这种方法可不必将撕剥的隔离纸卷起,可以将隔离纸分段割断,但要留下 20~30 cm 端头,以利下段隔离纸的撕剥。

也可采用将隔离纸从中间裁开的方法铺贴。即先将卷材展开,平面拉开对准基准线进行试铺,从一端将卷材揭起,按幅宽对折,用壁纸刀将隔离纸从中间裁开,注意千万不能划伤卷材。将隔离纸从卷材背面撕开一段长约 500 mm。再将撕开隔离纸的这段卷材,对准基准线粘铺就位。再将另半幅卷材重新铺开就位,拉住已撕开的隔离纸均匀用力向后拉,同时用压辊从卷材中间向两侧滚压,直至将该半幅卷材的隔离纸全部撕开,卷材粘铺在基层上。

(5)地下室工程外防外贴法施工时,平面(底板)转向立面(立墙)的卷材,正好是有隔离纸的一面背对立墙面,因此从平面转到立面这部分卷材与基层的粘铺只能用冷胶黏剂粘铺,更换卷材后仍使用自粘法粘铺,但应注意搭接缝处理好。

(6)立面铺贴应先根据高度将卷材裁好,当基层达到要求的干燥度后,即将卷材松弛地反卷在纸筒芯上,隔离纸朝外,由两个人手持卷芯两端,借助两端的梯子或架子自下而上地进行铺贴,另一个人站在墙下的底板上用长柄压辊粘铺卷材并予以排气,排气时先滚压卷材中部,再从中部斜向上往两边排气,最后用手持压辊将卷材压实粘牢。

应予指出的是,立面卷材不宜自上而下垂挂丈量剪裁,这会使上部卷材受拉绷紧,尽管仍自下而上铺贴,但受拉卷材在使用过程中容易加速老化而影响防水层质量。

立面铺贴卷材还应注意保护好已铺卷材不受损坏,以及避免人身安全事故,架子或梯子两端应用橡皮包裹,以防打滑和压破卷材。

7.卷材搭接处理

大面积卷材粘铺要从一边向另一边辊压注意排气,大面压实后,再用小压辊对搭接部位进行辗压,从搭接内边缘向外进行滚压,排出空气,粘贴牢固。

(1)大面积卷材排气压实后开始搭接缝粘贴。

(2)搭接缝粘贴前,先用手持汽油喷灯沿搭接粉线将下层卷材上表面的防粘层(聚乙烯薄膜等)熔掉,准备与上层卷材底面的自粘胶黏合。

(3)粘贴搭接缝。掀开搭接部位卷材,由一人手持扁头热风枪加热上层卷材底面的胶黏剂,边加热熔化胶黏剂边向前移动,后随一人将接缝处予以排气压平最后一人用手持压辊滚压搭接卷材,使其平实黏牢,此时搭接边端部有熔融的胶黏剂被挤外溢。要注意,搭接边端如无胶黏剂溢出或溢流过多,都会影响搭接缝的粘贴质量,造成黏结不实不牢,熔烧过分可损坏卷材。

(4)搭接缝贴牢后,地下工程要求作增强处理,骑缝加粘 1 层宽 120 mm 的卷材。对 3 层重叠部分再作密封处理,其方法同冷粘法相同,可参阅冷粘法施工。

8.卷材的收头与固定

地下室四周立墙防水层的收头,应用配套的金属压条、钉子固定,专用密封膏密封。

9.自检、清扫

防水卷材施工时应认真负责,分片包干,完工后施工班组质检人员,按《地下防水工程质量验收规范》(GB 50208—2011)的规定,认真检查、修复,满意后彻底打扫干净,再交付总包方质检部门、工程监理检查验收。

10.保护层施工

卷材防水层经检查质量合格后,即可做保护层。以下几种做法可根据工程实际需要选用。

(1)细石混凝土保护层。适宜于平面、坡面使用。先以氯丁系胶黏剂(如 404 胶等)花粘虚铺一层石油沥青纸胎油毡作保护隔离层,再在油毡隔离层上浇筑 40～50 mm 厚的细石混凝土。浇筑混凝土时不得损坏油毡隔离层和卷材防水层,否则,必须及时用卷材接缝胶黏剂补粘一块卷材修补牢固,再继续浇筑细石混凝土。

(2)水泥砂浆保护层。适宜立面使用。在三元乙丙等高分子卷材防水层表面涂刷胶黏剂,以胶黏剂撒粘一层细砂,并用压辊轻轻滚压使细砂粘牢在防水层表面,再抹水泥砂浆保护层,使之与防水层能黏结牢固,起到保护立面卷材防水层的作用。

（3）泡沫塑料保护层。适用于立面。在立面卷材防水层外侧用氯丁系胶黏剂直接粘贴5～6 mm厚的聚乙烯泡沫塑料板做保护层。也可以用聚酯酸乙烯乳液粘贴40 mm厚的聚苯泡沫塑料做保护层。

由于这种保护层为轻质材料,故在施工及使用过程中均不会损坏卷材防水层。

（4）砖墙保护层。适用于立面。在卷材防水层外侧砌筑永久保护墙,并在转角处及每隔5～6 m处断开,断开的缝中填以卷材条或沥青麻丝;保护墙与卷材防水层之间的空隙应随时以砌筑砂浆填实。要注意在砌砖保护墙时,切勿损坏已完工的卷材防水层。

11.季节性施工

防水层严禁在雨天、雪天和5级风及其以上时施工,施工的环境温度不宜低于5℃。

五、地下工程合成高分子卷材防水层施工

（一）施工机具

小平铲、扫帚、钢丝刷、高压吹风机、铁抹子、皮卷尺、钢卷尺、小线绳、彩色粉、粉笔、电动搅拌器、开罐刀、剪子、铁桶、小油漆桶、油漆刷、滚刷、橡皮刮板、铁管、铁压辊、手持压辊、嵌缝挤压枪、自动热风焊机等。

（二）施工技术

1.主要施工工艺

（1）先在基层阴阳角处及转角处用满粘法铺贴PVC附加层,宽度不小于500 mm。

（2）根据需防水基层的轮廓进行排尺弹线,并确定好卷材铺贴方向。

（3）把PVC卷材依线自然布置在基层上,平整顺直,不得扭曲,尽量少有接头,有接头部位应相互错开。

（4）基层四周立面刷胶满粘,大面积平面宜采用空铺法,接缝采用热风焊接,收口部位采用固定件及铝压条固定,并用密封胶密封。

（5）平行于第一幅卷材进行下幅卷材铺贴,焊接前要检查卷材铺放是否平整顺直,搭接尺寸是否准确,卷材焊接部位应干净、干燥,先焊长边焊缝,后焊短边焊缝,依此顺序铺贴至边缘。

（6）焊接时,待焊枪升温至200℃左右,将焊枪平口伸入焊缝处,先进行预焊,后进行施焊,焊嘴与焊接方向成45°角,将PVC卷材用热风吹至表面熔融,用压辊压实,观察焊缝处是否有亮色提浆。

（7）待焊缝温度降至常温时,用木柄弯针检查焊缝是否有虚焊、脱焊、漏焊。

（8）如遇突出基层的管道,采用PVC光板焊成直径略小于管道的圆筒,用焊枪加热后紧紧套在管道上根部焊实,收口处用专用铝压条箍紧,边缘裁齐,用密封胶封口。

（9）外墙外立面施工时,采用满粘法。

（10）防水层施工完毕,应对铺设的卷材做全面的质量检查,如有损坏,应及时做修补处理,经验收合格后,及时进行保护层施工。

2.外防外贴法

（1）基础规定

1）铺贴卷材应先铺平面,后铺立面,交接处应交叉搭接。

2）临时性保护墙应用石灰砂浆砌筑,内表面应用石灰砂浆做找平层,并刷石灰浆。如用模板代替临时性保护墙时,应在其上涂刷隔离剂。

3）从底面折向立面的卷材与永久性保护墙的接触部位,应采用空铺法施工。与临时性保护墙或维护结构模板接触的部位,应临时贴附在该墙上或模板上,卷材铺好后,其顶端应临时固定。

4)当不设保护墙时,从底面折向立面的卷材接茬部位应采取可靠的保护措施。

5)主体结构完成后,铺贴立面卷材时,应先将临时保护墙上甩的卷材接茬部位的各层卷材揭开,并将其表面清理干净进行粘贴,如卷材表面有局部损伤,应及时进行修补。卷材接茬的搭接长度为 100 mm,当使用两层卷材时,卷材应错茬接缝,上层卷材应盖过下层卷材,卷材接缝处附加 120 mm 宽盖缝条增强。

(2)外防外贴法施工要点

1)外防外贴法卷材防水构造

外贴法(图 7-103)是将立面卷材防水层直接粘贴在需要做防水的钢筋混凝土结构外表面上。

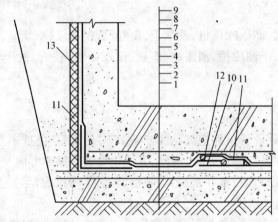

图 7-103 地下室工程外贴法卷材防水构造

1—素土夯实;2—素混凝土垫层;3—防水砂浆找平层;4—聚氨酯底胶;
5—基层胶黏剂;6—卷材防水层;7—沥青油毡保护隔离层;8—细石混凝土保护层;
9—钢筋混凝土结构;10—卷材搭接缝;11—卷材附加补强层;
12—嵌缝密封膏;13—5 mm 厚聚乙烯泡沫塑料保护层

2)外防外贴法施工要点

①在铺贴合成高分子防水卷材以前,必须将基层表面的突起物、砂浆疙瘩等异物铲除,并把尘土杂物彻底清扫干净。

②涂布基层处理剂。一般是将聚氨酯涂膜防水材料的甲料、乙料和有机溶剂按 1∶1.5∶3 的比例配合搅拌均匀,再用长把滚刷蘸取均匀涂布在基层表面上,干燥 4 h 以上,才能进行下一道工序的施工;也可以采用喷浆机喷涂含固量为 40%、pH 值为 4、黏度为 10×10^{-3} Pa·s 的阳离子氯丁胶乳处理基层,喷涂时要求厚薄均匀一致,并干燥 12 h 左右,才能进行下一道工序的施工。

③复杂部位的附加增强处理

地下室的阴阳角和穿墙管等易渗漏的薄弱部位,在铺贴卷材前,应采用相同卷材或聚氨酯涂膜防水材料或常温自硫化型的自粘性丁基橡胶密封胶带进行附加增强处理。

在平面与立面的转角处如管根、阴阳角、预埋件等细部构造,应增贴 1～2 层相同的附加层卷材,以作增强处理。平面与立墙交接的部位附加层卷材的宽度不小于 500 mm。

采用聚氨酯涂膜防水材料处理时,应将聚氨酯甲料和乙料按 1∶1.5 的比例配合搅拌均匀后,涂刷在阴阳角和穿墙管的根部,涂刷的宽度距中心 200 mm 以上,一般涂刷 2～3 遍,涂膜总厚度 1.5 mm 以上,待涂膜固化后,才能进行铺贴卷材的施工。

采用常温自硫化型自粘性丁基橡胶密封胶带处理的方法,是将该胶带如图 7-104 和图 7-105所示的尺寸剪裁好,并按图示要求粘贴在涂刷过胶黏剂的阴阳角和穿墙管根部,粘贴时,先将被粘面的隔离纸撕去即可粘贴。粘贴就位后,要立即用手持压辊滚压(表面隔离纸不能撕掉),使其黏结牢固,封闭严密。

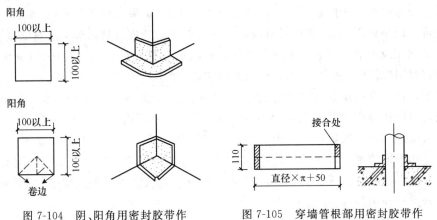

图 7-104 阴、阳角用密封胶带作
附加增强层(单位:mm)

图 7-105 穿墙管根部用密封胶带作
附加增强处理(单位:mm)

④涂布基层胶黏剂。先将盛氯丁系胶黏剂(如 404 胶等)或其他专用胶黏剂的铁桶打开,用电动搅拌器搅拌均匀,即可进行涂布施工。

在卷材表面涂布胶黏剂,将卷材展开摊铺在平整干净的基层上,用长把滚刷蘸满胶黏剂均匀涂布在卷材表面上,但搭接缝部位的 100 mm 范围内不涂胶(图 7-106)。涂胶后静置 20 min 左右,待胶膜基本干燥,指触不粘时,即可进行卷材铺贴。

在基层表面涂布胶黏剂。用长把滚刷蘸满胶黏剂,均匀涂布在基层处理剂已基本干燥和干净的基层表面上,涂胶后静置 20 min 左右,待指触基本不粘时,即可进行卷材铺贴。

⑤铺贴卷材。卷材铺贴可根据卷材的配置方案,从一端开始,先用粉线弹出基准线,将已涂胶黏剂的卷材卷成圆筒形,然后在圆筒形卷材的中心插入 1 根 φ30 mm×1 500 mm 的铁管,由两人分别手持铁管的两端,并使卷材的一端固定在预定的部位,再沿基准线铺展。在铺设卷材的过程中,不要将卷材拉的过紧,更不允许拉伸卷材,也不得出现皱折现象。

每当铺完一张卷材后,应立即用干净松软的长把滚刷从卷材一端开始朝横方向顺序用力滚压一遍如图 7-107 所示,以彻底排除卷材与基层之间的空气。排除空气后,平面部位可用外包橡胶的长 30 cm、重 30～40 kg 的铁辊滚压一遍,使其黏结牢固。垂直部位可用手持压辊滚压粘牢。

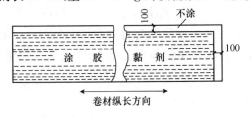

图 7-106 卷材涂胶部位(单位:mm)

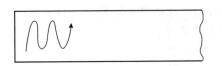

图 7-107 排除空气的滚压方向

⑥卷材接缝的黏结。卷材接缝的搭接宽度一般为 100 mm,在接缝部位每隔 1 m 左右处,涂刷少许胶黏剂,待其基本干燥后,将搭接部位的卷材翻开,先作临时黏结固定如图 7-108 所示。然后将黏结卷材接缝用的双组分或单组分的专用胶黏剂(如为双组分胶黏剂,应按规定比例配合搅拌均匀),用油漆刷均匀涂刷在翻开的卷材接缝的两个黏结面上,涂胶量一般以 0.55 kg/m² 左右为宜。涂胶 20 min 左右,以指触基本不粘手后,用手一边压合,一边驱除空气。黏合后再用手持压辊顺序认真滚压一遍。接缝处不允许存在气泡和皱折现象。凡遇到三层卷材重叠的接缝处,必须填充单组分氯磺化聚乙烯密封膏或其他性能类似的建筑密封膏封闭。

如采用的合成高分子防水卷材为热塑性材料制成(如聚氯乙烯防水卷材、聚乙烯防水卷材等)时,则可选用热风焊机、热楔焊接机或挤压焊接机等机具进行热熔焊作卷材的接缝处理,这种接缝方法比用胶黏剂进行黏结的质量更佳。平面的卷材亦可采用空铺法、点粘法或条粘法施工,但卷材的接缝部位必须满粘,且要求黏结牢固,封闭严密。

⑦根据设计防水层层数,按照以上步骤分别进行第二层、第三层……防水层的施工。上下相邻两层卷材的接缝应错开 1/3~1/2 幅宽,且上下层卷材不得相互垂直铺贴。

⑧卷材接缝部位的附加增强处理。卷材搭接缝是地下工程容易发生渗漏水的薄弱部位,必须在接缝边缘嵌填密封膏后,骑缝粘贴一条宽 120 mm 的卷材胶条(粘贴方法同前),进行附加处理。在用手持压辊滚压黏结牢固后,还要在附加补强胶条的两侧边缘部位,用单组分或双组分密封膏进行封闭处理,如图 7-109 所示。

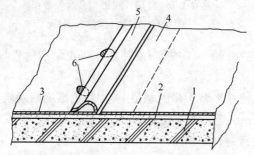
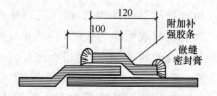

图 7-108　搭接缝部位卷材的临时黏结固定

1—混凝土垫层;2—水泥砂浆找平层;

3—卷材防水层;4—卷材搭接部位;

5—接头部位翻开的卷材;6—胶黏剂临时黏结固定点

图 7-109　卷材接缝部位的
附加补强处理(单位:mm)

⑨卷材收口处理。卷材末端收口应根据设计要求塞入预留凹槽或钉压在混凝土墙体上,再用密封材料封闭严密,必要时尚应用聚合物水泥砂浆进行封闭压缝处理。

⑩铺设油毡保护隔离层。当卷材防水层铺设完毕,经过认真和全面检查验收合格后,可在平面部位的卷材防水层上,虚铺一层石油沥青纸胎油毡作保护隔离层,铺设时可用少许胶黏剂(如 404 胶等)花粘固定,以防止在浇筑细石混凝土刚性保护层时发生位移。

⑪浇筑细石混凝土刚性保护层。在完成油毡保护隔离层的铺设后,平面部位可浇筑 40~50 mm 厚的细石混凝土保护层。浇筑混凝土时,切勿损坏油毡和卷材防水层,如有损坏,必须及时用接缝专用胶黏剂粘补一块卷材进行修复,然后继续浇筑细石混凝土,以免留下隐患,造成渗漏水质量事故。

3.外防内贴法

(1)外防内贴法卷材防水构造

内贴法是在施工条件受到限制,外贴法施工难以实施时,不得不采用的一种防水施工法,如图 7-110 所示。因为它的防水效果不如外贴施工法。内贴法施工是在垫层混凝土边沿上砌筑永久性保护墙,并在平、立面上同时抹砂浆找平层后,完成卷材防水层粘贴,最后进行底板和墙体钢筋混凝土结构的施工。

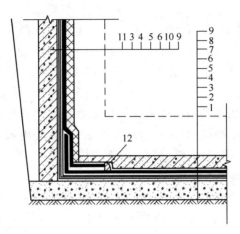

图 7-110 地下室工程内贴法卷材防水构造
1—素土夯实;2—素混凝土垫层;3—水泥砂浆找平层;4—基层处理剂;
5—基层胶黏剂;6—合成高分子卷材防水层;7—油毡保护隔离层;
8—细石混凝土保护层;9—钢筋混凝土结构;
10—5 mm厚聚乙烯泡沫塑料保护层;11—永久性保护墙;12—填嵌密封膏

(2)外防内贴法施工要点

1)在已浇筑的混凝土垫层四周砌筑永久性保护墙。

2)平、立面抹 1∶3 水泥砂浆找平层,厚 15～20 mm,要求抹平压光,无空鼓、起砂、掉皮现象。

3)待找平层含水率在 9% 以下时,涂刷基层处理剂。

4)按照先立面后平面的铺贴顺序,铺贴防水卷材。铺贴立面卷材时,应先铺转角,后铺大面。其具体铺贴方法与"外防外贴法"相同。

5)卷材防水层铺贴完毕,经检查验收合格后,在墙体防水层的内侧可按外贴法粘贴 5～6 mm厚聚乙烯泡沫塑料片材做保护层。平面可虚铺油毡保护隔离层后,浇筑 40～50 mm 厚的细石混凝土保护层。

6)按照设计要求进行地下室钢筋混凝土主体结构施工。

7)基坑分步回填、分步夯实,并做好散水。

六、地下工程水泥基渗透结晶型防水涂层施工

(一)施工机具

高压水枪、喷雾器具、计量水和材料量具、低速电动搅拌机、打磨机、专用尼龙刷、半硬棕刷、钢丝刷、凿子、锤子、扫帚、抹布、胶皮手套等。

(二)施工技术

1.涂刷的原则及要求

(1)混凝土的基层,达到湿润、润透,表面无明水且不渗水。

(2)涂刷水泥基渗透结晶型防水涂料涂刷的顺序应遵循"先高后低、先细部后大面、先立面

后平面"的原则用力往返涂刷,或使用专用喷枪喷涂。

(3)水泥基渗透结晶型防水涂料的每层厚度及总厚度应符合产品和设计要求,且总厚度不应小于 0.8 mm。

2.基层处理及验收

(1)将混凝土表面的浮浆、泛碱、油污、尘土等杂物清理干净。墙面上的钢筋头应割除,且凹入墙面,用掺有与水泥基渗透结晶型防水涂料相容的防水砂浆补平。

(2)混凝土基面应当粗糙、干净,以提供充分开放的毛细管系统以利于渗透。当基层表面比较光滑时,应用打磨机进行打磨或喷砂处理,使其形成麻面,所以对于使用钢模或表面有反碱、尘土、各种涂料、薄膜、油漆及油污或者其他外来物都必须进行处理,要用凿击、喷砂、酸洗(盐酸)、钢丝刷刷洗、高压水冲等(如使用盐酸腐蚀法,必须先用水打湿,酸处理后表面应用水彻底冲净)。结构表面如有缺陷、裂缝、蜂窝、麻面均应修凿、清理。

(3)所有阴阳角和其他转角处,均应做成圆弧,阴角直径宜大于 50 mm,阳角直径宜大于 10 mm。

(4)对预埋穿墙套管部位大于 0.4 mm 的裂缝及蜂窝麻面等缺陷应精心查找剔凿,并修补加强。

1)对预埋穿墙套管大于 0.4 mm 的裂缝等薄弱处的迎水面应凿成 20 mm×20 mm 的"U"形槽,槽内用水冲刷干净,并除去表面明水,再涂刷水泥基渗透结晶型防水涂料(配比按技术要求)于"U"形槽内,待固化后,再将半干的掺有水泥基渗透结晶型防水涂料的砂浆填进缝内,用手或锤捣固压实在"U"形槽内,且接缝两边应抹实,如图 7-111 所示。

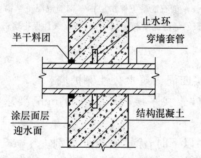

图 7-111 穿墙套管防水构造示意

2)对于蜂窝及疏松结构应凿除,将所有松动物用压力水冲掉,直至漏出坚硬的混凝土基层,并在潮湿的基层上涂刷一道基层处理剂,随后用与水泥基渗透结晶型防水涂料相容的防水砂浆(混凝土)填补并压实。

细部防水处理如图 7-112 和图 7-113 所示。

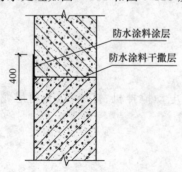

图 7-112 地下室侧墙施工缝防水处理(单位:mm)

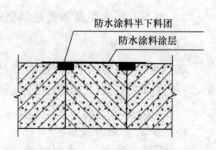

图 7-113 地下室后浇带防水处理

(5)基层处理完毕应及时办理隐检验收手续。

3.润湿基层

(1)用水充分润湿处理过的混凝土基层,达到湿润、润透,表面无明水。

(2)由于该涂料在混凝土中结晶形成过程的前提条件需要湿润,所以无论新浇筑的,还是旧有的混凝土,都要用水浸透,以便加强表面的虹吸作用,但不能有明水。

(3)新浇的混凝土表面在浇筑20 h后方可使用该涂料。

(4)混凝土浇筑后的24~72 h为使用该涂料的最佳时段,因为新浇的混凝土仍然潮湿,所以基面仅需少量的预喷水。

4.制备涂料料浆

(1)配合比

水泥基渗透结晶型防水涂料与洁净水调和,配合比按表7-5要求。

表7-5　涂料料浆配合比

施工方法	配合比(容积比)
涂刷	涂料(粉料)∶水=5∶2
喷刷	涂料(粉料)∶水=5∶3

(2)调制

将计量准确的粉料和水倒入容器内,用手持电动搅拌器充分搅拌3~5 min达到料浆混合均匀。每次应按需备料,不宜过多,按一次使用30 min内用完为准,严禁使用中再加水。

5.涂刷作业

(1)以专用的半硬尼龙刷涂刷,不宜用抹子、滚筒、油漆刷涂刷。涂刷时要反复用力,使涂层厚度均匀,且凹凸处都能涂刷到位。每层的厚度应小于1.2 mm,涂层太厚养护困难。

(2)每道涂层涂刷完毕,终凝后方可进行下一道涂层的施工。但两涂层涂刷间隔时间不宜过长,否则应湿润后再涂刷。

(3)施工时上一道涂刷方向应与下一道相互垂直,且每遍涂刷时应交替改变涂刷方向,同层涂膜的先后搭槎宽度宜为30~50 mm。涂刷时应用力来回纵横刷,以保证凹凸处都能涂上并均匀;喷涂时喷嘴距涂层要近些,以保证灰浆能喷进表面微孔或微裂纹中。

(4)每道涂刷应厚薄均匀、不漏刷、不透底。

(5)涂层施工完后,应检查各部位是否均匀,是否需要进行再次修补。如有起皮现象,应将起皮部分去除,重新进行基层处理,待充分湿润后再涂刷涂料。

(6)平面或台阶处须均匀涂刷。阳角与凸处涂覆均匀,阴角与凹处不得涂料过厚或沉积,否则影响涂料渗透或造成局部涂层开裂。

(7)在热天露天施工时,建议在早、晚或夜间进行,防止涂层过快干燥,造成表面起皮影响渗透。

(8)对于水泥类材料的厚涂层,在涂层初凝后(8~48 h)即可使用。对于油漆、环氧树脂和其他有机涂料在涂层上的施工需要21 d的养护和结晶过程才能进行,建议施工前先用3%~5%的盐酸溶液清洗涂层表面,之后应将所有酸液从表面上洗去。

6.喷涂作业

该涂料喷涂时需用专用喷枪,不宜用油漆喷枪。喷涂作业时,喷嘴应距基面较近为宜,保证涂料能均匀喷进基层表面微孔或裂纹之中。其均匀性、厚度要求等基本同涂刷施工。

7.检查涂料防水层和修补

(1)涂料防水层施工完,需自检涂层,应达到均匀要求,否则再次进行作业修补。

(2)检查涂层应无爆皮现象,否则先铲除爆皮,作基面处理,再用涂料涂刷补修。

(3)返修部位的基面,仍须保持潮湿,必要时作喷水处理后再进行修补作业。

8.涂料(粉料)干撒法作业

采用底板内防或外防防水施工时,可选用涂料(粉料)干撒作业。由于水泥基渗透结晶防水材料具有的特性,其对混凝土中钢筋握裹力不受影响,也不会腐蚀钢筋。

(1)底板外防作业

在浇筑底板混凝土前1~2 h,将垫层上杂物清理干净,并用洁净水湿润垫层与钢筋,但不应有过多明水。在绑好的钢筋架上通过网筛将粉料均匀撒布在垫层上,然后浇筑底板混凝土。

(2)底板内防作业

即底板混凝土浇筑完毕尚未凝固,最后一道压光之前,用网筛将粉料均匀干撒在底板上,然后压光,形成有效防水层。

9.养护

(1)在养护过程中必须用净水,必须在初凝后使用喷雾式,一定要避免涂层被破坏。一般每天需喷水3次,连续2~3 d,在热天或干燥天气要多喷几次,防止涂层过早干燥。

(2)在养护过程中,必须在施工后48 h防避雨淋、霜冻、烈日、暴晒、污水及2℃以下的低温。在空气流通很差(如封闭的水池或湿井)的情况下,需用风扇或鼓风机帮助养护。露天施工用湿草袋覆盖较好,如果使用塑料膜作为保护层,必须注意架开,以保证涂层的"呼吸"及通风。

(3)对盛装液体的混凝土结构(如游泳场、水库、蓄水槽等)必须3 d的养护之后,再放置12 d才能灌进液体。对盛装特别热或腐蚀性液体的混凝土结构,需放18 d才能灌盛。

(4)为适应特定使用条件时,可用养护液代替水养护。

10.回填土

在该涂料施工36 h后可回填湿土,7 d内均不可回填干土,以防止其向涂层吸水。

11.季节施工

(1)水泥基渗透结晶型防水涂层严禁在雨天、雪天和5级风及其以上时施工,涂层施工后48 h内避免雨淋。

(2)环境温度低于5℃时,不允许进行室外施工,若室内施工也应有相应采暖措施,保持室温在5℃以上。

七、地下防水工程细部构造

(一)施工机具

1.混凝土搅拌机

参见第六章第一节地下室混凝土浇筑工程的相关内容。

2.插入与平板振动器

参见第六章第一节地下室混凝土浇筑工程的相关内容。

(二)施工技术

1.变形缝

(1)密封材料的防水施工

1)检查黏结基层的干燥程度以及接缝的尺寸,接缝内部的杂物应清除干净。

2)热灌法施工应自下向上进行并尽量减少接头,接头应采用斜槎;密封材料熬制及浇灌温度,应按有关材料要求严格控制。

3)冷嵌法施工应分次将密封材料嵌填在缝内,压嵌密实并与缝壁黏结牢固,防止裹入空气,接头应采用斜槎。

4)接缝处的密封材料底部应嵌填背衬材料,外露密封材料上应设置保护层,其宽度不得小于 100 mm。

(2)遇水膨胀止水条敷设

遇水膨胀止水条敷设如图 7-114 所示。

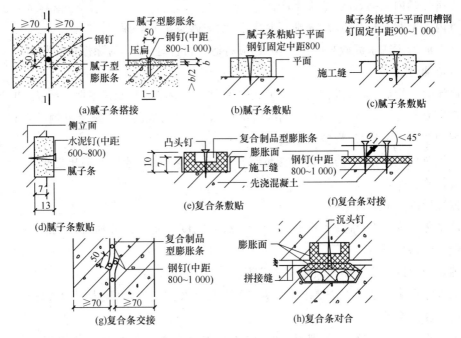

图 7-114 遇水膨胀止水条的敷设(单位:mm)

注:1.①~⑧为常用止水条的敷设连结方法,①~⑦用于施工缝,⑧用于拼接缝。

2.遇水膨胀止水条应具有缓膨胀性能,否则应涂刷缓膨胀剂或 2 厚水胶比为 0.35 的水泥砂浆,使其 7 d 的膨胀率不大于最终膨胀率的 60%。

(3)聚氨酯建筑密封膏施工

1)基层清理、清扫。对被嵌接缝应清除杂物、清扫干净,修补缺陷,去掉浮浆、脱模剂等。

2)填置背衬材料。为防止破坏底涂层,背衬材料应在涂刷基层处理剂之前填置。

3)贴设防污条带。防污条带应在涂刷基层处理剂之前粘贴。防污条带可视接缝及外部情况,选用牛皮纸、玻璃胶带、压敏胶带等。

4)涂基层处理剂。涂刷基层处理剂应均匀一致,不得漏涂。若发现漏涂,应重新涂刷一次。

基层处理剂干燥后,应立即嵌填密封材料。如未立即进行嵌缝且停置时间达 24 h 以上者,则应全部重新再涂刷一次基层处理剂。

5)嵌填密封材料。聚氨酯建筑密封膏为常温反应固化型弹性体,用其嵌缝系采用"冷嵌法",要求嵌填密实,不得存有气泡或孔洞。

6)修平压光。接缝嵌满后,趁密封膏尚未干,及时用刮刀予以修平压光。

7)除防污条、清理缝边。接缝密封膏表面修平压光后,即可揭除防污条。

8)养护密封材料。接缝密封膏嵌填施工后,应进行养护,通常需2~3 d。

9)检查合格,做保护层。在质量验收合格后,宜及时做保护层,保护层应按设计要求去做。当设计未做规定时,可用聚氨酯涂膜防水材料加衬胎体增强材料,做200~300 mm宽的一布二涂涂膜保护层,也可根据需要做成块体或水泥砂浆保护层。

(4)橡胶沥青嵌缝油膏施工

1)基层处理

①先将接缝内杂物、浮尘清除干净。

②缝内填塞背衬材料,或填灌细石混凝土、水泥砂浆至所需深度。

③细石混凝土或水泥砂浆硬化干燥后,应将缝内再清理一次,清除浮粒和灰尘。

2)嵌填油膏

①底涂料干燥后,即可进行嵌填施工。先用刮刀将少量油膏刮抹于两侧缝壁,再分两次将油膏嵌满嵌实于缝中,第一次先沿一侧缝壁刮填油膏,再勾成斜面与缝壁呈倾角,第二次沿另一侧缝壁刮填至填平,然后沿整个缝勾平。

②嵌填时应刮填密实,防止裹入空气形成气泡。油膏嵌满缝内并高出缝壁3~5 mm,呈弧形盖过接缝。

3)嵌缝后的表面处理

①涂刷稀释的青浆(油膏∶汽油=7∶3),涂刷宽度应超出嵌缝油膏两侧各20~30 mm,盖过嵌缝油膏,密实封严。

②铺贴油毡或做加胎体增强层的涂膜防水层。

③抹水泥砂浆。这种做法要求密封膏嵌填应低于接缝缝口,以便水泥砂浆封抹。

4)施工注意事项

①油膏宜于常温下施工,如遇温度低、稠度大,则可间接加热增加膏体塑性,再行施工。

②不戴粘有滑石粉或浸润机油的手套进行施工,以免影响黏结。

(5)变形缝细部构造

1)变形缝处的混凝土结构厚度不应小于300 mm。

2)用于沉降的变形缝其最大允许沉降差值不应大于30 mm。当计算沉降值大于30 mm时,应在设计时采取措施。

3)用于沉降的变形缝宽度宜为20~30 mm,用于伸缩的变形缝宽度宜小于此值。

4)变形缝的防水措施可根据工程开挖方法、防水等级按规范规定要求选用。

(6)变形缝施工

1)中埋式止水带施工应符合以下要求。

①止水带埋设应准确,其中间空心圆环应与变形缝的中心线重合。止水带的安装方法,如图7-115所示。

②止水带应妥善固定,顶、底板内止水带应成盆状安设,安装方法如图7-115(d)所示,止水带宜采用专用钢筋套或扁钢固定。采用扁钢固定时,止水带端训应先用扁钢夹紧,并将扁钢与结构内钢筋焊牢。固定扁钢用的螺栓间距宜为500 mm。

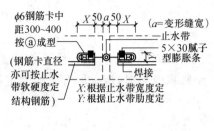 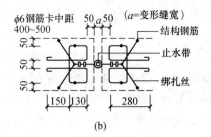

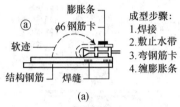 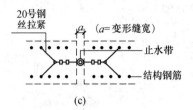

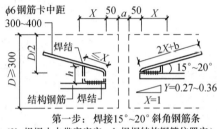

第一步：焊接15°~20°斜角钢筋条
（X：根据止水带宽度定，h：根据结构钢筋位置定）
（a=变形缝宽，b=止水带肋高）

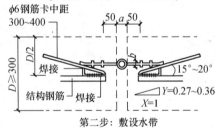

第二步：敷设水带

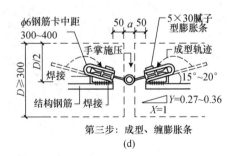

第三步：成型、缠膨胀条
(d)

图 7-115　止水带的安装(单位:mm)

注：1.(a)、(b)、(c)为止水带呈平直型状态的三种施工方法。
其中(a)施工简单、省料、效果好。(b)施工复杂、费料、效果好。(c)施工简单、省料、稳定性差。
2.(d)为止水带呈盆状安装的施工步骤。

③中埋式止水带先施工一侧混凝土时,其端模应支撑牢固,严防漏浆。

④止水带的接缝宜设1处,应设在边墙较高位置上,不得设在结构转角处,接头宜采用热压焊。

⑤中埋式止水带在转弯处宜采用直角专用配件,并应做成圆弧形,橡胶止水带的转角半径应不小于 200 mm,且转角半径应随止水带的宽度增大而相应加大。

2)宜采用遇水膨胀橡胶与普通复合的复合型橡胶条、中间夹有钢丝或纤维织物的遇水膨胀橡胶条、中空圆环型遇水膨胀橡胶条。当采用遇水膨胀橡胶条时,应采取有效的固定措施,防止止水条胀出缝外。

3)在不同防水等级的条件下,变形缝的几种复合防水做法,如图 7-116 和图 7-117 所示。

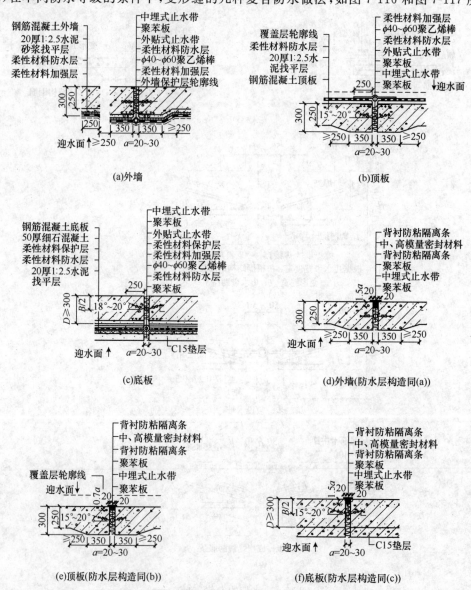

图 7-116　中埋式止水带变形缝(单位:mm)

注:1.(a)～(c)适用于计算沉降量较小、水压较大的一、二级地下工程。
　　2.(d)～(f)可用于干涸期地下水位在底板以下的一、二级地下工程或三、四级地下工程。

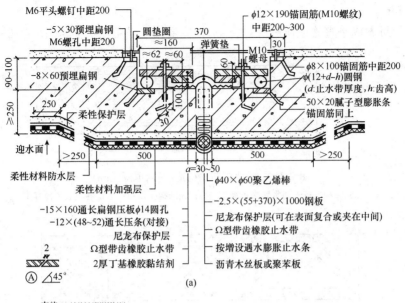

M6平头螺钉中距200
$\phi12\times190$锚固筋(M10螺纹)中距200~300
-5×30预埋扁钢
M6螺孔中距200
圆垫圈
370
弹簧垫
M10螺母
-8×60预埋扁钢
$\phi8\times100$锚固筋中距200
$\phi(12+d-h)$圆钢(d:止水带厚度,h:齿高)
柔性保护层
50×20腻子型膨胀条
锚固筋同上
迎水面↑
柔性材料防水层
柔性材料加强层
$a=30\sim50$
$\phi40\times\phi60$聚乙烯棒
-15×160通长扁钢压板$\phi14$圆孔
-2.5×(55+370)×1000钢板
-12×(48~52)通长压条(对接)
尼龙布保护层(可在表面复合或夹在中间)
尼龙布保护层
Ω型带齿橡胶止水带
Ω型带齿橡胶止水带
按增设遇水膨胀止水条
2厚丁基橡胶黏结剂
沥青木丝板或聚苯板

(a)

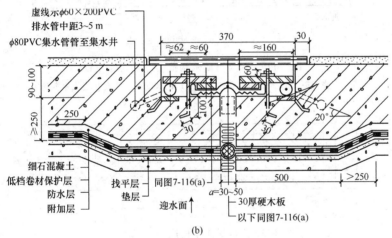

虚线示$\phi60\times200$PVC
排水管中距3~5 m
$\phi80$PVC集水管管至集水井
370
30
细石混凝土
低档卷材保护层
防水层
附加层
找平层
垫层
同图7-116(a)
迎水面↑
$a=30\sim50$
30厚硬木板
以下同图7-116(a)

(b)

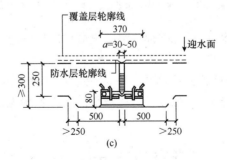

覆盖层轮廓线
370
$a=30\sim50$
↓迎水面
防水层轮廓线
80
500   500
>250   >250

(c)

图 7-117　可卸式止水带变形缝(单位:mm)

注:1.(a)~(c)适用于一、二级地下工程。(b)的凹槽两侧底部的排水管为疏导地面清洗、火灾救护水和三、四级地下工程变形缝渗漏水、墙板裂缝泄漏水而设。排水管应与集水井连通或引向低洼处。

2.螺栓、螺母、螺孔等紧固件应经常上机油,以免锈蚀、锈死,无法更换。

2.后浇带

(1)细部构造

1)后浇带应设在受力和变形较小的部位,间距和位置应按结构设计要求确定,宽度宜为

700～1 000 mm。

2）后浇带可做成平直缝或阶梯缝，其防水构造形式应采用图 7-118～图 7-120 所示。

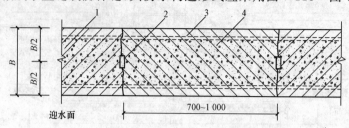

图 7-118　后浇带防水构造（一）（单位：mm）

1—先浇混凝土；2—遇水膨胀止水条（胶）；3—结构主筋；4—后浇补偿收缩混凝土

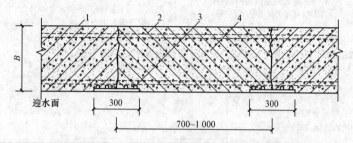

图 7-119　后浇带防水构造（二）（单位：mm）

1—先浇混凝土；2—结构主筋；3—外贴式止水带；4—后浇补偿收缩混凝土

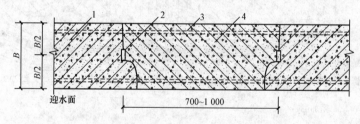

图 7-120　后浇带防水构造（三）（单位：mm）

1—先浇混凝土；2—遇水膨胀止水条（胶）；3—结构主筋；4—后浇补偿收缩混凝土

3）后浇带需超前止水时，后浇带部位混凝土应局部加厚，并增设外贴式或中埋式止水带。

（2）后浇带施工

后浇带主要用于大面积混凝土结构，是一种混凝土刚性接缝，适用于不允许设置柔性变形缝的工程及后期变形已趋于稳定的结构，后浇带的几种参考做法如图 7-121 和图 7-122 所示，施工时应注意以下几点。

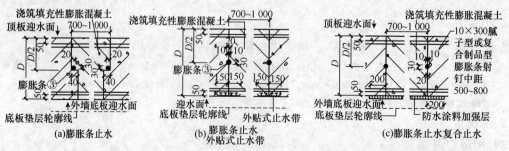

图　7-121

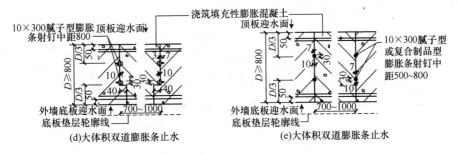

图 7-121 后浇带(单位:mm)

注:1.(a)～(e)适用于防水等级一、二级的地下工程。

2.后浇带内均应采用填充性膨胀混凝土(限制膨胀率为 0.04%～0.06%,自应力值为 0.5～1.0 MPa)浇筑,膨胀率由试验确定。

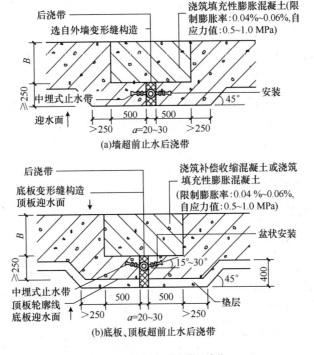

图 7-122 超前止水后浇带(单位:mm)

注:(a)、(b)做法适用于防水等级一、二级的地下工程,后浇带内浇筑填充性膨胀混凝土。

1)后浇缝留设的位置及宽度应符合设计要求;

2)后浇带应在其两侧混凝土龄期达到 42 d 后再施工,但高层建筑的后浇带应按规定时间进行;

3)后浇带混凝土施工前,后浇带部位和外贴式止水带应予以保护,严防落入杂物和损伤外贴式水带;

4)后浇带应采用补偿收缩混凝土浇筑,其强度等级不应低于两侧混凝土;

5)后浇带混凝土的养护时间不得少于 28 d;

6)后浇缝可留成平直缝、企口缝或阶梯缝,如图 7-123 所示;

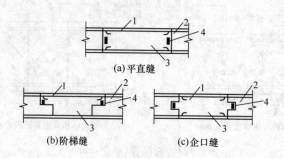

图 7-123 后浇缝形式

1—钢筋;2—先浇混凝土;3—后浇混凝土;4—遇水膨胀橡胶止水条

7)浇筑补偿收缩混凝土前,应将接缝处的表面凿毛,清洗干净,保持湿润,并在中心位置粘贴遇水膨胀橡胶止水条。

3.穿墙管

(1)细部构造

1)穿墙管(盒)应在浇筑混凝土前预埋。

2)穿墙管与内墙角、凹凸帮位的距离应大于 250 mm。

3)穿墙管应采用套管式防水法,套管外应加焊止水环,具体做法如图 7-124 所示。配件如图 7-125 所示,其规格见表 7-6。

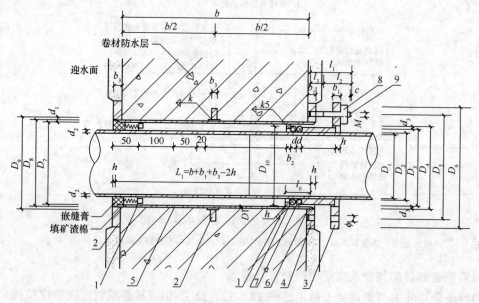

图 7-124 穿墙管防水构造(单位:mm)

注:1.柔性防水套管一般适用于套管穿过墙壁之处受有振动或有严密防水要求的地下建筑。

2.套管部分加工完成后应涂刷防锈漆一遍。

3.套管必须一次浇铸于墙体内。

4.1~9 的配件详图如图 7-125 所示。

表7-6 穿墙管零配件的规格 (单位:mm)

D_N	50	70	80	100	125	150	200	l_3	12	12	14	14	16	16	16
D_1	60	73	89	108	133	159	219	c	1.8	1.8	2	2	2	2	2
D_2	70	83	99	118	141	165	229	d_1	4	4	4.5	4.5	5.5	6	7
D_3	90	100	121	140	161	185	249	d_2	4	4	4	4	4	4.5	6
D_4	91	104	122	141	162	186	250	d_3	10	10	11	11	10	10	10
D_5	137	150	177	196	217	240	310	b_1	14	14	16	16	18	18	20
D_6	177	190	217	236	257	280	350	b_2	10	10	10	10	10	10	10
D_7	100	113	131	150	160	191	259	b_3	10	10	10	10	10	10	10
D_8	108	121	140	150	180	203	273	d	20	20	2	20	20	16	20
D_9	109	122	141	160	181	201	271	b	5	5	5	5	5	6	8
D_{10}	99	112	130	140	168	190	250	k	4	4	4	4	4	5	7
l_6	60	60	60	60	50	50	60	ϕ	14	14	18	18	18	18	18
l	60	60	60	60	60	60	60	M	12	12	16	16	16	16	16
l_1	70	70	75	75	75	75	75	螺孔n	4	4	4	4	8	8	8
l_2	50	50	55	55	50	50	50								

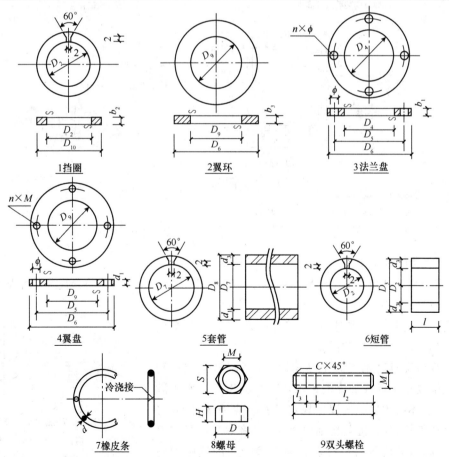

图 7-125 穿墙管零配件(单位:mm)

4)穿墙管线较多时,宜相对集中,采用穿墙盒方法。穿墙盒的封口钢板应与墙上的预埋角焊钢焊严,并从钢板上的预留浇注孔注入改性沥青柔性密封材料或细石混凝土处理,具体做法如图 7-126 所示。

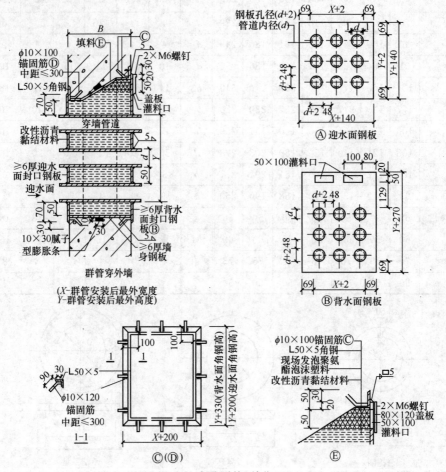

图 7-126　穿墙群管(单位:mm)

注:1.金属件应通体涂刷防锈漆。

2.为使墙体保温性能一致,灌口部位宜用填料填实。

3.群管箱内也可浇灌细石混凝土或水泥砂浆,只须在灌料口做一假牛腿,再凿去。

(2)穿墙管防水施工

1)采用套管式穿墙管防水构造时,翼环与套管应满焊密实,并在施工前将套管内表面清理干净。

2)管与管的间距应大于 300 mm。

3)当工程有防护要求时,穿墙管除应采取有效防水措施外,还应采取措施满足防护要求。

4)在管道穿过防水混凝土结构时,预埋套管上应加套遇水膨胀橡胶止水环或加焊钢止水环。如为钢板止水则满焊严密,止水环的数量应按设计规定。安装穿墙管时,先将管道穿过预埋管,并找准位置临时固定,再将一端用封口钢板将套管焊牢,然后将另一端套管与穿墙管间的缝隙用防水密封材料嵌填严密,再用封口钢板封堵严密(图 7-127)。

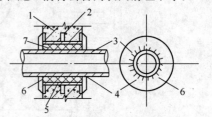

图 7-127　套管加焊止水环作法
1—防水结构;2—止水环;3—管道;
4—焊缝;5—预埋套管;6—封口钢板;
7—防水密封材料

4.埋设件

(1)结构上的埋设件预埋。

(2)埋设件端部或预留孔(槽)底部的混凝土厚度不得小于 250 mm,当厚度小于 250 mm 时,应采取局部加厚或其他防水措施。

(3)预留孔(槽)内的防水层,宜与孔(槽)外的结构防水层保持连续。

(4)用加焊止水钢板的方法或加套遇水膨胀橡胶止水环的方法,既简便又可获得一定的防水效果。预埋件的做法如图 7-128 所示。施工时,注意将铁件及止水钢板或遇水膨胀橡胶止水环周围的混凝土浇捣密实,保证质量。

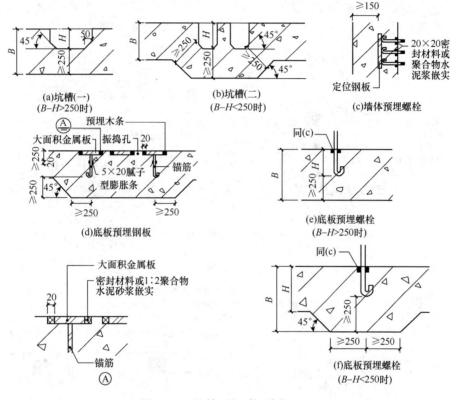

图 7-128 坑槽、预埋件(单位:mm)

5.预留通道接头

(1)细部构造

1)预留通道接缝处的最大沉降差值不得大于 30 mm。

2)预留通道接头应采取复合防水构造形式,具体做法如图 7-129 所示。

(2)预留通道接头的防水施工

1)中埋式止水带,遇水膨胀橡胶条,嵌缝材料、可卸式止水带的施工应符合变形缝施工中的有关规定。

2)预留通道先施工部位的混凝土、中埋式止水带、与防水相关的预埋件等应及时保护,确保端部表面混凝土和中埋式止水带清洁,埋件不锈蚀。

3)在接头混凝土施工前应将先浇混凝土端部表面凿毛,露出钢筋或预埋的钢筋驳器钢板,与待浇混凝土部位的钢筋焊接或连接好后再行浇筑。

4）当先浇混凝土中未预埋可卸式止水带的预埋螺栓时，可选用金属或尼龙的膨胀螺栓固定可卸式止水带。采用金属膨胀螺栓时，可用不锈钢材料或用金属膜、环氧涂料进行防锈处理。

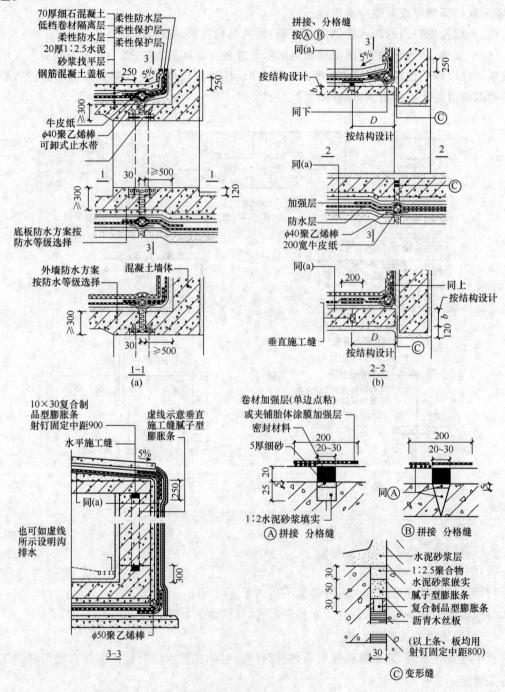

图 7-129 通道（单位：mm）

注：1.（a）、（b）混凝土通道适用于一、二级地下工程。

2.Ⓐ、Ⓑ加强层与防水层之间应满粘。Ⓒ膨胀条间不应有空隙，沥青木丝板应紧贴膨胀条。

3.人防通道结构按设计，防水做法参照施工。

4.预留的外贴式止水带、防水材料甩头可砌临时砖墙保护。

6.桩头

(1)破桩后如发现渗漏水,应先采取措施将渗漏水止住。

(2)采用其他防水材料进行防水时,基面应符合防水层施工的要求。

(3)应对遇水膨胀止水条进行保护。

(4)桩头防水做法如图7-130所示。

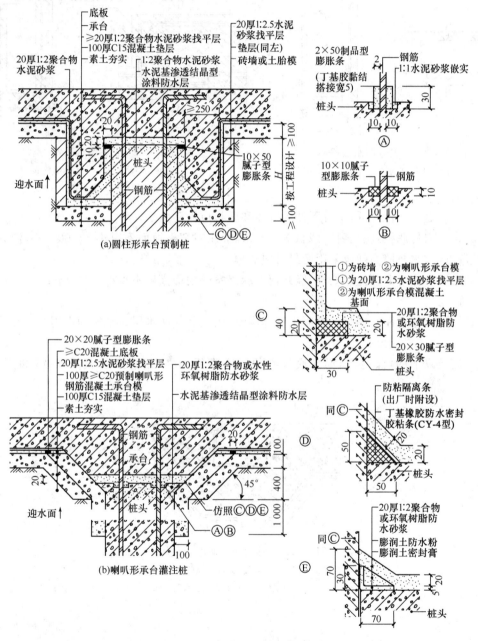

图7-130 桩头(单位:mm)

7.孔口

(1)地下工程通向地面的各种孔口应设置防地面水倒灌措施。人员出入口应高出地面不小于 500 mm,汽车出入口设明沟排水时,其高度宜为 150 mm,并应有防雨措施。

(2)窗井的底部在最高地下水位以上时,窗井的底板和墙应作防水处理并宜与主体结构断开,如图7-131所示。

(3)窗井或窗井的一部分在最高地下水位以下时,窗井应与主体结构连成整体,其防水层也应连成整体,并在窗井内设集水井。如图7-132所示。

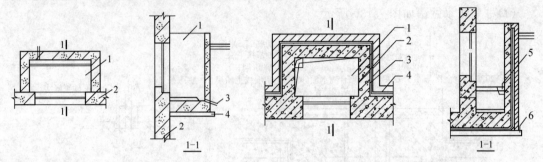

图 7-131　窗井防水示意
1—窗井;2—主体结构;3—排水管;4—垫层

图 7-132　窗井防水示意
1—窗井;2—防水层;3—主体结构;
4—防水层保护层;5—集水井;6—垫层

(4)无论地下水位高低,窗台下部的墙体和底板应做防水层。

(5)窗井内的底板,应比窗下缘低300 mm,窗井墙高出地面不得小于500 mm,窗井外地面应做散水,散水与墙面间应采用密封材料嵌填。

(6)通风口应与窗井间样处理,竖井窗下缘离室外地面高度不得小于500 mm。

8.坑、池

(1)坑、池、储水库宜用防水混凝土整体浇筑,内设其他防水层。受振动作用时应设柔性防水层。

(2)底板以下的坑、池,其局部底板必须相应降低,并应使防水层保护连续,如图7-133所示。

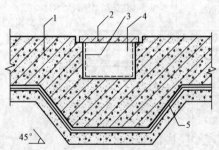

图 7-133　底板下坑、池的防水构造
1—底板;2—盖板;3—坑、池防水层;
4—坑、池;5—主体结构防水层

参 考 文 献

[1]中华人民共和国住房和城乡建设部. GB/T 50145—2007 土的工程分类标准[S].北京:中国计划出版社,2008.

[2]中华人民共和国住房和城乡建设部. GB 50007—2011 建筑地基基础设计规范[S].北京:中国计划出版社,2012.

[3]中华人民共和国住房和城乡建设部. GB 50207—2012 屋面工程质量验收规范[S].北京:中国建筑工业出版社,2012.

[4]中华人民共和国住房和城乡建设部. GB 50345—2012 屋面工程技术规范 [S].北京:中国建筑工业出版社,2012.

[5]中华人民共和国住房和城乡建设部. GB 50208—2011 地下防水工程质量验收规范 [S].北京:中国建筑工业出版社,2012.

[6]中华人民共和国住房和城乡建设部. GB 50108—2008 地下工程防水技术规范[S].北京:中国计划出版社,2008.

[7]汪正荣. 简明土方与地基基础工程施工手册[M].北京:中国环境科学出版社,2003.

[8]宋功业,邵界立.混凝土工程施工技术与质量控制[M].北京:中国建材工业出版社,2003.

[9]刘文君. 建筑工程技术交底记录[M].北京:经济科学出版社,2003.

[10]薛绍祖.地下防水工程质量验收规范培训讲座 [M].北京:中国建筑工业出版社,2002.

[11]国振喜. 实用建筑工程施工及质量验收手册[M].北京:中国建筑工业出版社,1999.

[12]中国建筑第八工程局. 建筑工程施工工艺标准[S].北京:中国计划出版社,2005.

[13]北京建工集团有限责任公司. 建筑分项工程施工工艺标准[S].北京:中国建筑工业出版社,2008.